紫　　蓝　青绿　黄橙　　红
380mm　　　　　　　　760mm

图 2.2　可见光中的 7 种颜色及其排列关系

图 3.5(c)

图 11.4 的效果图

图 11.6 的效果图

图 11.9(a)

图 11.9(b)

图 11.11(b)

图 11.12(b)

图 11.13(a)

图 11.13(b)

图 11.14(a)

图 11.14(b)

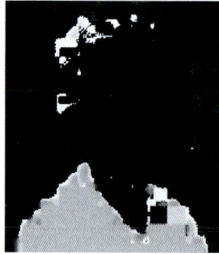
图 11.15(b)

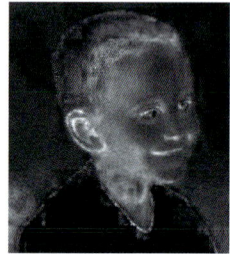
图 11.15(c)

图 11.15(d)

图 11.16(a)

图 11.16(b)

图 11.16(c)

图 11.17(a)

图 11.17(b)

图 11.17(c)

图 11.18(b)

图 11.18(c)

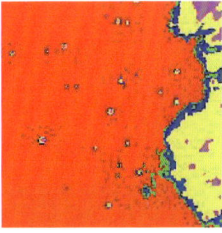

图 11.21(b)

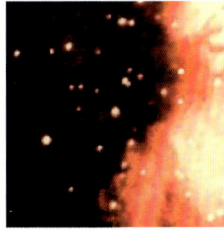

图 11.23(b)

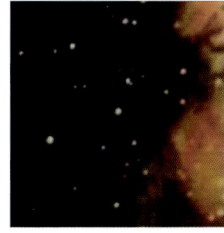

图 11.25(b)

图 11.26(a)

图 11.26(b)

图 11.26(c)

图 11.26(d)

图 11.27(a)

图 11.27(b)

图 11.27(c)

图 11.28(a)

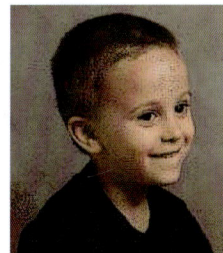

图 11.28(b)

图 11.28(c)

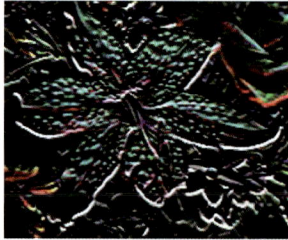

图 11.29(a)

图 11.29(b)

图 11.30(a)

图 11.30(b)

图 11.30(c)

图 11.30(d)

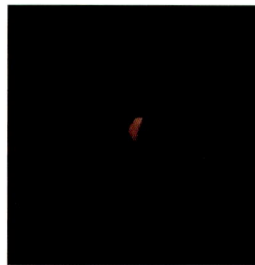

图 11.31(a)

21世纪高等学校计算机类专业
核心课程系列教材

数字图像处理

（第5版）

李俊山　编著

清华大学出版社

北京

内 容 简 介

本书较全面地介绍了数字图像处理的基本概念、基本原理、基本技术和基本方法。全书共 14 章,包括绪论、数字图像处理基础、数字图像的基本运算、空间域图像增强、频率域图像处理、图像恢复、图像压缩编码、小波图像处理、图像分割、图像特征提取、彩色图像处理、形态学图像处理、目标表示与描述、视频图像处理基础,内容覆盖数字图像处理技术的各方面知识及相关领域的最新发展。

本书内容选材新颖,表述通俗,语言精练,图文并茂,系统性强,与新技术紧密结合。

本书可作为高等院校计算机科学与技术、电子信息工程、通信工程、光电信息科学与工程、医学信息工程等专业的教材,也可供计算机视觉、图像处理、目标识别等领域的工程技术人员或相关研究方向的研究生参考。

图书在版编目(CIP)数据

数字图像处理 / 李俊山编著. -- 5 版. -- 北京 :清华大学出版社,2025. 8.
(21 世纪高等学校计算机类专业核心课程系列教材). -- ISBN 978-7-302-69895-1

Ⅰ. TN911.73

中国国家版本馆 CIP 数据核字第 20256WN121 号

责任编辑:付弘宇
封面设计:刘　键
责任校对:胡伟民
责任印制:曹婉颖

出版发行:清华大学出版社
　　　　网　　　址:https://www.tup.com.cn,https://www.wqxuetang.com
　　　　地　　　址:北京清华大学学研大厦 A 座　　　邮　　编:100084
　　　　社 总 机:010-83470000　　　　　　　　　邮　　购:010-62786544
　　　　投稿与读者服务:010-62776969,c-service@tup.tsinghua.edu.cn
　　　　质量反馈:010-62772015,zhiliang@tup.tsinghua.edu.cn
　　　　课件下载:https://www.tup.com.cn,010-83470236
印 装 者:涿州汇美亿浓印刷有限公司
经　　销:全国新华书店
开　　本:185mm×260mm　　　印　张:21　　插　页:2　　　字　　数:530 千字
版　　次:2007 年 4 月第 1 版　　2025 年 8 月第 5 版　　　印　　次:2025 年 8 月第 1 次印刷
印　　数:1~3000
定　　价:69.00 元

产品编号:106563-01

前 言

随着计算机科学与技术、电子科学与技术、信息处理技术和 Internet 技术的迅猛发展，图像处理技术已经成为信息技术领域中的核心技术之一，并已在国民经济的各个领域得到了十分广泛的应用，在推动社会进步和改善人们生活质量方面起着越来越重要的作用。

本书经第 1 版(2007 年)、第 2 版(2013 年)、第 3 版(2017 年)和第 4 版(2021 年)的先后出版，已经在 100 余所高等院校相关专业的本科生和研究生课程教学中得到了应用，许多学生、老师和读者对本书的进一步改版都给予了特别的关心，并提出了许多宝贵的建议。出版第 5 版的目的是进一步使前几版内容中的相关描述更加准确无误，并添加和更换了一些更能展示其图像处理算法原理的例子，删除了一些不重要的内容，与时俱进地加入了一些新的、典型的图像处理相关内容，给出了十余个图像处理算法的 MATLAB 编程实例。

本书主要有以下特点。

(1) 本书简洁明了地表述数字图像处理涉及的数学知识，并从便于理解的角度给出了较详细的数学推导和说明，可较好地适应教与学的需要。

(2) 本书将离散傅里叶变换、离散余弦变换和小波变换分别作为第 5 章"频率域图像处理"、第 7 章"图像压缩编码"、第 8 章"小波图像处理"的数学基础，放在章的首节。通过将离散傅里叶变换与频率域图像处理方法、离散余弦变换与图像压缩编码方法、小波变换与小波图像处理方法的内容进行一体化组织，帮助学生理解基于数学原理的图像处理方法。

(3) 本书吸收和完善了图像角点特征及其检测方法、图像纹理特征及其检测方法等新的热点内容，构成了由图像的边缘特征及其检测方法、图像的点与角点特征及其检测方法、图像的纹理特征及其检测方法、图像的形状特征描述、图像的统计特征描述组成的较为完整的图像特征及检测方法的内容体系，进一步突出了图像特征检测与提取在图像处理技术领域的基础性和重要性。

(4) 本书深入浅出，并较为全面系统地给出了小波理论及其在图像处理技术中应用的基础性内容。该部分内容为学生今后进一步学习基于多尺度和多分辨率分析的图像分析方法和计算机视觉理论与技术奠定基础。

(5) 本书将彩色图像处理和形态学图像处理分别作为单独一章内容，简化了形态学图像处理一章中的烦琐内容，其内容的系统性和深入性与国内同类教材相比，具有独特性。

(6) 视频图像处理一章的内容适应了目前智能视频监控系统和视频图像通信系统广泛应用，以及视频检测和视频压缩编码技术迅猛发展的需求。

(7) 本书较好地把握了"数字图像处理"课程内容在专业教学中的基础性地位，没有引入神经网络等相对深奥和图像融合、图像数字水印等非基础性图像处理内容，较好地把握了教学内容的难度和深度。

本书共分为 14 章，第 1 章介绍数字图像处理的基本概念，第 2 章介绍数字图像处理的基础知识，第 3 章介绍数字图像的基本运算，第 4 章介绍空间域图像增强，第 5 章介绍频率域图像处理，第 6 章介绍图像恢复，第 7 章介绍图像压缩编码，第 8 章介绍小波图像处理，第 9 章介绍图像分割，第 10 章介绍图像特征提取，第 11 章介绍彩色图像处理，第 12 章介绍形态学图像处理，第 13 章介绍目标表示与描述，第 14 章介绍视频图像处理基础。

本书可作为高等院校相关本科专业的教材，包括但不限于以下专业：计算机科学与技术、智能科学与技术、数字媒体技术、人工智能、电子信息工程、通信工程、光电信息科学与工程、信息工程、医学信息工程、自动化、遥感科学与技术专业、探测制导与控制技术专业。本书也可作为计算机科学与技术、软件工程、信息与通信工程、控制科学与工程、测绘科学与技术、兵器科学与技术、光学工程等学科中，从事图像处理与分析、目标识别与跟踪、景象匹配及制导、视频检测与识别、视频信息压缩及编码、计算机视觉及应用等研究方向的研究生的专业课教材，还可供从事上述相关专业的研究人员和工程技术人员参考。

在本书第 1 版到第 3 版的编写过程中，李旭辉、胡双演、李建军、杨威、谭圆圆、杨亚威、李堃、张雄美、张姣、隋中山等参与了书中部分算法和实验图例的验证，部分工作成果一直沿用至本书。此外，书中还引用了一些著作、论文、网站和相关资料的观点，并汲取了本书在教学使用中一些读者的反馈意见，在此一并向他们表示衷心的感谢。

另外，书中难免有不当和疏漏之处，敬请广大读者不吝批评、指正。

李俊山

2025 年 6 月于广州

目　录

第1章

绪论

　　数字图像处理涉及数学、光学、电子学、计算机科学、计算机图形学、人工智能、模式识别、神经网络、模糊理论和摄影等众多学科领域,其理论和技术体系十分庞大和复杂,本书仅从计算机、电子信息、自动化、测绘、兵器和医学类本科专业,以及计算机科学与技术、信息与通信工程、控制科学与工程、测绘科学与技术、兵器科学与技术、光学工程和医学技术等相关学科研究生的数字图像处理课程的教学要求出发,介绍数字图像处理的基本原理和技术。

　　本章从图像、数字图像、图像处理的概念出发,系统地介绍数字图像处理系统的组成、数字图像处理技术研究的基本内容、数字图像处理技术的应用领域等,以使读者对数字图像处理技术有大致的了解。

1.1　数字图像与数字图像处理

1. 图像、模拟图像和数字图像

　　"图"是物体反射或者透射电磁波的分布,"像"是人的视觉系统对接收的图信息在大脑中形成的印象或认识。图像即是"图"和"像"两者的结合。

　　从总体上来说,所谓图像,就是用各种观测系统以不同形式和手段观测客观世界而获得的、可以直接或间接作用于人的视觉系统而产生的视知觉实体。

　　早期的模拟相机是经过镜头把景物的影像聚焦在胶片上,胶片上的感光剂受光后发生变化,感光剂经显影液显影和定影后形成与景物相反或色彩互补的影像,进一步通过对定影后的影像胶卷冲洗后,即可得到所谓的照片,照片中的影像即为模拟图像。人们日常所看到的图片、画报和图书中的挂图等都可视为模拟图像。模拟图像在空间上是连续的,图像中景物和背景的亮度值、信号值也是连续的、不分等级的,即二维空间和亮度值都是连续(值)的图像,称为连续图像。

　　利用数字化图像扫描仪对模拟图像进行数字化,就可以将模拟图像转换成数字图像。利用目前流行的数字摄像机或数码相机拍摄得到的图像都是数字图像。数字图像在空间上是数字化的,图像中景物和背景的亮度值也是数字化的和分等级的,即二维空间和亮度值都是用有限数值表示的图像,称为数字图像。

2. 数字图像处理

　　数字图像处理是指对数字图像信息进行加工,以改善图像的视觉效果和提高图像的实用性,或对数字图像进行压缩编码以减少所需的存储空间的技术。数字图像处理也称为计算机图像处理,泛指利用计算机技术对数字图像进行某些数学运算和各种加工处理。例如,通过线性平滑滤波消除图像中的噪声、通过对比度拉伸或空间锐化滤波进行图像增强等,在像素级上进行的处理都属于数字图像处理的范畴。数字图像处理的基本特征是图像处理系统的输入和输出都是图像，也即数字图像处理是一个从图像到图像的过程。数字图像处理的这种比较严格的定义，呈现出某种狭义性，因为在这种比较严格的定义下，即使计算一幅图像中所有像素的灰度平均值这样最普通的工作，都不能算作数字图像处理了。

3. 图像分析

随着科学技术的发展和进步，数字图像处理技术开始应用于解决机器感知问题。在这种情况下，数字图像处理的目的不再是单纯地改善图像的视觉效果和提高图像的实用性，以及对数字图像进行压缩编码以减少所需的存储空间，而是把注意力集中于以更适合计算和处理的形式对图像中感兴趣的目标进行检测和测量，以及从图像中提取信息的过程。许多文献把这种通过对图像中不同对象进行分割(把图像分为不同区域或目标物)来对图像中的目标进行检测、测量、识别、解释和描述的技术称为图像分析。

图像分析一般是指利用数学模型并结合图像处理的技术来分析底层特征和上层结构，从而提取具有一定智能性的信息。图像分析更侧重于研究图像的内容，更倾向于对图像内容的分析、解释和识别。图像分析的基本特征是图像分析系统的输入是图像，输出是对输入图像进行描述的数据信息；也即图像分析是一个从图像到数据的过程。对图像进行描述的数据信息可以是从图像中提取的特征，如边缘、轮廓及不同物体的标识等；可以是图像中各区域的地物类别，如水泥地、植被等；也可以是图像中目标的类型和特征，如水泥地面的机场中的飞机等。

4. 图像处理与图像分析的关系

图像处理(后文中如未进行特殊声明，所提到的图像处理均指数字图像处理)和图像分析处在两个特点不同的层次上。图像处理是对图像的低级处理阶段，图像分析是对图像的高一级的处理阶段。图像的低级处理是高一级处理的基础，如果没有诸如去除图像噪声、图像增强等的图像低级处理过程，就难以从图像中提取有意义的目标信息；进一步讲，要对图像进行高一级的处理，必须先对图像进行预处理(低级处理)。图像的高一级处理是数字图像处理与分析的目的，因为只有高一级的处理才推动了图像技术在国民经济众多领域的应用，才体现了数字图像处理技术的真正价值。另外，图像处理主要是在图像像素级上进行的处理，处理的数据量比较大；图像分析则通过图像分割和特征提取，把原来以像素描述的图像转变成比较简洁的、非图形式的描述。

在实际处理过程中，图像的低级处理阶段和高一级的处理阶段是相互关联且有一定重叠的。所以在本书中提到的图像处理概念是广义的，即它不仅包括了输入和输出都是图像的低级处理，而且也包括了输入是图像、输出是对输入图像的描述(如从输入图像中提取的特征信息或识别信息)这样的高一级的处理。也就是说，广义的图像处理概念实际上指的是图像处理与分析。在这种意义下，计算一幅图像中灰度平均值的工作就自然地算作图像处理了，这也是本书名为《数字图像处理》的主要原因。

1.2　数字图像处理系统的组成

数字图像的处理过程是由计算机完成的，因此，要对任何可见景物的图像进行处理，必须先用相应的设备和技术措施将景物转换成数字图像，当计算机完成对数字图像的处理后，还必须用相应的设备输出处理结果。

将景物转换成计算机可以接收的数字图像的过程称为图像的感知与获取。图像根据其图像源的特征和应用目的的不同,由不同类型的光学传感器感知并获取。

图 1.1 给出了一个典型的数字图像处理系统的组成架构。图中给出了图像的两种获取方式:一种是利用数字摄像机直接把景物转换成计算机可以接收的数字图像;另一种是通过数字扫描仪,把纸质相片或其他材质上的图像转换成计算机可以接收的数字图像。

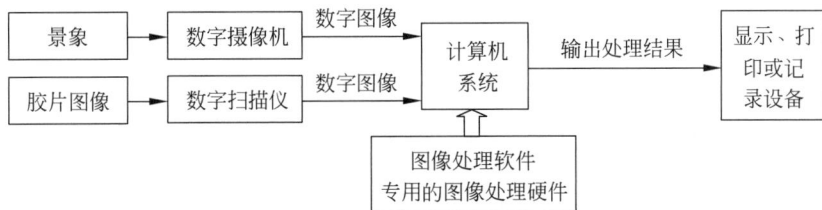

```
┌──────┐      ┌────────┐  数字图像  ┌──────┐              ┌──────┐
│ 景象 │─────▶│数字摄像机│──────────▶│计算机 │  输出处理结果  │显示、打│
└──────┘      └────────┘           │ 系统 │─────────────▶│印或记 │
┌──────┐      ┌────────┐  数字图像  │      │              │录设备 │
│胶片图像│────▶│数字扫描仪│──────────▶└──────┘              └──────┘
└──────┘      └────────┘              ▲
                              ┌──────────────┐
                              │ 图像处理软件   │
                              │专用的图像处理硬件│
                              └──────────────┘
```

图 1.1 数字图像处理系统的组成架构

数字图像处理系统中的计算机根据其应用目的的不同可以是通用计算机,也可以是专用计算机;可以是高性能的超级计算机,也可以是普通的 PC。考虑到图像处理的数据量大,所以大规模的存储能力在图像处理中是必需的。一般要求该计算机系统配置有大容量的内存和硬盘存储设备。

在图像处理系统中,除了用户编写的图像处理软件和程序代码外,合理地寻求高性能的图像处理系统软件的支持,对于快速完成图像处理任务是非常有益的。在图像处理技术飞速发展和广泛应用的今天,图像处理软件的配置已经成为计算机系统和计算机应用开发中不可缺少的环节。另外,在一些专门应用中,通过专用的图像处理硬件来保证图像处理的速度仍然是一种重要的技术措施。

目前主要的图像输出设备是彩色显示器。根据图像处理应用目的的不同,图像的处理结果有打印输出、存储在记录设备上或采用立体显示等多种输出方式。

1.3 图像处理技术研究的基本内容

图像处理技术的研究内容包括以下几方面。

(1) 最基本的图像处理方法,主要有图像增强、图像恢复、图像压缩编码、图像分割、图像特征提取、图像的表示与描述、图像变换和图像的基本运算。

(2) 基于某一特定数学理论的图像处理方法,主要有频率域图像处理方法、小波图像处理方法和形态学图像处理方法。

(3) 彩色图像处理方法。

(4) 视频图像处理方法。

1. 图像增强

图像增强的基本思路是或简单地突出图像中感兴趣的特征,或显现图像中那些模糊的细节,以使图像更清晰地显示或者更适合于人或机器的处理与分析。本书第 4 章介绍空间域图像增强方法,第 5 章介绍频率域图像增强方法。

2. 图像恢复

图像恢复的基本思路是从退化图像的数学或概率模型出发,研究改进图像的外观,从而使恢复以后的图像尽可能地反映原始图像的本来面目，其目的是获得与景物真实面貌相像的图像。本书第 6 章介绍图像恢复方法。

3. 图像压缩编码

图像压缩编码的基本思路是在不损失图像质量（或以人的视觉为标准，或以处理应用的目的为标准）或少损失图像质量的前提下，通过对图像的重新编码，尽可能地减少表示该图像所需的字节数，以满足图像存储和实时传输的应用需求。本书第 7 章介绍图像压缩编码的概念和几种基本的图像压缩编码方法，第 8 章介绍嵌入式零树小波编码方法。

4. 图像分割

图像分割的基本思路是根据图像的某种特征或某种相似性测度，把一幅图像划分成若干互不交迭且具有相同或相近特征的区域，以便于进一步提取出感兴趣的目标或对图像的进一步分析和描述。本书第 9 章介绍图像分割方法。

5. 图像特征提取

图像特征提取的基本思路是通过检测和提取出图像的自然特征，如图像的边缘、角点、纹理和形状等，或通过计算出图像的人为特征，如方差、均值和熵等，为进一步的图像目标识别、图像特征分析和机器视觉应用奠定基础。本书第 10 章介绍图像特征提取方法。

6. 图像表示和描述

图像表示和描述的基本思路是对通过图像分割等方法得到的图像中感兴趣的区域或目标，寻找出更适合于计算机进一步处理的表示和描述方法，或者给图像中感兴趣的区域或目标赋予符号化的标识和解释。本书第 13 章介绍图像的表示与描述方法。

7. 图像变换

图像变换的基本思路是通过对图像实施某种变换，为寻求更简化和更有效的图像处理方法或提高图像处理的效果奠定基础。本书将傅里叶变换、离散余弦变换和小波变换这3 种最重要的图像变换方法分别放在第 5 章（频率域图像处理）、第 7 章（图像压缩编码）和第 8 章（小波图像处理）中介绍，分别构成了相应章内容的数学基础。

8. 图像的基本运算

图像的基本运算的思路是通过对图像中的所有像素实施相同的运算，或对两幅图像进行点对点的灰度值运算，来实现对图像的某种处理和分析，如对图像灰度值的变换、对图像灰度值特性的表述、对图像场景变化的分析、对图像的消噪处理、对图像整体形状的改变等。本书第 3 章介绍图像的基本运算方法。

9. 频率域图像处理

频率域图像处理是指先通过傅里叶变换把图像从空间域变换到频率域，然后在频率域对图像进行处理，处理完后再利用傅里叶反变换把图像变换回空间域的方法。本书第 5 章介绍频率域图像处理方法。

10. 小波图像处理

小波图像处理是指基于以具有变化的频率和有限的持续时间为特征的小波变换，利用小波变换的多分辨率表示与分析优势进行图像处理的方法。本书第 8 章介绍小波图像处理方法。

11. 形态学图像处理

以集合论为数学工具的数学形态学图像处理方法的基本思路是使用具有一定形态的结构元素（如矩形、圆等）探测图像，通过检验结构元素在图像中的可放性和填充方法的有效性,来获取图像形态结构的相关信息,从而实现对图像的处理和分析。本书第 12 章介绍形态学图像处理方法。

12. 彩色图像处理

由于彩色图像在表示自然景物方面的优势,彩色图像得到了越来越多的应用,彩色图像处理自然地就成为图像处理中的重要内容。本书第 11 章介绍彩色图像处理方法。

13. 视频图像处理

目前,智能视频系统、自动目标识别系统、视频运动目标检测与识别、面向视频通信的视频信息压缩编码已经得到了十分广泛的应用。虽然视频处理有其自身的技术特点,但总体上来说是以图像处理技术为基础,且图像处理的各种技术均可以直接地应用于视频中单帧图像的处理,所以视频图像处理技术已经无法与数字图像处理技术割裂开来。本书第 14 章介绍视频图像处理基础。

1.4　图像处理技术的应用领域

图像处理技术的早期典型应用之一是 20 世纪 20 年代通过海底电缆从伦敦向纽约传送数字化的新闻照片。伴随着计算机技术和空间探测技术的发展,人们于 20 世纪 60 年代开始用计算机技术改善空间探测器的图像质量,以校正航天器上的摄像机中各种类型的图像畸变。到了 20 世纪 70 年代,图像处理技术开始应用于医学图像、地球遥感监测和天文学等领域。科学技术发展到 21 世纪的今天,几乎已不存在与图像处理技术无关的技术领域。目前图像处理技术的主要应用领域有如下几方面。

(1) 媒体通信。包括电视电话、卫星通信、数字电视等。

(2) 宇宙探索。包括其他星系图像的处理。

(3) 遥感技术。包括农林资源调查,作物长势监视,自然灾害监视和预报,地势、地貌及地质构造测绘,矿产勘探,水文观测,海洋调查,环境污染监测等。

(4) 生物医学。包括 X 射线、超声波、显微镜图像、内窥镜图、温普图、CT 及核磁共振图分析等。

(5) 工业生产。包括无损探伤,石油勘探,生产过程自动化(识别零件、装配、质量检查),工业机器人视觉的应用与研究。

(6) 气象预报。包括天气云图的测绘和传输。

(7) 军事技术。包括航空及卫星照片的判读,导弹制导,雷达、声呐图像处理,军事系统仿真等。

(8) 侦缉破案。包括指纹识别、人脸识别、伪钞识别等。

(9) 考古。包括恢复珍贵的文物图片等。

(10) 文化产业。包括视频媒体制作、视频画面编辑等。

1.5　MATLAB 及其应用基础

针对应用型和创新型人才培养及实验实践教学需求,本节简要介绍 MATLAB 软件环境及应用基础,为后续各章进行算法编程验证及实验教学奠定基础。

MATLAB 是 MATrix LABoratory（矩阵实验室）的缩写，MATLAB 软件是美国 Mathworks 公司推出的一种用于高级科学计算、专业级符号计算、可视化建模仿真的交互式应用开发环境。该系统的基本数据结构是矩阵，程序中的（矩阵）变量不需要做明确的维数说明，系统提供了大量的内置函数，从而被广泛地应用于数值（线性代数）计算、控制系统、信号处理、图形绘制、图像处理等领域的分析、仿真和设计工作。

1.5.1　MATLAB 系统的组成

MATLAB 系统主要由五部分组成。

（1）MATLAB 语言体系。它是 MATLAB 的高层次矩阵/数组语言环境，具有数据结构、条件控制、函数调用、输入输出、面向对象等程序语言特性。

（2）MATLAB 开发环境。它是 MATLAB 提供给用户的管理功能及软件环境，包括管理工作空间中的变量和输入输出数据，开发、调试和管理文件的各种工具。

（3）MATLAB 图形系统。它是 MATLAB 提供给用户的可视化功能开发环境，包括 2D 和 3D 数据的图示、图像处理、动画生成、图形显示等高层命令，用户对图形、图像等对象进行特性控制的底层命令，以及开发 GUI 应用程序的各种工具。

（4）MATLAB 数学函数库。它是 MATLAB 使用的数学算法库，包括各种初等函数的算法、矩阵运算和矩阵分析等高层次的数学算法，以及 M 文件（一种文本文件）函数。

（5）MATLAB 应用程序接口（API）。它是 MATLAB 为用户提供的函数库，使用户可以在 MATLAB 环境中使用 C、C++、Java 和 FORTRAN 语言程序，包括在 MATLAB 中调用程序（动态链接）、读 MATLAB 文件等功能。

MATLAB 是一个集数值计算、图形管理、程序开发于一体的软件环境，在诸如应用代数、数理统计、自动控制、数字信号处理、模拟与数字通信、时间序列分析、模型预测、动态系统仿真、数据可视化、图形绘制、图像处理、语音处理等方面得到了十分广泛的应用。

1.5.2　MATLAB 系统的软件环境

下面以 MATLAB R2014a 为例，简要介绍 MATLAB 系统的软件环境。

假设计算机上安装了 MATLAB R2014a 软件，计算机屏幕上会有相应的快捷图标，如图 1.2 所示。

双击计算机屏幕上的 MATLAB R2014a 快捷图标，MATLAB R2014a 开始启动，并显示如图 1.3 所示的系统启动标识。系统启动完成后，显示主窗体界面，如图 1.4 所示。

图 1.2　MATLAB R2014a 快捷图标　　　　图 1.3　MATLAB R2014a 启动标识

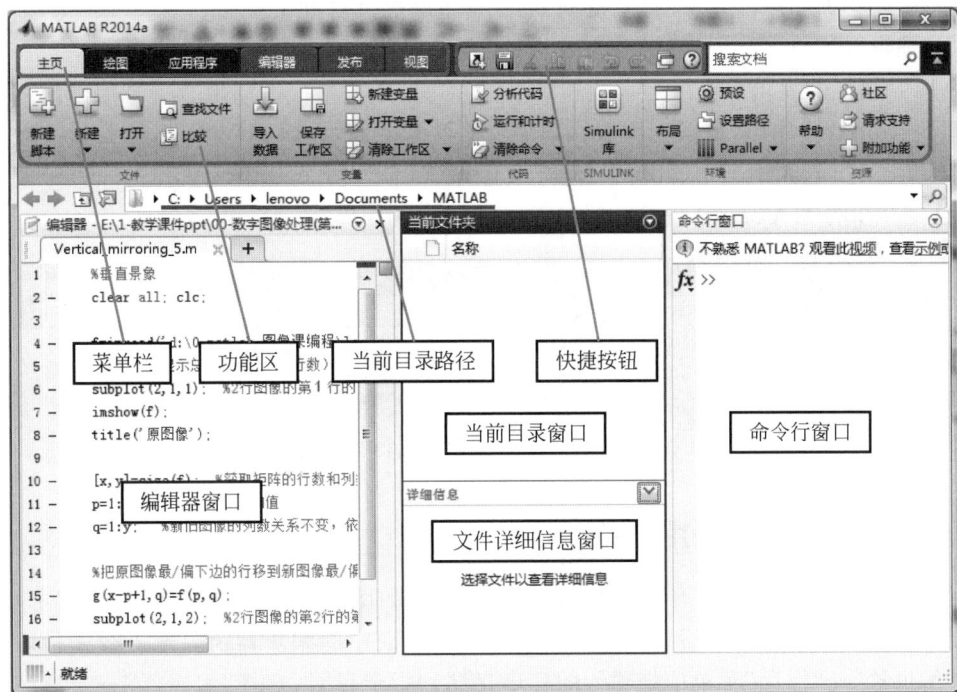

图 1.4 MATLAB R2014a 主界面

MATLAB 的主界面是一个高度集成的工作环境,最常用的窗口有命令行窗口、当前目录窗口和编辑器窗口。

1. 命令行窗口

MATLAB 的典型工作方式之一是用户在命令行窗口输入命令,按 Enter 键后 MATLAB 逐句解释执行命令行窗口中的命令,并在该窗口中已经执行的命令下方显示除图形以外的运算结果。比如,在命令行提示符后输入 a＝[1 2 3;4 5 6;7 8 9]并按 Enter 键,系统执行该语句,显示运行结果,并给出新的命令行提示符,如图 1.5 所示。

在命令行窗口除可输入 MATLAB 命令外,还可以输入 MATLAB 的函数、表达式、语句、M 文件名或 MEX 文件名等,所以一般也将在命令行窗口输入的对象称为语句。

在命令行窗口中执行许多命令后,会占满窗口。为了便于阅读,可输入 clc 命令语句等,清除屏幕上显示的内容。

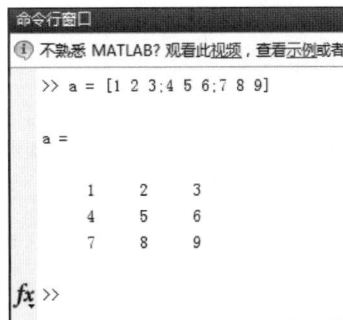

图 1.5 在命令行窗口输入与执行命令示例

2. 当前目录窗口

MATLAB 的当前目录即系统默认的实施打开、加载、编辑和保存文件等操作时的文件夹。MATLAB 启动后,系统默认的当前目录是…\MATLAB\toolbox,用户可以在默认的当前目录下存放自己的文件。用户可以利用当前目录窗口组织、管理和使用所有 MATLAB

文件和非 MATLAB 文件，如新建、复制、删除与重命名文件和文件夹。

3. 编辑器窗口

MATLAB 的编辑器窗口是编写和修改 MATLAB 脚本程序的地方。当用户编写好自己的 MATLAB 程序后，可以利用 MATLAB 主界面中的"编辑器"菜单下的"运行"菜单项执行该程序；可以利用其中的"保存"菜单项保存该程序；也可以利用其中的"打开"菜单项打开已经存在的 MATLAB 程序（文件）等，如图 1.6 所示。

图 1.6　MATLAB R2014a 主界面"编辑器"菜单下的功能选项

1.5.3　MATLAB 应用基础

当开始运用 MATLAB 环境进行编程时，可选择如图 1.6 所示的主界面上的"主页"→"新建"→"脚本"菜单项，然后以英文输入模式在主界面中的编辑器窗口输入程序代码。可选择"编辑器"→"保存"菜单项把输入的程序存储到指定目录，选择"编辑器"→"运行"菜单项来运行编写好的 MATLAB 程序。可通过下面的例子学习其涉及的相关概念并进行练习实践。

【例 1.1】　求灰度图像的最大灰度值、最小灰度值和平均灰度值的 MATLAB 程序及运算结果。

1）灰度图像及像素的灰度值概念

一幅大小为 200×300 的二维数字图像可被看作是一个大小为 200×300 的二维像素值矩阵，二维矩阵中的每个矩阵元素即一像素，其值即该像素的灰度（亮度）值，灰度图像的灰度取值范围是 $0 \sim 255$。对灰度图像及像素的灰度值概念的进一步理解详见第 2 章。

2）程序

```
clc; clear all; close;              % 清除命令窗口,清除工作空间中的所有变量,关闭 figure 窗口
img0 = imread('d:\0_matlab 图像课编程\boy_G.jpg');      % 读取图像文件
[row, col] = size(img0);            % 获取图像矩阵 img0 的行数 row 和列数 col
max = 0; min = 256; avg = 0;
f = double(img0);                   % 将图像数据转换成双精度格式
for i = 1: row
    for j = 1: col
        if img0(i, j) < min  min = img0(i, j);
        end;
        if img0(i, j) > max  max = img0(i, j);
        end;
        avg = avg + double(img0(i, j));
    end;
end;
avg = uint8(avg/(row * col));       % 将运算结果转换成 8 位整数数据
fprintf('运算结果:\n\n');           % 换行两次
fprintf('图像最大灰度值:% d\n', max);   % 按整数格式输出数据并换行
```

```
fprintf('图像最小灰度值:%d\n',min);
fprintf('图像平均灰度值:%d\n',avg);
```

3) 运算结果

运算结果的局部截图如图 1.7 所示。

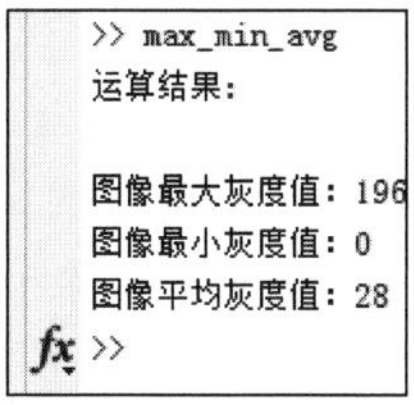

```
>> max_min_avg
运算结果:

图像最大灰度值: 196
图像最小灰度值: 0
图像平均灰度值: 28
fx >>
```

图 1.7　例 1.1 的运算结果局部截图

习　　题　　1

1.1　解释下列术语。

(1) 数字图像　　　　　　(2) 数字图像处理

(3) 图像分析　　　　　　(4) 图像感知与获取

1.2　图像处理的基本特征是什么?

1.3　图像分析的基本特征是什么?

1.4　简述图像处理低级阶段与图像处理高级阶段的关系。

1.5　数字图像处理系统主要由哪几部分组成? 各部分的功用是什么?

1.6　简述一个你了解、熟悉或感兴趣的图像处理的应用实例。

1.7　已知有如下 MATLAB 程序,你需要完成以下任务:

(1) 补充该程序中的 5 处注释(%1～%5),即用中文写出 % 后面 1～5 代表的内容。

(2) 说明该程序实现的功能。

```
clc;                          %1
clear all;                    % 清除工作空间中的所有变量
close all;                    % 关闭所有 figure 窗口
f1 = imread('d:\parrot.jpg'); % 读原图像 1
f2 = imread('d:\sea_cloud.jpg'); %2
f3 = 0.5 * f1 + 0.5 * f2;     % 将两个原图像相加(合成)
subplot(1,3,1);               % 按一行三列格式,确定显示的第一幅图像(原图像 1)的位置
imshow(f1);                   % 显示第一幅图像
title('鹦鹉图像');            % 显示第一幅图像的标题
subplot(1,3,2); imshow(f2); title('湖面图像');
subplot(1,3,3);               %3
imshow(f3);                   %4
title('合成结果图像');        %5
```

第 2 章

数字图像处理基础

数字图像处理不仅涉及电磁辐射、人眼的视觉特性、色度学等多个学科的基础理论,而且还有许多自身的表示约定,以及相关的基本概念和基础技术,构成了后续章节学习的基础。

本章首先介绍与图像处理技术有关的基本概念和相关知识,包括电磁波谱与可见光谱、人眼的亮度视觉特性;接着介绍数字图像的表示方法和有关概念,包括图像的表示、空间分辨率、灰度分辨率、像素间的关系;然后介绍图像显示的基础技术;最后介绍图像的文件格式。

2.1 电磁波谱与可见光谱

1. 电磁辐射成像与电磁辐射波谱

在实际的图像处理应用中,最主要的图像来源于电磁辐射成像,因此了解电磁波谱和可见光谱是十分必要的。电磁辐射波的波谱范围很广,波长最长的是无线电波,其波长是可见光波长的几亿倍;波长最短的是 γ(伽马)射线,其波长是可见光波长的几百万分之一;可见光只占电磁波谱中很小的范围,波长为 380～760nm。电磁波谱可用波长(λ)和频率(υ)来描述,其关系如式(2.1)所示。

$$\lambda = c/\upsilon \qquad (2.1)$$

其中,c 为光速,$c = 2.998 \times 10^{8}$ m/s;λ 的单位可以是米(m)、微米(μm,1μm$=10^{-6}$m)和纳米(nm,1nm$=10^{-9}$m);υ 的单位是赫兹(Hz)。电磁波谱中不同频率的波的能量由式(2.2)给出。

$$E = h\upsilon \qquad (2.2)$$

其中,$h = 6.626 \times 10^{-34}$ W·s^2,是普朗克常数;能量 E 的常用单位是电子伏特(eV)。电磁辐射波的波谱如图 2.1 所示。

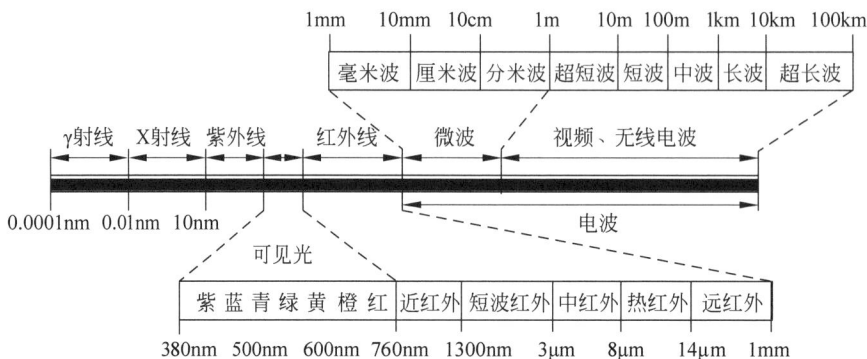

图 2.1 电磁辐射波谱

在如图 2.1 所示的电磁辐射波谱中,红外线的所谓远或近,是指红外辐射在电磁波谱中距离可见光的远、近,最靠近可见光的红外波段为近红外(区),最远离可见光的红外波段为远红外(区)。电波波段常用的符号表示方式为:毫米波用 EHF 表示,厘米波用 SHF 表示,分米波用 UHF 表示,超短波用 VHF 表示,短波用 HF 表示,中波用 MF 表示,长波用 LF表示,超长波用 VLF 表示。

2. 可见光谱

太阳的电磁辐射波恰好主要占据整个可见光谱范围。早在 1666 年,艾萨克·牛顿(Isaac Newton)就发现,当一束太阳光(白光)通过玻璃棱镜时,在棱镜的另一端出现的不是白光,而是一系列从紫色到红色的连续彩色光谱,且这种连续彩色光谱的颜色按波长长短依次是红色、橙色(橘红色)、黄色、绿色、青色、蓝色、紫色这 7 种颜色,如图 2.2 所示(其对应的彩色图像见彩色插页)。白光是由不同颜色的可见光线混合而成的。

图 2.2　可见光中的 7 种颜色及其排列关系

3. 单色光、复合光、有色光和消色光

人从一个物体感受到的颜色是由物体反射的可见光的特性决定的,若一个物体反射的光在所有可见光波长范围内是平衡的,则对观察者来说显示的是白色;若一个物体只反射可见光谱中有限范围的光,则物体就呈现某种颜色。例如,绿色物体反射的是波长为 500~570nm 范围的光。

仅有单一波长成分的光称为单色光,含有两种以上波长成分的光称为复合光,单色光和复合光都是有色彩的光。没有色彩的光称为消色光。消色光就是观察者看到的黑白电视的光,所以消色指白色、黑色和各种深浅程度不同的灰色。白色为一端,通过一系列从浅到深排列的灰色,到达另一端的黑色。消色光的属性仅有亮度或强度,通常用灰度描述这种光的强度。

4. 电磁辐射波成像的应用

不同的电磁辐射波一般具有不同的成像方法和应用领域。

无线电波可产生磁共振成像(MRI),在医学诊断中用于产生患者身体的横截面图像。

微波用于雷达成像,在军事和电子侦察中具有十分重要的作用。在许多情况下,雷达是探测地球表面不可接近地区的唯一方法。

红外成像具有全天候的特点,不受天气的晴、阴、云、雨的影响,不受白天、晚上因素的制约,在遥感、军事情报侦察和精确制导中具有广泛的应用。

可见光成像是一种最便于人们理解和应用最为广泛的成像方式,在卫星遥感、航空摄影、天气观测与预报等国民经济的各个领域具有广泛的应用。

紫外线具有显微镜方法成像等多种成像方式,在印刷技术、工业检测、激光、生物图像及天文观测中具有广泛的应用。

X 射线成像主要应用于获取患者胸部图像和血管造影照片等医学诊断、电路板缺陷监测等工业应用和天文学中的星系成像等。

伽马射线主要应用于天文观测。

2.2　人眼的亮度视觉特性

图像信息是通过人的视觉来接收的。在许多应用中，图像处理的目的是改善图像的视觉效果或处理后供人们判读图像，所以了解人的视觉在观察图像或判读图像时的某些现象和特性是有必要的。

2.2.1　视觉适应性

由于数字图像是以离散的亮点集形式显示的，所以在表示图像处理的结果时，考虑眼睛对不同亮度的鉴别能力是非常重要的。大量实验表明，主观亮度（人的视觉系统感觉到的亮度）与进入人眼的光的强度成对数关系。所以在很多图像处理系统中，为了适应人的视觉特性，先对输入图像的像素（见 2.3.2 节）亮度进行对数运算预处理，以便获得良好的视觉效果。

当人们白天从明亮的阳光下走进正在放映电影的电影院时，除了看到屏幕上的图像外，会感到周围一片漆黑，只有过一会儿后，对周围的视觉才能逐渐恢复，这种适应过程大约需要十几秒到 30 秒。人眼对从亮环境突变到暗环境的适应能力称为暗适应性。相比之下亮适应性过程要短得多，但当人们在漆黑的房间突然打开电灯时，人的视觉几乎马上就可以恢复。

上述这种人眼对亮度变化跟踪滞后的性质称为视觉惰性（或短暂的记忆特性）。视觉惰性使得人眼的亮度感觉不会马上消失，通常在亮度消失后尚能保持 1/20～1/10 秒。电影正是利用人的这一视觉惰性，通过放映一张张相隔一定时间的图片，给人以均匀发光和连续运动的感觉。电影和电视画面通常采用将每幅画面放映两次，并以每秒放映 48 幅和 50 幅的速度获得影像和亮度两方面的连续性。若每秒放映的画面少于 20 幅，就会有明显的影像和亮度闪烁的感觉。

2.2.2　同时对比效应

同时对比效应是指人眼对某个区域的亮度感觉并不仅仅取决于该区域的强度，而是与该区域的背景亮度或周围的亮度有关的特性。在图 2.3 中，所有位于中心的正方形都有完全相同的亮度，但随着它们的背景从左到右逐步变亮，它们看起来在从亮变暗。也就是说，当背景较暗时它们看起来要亮一些，而当背景较亮时它们看起来要暗一些。

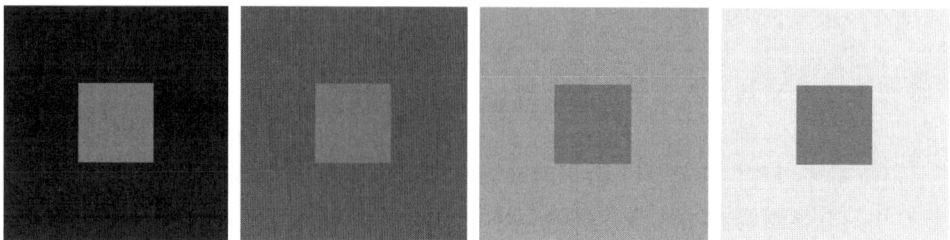

图 2.3　同时对比效应示例

2.2.3　马赫带效应

图 2.4 是由 8 个亮度逐渐减弱且连在一起的窄带组成的图像,其中每个窄带内的亮度分布是均匀的。但由于人类视觉的主观感受,在亮度有变化的地方会出现虚幻的亮或暗的条纹,使得人们在观察某窄条时,感觉在靠近该窄条的另一个亮度较低的窄条的那一侧似乎更亮一些,而在靠近该窄条的另一个亮度较高的窄条的那一侧似乎更暗一些,即在不同亮度区域边界有"欠调"和"过调"现象。由于这种现象是厄恩斯特·马赫在 1865 年首先描述的,所以称为马赫带效应。

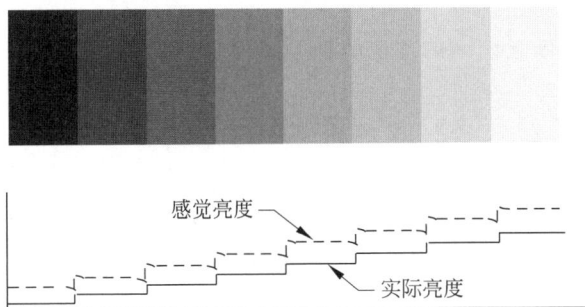

图 2.4　马赫带效应示例

2.2.4　视觉错觉

所谓人的视觉错觉,是指人眼填充了不存在的信息或者错误地感知物体的几何特点的特性。图 2.5 是视觉错觉的示例。在图 2.5(a)中,尽管水平线段与垂直线段的长度是相同的,但由于视觉错觉的原因,人们感觉水平线段比垂直线段短一些。在图 2.5(b)中,尽管两条水平线段的长度相同,但由于视觉错觉的原因,人们感觉上面两个箭头间的连线要比下面

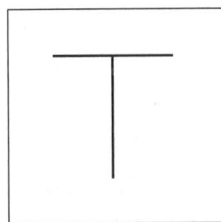

(a) 竖线段与横线段一样长　　(b) 中间的线段一样长　　(c) 两条对角线一样长

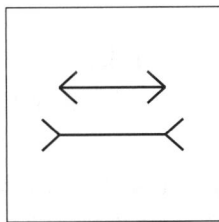

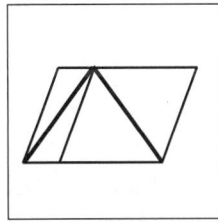

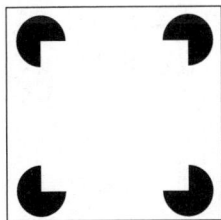

(d) 缺口圆形成的视觉错觉　　(e) 辐射线形成的视觉错觉　　(f) 两个三角形的视觉错觉

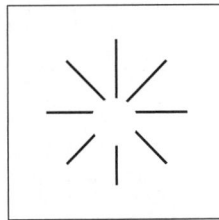

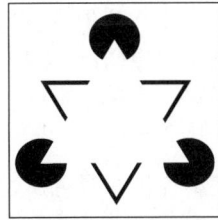

图 2.5　视觉错觉示例

两个箭头间的连线短一些。在图 2.5(c)中，尽管左边的平行四边形的对角线与右边的平行四边形的对角线一样长，但由于视觉错觉的原因，人们感觉左边的平行四边形的对角线要比右边的平行四边形的对角线短一些。在图 2.5(d)中，尽管中间的正方形的轮廓线是不存在的，但由于视觉错觉的原因，仅有周围的几个缺口圆形就给出了一个完整的正方形的错觉。在图 2.5(e)中，尽管中间的圆形的轮廓线是不存在的，但由于视觉错觉的原因，仅有周围的几根线就形成了一个完整的圆的错觉。在图 2.5(f)中，尽管图中的两个三角形的轮廓线是不存在的，但由于视觉错觉的原因，人们感觉图中有一个由 3 个三角组成的三角形，且在其中还包含了一个比其更亮的三角形。

视觉错觉是人类视觉系统一个很有意思的特性，尽管已有一些关于视觉错觉的解释，但人们对这一视觉特性还缺乏统一的理论解释。

2.3　图像的表示

图像的表示是进行图像处理算法描述和利用计算机对其进行处理的基础和先决条件。下面从简单的图像成像模型出发，引出数字图像的基本表示方法，并对与之相关的图像坐标系统的概念予以介绍。

2.3.1　简单的图像成像模型

一幅图像可定义成一个二维函数 $f(x,y)$。其中，(x,y) 表示二维图像平面中的像素的坐标，f 是图像中位于坐标 (x,y) 处的像素的幅值（亮度）。

图像是光照射在景物上并经其反射或透射作用于人眼的结果。照射在景物表面 (x,y) 处的白光强度一定是非零且有限的，即有

$$0 < i(x,y) < A_0 \tag{2.3}$$

其中，A_0 取有限值。

$f(x,y)$ 可由两个分量来表征，一是照射到观察景物的光的总量，即照射到观察景物表面 (x,y) 处的白光强度 $i(x,y)$，$i(x,y)$ 的值取决于光源的性质；二是景物反射或透射的光的总量，取决于成像景物表面 (x,y) 处的特性，用平均反射（或透射）系数 $r(x,y)$ 表示。则有

$$f(x,y) = i(x,y)r(x,y), \quad 0 < i(x,y) < A_0, \quad 0 \leqslant r(x,y) \leqslant 1 \tag{2.4}$$

其中，$i(x,y)$ 的取值范围说明照射到观察景物的光的总量总是大于零的；$r(x,y)$ 的取值范围说明反射（或透射）系数在 0（全部被吸收）和 1（全部被反射或透射）之间取值。在式(2.4)中，当 $r(x,y)$ 为平均透射系数时，$f(x,y)$ 表示照射光透射过观察景物时的成像。

对于消色光图像（有些文献称其为单色光图像），$f(x,y)$ 表示图像在 (x,y) 处的灰度值 l，且

$$l = f(x,y) \tag{2.5}$$

这种只有灰度属性没有彩色属性的图像称为灰度图像，由式(2.4)显然有

$$L_{\min} \leqslant l \leqslant L_{\max} \tag{2.6}$$

理论上 $L_{\min}$ 应为正，$L_{\max}$ 应为有限值。区间 $[L_{\min},L_{\max}]$ 称为灰度的取值范围。在实际应用中，一般 $L_{\min}$ 的值取 0，$L_{\max}$ 取 $L-1$。这样，灰度的取值范围就可表示成 $[0,L-1]$。

2.3.2　数字图像的表示

当一幅图像的 x 和 y 坐标及幅值 f 都为连续量时,该图像称为连续图像。为了把连续图像转换成计算机可以接收的数字形式,必须先对连续的图像进行空间和幅值的离散化处理。对图像的连续空间坐标 x 和 y 的离散化(数字化)称为图像的采样;对图像函数 $f(x,y)$ 的幅值 f 的离散化(数字化)称为图像灰度的量化。

1. 均匀采样

对一幅二维连续图像 $f(x,y)$ 的连续空间坐标 x 和 y 均匀采样,实质上就是把二维图像平面在 x 方向和 y 方向分别进行等间距划分,从而把二维图像平面划分成 $M\times N$ 个网格,并使各网格中心点的位置与用一对实整数表示的笛卡儿坐标 (i,j) 相对应。二维图像平面上所有网格中心点位置对应的有序实整数对的笛卡儿坐标的全体就构成了该幅图像的采样结果。

在实际应用中,取样方法的实现是由产生数字图像的传感器装置或数字化装置决定的。扫描仪(线阵扫描仪和面阵扫描仪)按其感知单元的排列方式不同,从原理上讲有两种采样实现方式。

(1) 线扫方式。这种方式的实现思路是将感知单元排成一个线阵,完成一维(行)图像的采样成像,随着成像传感器所在的遥感平台的移动或通过机械地确定等间隔的增量数值完成各行的采样,从而完成一幅二维图像的采样。

(2) 面扫方式。这种方式的实现思路是将 $M\times N$ 个感知单元等间隔地排列成一个感知单元矩阵,同时完成一幅二维图像中全部像素的采样。

2. 均匀量化

对一幅二维连续图像 $f(x,y)$ 的幅值 f 的均匀量化,实质上就是将图像的灰度取值范围 $[0,L_{\max}]$ 划分成 L 个等级(L 为正整数,$L_{\max}=L-1$),并将二维图像平面上 $M\times N$ 个网格的中心点的灰度值分别量化成 L 个等级中与其最接近的那个等级值。实际的量化有不同的实现方法。一种实现思路是:将量化点上的实际幅值与 L 个等间距的判决电平 $d_j(j=0,1,2,\cdots,L-1)$ 进行比较,只要实际幅值落在半开闭区间 $[d_j,d_{j+1})$ 的任一电平上,量化器就输出一个确定的整数量化结果 $r(r=0,1,2,\cdots,L-1)$。

显然,数字化以后的数字图像的灰度取值范围为 $[0,L-1]$,且 0 表示黑,$L-1$ 为灰度的最大取值,表示白,所有的中间值表示从浅到深排列的灰度值。数字化以后的数字图像是一个 $M\times N$ 的数字矩阵。

3. 非均匀采样和量化

对于同一景物且大小相同的二维连续图像来说,当采用不同的采样数(对应不同的采样间隔)$M\times N$ 时,获得的图像及其再现图像的质量是不同的。特别是当采样数相对于图像的灰度变化较小时,即采样数相对较小但图像的局部范围灰度变化相对较大时,由采样获得的图像及其再现图像就可能与实际的图像有很大差别。换句话说,在某些特殊要求的应用中,如果在图像内灰度变化比较剧烈的区域(即细节较多的区域)采用较密集的采样,而在图像内灰度变化比较平缓的区域(即细节较少的区域)采用较稀疏的采样,则在保持 $M\times N$ 不变的前提下,获得的图像的质量可能比采用均匀采样方法获得的图像高得多。这种采样方法称为非均匀采样。

非均匀量化就是对图像中不同采样点上的灰度采用不相等间隔的量化方法。

图像的采样和量化属于数字图像传感器和图像数字化仪设计中的技术之一，同时鉴于非均匀采样和量化的原理与技术的复杂性，对其过细的讨论已超出了本书的内容范围，所以有关非均匀采样和量化的细节不再赘述。

4. 数字图像的表示

为了描述方便，本书仍用 $f(x,y)$ 表示数字图像 $f(i,j)$。设 $x \in [0, M-1]$，$y \in [0, N-1]$，$f \in [0, L-1]$，则一幅数字图像 $f(x,y)$ 可表示成式(2.7)形式的一个 $M \times N$ 的二维数字矩阵。

$$[\boldsymbol{f}] = \begin{bmatrix} f(0,0) & f(0,1) & \cdots & f(0,N-1) \\ f(1,0) & f(1,1) & \cdots & f(1,N-1) \\ \vdots & \vdots & \ddots & \vdots \\ f(M-1,0) & f(M-1,1) & \cdots & f(M-1,N-1) \end{bmatrix} \tag{2.7}$$

其中，$[\boldsymbol{f}]$ 中每个 (x,y) 处的 $f(x,y)$ 为数字图像中的一个最小（或基本）单元，称为图像元素(picture element)，简称为像素(pixel)。更通俗地说，像素是位于图像矩阵中不同位置的、构成图像的最基本的单元或元素。

一幅灰度图像中每像素的 $f(x,y)$ 的取值范围为 $[0, L-1]$，且规定 L 为 2 的整数次幂，即

$$L = 2^k \tag{2.8}$$

(1) 当 $k=1$ 时，$f(x,y) \in \{0,1\}$ 为黑白图像，有时也称为二值图像（所谓二值图像是指具有两个灰度等级的图像。值得注意的是，黑白图像一定是二值图像，但二值图像不一定是黑白图像），这里 0 表示颜色为黑色的灰度值，1 表示颜色为白色的灰度值。图 2.6 是一个 3×3 的黑白图像及它的像素值矩阵。

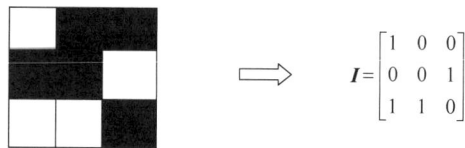

图 2.6 3×3 的黑白图像及它的像素值矩阵

(2) 当 $k=4$ 时，$f(x,y) \in \{0,1,2,\cdots,15\}$ 为 16 个灰度的图像，这里 $\{0,1,2,\cdots,15\}$ 中的值表示二维图像在点 (x,y) 处可能取的灰度值。

(3) 当 $k=8$ 时，$f(x,y) \in \{0,1,2,\cdots,255\}$ 为 256 灰度级图像，这里 $\{0,1,2,\cdots,255\}$ 中的值表示二维图像在点 (x,y) 处可能取的灰度值。在目前的图像处理应用中，大多数情况下采用 256 灰度级图像。由于存放 256 灰度级图像中的每像素的灰度值需要 8 位($00000000 \sim 11111111$)的存储容量，所以有时也将 256 灰度级图像称为 8 位图像。图 2.7 是一个 3×3 的 256 灰度级图像及它的像素值矩阵。

在有些应用中，也要求图像的大小值 M 和 N 是 2 的整数次幂，即

$$M = 2^m \tag{2.9}$$

$$N = 2^n \tag{2.10}$$

其中，m、n 为正整数；但一般至少都要求 M 和 N 为偶数。

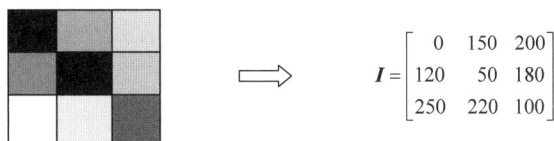

$$I = \begin{bmatrix} 0 & 150 & 200 \\ 120 & 50 & 180 \\ 250 & 220 & 100 \end{bmatrix}$$

图 2.7　3×3 的灰度图像及它的像素值矩阵

由式(2.8)～式(2.10)可知,存储一幅 $M \times N$ 的数字图像所需的比特数量为

$$b = M \times N \times k \tag{2.11}$$

显然,对于黑白图像,存储 1 像素的信息需要 1bit(位),即 1 字节可存储 8 像素;对于 16 灰度级图像,存储 1 像素的信息需要 4bit,即 1 字节可存储两像素;对于 256 灰度级图像,存储 1 像素的信息需要 8bit,即 1 字节可存储 1 像素。例如,对于一幅 600×800 的 256 灰度级图像阵列,就需要 480KB 的存储空间。

习惯上当讨论图像的数学运算时,采用如图 2.8(a)所示的数学运算坐标系统,它的原点 O(origin)位于图像的左下角,横轴为 x 轴,纵轴为 y 轴;当讨论图像在屏幕上的显示时,采用如图 2.8(b)所示的图像显示坐标系统,它的原点 O 位于图像的左上角,纵坐标 x 表示图像像素值阵列的行,横坐标 y 表示图像像素值阵列的列。

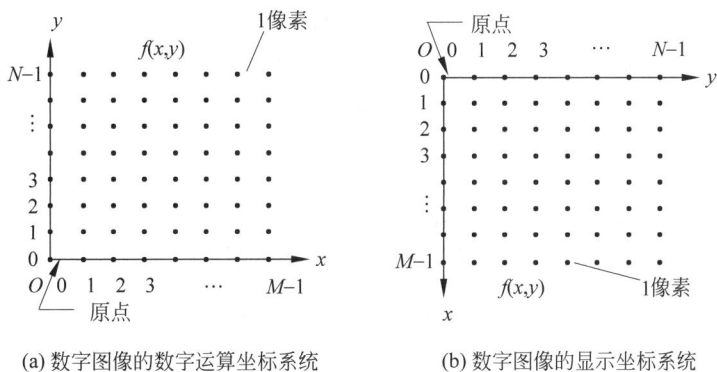

(a) 数字图像的数字运算坐标系统　　(b) 数字图像的显示坐标系统

图 2.8　数字图像的坐标表示

图 2.9 给出了一幅灰度图像和该图像的一个子窗口图像对应的位图阵列图像(位图的概念详见 2.6.3 节),以及该子图像的像素值阵列。该像素值阵列即是用数字图像显示坐标的形式表示的(子)图像数据。

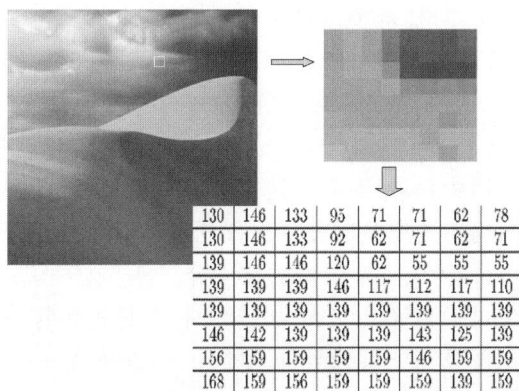

130	146	133	95	71	71	62	78
130	146	133	92	62	71	62	71
139	146	146	120	62	55	55	55
139	139	139	146	117	112	117	110
139	139	139	139	139	139	139	139
146	142	139	139	143	125	139	
156	159	159	159	159	146	159	159
168	159	156	159	159	159	139	159

图 2.9　灰度图像的子窗口图像及其像素值矩阵

在本节结束之际需要说明的是，"像素"是一个纯理论上的概念，它没有形状，也没有尺寸，只存在于理论计算中。图 2.9 给出的位图矩阵图像中放大成正方形色块形式的"像素"，仅仅是为了便于理解像素概念而特别设置的。

另外，为了表述上的方便，在本书后续内容中除特别声明外，文中提到的图像和图像处理均指数字图像和数字图像处理。

2.4　空间分辨率和灰度分辨率

图像分辨率是指成像系统重现不同尺寸景物的对比度的能力，是将景物大小进行量化的最有用的方法。图像分辨率包括空间分辨率和灰度分辨率。

2.4.1　空间分辨率和灰度分辨率的概念

空间分辨率是遥感应用和图像数字化中反映传感器性能的一个重要参数，与摄像机及数字相机中每个固态阵列传感器的大小、镜头的焦距、景物的反差、飞行的高度和所用的光谱波段等都有关系。

空间分辨率是图像中可分辨的最小细节，是由图像平面上图像采样点间的接近程度即采样间隔值决定的。一种常用的空间分辨率的定义是单位距离内可分辨的最少黑白线对数目（单位是线对每毫米），如 80 线对每毫米。线对的概念可通过图 2.10 来理解，图中的线对宽度为 $2W$，即每单位距离有 $1/2W$ 个线对。

图 2.10　空间分辨率的线对概念示例

空间分辨率反映了图像数字化时对图像像素划分的密度，反映了数字化后的图像的实际分辨率。对于一个同样大小的景物来说，对其进行采样的线对数越多（即空间分辨率越高），采样间隔就越小，景物中的细节越能在数字化后的图像中反映出来，即反映该景物的图像的质量就越高。

一幅数字图像的阵列大小（简称为图像大小）通常用 $M \times N$ 表示。在景物大小不变的情况下，采样的空间分辨率越高，获得的图像阵列 $M \times N$ 就越大；反之，采样的空间分辨率越低，获得的图像阵列 $M \times N$ 就越小。在空间分辨率不变的情况下，图像阵列 $M \times N$ 越大，图像的尺寸就越大；反之，图像阵列 $M \times N$ 越小，图像的尺寸就越小。

在通常的图像处理应用中，一般不会涉及图像的实际分辨率的度量细节及其与地面景物分辨率的关系。所以当简单地把矩形数字化仪的尺寸看作"单位距离"时，就可把一幅数字图像的阵列大小 $M \times N$ 称为该数字图像的空间分辨率。这种观点对于同一研究环境（比如研究环境中所用的图像显示和输出设备的分辨率往往是相同的）来说也是不矛盾的。

灰度分辨率是指在灰度级别中可分辨的最小变化，即每像素的灰度级数；灰度分辨率体现的是显示器区分图像中各像素的亮度（灰度）的能力。通常把一幅图像的灰度级 L 称为该图像的灰度分辨率。图像的灰度级由式(2.8)中的 k 确定,显然,灰度级通常是 2 的整数次幂。

如前所述,对于一个同样大小的景物来说,对其进行采样和量化的空间分辨率和灰度分辨率越大,反映该景物的图像的质量就越高。但由式(2.11)可知,M、N 和 k 越大,存储和传输该图像所需的资源也就越多。所以图像的采样量和灰度级要根据实际应用需求决定。在大多数图像处理应用中,灰度级的值取 256,即用 1 字节来表示和存储 1 像素。

2.4.2 采样数变化对图像视觉效果的影响

图 2.11 最左边给出了一幅灰度分辨率为 256、空间分辨率为 512×512 的图像。从该图像中,每隔一行删去一行且每隔一列删去一列可得到 256×256 的图像(即第 2 幅图像)。从 256×256 的图像中,每隔一行删去一行且每隔一列删去一列可得到 128×128 的图像(即第 3 幅图像)。用同样方法可得到 64×64 的图像、32×32 的图像和 16×16 的图像。

图 2.11　采样数变化对图像视觉效果的影响示例

从图 2.11 的第 1 幅图像开始直到得到最后一幅图像的过程说明,原图对应的景物大小没有变化,对原图采样的"线对"宽度也没有变化,引起从图 2.11 第 1 幅图像开始变化到最后一幅图像的原因在于对同一景物图像的采样数目减少了(即采样密度降低了)。由此说明,在图像的空间分辨率不变(这里指线对宽度不变)的情况下,采样数越少,图像越小。同时也证明,在景物大小不变的情况下,图像阵列 $M×N$ 越小,图像的尺寸就越小。

2.4.3 空间分辨率变化对图像视觉效果的影响

图 2.12(a)给出了一幅灰度分辨率为 256、空间分辨率为 512×512 的图像。图 2.12(b)、图 2.12(c)、图 2.12(d)、图 2.12(e)及图 2.12(f)的灰度分辨率与图 2.12(a)相同(为 256),但空间分辨率依次降低为 256×256、128×128、64×64、32×32 和 16×16。图 2.12 中各图的共同特征是大小尺寸相同,这种特征的获得是通过降低空间分辨率,即增加采样的线对宽度保证的。可见随着空间分辨率的降低,图像中的细节信息在逐渐损失,棋盘格似的粗颗粒像素变得越来越明显。由此说明,图像的空间分辨率越低,图像的视觉效果越差。本例也证明了,在图像大小不变的情况下,图像的空间分辨率越低,图像阵列 $M×N$ 越小。

(a) 空间分辨率为512×512　　(b) 空间分辨率为256×256　　(c) 空间分辨率为128×128

(d) 空间分辨率为64×64　　(e) 空间分辨率为32×32　　(f) 空间分辨率为16×16

图 2.12　空间分辨率变化对图像视觉效果的影响示例

2.4.4　灰度分辨率变化对图像视觉效果的影响

图 2.13(a)给出了一幅灰度级分辨率为 256、空间分辨率为 512×512 的图像。图 2.13(b)、图 2.13(c)、图 2.13(d)、图 2.13(e)及图 2.13(f)的空间分辨率与图 2.13(a)相同(为 512×512)，但灰度分辨率依次降低为 32、16、8、4 和 2。可见随着灰度分辨率的降低，图像中的细节信息在逐渐损失，伪轮廓信息在逐渐增加。在图 2.13(c)和图 2.13(d)中出现了所谓的"马赛克"现象，即图像中一些子块与子块之间的过渡不平滑，并且出现了由若干小方格造成的色块打乱的现象；在图 2.13(f)中，由于伪轮廓信息的积累，图像已显现出木刻画的效果。由此说明，灰度分辨率越低，图像的视觉效果越差。

(a) 灰度分辨率为256　　　　(b) 灰度分辨率为32　　　　(c) 灰度分辨率为16

图 2.13　灰度分辨率变化对图像视觉效果的影响示例

(d) 灰度分辨率为8　　　　　　(e) 灰度分辨率为4　　　　　　(f) 灰度分辨率为2

图 2.13　（续）

2.5　像素间的关系

图像中像素间的关系是基于图像的显示坐标而言的,在后续章节中讨论部分图像处理方法时会涉及。为了表述方便,下面的讨论约定用诸如 p、q 和 r 这样的小写字母表示某些特指的像素,用诸如 S、T 和 R 这样的大写字母表示像素子集。

2.5.1　像素的相邻和邻域

图像中像素的相邻和邻域有以下三种。

1. 相邻像素与 4 邻域

设相对于图像显示坐标系的图像中的像素 p 位于 (x,y) 处,则 p 在水平方向和垂直方向相邻的像素 q_i 最多可有 4 个,其坐标分别为

$$(x-1,y),\quad (x,y-1),\quad (x,y+1),\quad (x+1,y)$$

由这 4 像素组成的集合称为像素 p 的 4 邻域,记为 $N_4(p)$。在图 2.14(a)中,中心像素 p 的4 个 4 邻域像素是 q_1、q_2、q_3 和 q_4。

图像中坐标为 (x,y) 的像素与它的 4 邻域中的每像素相距一个单位距离。

严格来讲,位于图像边界的像素的某些相邻像素是不存在的,但对于图像的某些运算来说,认为位于图像的上边界的像素(如图 2.14(d)中的 r_{00}、r_{01}、r_{02} 和 r_{03})的上相邻像素是图像中同列像素中最下边的像素(即 r_{00}、r_{01}、r_{02} 和 r_{03} 的上相邻像素分别是 r_{30}、r_{31}、r_{32}和 r_{33});位于图像的左边界的像素(如图 2.14(d)中的 r_{00}、r_{10}、r_{20} 和 r_{30})的左相邻像素是图像中同行像素中最右边的像素(即 r_{00}、r_{10}、r_{20} 和 r_{30} 的左相邻像素分别是 r_{03}、r_{13}、r_{23}和 r_{33})。同理可给出图像的下边界中的像素的下相邻像素和图像的右边界中的像素的右

	q_1	
q_2	p	q_3
	q_4	

r_1		r_2
	p	
r_3		r_4

r_1	q_1	r_2
q_2	p	q_3
r_3	q_4	r_4

r_{00}	r_{01}	r_{02}	r_{03}
r_{10}	r_{11}	r_{12}	r_{13}
r_{20}	r_{21}	r_{22}	r_{23}
r_{30}	r_{31}	r_{32}	r_{33}

(a) 4邻域相邻　　　(b) 4对角相邻　　　(c) 8邻域相邻　　　(d) 图像像素相邻

图 2.14　像素的相邻和邻域

相邻像素的定义。一个比较模糊的定义是：如果(x,y)位于图像的边界，则像素 p 的某些相邻像素位于图像的外部。

2. 对角相邻像素与 4 对角邻域

设相对于图像显示坐标系的图像中的像素 p 位于(x,y)处，则 p 的对角相邻像素 r_i 最多可有 4 个，其坐标分别为

$$(x-1,y-1), \quad (x-1,y+1), \quad (x+1,y-1), \quad (x+1,y+1)$$

由这 4 像素组成的集合称为像素 p 的 4 对角邻域，记为 $N_D(p)$。在图 2.14(b)中，中心像素 p 的 4 个 4 对角邻域像素是 r_1、r_2、r_3 和 r_4。

3. 8 邻域

把像素 p 的 4 对角邻域像素和 4 邻域像素组成的集合称为像素 p 的 8 邻域，记为 $N_8(p)$，如图 2.14(c)所示。如前所述，如果(x,y)位于图像的边界，则像素 p 的某些相邻像素位于图像的外部。同埋，$N_D(p)$和 $N_8(p)$中的某些像素位于图像的外部。

2.5.2　像素的邻接性与连通性

像素的邻接性和连通性用于研究像素之间的基本关系，是研究和描述图像的基础。确定图像中两像素是否连通有两个条件：一是确定它们是否存在某种意义上的相邻；二是确定它们的灰度值是否相等，或者是否满足某个特定的相似性准则。本节后面的内容将进一步说明，如果图像中两像素存在某种意义上的相邻，而且它们的灰度值或者相等，或者满足某个特定的相似性准则，则这两像素存在某种意义上的邻接性和连通性。

1. 像素的邻接性及其判定方法

设 V 是一个用于定义像素间邻接性的灰度值集合。对于黑白图像来说，若相邻像素的灰度值等于 1，则说明它们彼此相邻，即 $V=\{1\}$。比如，若位于(x,y)处的像素 p 的灰度值为 1，$N_4(p)$中位于$(x,y-1)$和$(x,y+1)$处的像素 q_1 和 q_2 的灰度值分别为 0 和 1，如图 2.15(a)所示，那么在灰度值是否同时属于 $V=\{1\}$ 中的元素的准则意义下，像素 p 与像素 q_1 是不邻接的，但像素 p 与像素 q_2 是邻接的。对于 256 灰度级的图像来说，一般用 0～255 中的任意一个灰度级子集作为判定像素是否相邻的准则。比如，若 $V=\{10,11,\cdots,16\}$，且若位于(x,y)处的像素 p 的灰度值为 13，$N_4(p)$中位于$(x-1,y)$、$(x,y-1)$和$(x,y+1)$处的像素 q_1、q_2 和 q_3 的灰度值分别为 220、11 和 16，如图 2.15(b)所示，那么在灰度值是否同时属于 $V=\{10,11,\cdots,16\}$ 中的元素的准则意义下，像素 p 与像素 q_1 是不邻接的，但像素 p 与像素 q_2 和像素 q_3 都是邻接的。

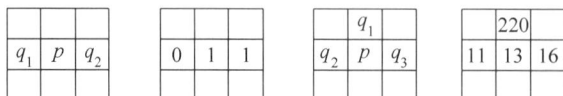

q_1	p	q_2			0	1	1				q_1			220	
									q_2	p	q_3		11	13	16

(a) 黑白图像像素的邻接性判定　　(b) 灰度图像像素的邻接性判定

图 2.15　像素的邻接性示例

像素间有以下 3 种类型的邻接性。

（1）4 邻接——若像素 p 和像素 q 的灰度值均属于 V 中的元素，且 q 在 $N_4(p)$中，则 p 和 q 为 4 邻接。

（2）8 邻接——若像素 p 和像素 q 的灰度值均属于 V 中的元素，且 q 在 $N_8(p)$ 中，则 p 和 q 为 8 邻接。

（3）m 邻接（混合邻接）——若像素 p 和像素 q 的灰度值均属于 V 中的元素，或者 q 在 $N_4(p)$ 中，或者 q 在 $N_D(p)$ 中且集合 $N_4(p) \bigcap N_4(q)$ 中没有值为 V 中元素的像素，则 p 和 q 为 m 邻接。

根据以上的邻接性定义，对于一幅图像中的两个子图像的像素子集 S 和 T，如果 S 中的某些像素与 T 中的某些像素邻接（这里的邻接指 4 邻接、8 邻接或 m 邻接），则称像素子集 S 和 T 是相邻接的。

之所以要引入 m 邻接，是为了克服 8 邻接可能存在的二义性，下面以图 2.15(b) 为例进行说明。

【例 2.1】　判断图 2.16(b) 中的 8 邻接和 m 邻接。

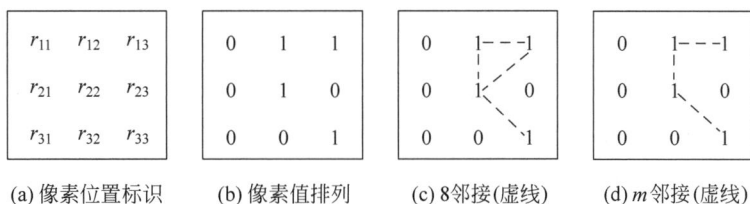

(a) 像素位置标识　　(b) 像素值排列　　(c) 8邻接(虚线)　　(d) m邻接(虚线)

图 2.16　像素间的 8 邻接和 m 邻接示例

解：设 $V=\{1\}$，并用虚连线表示像素 p 和 q 之间存在 k 邻接，$k \in \{4, 8, m\}$。为了描述的方便，把图 2.16(b) 中像素的排列情况表示成图 2.16(a) 的一般形式。

（1）分析图 2.16(b) 中像素间的 8 邻接情况。

根据 8 邻接的定义，依次考察图 2.16(b) 中的像素值为 1 的每像素，得到图 2.16(b) 中像素间的 8 邻接情况，如图 2.16(c) 中的虚线所示。在图 2.16(c) 中，中心像素 r_{22} 与上一行的像素 r_{12} 和 r_{13} 之间分别有一条虚线，这在表示区域和边界时显然存在二义性。

（2）分析图 2.16(b) 中像素间的 m 邻接情况。

依次考察图 2.16(b) 中的像素值为 1 的每像素：

① 因为对于 $p=r_{12}$，$q=r_{13}$，有 $N_4(p)=\{r_{13}\}$，也即 r_{13} 和 r_{22} 在 $N_4(p)$ 中，所以 r_{12} 分别与 r_{13} 和 r_{22} 之间存在 m 邻接，用虚线连接。

② 因为对于 $p=r_{13}$，$q=r_{12}$，有 $N_4(p)=\{r_{12}\}$，即 r_{12} 在 $N_4(p)$ 中，所以 r_{13} 与 r_{12} 之间存在 m 邻接，与步骤①的分析一致。

并且，对于 $p=r_{13}$ 和 $q=r_{22}$，有 $N_4(p)=\{r_{12}\}$、$N_D(p)=\{r_{22}\}$ 和 $N_4(q)=\{r_{12}\}$；所以 $N_4(p) \bigcap N_4(q)=\{r_{12}\}$ 中有值为 V 中元素的像素，像素 r_{13} 与 r_{22} 之间不存在 m 邻接。

③ 因为对于 $p=r_{22}$，有 $N_4(p)=\{r_{12}\}$ 和 $N_D(p)=\{r_{13}, r_{33}\}$；对于 $N_D(p)$ 中的 $q=r_{13}$，有 $N_4(q)=\{r_{12}\}$，所以 $N_4(p) \bigcap N_4(q)=\{r_{12}\}$ 中有值为 V 中元素的像素 r_{12}，像素 r_{22} 与 r_{13} 之间不存在虚线。

对于 $N_D(p)$ 中的 $q=r_{33}$，有 $N_4(q)=\{\ \}$，且 $N_4(p) \bigcap N_4(q)=\{\ \}$ 中没有值为 V 中元素的像素，所以像素 r_{22} 与 r_{33} 之间存在 m 邻接，用虚线相连。

④ 同理，因为对于 $p=r_{33}$，有 $N_4(p)=\{\ \}$，且 $N_4(p) \bigcap N_4(q)=\{\ \}$ 中没有值为 V 中元素的像素，所以像素 r_{33} 与 r_{22} 之间存在 m 邻接，与步骤③的分析一致。

由此得到的 m 邻接如图 2.16(d)中的虚线所示。

2. 像素的连通性

下面先介绍由像素序列组成的通路概念,然后在此基础上给出连通分量和连通集的概念。

如果有:

(1) 像素(x_i,y_i)和$(x_{i-1},y_{i-1})(1{\leqslant}i{\leqslant}n)$相邻接。

(2) $(x_0,y_0)=(x,y)$,且$(x_n,y_n)=(u,v)$,则从具有坐标(x,y)的像素 p 到具有坐标(u,v)的像素 q 之间存在一条由特定的像素序列组成的通路,该像素序列的坐标为

$$(x_0,y_0),(x_1,y_1),\cdots,(x_n,y_n)$$

其中,n 是通路的长度。如果$(x_0,y_0)=(x_n,y_n)$,则称该通路是闭合通路。

上述通路定义中的邻接概念是针对特定类型的邻接性而言的。进一步讲,在 4 邻接意义下定义的通路是 4 连通的;在 8 邻接意义下定义的通路是 8 连通的;在 m 邻接意义下定义的通路是 m 连通的。比如在图 2.16(c)中,右上角的像素 r_{13} 与右下角的像素 r_{33} 之间存在的通路是 8 连通的;而在图 2.16(d)中,右上角的像素 r_{13} 与右下角的像素 r_{33} 之间存在的通路是 m 连通的。显然,m 连通不存在二义性。

设 p 和 q 是一幅图像中的像素子集 S 中不同的两像素,如果在 S 的全部像素之间存在一条通路,则称像素 p 和 q 在 S 中是连通的。对于 S 中的任意像素 p,在 S 中所有与像素 p 连通的像素组成的像素集合(包括 p)称为 S 中的一个连通分量。如果 S 中仅有一个连通分量,则称集合 S 为连通集。

2.5.3　距离的度量

像素在空间中的接近程度用像素间的距离来测量。像素距离的度量概念涉及距离度量函数和度量方式。

1. 距离度量函数

对于在图像显示坐标系中坐标分别位于(x,y)、(u,v)和(w,z)处的像素 p、q 和 r,如果有:

(1) $D(p,q){\geqslant}0(D(p,q)=0$ 当且仅当 $p=q$,即 p 和 q 是指同一像素时)。

(2) $D(p,q)=D(q,p)$。

(3) $D(p,r){\leqslant}D(p,q)+D(q,r)$。

则 D 是距离度量函数。

上述距离度量函数中第(1)条的含义是两像素之间的距离总是正的;第(2)条的含义是距离与起点和终点无关;第(3)条的含义是两点间的直接距离不会超过通过任何中间点的路径距离。

2. 距离度量方式

像素间的距离有以下几种度量方式。

1) 欧氏距离

像素 p 和 q 之间的欧氏(Euclidean)距离定义为

$$D_e(p,q)=[(x-u)^2+(y-v)^2]^{1/2} \tag{2.12}$$

根据式(2.12)的距离度量,所有与像素(x,y)之间的欧氏距离小于或等于 D_e 的像素

都包含在以 (x,y) 为中心、以 D_e 为半径的圆平面中。

2）街区距离

像素 p 和 q 之间的 D_4 距离，即街区（city-block）距离，定义为

$$D_4(p,q) = |x-u| + |y-v| \qquad (2.13)$$

根据式（2.13）的距离度量，所有距像素 (x,y) 的街区距离为小于或等于 D_4 的像素组成一个中心点在 (x,y) 的菱形。比如，那些与像素 (x,y) 的 D_4 距离小于或等于 2 的像素组成了如图 2.17(a) 所示的等距离轮廓。$D_4=1$ 的像素就是像素 (x,y) 的 4 邻域像素。

3）棋盘距离

像素 p 和 q 之间的 D_8 距离，即棋盘（chessboard）距离，定义为

$$D_8(p,q) = \max(|x-u|, |y-v|) \qquad (2.14)$$

根据式（2.14）的距离度量，所有距像素 (x,y) 的棋盘距离为小于或等于 D_8 的像素组成一个中心点在 (x,y) 的方形。比如，距像素 (x,y) 的 D_8 距离小于或等于 2 的像素组成了如图 2.17(b) 所示的等距离轮廓。$D_8=1$ 的像素就是像素 (x,y) 的 8 邻域像素。

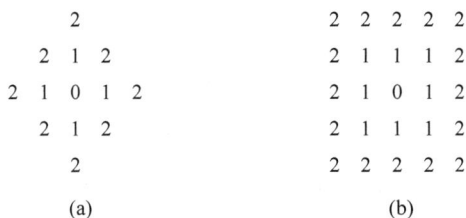

```
        2                    2 2 2 2 2
      2 1 2                  2 1 1 1 2
    2 1 0 1 2                2 1 0 1 2
      2 1 2                  2 1 1 1 2
        2                    2 2 2 2 2

       (a)                      (b)
```

图 2.17　等距离轮廓示例

值得注意的是，像素 p 和 q 之间的 D_4 和 D_8 距离仅与这些像素的坐标有关，而与它们之间可能存在的通路无关。然而，对于 m 邻接（对应于 m 连通），像素 p 和 q 之间的 D_m 距离定义为它们两者之间的最短通路。也就是说，两像素间的 D_m 距离与通路中各像素的灰度值及与它们相邻的像素的灰度值有关。m 连通时，像素间的 D_m 距离的确定方法可用下面的例子来说明。

【例 2.2】　设 $V=\{1\}$，且有如图 2.18(a) 所示的像素排列情况，并假设 p、r_2 和 q 的值为 1，r_1 和 r_3 的值为 0 或 1。由 r_1 和 r_3 的值的不同组合（00，01，10，11）依次得到图 2.18(b)、图 2.18(c)、图 2.18(d) 和图 2.18(e)。

解：根据 m 邻接的定义可知：

（1）图 2.18(b) 即 r_1 和 r_3 均为 0 时的情况。对于图 2.18(b) 中的像素值为 1 的每像素，由于它们的 4 邻域像素集为空集，因而 $N_4(p)=\{\}$，且 $N_4(p) \cap N_4(q)=\{\}$，所以在 p 与 r_2 和 r_2 与 q 之间存在 m 邻接。因而 p 和 q 之间的最短 m 通路的长度（D_m 距离）为 2。

（2）图 2.18(c) 即 r_1 为 0 和 r_3 为 1 时的情况。对于像素 r_3，由于 r_2 和 q 是 r_3 的 4 邻域像素集中的元素，所以在 r_3 与 r_2 和 r_3 与 q 之间存在 m 邻接；由于 p 的 4 邻域像素集为空集，所以在 p 与 r_2 之间存在 m 邻接。因而 p 和 q 之间的最短 m 通路的长度为 3。

（3）类似地，对于图 2.18(d) 中的 r_1 为 1 和 r_3 为 0 时的情况，p 和 q 之间的最短 m 通路的长度仍为 3。对于图 2.18(e) 中的 r_1 和 r_3 均为 1 时的情况，p 和 q 之间的最短 m 通路的长度为 4。请读者证明：在图 2.18(d) 和图 2.18(e) 中，p 和 q 之间的最短 m 通路的长度分别是 3 和 4。

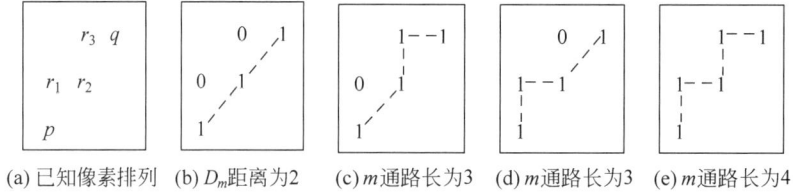

(a) 已知像素排列　(b) D_m 距离为2　(c) m 通路长为3　(d) m 通路长为3　(e) m 通路长为4

图 2.18　m 连通时像素间的 D_m 距离示例

2.6　图像的显示

图像显示是将数字图像在计算机屏幕上还原为可见图像的过程。对于那些以改善图像视觉效果为目的的图像处理应用来说，图像显示的重要性是不言而喻的。对于许多图像分析应用来说，通过图像的显示可监视和交互地控制分析过程，从而提高图像分析的性能和效果。所以，图像显示是图像技术领域中的重要内容。

图像的显示与图像的显示特性、硬件显示设备的性能等都有关系。本节仅介绍在图像处理和分析应用中所涉及的与图像显示有关的基本概念和技术，以满足具有不同专业基础的学习者的需求。

2.6.1　显示分辨率与图像分辨率

当同一幅图像在两个不同的显示器上显示时，可能出现两个显示器上图像的外观尺寸不同的情况，这是因为这两个显示器的显示分辨率不同而造成的。显示分辨率是指显示屏上能够显示的数字图像的像素数目，用水平（行）像素数和垂直（列）像素数表示，取决于显示器上所能够显示的像素之间的距离。图像分辨率反映了数字化图像中可分辨的最小细节，即图像的空间分辨率。在这里将图像分辨率看成图像阵列的大小。

同一显示器（或显示分辨率相同的不同显示器）显示的图像大小只与被显示的图像（阵列）的空间分辨率大小有关，与显示器的显示分辨率无关。换句话说，具有不同空间分辨率的数字图像在同一显示器上的显示分辨率相同。

当同一幅图像（或图像分辨率相同的不同图像）显示在两个显示分辨率不同的显示器上时，显示的图像的外观尺寸与显示器的显示分辨率有关：显示分辨率越高，显示出的图像的外观尺寸越小；显示分辨率越低，显示出的图像的外观尺寸越大。

2.6.2　彩色模型

数字图像的显示必须符合人眼的视觉要求。人眼的视觉过程是一个复杂的过程，可用亮度（灰度）、色调和饱和度这 3 个基本特征量来区分颜色。亮度与物体对光的反射率成正比；色调与混合光谱中主要光的波长相联系；饱和度与色调的纯度有关。为了正确地描述符合人的视觉要求的颜色特性和彩色显示系统的实现，人们已经建立了几种实用的彩色模型（详见第 11 章）。下文中将以 RGB 彩色模型为例，介绍调色板及其有关概念。

2.6.3　位图

普通的显示屏是由许多像素构成一个像素阵列,平时所说的屏幕分辨率(即屏幕的显示分辨率),如 1024×768,就是指像素阵列的大小。屏幕上图像的显示是采用扫描方法实现的:电子枪每次从左到右扫描一行,为每像素着色;然后再这样从上到下扫描完屏幕中的所有行。由于视觉惰性,人会感觉到屏幕上有一整幅图像。为了防止闪烁,每秒要重复上述扫描过程几十次。比如,通常所说的屏幕分辨率为 1024×768,刷新频率为 110Hz,意思是说,每行要扫描 1024 像素,全屏幕共需扫描 768 行,每秒要重复这样的扫描屏幕过程110 次。这种显示器被称为位映像设备,可见,所谓位映像就是指按二维阵列形式组织(排列)图像的像素数据,而位图就是采用位映像方法显示和存储的图像,即以二维的像素点阵形式显示和存储的图像。图 2.19 是一幅机械零件的 4 灰度级轮廓图像,将该图像放大并以位图形式显示的图像如图 2.20 所示,图中的每个方格代表 1 像素。

图 2.19　机械零件轮廓图像　　　　图 2.20　机械零件轮廓图像的位图

2.6.4　调色板

为了显示彩色图像,就要分别给出每像素的 RGB 值。在真彩色(true color)系统中,真彩色图像共有 $2^8 \times 2^8 \times 2^8 = 16\,777\,216$ 种颜色;每像素的值都用 24 位表示,即 8 位表示 R,8 位表示 G,8 位表示 B。真彩色颜色值与像素值一一对应,像素值就是颜色值。但对于16 色和 256 色显示系统,直接用 4 位和 8 位像素值表示颜色值无法得到最佳甚至比较好的显示效果,因而引入了调色板技术。

所谓调色板,就是在 16 色或 256 色显示系统中,将图像中出现最频繁的 16 种或 256 种颜色组成一个颜色表,并将它们分别编号为 0～15 或 0～255,这样就使每一个 4 位或 8 位的颜色编号与颜色表中的 24 位颜色值(对应一种颜色中的 R、G、B 值)相对应。这种 4 位或8 位的颜色编号称为颜色的索引号,由颜色索引号及其对应的 24 位颜色值组成的表称为颜色查找表(look up table,LUT),即调色板。使用调色板后,16 色或 256 色图像中的 4 位或

8 位像素值就不再是具体的颜色值，而是各像素颜色值的编号。表 2.1 给出了常用颜色的 RGB 值组合。

表 2.1　常用颜色的 RGB 值组合

颜　　色	红色分量(R)	绿色分量(G)	蓝色分量(B)
黑色	0	0	0
白色	255	255	255
红色	255	0	0
绿色	0	255	0
蓝色	0	0	255
青色	0	255	255
品红(紫色)	255	0	255
黄色	255	255	0
灰色	128	128	128
橄榄色	128	128	0
深青色	0	128	128
银色	192	192	192

在 Windows 中的位图和 PCX、TIFF、GIF 等图像文件格式都应用了调色板技术。

2.7　图像文件格式

图像是以文件的形式存储的。目前流行多种图像文件格式，典型的有 BMP、GIF、TIFF、PNG、JPEG 等。考虑到掌握图像文件格式在图像处理中的重要作用和 BMP 图像格式的规范性两方面因素，本节仅对 BMP 图像文件格式加以介绍。

BMP 文件(Bitmap File)是一种 Windows 采用的点阵式图像文件格式，主要由位图文件头(bitmap file header)、位图信息头(bitmap information header)、位图调色板(bitmap palette)和位图数据(bitmap data)四部分组成，其组成结构如表 2.2 所示。

表 2.2　位图文件的组成

位图文件的组成部分	各部分的标识名称	各部分的作用
位图文件头	BITMAPFILEHEADER	说明文件的类型和位图数据的起始位置等，占 14 字节
位图信息头	BITMAPINFORMATION	说明位图文件的大小、位图的高度和宽度、位图的颜色格式和压缩类型等信息，占 40 字节
位图调色板	RGBQUAD	由位图的颜色格式字段所确定的调色板数组，数组中的每个元素是一个 RGBQUAD 结构，占 4 字节
位图数据	BYTE	位图的压缩格式确定了该数据阵列是压缩数据还是非压缩数据

2.7.1　位图文件头

位图文件头 BITMAPFILEHEADER 可定义为如下的结构：

```
typedef struct{
                WORD     bfType;
                DWORD    bfSize;
                WORD     bfReserved1;
                WORD     bfReserved2;
                DWORD    bfoffBits;
        }BITMAPFILEHEADER;
```

其中,WORD 为 16 位无符号整数,DWORD 为 32 位无符号整数,所以位图文件头的长度为 14 字节。各字段含义为:

(1) bfType 用于指定文件的类型,在 Windows 操作系统中必须是 0x424D,即字符串 "BM"。

(2) bfSize 用于指定包括位图文件头在内的位图文件的大小,单位为字节。

(3) bfReserved1 和 bfReserved2 为位图文件的保留字,约定值均为 0。

(4) bfoffBits 用于指定位图阵列数据相对于文件头的偏移字节数,其值为表 2.2 中前三部分的长度之和,即

$$14(文件头长度)+40(信息头长度)+ColorNum×4(调色板长度)$$

其中,黑白图像的 ColorNum 为 2,16 色图像的 ColorNum 为 16,256 色图像的 ColorNum 为 256,真彩色图像的 ColorNum 为 0。

图 2.21 给出了大小为 256×256 的 256 灰度级 Lena 图像的位图文件头中 14 字节的排列情况及含义,其按字节依次排序为: 42 4D 36 04 01 00 00 00 00 00 36 04 00 00。其中的第 3~6 字节是一个 32 位的双字,用于表示该图像文件的存储空间大小(字节数)。对于构成每个字的 2 字节来说,其前一字节是该字的低位字节,后一字节是该字的高位字节;对于构成每个双字的两个字来说,其前一个字是该双字的低 16 位,后一个字是该双字的高 16 位。所以该双字的 4 字节从高到低依次为 00 01 04 36,其十进制值应为

$$1×16^4+4×16^2+3×16^1+6×16^0=66\ 614$$

即该图像文件的总大小包括 14 字节的位图文件头信息、40 字节的位图信息头信息,256× 4=1024 字节的调色板信息(详见 2.7.3 节),256×256=65 536 字节的像素阵列信息(详见 2.7.4 小节),共 66 614 字节。

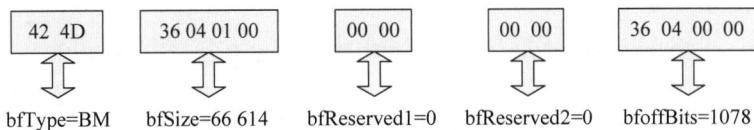

图 2.21　256 灰度级图像 lena.bmp 的位图文件头数据

2.7.2　位图信息头

位图信息头 BITMAPINFORMATION 可定义为如下的结构:

```
typedef struct{
                DWORD biSize;
                DWORD biWidth;
                DWORD biHeight;
```

```
            WORD biPlane;
            WORD biBitCount;
            DWORD biCompression;
            DWORD biSizeImage;
            DWORD biXPelsPerMeter;
            DWORD biYPelsPerMeter;
            DWORD biClrUsed;
            DWORD biClrImportant;
        }BITMAPINFORMATION;
```

位图信息头的长度为 40 字节。各字段含义为：

（1）biSize 用于指定位图文件信息头结构的长度，值为 40。

（2）biWidth 和 biHeight 分别用于指定位图的宽度和高度。

（3）biPlane 用于指定位图的图像平面数，值为 1。

（4）biBitCount 用于指定表示每像素所需的比特数，其值是 1、4、8 和 24 之一。

当 biBitCount=1 时，说明位图文件表示的是一幅双色黑白图像，位图数据阵列中的每 1 位表示 1 像素，值为 0 时表示黑色，值为 1 时表示白色。

当 biBitCount=4 时，说明位图文件表示的是一幅 16 色图像，位图数据阵列中的每 4 位表示 1 像素。显然，图像数据阵列中的每 1 字节可表示 2 像素。

当 biBitCount=8 时，说明位图文件表示的是一幅 256 色图像，位图数据阵列中的每字节（8 位）表示 1 像素。

当 biBitCount=24 时，说明位图文件表示的是一幅最多有 $2^{24}=16\,777\,216$ 种颜色的图像。位图数据阵列中的每 3 字节表示 1 像素。

（5）biCompression 用于指定位图数据是否压缩和采用的压缩类型，其值是 0、1 和 2 之一，分别对应于 Windows 定义的 BI_RGB、BI_RGB8 和 BI_RGB4 常量。当取值为 0 时，表示没有压缩；当取值为 1 时，表示采用 8bit 的 RLE（Run Length Encoded，游程长度编码）压缩，即 BI_RGB8；当取值为 2 时，表示采用 4bit 的 RLE 压缩，即 BI_RGB4。在 Windows 的位图中，压缩方式用得不多，所以有关 BI_RGB8 和 BI_RGB4 的压缩格式不再赘述。

（6）biSizeImage 用于指定实际的位图数据占用的字节数。由于要求对应于位图阵列的每行的字节数必须是 4 的倍数，所以其值也可由下式求得

$$\mathrm{biSizeImage}=(\lfloor(\mathrm{byte\_Width}+3)/4\rfloor\times 4)\times\mathrm{biHeight} \tag{2.15}$$

其中：

① 符号"$\lfloor\ \rfloor$"表示向下取整。

② byte_Width 为图像宽度对应的字节数。对于 16 色图像，byte_Width=biWidth/2；对于 256 彩色或 256 灰度级图像，byte_Width=biWidth；对于真彩色图像，byte_Width=biWidth×3。

③ $\lfloor(\mathrm{byte\_Width}+3)/4\rfloor\times 4$ 是为了使图像的宽度 biWidth 的值占用的字节数为大于且最接近于 biWidth 的 4 的整倍数，从而满足位图阵列每行的字节数必须是 4 的倍数的要求。

（7）biXPelsPerMeter 和 biYPelsPerMeter 分别用于指定目标设备的水平分辨率和垂直分辨率，单位是像素/米。

(8) biClrUsed 用于指定位图中实际用到的颜色数。当 biClrUsed 的值不为 0 时,其值即是调色板中的颜色数;当 biClrUsed 的值为 0 时,调色板中的颜色数由式(2.16)确定。

$$调色板中的颜色数 = \begin{cases} 2^{biBitCount} & 当 biBitCount 为 1、4 或 8 时 \\ 0 & 当 biBitCount 为 24 时 \end{cases} \quad (2.16)$$

(9) biClrImportant 用于指定位图中重要的颜色数,当其值为 0 时,所有颜色都重要。

图 2.22 给出了大小为 256×256 的 256 灰度级 Lena 图像的位图信息头中 40 字节的排列情况及含义。其中的第 5～8 字节是一个 32 位的双字,用于表示该图像像素阵列的宽度。如同对图 2.21 的说明,该双字的 4 字节从高到低依次为 00 00 01 00,其十进制值应为 $1 \times 16^2 = 256$。即该图像的宽度为 256 像素。

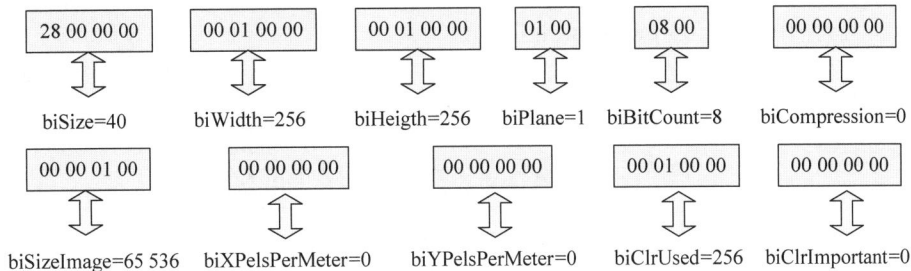

28 00 00 00	00 01 00 00	00 01 00 00	01 00	08 00	00 00 00 00
⇕	⇕	⇕	⇕	⇕	⇕
biSize=40	biWidth=256	biHeigth=256	biPlane=1	biBitCount=8	biCompression=0

00 00 01 00	00 00 00 00	00 00 00 00	00 01 00 00	00 00 00 00
⇕	⇕	⇕	⇕	⇕
biSizeImage=65 536	biXPelsPerMeter=0	biYPelsPerMeter=0	biClrUsed=256	biClrImportant=0

图 2.22　256 灰度级图像 lena.bmp 的位图信息头数据

2.7.3　位图调色板

位图调色板实质上是一个由与该位图的颜色数目相同的颜色表项组成的颜色表,每个颜色表项占 4 字节,构成一个 RGBQUAD 结构,其定义如下:

```
typedef struct{
            BYTE    rgbBlue;
            BYTE    rgbGreen;
            BYTE    rgbRed;
            BYTE    rgbReserved;
         }RGBQUAD;
```

其中,rgbBlue、rgbGreen 和 rgbRed 分别为该颜色的蓝色分量、绿色分量和红色分量; rgbReserved 为保留字,值为 0。

当 biBitCount 的值为 24 时,调色板中的颜色数为 0,即位图文件中没有位图调色板部分,位图中的每像素的蓝色、绿色、红色分量直接由位图阵列数据中的 3 字节的值确定。

对于 256 灰度级图像来说,调色板中 0～255 灰度级的 R、G、B 值分别为 0、0、0,1、1、1,…,255、255、255;保留字均为 0。

2.7.4　图像的位图数据

位图文件的第 4 部分是实际的图像数据。对于具有调色板的位图,图像数据就是该像素在调色板中的索引值。对于双色黑白图像,每字节可以表示 8 像素;对于 16 色图像,每字节可以表示两像素;对于 256 色图像,每字节可以表示 1 像素。对于没有调色板部分的真彩色图像，图像数据就是实际的 R、G、B 值，即每 3 字节表示 1 像素。如前所述，图像的位图数据表示的图像共有 biWidth×biHeight 像素。

图像的位图数据是按行存储的，每一行的字节数按照 4 字节边界对齐，即每一行的字节数是 4 的倍数，不足的字节用 0 补齐。

图像的位图数据是按行从下到上、从左到右排列的。也就是说，从图像的位图数据中最先读到的是图像最下面一行的最左边的像素的亮度数据，然后读到的是该行左边第 2 像素的亮度数据，……，接下来是图像的倒数第二行的最左边的像素的亮度数据，紧接着是该行左边第 2 像素的亮度数据，……，后面各行以此类推，最后读到的是图像最上面一行的最右边的像素的亮度数据。

Windows 中的绝大多数位图数据是不压缩的。当图像的位图数据是压缩的，其压缩格式由位图信息头中的 biCompression 指定。

图 2.23 给出了大小为 256×256 的 256 灰度级图像 lena.bmp 的 256×256 像素阵列的字节排列情况，每字节的十进制值即该像素的灰度值。

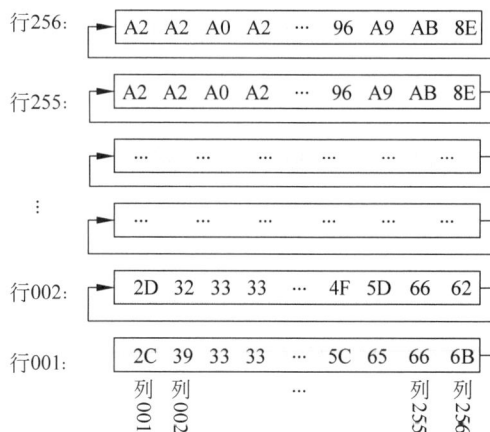

图 2.23　256 灰度级图像 lena.bmp 的位图数据

习　题　2

2.1　解释下列术语。

(1) 二值图像　　　　　　　　(2) 灰度图像

(3) 真彩色图像　　　　　　　(4) 空间分辨率

(5) 灰度分辨率　　　　　　　(6) 调色板

2.2　请解释什么是视觉适应性。

2.3　何谓同时对比效应？同时对比效应在图像处理中有何意义？

2.4　图像运算坐标系有什么特点？

2.5　显示图像坐标系有什么特点？

2.6　设图像阵列大小为 200×300，请回答：

(1) 若该图像是黑白（二值）图像，该图像阵列占用的比特数是多少？

（2）若该图像是 16 灰度级图像，该图像阵列占用的比特数是多少？

（3）若该图像是 256 灰度级图像，该图像阵列占用的比特数是多少？

（4）若该图像是真彩色图像，该图像阵列占用的比特数是多少？

2.7　设有一个 BMP 文件格式的图像，其阵列大小为 256×256，请回答：

（1）若该图像是黑白（二值）图像，该图像的 BMP 文件的大小为多少字节？

（2）若该图像是 16 灰度级图像，该图像的 BMP 文件的大小为多少字节？

（3）若该图像是 256 灰度级图像，该图像的 BMP 文件的大小为多少字节？

（4）若该图像是真彩色图像，该图像的 BMP 文件的大小为多少字节？

2.8　已知如下 MATLAB 程序：

（1）请补充程序中的 3 个注释（%1 至 %3），即用汉语写出 % 后面 1～3 代表的内容。

（2）请说明该程序实现的功能，并在 MATLAB 环境下执行和验证。

```
clc;  clear;  close all;
img0 = imread('d:\lena.jpg');   %1

h = 200;  w = 200;

for x = 1:h
    for y = 1:w
        img1(x,y) = img0(x,y);
    end
end

figure; imshow(img0);   %2
figure; imshow(img1);   %3
```

第 3 章

数字图像的基本运算

图像处理的实质是通过图像的某种运算处理,使处理后的图像满足人的视觉或机器识别的应用需求。从严格的意义上说,各种图像处理方法都是一种图像运算方法;但从一般意义上说,图像运算仅指对一幅图像中的所有像素实施了相同处理,或对两幅输入图像进行像素对像素的灰度值运算,如图像的点运算、直方图运算、代数运算、几何运算等。

图像的点运算是指按照某种灰度变换关系,逐像素地对图像中的每像素的灰度值进行变换的方法,本章介绍图像的灰度反转和对数变换,图像点运算的其他内容详见 4.1 节。

图像直方图本身就是逐个地对图像中各像素的灰度值出现的频数进行统计的结果,在此基础上形成的图像直方图又引出了一系列的运算和处理方法,最具有代表性的基于直方图的图像增强方法有直方图均衡和直方图规定化(详见 4.2 节)。从表面上看,直方图均衡和直方图规定化是用于改变图像的直方图分布,但实质上也是一种对图像中的所有像素实施了相同处理的运算,因此也可以称为直方图运算。但由于直方图均衡和直方图规定化的直接目的是进行图像增强,所以一般把该部分内容都放在图像增强一章介绍。

图像的代数运算是指对两幅(分辨率大小相同的)输入图像进行的点对点的灰度值运算,包括两幅图像的相加运算和两幅图像的相减运算。图像处理中的那些属于模板运算(详见 4.3.1 节)类的处理方法,如 4.3 节的基于空间平滑滤波的图像增强方法和 4.4 节的基于空间锐化滤波的图像增强方法等,由于其不属于"两幅输入图像进行的像素对像素的灰度值运算",所以本书未把这类运算中涉及的相乘运算列入图像的代数运算中。

图像的几何运算也称为图像的几何变换,主要包括图像的平移变换、图像的旋转变换、图像镜像、图像的转置、图像的缩小与放大等。

本章首先介绍图像的灰度反转和对数变换,然后介绍图像直方图及其有关运算方法,接着介绍图像的代数运算方法,最后介绍图像的几何运算方法。

3.1 灰 度 反 转

黑白图像的反转就是使灰度值为 1 的像素值变成 0,使灰度值为 0 的像素值变成 1。

对于 256 灰度级图像来说,图像的灰度反转值就是用 255 分别减去原图像 $f(x,y)$ 的各像素的灰度值。一般地,设图像的灰度级为 L,则图像的灰度反转可表示为

$$g(x,y) = L - 1 - f(x,y) \tag{3.1}$$

256 灰度级图像的灰度反转原理如图 3.1(a)所示,灰度图像反转示例如图 3.1(b)和图 3.1(c)所示。

(a) 灰度图像反转的关系曲线   (b) 原图像   (c) 灰度反转图像

图 3.1 灰度图像反转原理及示例

3.2 对 数 变 换

对原图像 $f(x,y)$ 进行对数变换的解析式可表示为

$$g(x,y) = c\lg(1 + f(x,y)) \tag{3.2}$$

其中, c 是一个常数。

对数变换的作用是对原图像的灰度值动态范围进行压缩,主要用于调高输入图像的低灰度值。比如对于傅里叶频谱来说,要显示的值的范围往往比较大,而傅里叶频谱要显示的重点是突出最亮的像素(对应于低频成分),而这在一个 8 比特的显示系统中会损失频谱图像中的低灰度值部分(对应于高频成分)。在这种情况下,就可依据式(3.2)对频谱进行变换(这时 $c=1$),调高频谱图像的低灰度值而对高灰度值又尽可能地使其影响最小。傅里叶频谱的显示一般是通过这种方式的调整来进行显示的,如图 3.2 所示。

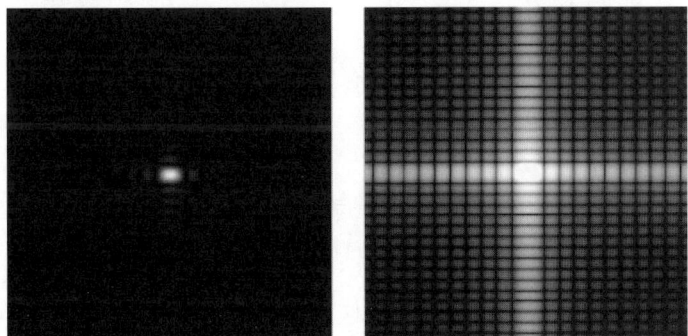

(a) 图像的傅里叶频谱   (b) 对图(a)进行 $c=1$ 的对数变换的结果

图 3.2 利用对数变换对图像的傅里叶频谱进行调整示例

3.3 灰度直方图

在数字图像处理中,灰度图像的直方图(简称为灰度直方图)是一种描述一幅灰度图像中灰度级内容的最简单且最有用的工具,也是对灰度图像进行多种处理的基础。

3.3.1 灰度直方图与灰度图像的对比度

1. 灰度直方图

灰度图像的直方图是一种表示数字图像中灰度级分布的函数，即表示灰度图像中各灰度级及其出现频率（个数）的关系的函数。直方图的横坐标表示图像中像素的灰度级别（即亮度级别），取值范围为 $0 \sim 255$；直方图的纵坐标表示图像中各灰度级别的像素数量（即统计的各灰度级别像素数）。

设一幅数字图像的灰度级范围为 $[0, L-1]$，则该图像的灰度直方图可定义为

$$h(r_k) = n_k \quad (k = 0, 1, \cdots, L-1)$$
$$H(P) = [h(r_1), h(r_2), \cdots, h(r_{L-1})]$$

(3.3)

其中，r_k 表示第 k 级灰度值；n_k 表示图像中灰度值为 r_k 的像素数；$H(P)$ 是灰度图像的直方图函数。在有些文献中提及的一维直方图即是本节所讲的灰度图像的直方图。

有时，从直观的理解"灰度图像直方图是一种表示数字图像中灰度级数分布函数关系的柱状表示形式"的角度，一些文献用类似于图 3.3(b) 的柱状图表示（画）灰度图像的直方图。从概念上讲，表示每一灰度级个数的"柱"只有"高度"概念（即个数），并没有"宽度"概念，所以类似的表示仅仅是便于对直方图概念的理解而已。但在实际中，灰度图像的像素级别取值范围是 $\{0, 1, \cdots, 255\}$，所以在如图 3.4 所示的灰度图像直方图中横坐标的起点是 0，即灰度级为 0 的像素的取值标注是与直方图的纵坐标重合的。

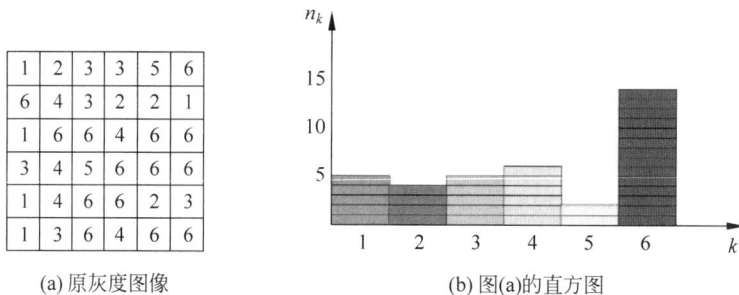

(a) 原灰度图像　　(b) 图(a)的直方图

图 3.3　灰度图像与该图像的直方图

2. 灰度图像的对比度

灰度图像的对比度是指一幅图像中明暗区域最亮的白和最暗的黑之间不同亮度层级的测量，可以用图像画面中最大的灰度值与最小的灰度值的比值来表示。一般来说，对比度越大，灰度图像越清晰、醒目；对比度越小，灰度图像的整个画面越显得灰蒙蒙。显然，高对比度对于图像的清晰度、细节表现、灰度层次表现都有很大帮助。

对比度直观地反映了图像中目标之内或目标与周围背景之间的亮度差别。如果成像系统在物体成像过程中对比度值选取得比较低，那么该物体所成的像（目标）看起来就比实际物体要暗一些；如果对比度降至 0，则物体将会从图像中消失。

3. 图像直方图的分布特征及其与图像对比度的关系

下面用一组图像及其直方图的实例说明图像直方图的分布特征及其与图像对比度的关

系。图 3.4 是具有四种基本图像类型(暗并低对比度、亮并低对比度、低对比度、高对比度)的图像及其灰度直方图。

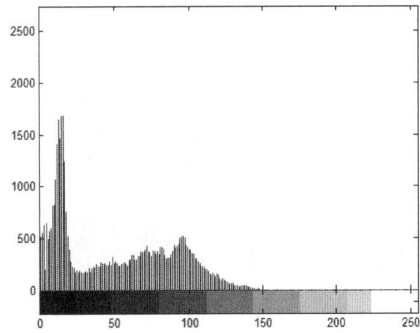

(a) 图像比较暗时的直方图分布特征

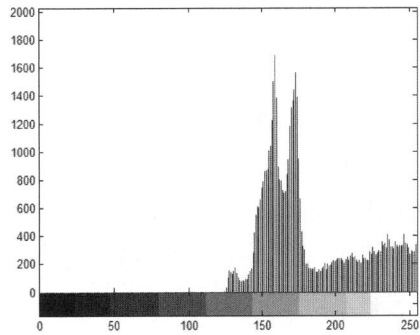

(b) 图像比较亮时的直方图分布特征

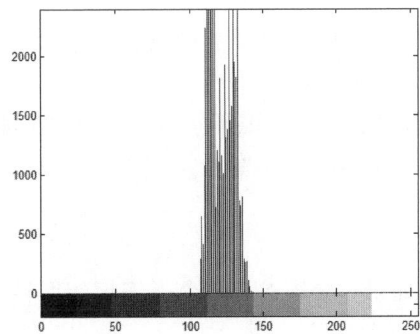

(c) 图像对比度较低时的直方图分布特征

图 3.4　四种基本图像类型(暗、亮、低对比度、高对比度)的图像及其灰度直方图

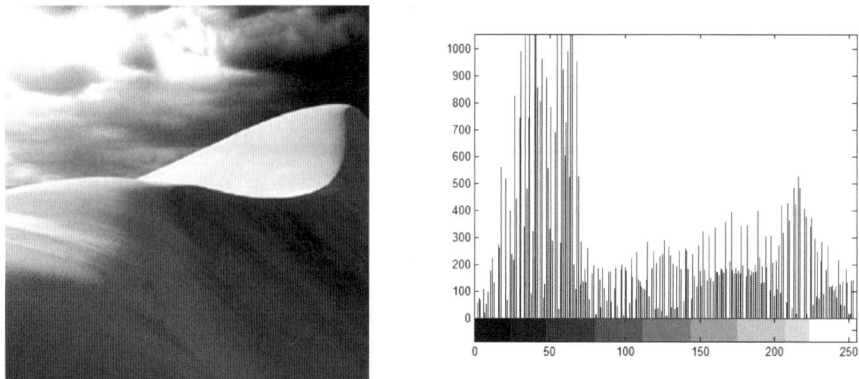

(d)图像对比度较高时的直方图分布特征

图 3.4 （续）

图 3.4 说明了四种基本图像类型的图像直方图分布特征：当图像比较暗时，图像中的各像素的灰度值都比较小，所以直方图中的灰度分布主要集中在低像素级一端（左端）；由于图像中最大"白像素"和最小"黑像素"的比值较小，所以该类直方图的图像的对比度也比较低。当图像比较亮时，图像中的各像素的灰度值都比较大，所以直方图中的灰度分布主要集中在高像素级一端（右端）；同理由于图像中最大"白像素"和最小"黑像素"的比值较小，所以该类直方图的图像的对比度也比较低。当图像的对比度比较低时，说明图像中多数较亮的那些像素的灰度值与图像中多数较暗的那些像素的灰度值的差别比较小，所以图像的直方图中的灰度分布就比较集中地分布在某个灰度值差较小的范围内，即图像直方图聚集在某些灰度值范围内。当图像的对比度比较高时，图像的直方图中的灰度就会相对比较均匀地分布在整个灰度级范围内。

3.3.2 灰度直方图的特征

灰度直方图具有如下一些特征。

（1）灰度直方图仅能反映灰度图像中具有不同灰度值的像素出现的次数（或频率），不能反映出灰度图像中各像素所在的（空间）位置信息。

（2）灰度图像与灰度直方图之间存在着多对一的映射关系，即任一特定的灰度图像都有唯一对应的直方图，但不同的灰度图像可能有相同的直方图。

（3）对于空间分辨率为 $M \times N$ 且灰度级范围为 $[0, L-1]$ 的图像，有关系

$$\sum_{k=0}^{L-1} h(k) = M \times N \tag{3.4}$$

（4）如果一幅图像由两个不连接的区域组成，则整幅图像的直方图等于两个不连接的区域的直方图之和。

3.3.3 归一化灰度直方图

由于式（3.3）所定义的灰度直方图反映的是图像中各灰度的实际出现频数（计数值），这样当某个灰度值的频数远远大于其他灰度值的频数时，根据图像的某像素或某些像素出现的最大频数来确定直方图的纵坐标的最大尺度既不方便也不现实。也就是说，可能会出现

由于直方图的纵坐标与横坐标尺寸差距过于悬殊而难于直观显示完整直方图的情况。为了能完整地显示任何形式的图像的直方图,通常采用归一化形式的直方图,即将直方图的横坐标取值变换到区间[0,1],将直方图的纵坐标取值也变换到区间[0,1]。通常,如不加特殊说明,人们提到的直方图都是指归一化的直方图。

设 r_k 为图像 $f(x,y)$ 的第 k 级灰度值,n_k 是图像 $f(x,y)$ 中具有灰度值 r_k 的像素数,n 是图像 $f(x,y)$ 的像素总数,则图像 $f(x,y)$ 的(归一化)灰度直方图定义为

$$P(r_k) = \frac{n_k}{n} \quad (0 \leqslant r_k \leqslant 1; \ k=0,1,\cdots,L-1) \tag{3.5a}$$

$$H(P) = [p(r_1), p(r_2), \cdots, p(r_{L-1})] \tag{3.5b}$$

显然,$P(r_k)$ 给出的是 r_k 出现概率的估计,提供的是图像的灰度值分布情况。

有关直方图的应用将会在后续相关的章节中介绍。

3.4　图像的代数运算

图像的代数运算包括两幅图像的相加运算和相减运算。

3.4.1　图像的相加运算

图像相加是通过两幅大小相同的图像对应位置像素的相加运算,以产生一幅新的含有两幅图像信息的图像的方法。图像相加也称为图像合成。设 $f_1(x,y)$ 和 $f_2(x,y)$ 分别表示大小为 $M \times N$ 的两幅输入图像,图像 $f_1(x,y)$ 和图像 $f_2(x,y)$ 相加后得到的结果输出图像为 $g(x,y)$,且 $x \in [0, M-1]$,$y \in [0, N-1]$,则两幅图像的相加运算可表示为

$$g(x,y) = f_1(x,y) + f_2(x,y) \tag{3.6}$$

图像相加运算的主要应用有以下两类。

1. 两幅图像内容的叠加/合成

两幅 256 灰度级图像对应坐标位置像素值的相加,其结果必然会超过其最大的灰度表示范围 255。最常用的处理方法是将两幅图像的灰度值折半相加,如式(3.7)所示;其实质就是将两幅图像像素灰度值相加后的平均值作为相加结果。

$$g(x,y) = \text{IntegerRound}\left(\frac{1}{2}f_1(x,y) + \frac{1}{2}f_2(x,y)\right) \tag{3.7}$$

其中,IntegerRound 为四舍五入取整函数,即要将相加运算的结果置为整数值。由于数字图像的灰度值都是整数,所以严格来说有关图像的任何相加、相减、相乘和相除运算,对其运算结果都应用函数 IntegerRound 进行四舍五入的取整处理。但为了简化起见,本书后续有关图像灰度值的运算公式均省略了 IntegerRound 函数。

图 3.5 给出了一个两幅灰度图像按式(3.7)相加的示例。图 3.5(a)和图 3.5(b)是两幅不同的彩色图像,图 3.5(c)是由两幅彩色图像进行相加运算后合成的彩色图像(见彩色插页)。

式(3.7)可以推广到两幅灰度图像按不同比例灰度值的叠加/合成,如式(3.8)所示。

$$g(x,y) = \alpha f_1(x,y) + \beta f_2(x,y) \tag{3.8}$$

其中,$\alpha + \beta = 1$。

(a) 彩色图像1   (b) 彩色图像2   (c) 相加结果彩色图像

图 3.5 图像的相加运算示例

两幅灰度图像相加的另一种典型方式是，根据两幅图像所有像素灰度值相加结果的最小值和最大值情况，将其等比例缩小到结果图像灰度值符合 0～255 的灰度值范围。这样做的结果是使图像的亮度分布到整个 256 灰度区间。

两幅灰度图像或彩色图像的相加/合成运算，也可以推广到多幅图像的相加/合成。

2. 多幅图像的叠加去加性噪声

利用多幅灰度图像的叠加运算可以去除加性（additive）随机噪声。

图像的加性噪声可以简单地理解为在图像的背景中，与其相邻像素的灰度值相比，那些有明显差异的一些随机的、离散的和孤立的像素，最容易理解的是黑区域上叠加的白点或白区域上叠加的黑点。

由于噪声产生的随机性，从同一场景获取的多幅图像中的噪声不可能完全相同。因此，可以通过对同一场景的多幅图像的灰度值求平均值，实现消除图像叠加噪声的目的。

当噪声互不相关且均值为零时，利用式(3.9)的 N 幅灰度图像的均值定义式可降低噪声的影响。

$$g(x,y) = \frac{1}{N}\sum_{i=1}^{N} f_i(x,y) \tag{3.9}$$

图 3.6(a)是由于闪电、雷击、大气中的电暴等而产生加性噪声的天文图像，图 3.6(b)是类似于图 3.6(a)的两幅图像叠加的去加性噪声的结果，图 3.6(c)是类似于图 3.6(a)的 4 幅图像叠加的去加性噪声的结果，图 3.6(d)是类似于图 3.6(a)的 16 幅图像叠加的去加性噪声的结果。可见，叠加的图像幅数越多，去除加性噪声的效果越明显。

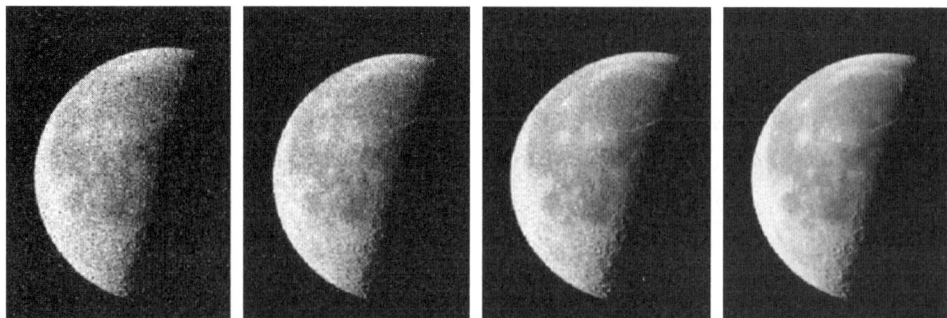

(a) 有加性噪声图像   (b) 2幅叠加去噪效果   (c) 4幅叠加去噪效果   (d) 16幅叠加去噪效果

图 3.6 利用图像叠加运算去加性噪声的效果示例

3.4.2　图像的相减运算

设 $f_1(x,y)$ 和 $f_2(x,y)$ 表示大小为 $M\times N$ 的两幅输入图像,从图像 $f_1(x,y)$ 中的各位置的像素值中减去图像 $f_2(x,y)$ 的相应位置的像素值后,得到的结果输出图像为 $g(x,y)$,且 $x\in[0,M-1]$,$y\in[0,N-1]$,则两幅图像的相减运算可表示为

$$g(x,y)=f_1(x,y)-f_2(x,y) \qquad (3.10)$$

当两幅 256 灰度级图像对应坐标位置像素值相减的结果大于或等于零时,则取其为结果图像中对应位置像素的灰度值;当相减结果小于零时,一般取零为结果值。当然,对于某些特殊的应用目的,也可以取其绝对值为结果值。

图像相减运算的典型应用是图像的变化检测。如目前得到广泛应用的图像监控系统,通过定时地将图像监控系统拍摄的现场图像与该现场初始情况下的图像进行相减运算,就可以判定被监控场景是否有异样情况出现。如图 3.7 所示,图 3.7(a)是监控系统某时刻拍摄的现场监控图像,图 3.7(b)是被监控现场的初始图像,图 3.7(c)是从图 3.7(a)中减去图 3.7(b)后的结果图像。

(a) 某时刻监控图像　　　　(b) 现场初始图像　　　　(c) 相减结果图像

图 3.7　图像的相减运算示例

这里需要注意的是,图像的灰度级是一个已有约定的有限大小的整数。以 256 灰度级图像为例,图像代数运算的结果理应要求像素值不能大于 255,也不能为负数。所以在有关的应用中一般都有对运算结果中不符合要求的像素值的处理约定。比如,运算结果为负时取 0 值或取其绝对值,对运算结果大于 255 的像素值取 255 或取关于 256 的模运算(MOD)结果。

3.5　图像的几何运算

图像的几何运算又称为图像的几何变换,用于使原图像产生大小、形状和位置等变化效果。图像的几何运算包括图像的平移变换、图像的旋转变换、图像镜像变换、图像转置变换、图像的缩放等。

3.5.1　图像平移变换

图像平移(image translation)变换是指将一幅图像或一幅图像中的子图像块(以下简称为图像块)中的所有像素,都按指定的 x 方向和 y 方向的偏移量 Δx 和 Δy 进行移动。

设初始坐标为 (x_0, y_0) 的像素平移 $(\Delta x, \Delta y)$ 后的坐标为 (x_1, y_1)，如图 3.8 所示，则有

$$\begin{cases} x_1 = x_0 + \Delta x \\ y_1 = y_0 + \Delta y \end{cases} \tag{3.11}$$

图像平移变换式(3.11)的矩阵形式为

$$\begin{bmatrix} x_1 \\ y_1 \\ 1 \end{bmatrix} = \begin{bmatrix} 1 & 0 & \Delta x \\ 0 & 1 & \Delta y \\ 0 & 0 & 1 \end{bmatrix} \begin{bmatrix} x_0 \\ y_0 \\ 1 \end{bmatrix} \tag{3.12}$$

图像的平移一般分为以下两种情况。

(1) 图像块平移。即将一幅图像中的某个子图像块平移到另一处。例如在图 3.9 中，Lena 眼部的一个子图像块被平移到了该图像的右下角，该子图像块同时覆盖掉了新位置上原图像内容。

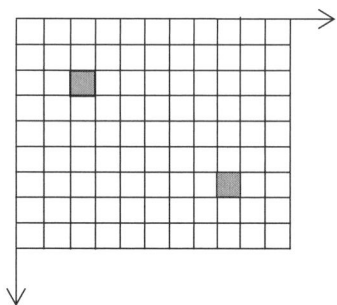

图 3.8　平移原理图

(a) 原图像　　　　　　　(b) 平移子图像块后的图像

图 3.9　图像(子图像块)平移示例

(2) 整幅图像平移。整幅图像平移后，相对于原来图像(位置)来说，如果完整保持被平移的原图像内容，形成的新结果图像的幅面就被放大了；如果平移后的结果图像仍保持原来图像的幅面大小，被移出的部分就要被截掉。图 3.10 给出了整幅图像平移后不放大而将移出的部分截去的例子。

(a) 原图像　　　　　　　(b) 平移后的图像

图 3.10　整幅图像平移后截去移出部分的结果示例

3.5.2　图像旋转变换

图像旋转(image rotation)变换是指以图像的中心为原点，将图像中的所有像素(即整幅图像)旋转一个相同的角度。

1. 图像旋转变换公式的推导

图像旋转变换的实质是以显示屏上的图像的中心为原点,将图像中的所有像素(即整幅图像)旋转一个相同的角度。图像旋转变换公式的推导分为两步,第一步是先把待旋转图像的中心作为显示坐标系的中心点,即设为 xoy 显示坐标系的中心点$(0,0)$,由于是基于屏幕上图像的旋转,所以应按图像显示坐标,横坐标为 y 轴,纵坐标为 x 轴;接着基于该 xoy 显示坐标系推导出图像上的像素的旋转变换公式。第二步,再把第一步推导的变换公式映射到原点位于屏幕左上角的图像显示坐标,最终得出在显示坐标下的图像旋转变换公式。

1) 基于 xoy 显示坐标系中心点$(0,0)$的图像(像素)旋转变换公式

在图 3.11 中,待旋转图像的中心是显示坐标中图像平面 xoy 坐标系的原点,并设位于(x_0,y_0)处的点(为了全文表示上的一致,像素坐标仍采用 x 在前、y 在后的习惯表示方法)到坐标中心点的直线 r 与 y 轴的夹角为 α。当直线 r 顺时针旋转 β 角度(图 3.11(a))或逆时针旋转 β 角度(图 3.11(b))后,就使位于(x_0,y_0)处的点被旋转至(x_1,y_1)处。

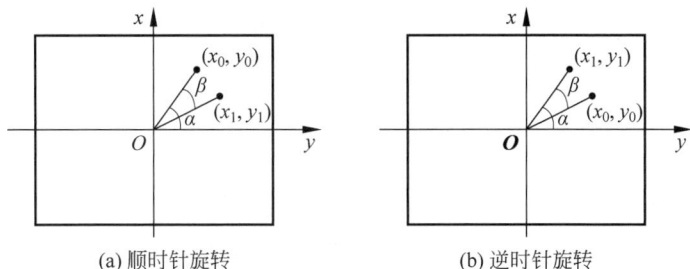

(a) 顺时针旋转　　　　　　　　(b) 逆时针旋转

图 3.11　基于 xoy 显示坐标系中心点$(0,0)$的图像旋转原理示意图

下面以图 3.11(a)的顺时针旋转 β 角度为例,推导旋转变换的公式。

显然,在旋转前

$$\begin{cases} x_0 = r\sin\alpha \\ y_0 = r\cos\alpha \end{cases} \tag{3.13}$$

旋转后

$$\begin{cases} x_1 = r\sin(\alpha-\beta) = r\sin\alpha\cos\beta - r\cos\alpha\sin\beta \\ y_1 = r\cos(\alpha-\beta) = r\cos\alpha\cos\beta + r\sin\alpha\sin\beta \end{cases} \tag{3.14}$$

将式(3.13)带入式(3.14)并整理可得

$$\begin{cases} x_1 = x_0\cos\beta - y_0\sin\beta \\ y_1 = x_0\sin\beta + y_0\cos\beta \end{cases} \tag{3.15}$$

由式(3.15)即可得到基于显示坐标图像平面 xoy 坐标系中心点的顺时针旋转变换的矩阵表示形式为

$$\begin{bmatrix} x_1 \\ y_1 \\ 1 \end{bmatrix} = \begin{bmatrix} \cos\beta & -\sin\beta & 0 \\ \sin\beta & \cos\beta & 0 \\ 0 & 0 & 1 \end{bmatrix} \begin{bmatrix} x_0 \\ y_0 \\ 1 \end{bmatrix} \tag{3.16}$$

同理,依据图 3.11(b)的逆时针旋转 β 角度图例,可得到基于图像平面 xoy 坐标系中心点的点逆时针旋转变换的矩阵表示形式为

$$\begin{bmatrix} x_1 \\ y_1 \\ 1 \end{bmatrix} = \begin{bmatrix} \cos\beta & \sin\beta & 0 \\ -\sin\beta & \cos\beta & 0 \\ 0 & 0 & 1 \end{bmatrix} \begin{bmatrix} x_0 \\ y_0 \\ 1 \end{bmatrix} \tag{3.17}$$

2）原点$(0',0')$位于屏幕左上角的图像显示坐标系的图像（像素）旋转变换公式

仍以图像顺时针旋转为例。由于图像中各像素点的旋转变换编程实现时的结果是基于原点位于屏幕左上角的图像显示坐标系实现的，所以接下来还需将式（3.16）的顺时针变换矩阵表示形式映射到原点位于屏幕左上角的图像显示坐标中。图3.12给出了旋转前的像素(x_0,y_0)和旋转后的像素(x_1,y_1)在图像显示坐标系中的位置的图示说明。

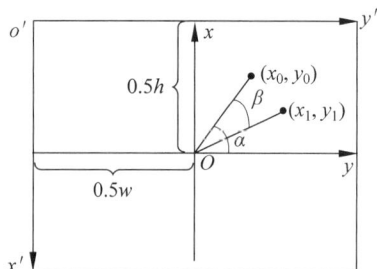

图3.12　旋转前像素和旋转后像素在图像显示坐标系中的位置图示

假设图像的宽度width用w表示，图像的高度high用h表示，则由图3.12可知：在基于原点o'位于左上角、x'轴方向朝下、y'轴方向朝右的图像显示坐标$x'o'y'$中，如果用(x'_0,y'_0)表示(x_0,y_0)在图像显示坐标$x'o'y'$中位置，用(x'_1,y'_1)表示(x_1,y_1)在图像显示坐标$x'o'y'$中位置，则有

$$\begin{cases} x'_0 = 0.5h - x_0 \\ y'_0 = 0.5w + y_0 \end{cases} \tag{3.18}$$

$$\begin{cases} x'_1 = 0.5h - x_1 \\ y'_1 = 0.5w + y_1 \end{cases} \tag{3.19}$$

由式（3.18）可得其逆变换的矩阵表达式为

$$\begin{bmatrix} x_0 \\ y_0 \\ 1 \end{bmatrix} = \begin{bmatrix} -1 & 0 & 0.5h \\ 0 & 1 & -0.5w \\ 0 & 0 & 1 \end{bmatrix} \begin{bmatrix} x'_0 \\ y'_0 \\ 1 \end{bmatrix} \tag{3.20}$$

由式（3.19）可得其逆变换的矩阵表示形式为

$$\begin{bmatrix} x'_1 \\ y'_1 \\ 1 \end{bmatrix} = \begin{bmatrix} -1 & 0 & 0.5h \\ 0 & 1 & 0.5w \\ 0 & 0 & 1 \end{bmatrix} \begin{bmatrix} x_1 \\ y_1 \\ 1 \end{bmatrix} \tag{3.21}$$

将式（3.16）和式（3.20）依次代入式（3.21），即可得到基于图像显示坐标系的图像（像素）顺时针旋转变换公式为

$$\begin{bmatrix} x'_1 \\ y'_1 \\ 1 \end{bmatrix} = \begin{bmatrix} -1 & 0 & 0.5h \\ 0 & 1 & 0.5w \\ 0 & 0 & 1 \end{bmatrix} \begin{bmatrix} \cos\beta & -\sin\beta & 0 \\ \sin\beta & \cos\beta & 0 \\ 0 & 0 & 1 \end{bmatrix} \begin{bmatrix} -1 & 0 & 0.5h \\ 0 & 1 & -0.5w \\ 0 & 0 & 1 \end{bmatrix} \begin{bmatrix} x'_0 \\ y'_0 \\ 1 \end{bmatrix}$$

化简计算上式,并用 x_1 和 x_0 分别代替式中的 x_1' 和 x_0',用 y_1 和 y_0 分别代替式中的 y_1' 和 y_0',可得

$$\begin{bmatrix} x_1 \\ y_1 \\ 1 \end{bmatrix} = \begin{bmatrix} \cos\beta & \sin\beta & 0.5h - 0.5h*\cos\beta - 0.5w*\sin\beta \\ -\sin\beta & \cos\beta & 0.5w + 0.5h*\sin\beta - 0.5w*\cos\beta \\ 0 & 0 & 1 \end{bmatrix} \begin{bmatrix} x_0 \\ y_0 \\ 1 \end{bmatrix} \qquad (3.22)$$

需要注意的是:在利用式(3.22)进行图像旋转变换时,计算得到的坐标值 x_1 和 y_1 一般不会是整数,但数字图像旋转后的坐标值必须是整数,因此应尽可能地取与 x_1 和 y_1 最接近的整数值。也正是这种近似,所以图像旋转后会有一定的改变,但这种改变肯定不会明显。

2. 图像旋转变换的实现

图像旋转变换的结果图像分为两种情况:一是保持图像旋转前后的幅面大小,即把图像旋转后超出原幅面大小的那部分截断;二是旋转后的图像幅面被放大(按外接矩形尺寸),如图 3.13 所示。

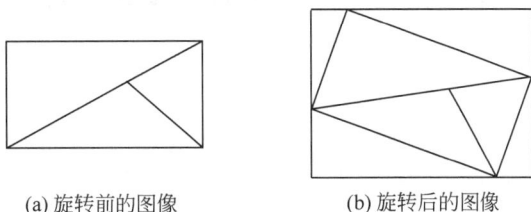

(a) 旋转前的图像　　(b) 旋转后的图像

图 3.13　整幅图像旋转后图像幅面放大示例

1) 图像旋转前后幅面大小不变的实现思路

以图像顺时针旋转为例,要保持图像旋转前后幅面大小保持不变,首先是根据式(3.16)或(3.22),计算原图像中每个像素点顺时针旋转后的坐标 (x_1,y_1),然后判断该坐标 (x_1,y_1) 是否超出了原图像的尺寸范围,只有那些 x_1 值和 y_1 值都没有超出图像尺寸范围的像素才得以保留,而其它的那些超出原图像尺寸的像素,由于没办法显示只得将其丢弃。

图 3.14 是一个旋转后图像幅面保持不变的图像旋转变换结果示例。

(a) 原图像　　(b) 顺时针旋转15度图像　　(c) 逆时针旋转15度图像

图 3.14　旋转后幅面保持不变的图像旋转变换结果示例

2) 图像旋转后图像幅面变大的实现思路

如果图像旋转后,在旋转后的结果图像中要保持原图像中的所有画面,就要以旋转后的图像的外接矩形尺寸来确定旋转后结果图像的尺寸,即首先根据式(3.17)(或基于式(3.17)

推导的类似于式(3.22)变换公式)，计算原图像中所有像素点旋转后的坐标(x_1, y_1)的分布范围；然后确定旋转后的结果图像的高(high)和宽(width)，并根据确定的结果图像的 high 和 width 尺寸，建立一个高度为 high、宽度为 width 的 0 值图像(阵列)；接着按旋转变换公式计算原图像中每一个像素在旋转变换后的图像中的坐标，并按新计算的坐标把该像素点的灰度值填入旋转后结果图像中相应的位置即可。

图 3.15 是一个旋转后图像幅面放大的图像旋转变换结果示例。

(a) 原图像   (b) 旋转后图像

图 3.15   旋转后幅面放大的图像旋转变换结果示例

另外需要注意的是，当图像旋转的角度值为负值时，利用式(3.16)运算的结果相当于逆时针旋转；利用式(3.17)运算的结果相当于顺时针旋转。

3.5.3   图像镜像变换

图像镜像(image mirror)变换分为图像水平镜像变换和图像垂直镜像变换两种。

1. 图像水平镜像

图像水平镜像是指以原图像为参照，使原图像和水平镜像结果图像与虚拟的垂直轴成对称关系，如图 3.16(a)和图 3.16(b)所示。

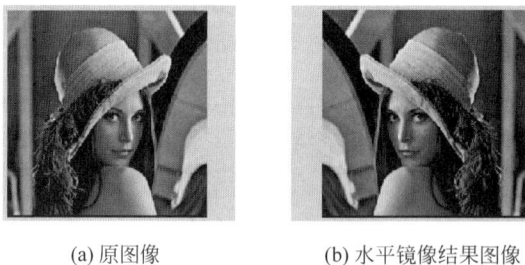

(a) 原图像   (b) 水平镜像结果图像

图 3.16   图像水平镜像结果示例

设图像的高度为 h，宽度为 w。在显示坐标中，原图像中位于(x_0, y_0)处的像素，经水平镜像后在水平镜像结果图像上的对应像素为(x_1, y_1)。根据图 3.17，则图像水平镜像变换可表示为

$$\begin{cases} x_1 = x_0 \\ y_1 = w - y_0 + 1 \end{cases} \tag{3.22}$$

式(3.22)的矩阵表示形式为

$$\begin{bmatrix} x_1 \\ y_1 \\ 1 \end{bmatrix} = \begin{bmatrix} 1 & 0 & 0 \\ 0 & -1 & w+1 \\ 0 & 0 & 1 \end{bmatrix} \begin{bmatrix} x_0 \\ y_0 \\ 1 \end{bmatrix} \tag{3.23}$$

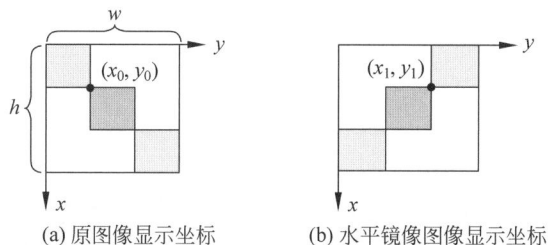

(a) 原图像显示坐标   (b) 水平镜像图像显示坐标

图 3.17   图像水平镜像映射关系

2. 图像垂直镜像

图像垂直镜像是指以原图像为参照,使原图像和垂直镜像结果图像与虚拟的水平轴成对称关系,如图 3.18 所示。

设图像的高度为 h,宽度为 w。在显示坐标中,原图像中位于 (x_0, y_0) 处的像素,经垂直镜像后在垂直镜像结果图像上的对应像素为 (x_1, y_1)。根据图 3.19,则图像垂直镜像变换可表示为

$$\begin{cases} x_1 = h - x_0 + 1 \\ y_1 = y_0 \end{cases} \tag{3.24}$$

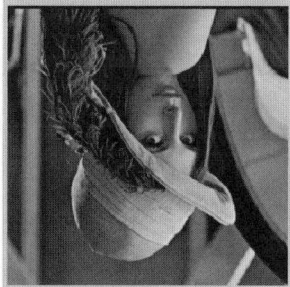

图 3.18   图像垂直镜像结果示例

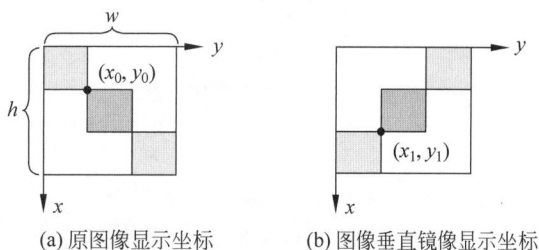

(a) 原图像显示坐标   (b) 图像垂直镜像显示坐标

图 3.19   图像垂直镜像映射关系

式(3.24)的矩阵表示形式为

$$\begin{bmatrix} x_1 \\ y_1 \\ 1 \end{bmatrix} = \begin{bmatrix} -1 & 0 & h+1 \\ 0 & 1 & 0 \\ 0 & 0 & 1 \end{bmatrix} \begin{bmatrix} x_0 \\ y_0 \\ 1 \end{bmatrix} \tag{3.25}$$

3.5.4 图像转置变换

图像转置(image transpose)变换是指将图像显示坐标的 x 轴与 y 轴对换,变换效果示例如图 3.20 所示。

(a) 转置前的图像   (b) 转置后的图像

图 3.20   图像转置变换示例

设原图像位于 (x_0, y_0) 处的像素经图像转置变换后在转置变换结果图像上的对应像素为 (x_1, y_1)。根据图 3.21,图像转置变换可表示为

$$\begin{cases} x_1 = y_0 \\ y_1 = x_0 \end{cases} \tag{3.26}$$

式(3.26)的矩阵表示形式为

$$\begin{bmatrix} x_1 \\ y_1 \\ 1 \end{bmatrix} = \begin{bmatrix} 0 & 1 & 0 \\ 1 & 0 & 0 \\ 0 & 0 & 1 \end{bmatrix} \begin{bmatrix} x_0 \\ y_0 \\ 1 \end{bmatrix} \tag{3.27}$$

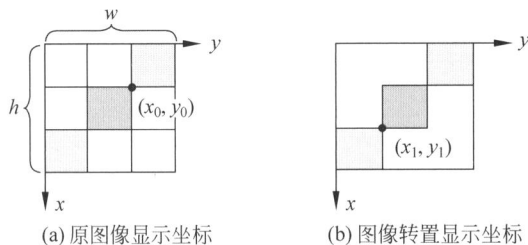

(a) 原图像显示坐标   (b) 图像转置显示坐标

图 3.21   图像转置映射关系

需要特别注意的是,图像的转置变换与图像的旋转变换是不一样的。原图像不论是顺时针旋转 $90°$,还是逆时针旋转 $90°$,都不会得到图像转置后的结果。

3.5.5　图像缩放

图像缩放(image scaling)是指对图像进行缩小或放大,即对数字图像的大小进行调整的过程。图像缩放是一种非平凡的过程,需要在处理效率以及结果的平滑度(smoothness)和清晰度(sharpness)上进行权衡。

设原图像中位于(x_0,y_0)处的像素经对原图像的行和列按相同比例r缩放后,在缩放后的结果图像上的对应像素为(x_1,y_1),则图像缩放前后像素的坐标可表示为

$$\begin{cases} x_1 = rx_0 \\ y_1 = ry_0 \end{cases} \tag{3.28}$$

图像缩放的矩阵表示形式为

$$\begin{bmatrix} x_1 \\ y_1 \\ 1 \end{bmatrix} = \begin{bmatrix} r & 0 & 0 \\ 0 & r & 0 \\ 0 & 0 & 1 \end{bmatrix} \begin{bmatrix} x_0 \\ y_0 \\ 1 \end{bmatrix} \tag{3.29}$$

其中,当$0<r<1$时为缩小原图像;当$r>1$时为放大原图像。

1. 缩小图像

缩小图像的目的一般有两个:一是为了使缩小后的图像符合显示区域的大小要求;二是为了生成被缩小图像(原图像)的缩略图。缩小后的图像的平滑度和清晰度相对于原图像都有所增强。

缩小图像也称为下采样(subsampled)或降采样(downsampled)。对于一般的行数和列数都为偶数的图像来说,一种方法是只取原图像偶数行和偶数列交叉处的像素,如图 3.22所示;另一种方法是只取原图像奇数行和奇数列交叉处的像素,如图 3.23 所示。这种缩小图像方法的结果从整体上看,就是将原图像缩小到原来大小的1/4。

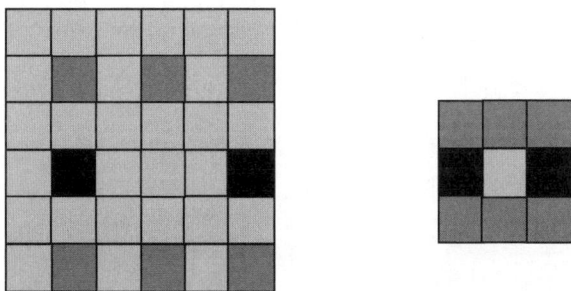

图 3.22　仅取偶数行和偶数列像素以缩小原图像

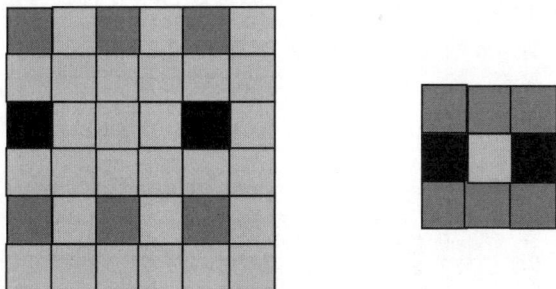

图 3.23　仅取奇数行和奇数列像素以缩小原图像

如果要将图像继续缩小为原来的 1/4,只要在前述已缩小的图像的基础上,采用原来方法处理即可。当然还有其他一些不按整数比例缩小图像的方法,鉴于篇幅所限,此处不再赘述。

2. 最近邻域插值放大图像方法

放大图像的目的一般是为了使放大后的图像更好地显示在更高分辨率的显示设备上。放大图像的方法相对比较多,也相对复杂,下面从了解图像放大原理的角度,介绍最基本也是最典型的最近邻域插值图像放大方法。

1) 按整数倍数放大图像的最近邻域插值法

按整数倍数放大图像(如将图像放大两倍)的最近邻域插值法的基本思想是:将原图像中的每一原像素原封不动地复制映射到放大后的新图像中的 4 像素中,其原理如图 3.24 所示。

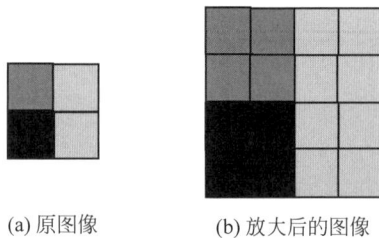

(a) 原图像　　　　(b) 放大后的图像

图 3.24　按最近领域插值法将图像放大 4 倍示例

2) 按非整数倍数放大图像的最近邻域插值法

设放大前的图像称为原图像,其在显示坐标的 x 方向和 y 方向的坐标值分别用 x_{old} 和 y_{old} 表示,图像高度(x 方向)用 h_{old} 表示,图像宽度(y 方向)用 w_{old} 表示。放大后的图像称为目标(新)图像,其在显示坐标的 x 方向和 y 方向的坐标值分别用 x_{new} 和 y_{new} 表示,图像高度(x 方向)用 h_{new} 表示,图像宽度(y 方向)用 w_{new} 表示。则按非整数倍数放大图像的最近邻域插值法的原图像和目标图像的坐标关系可表示为

$$\begin{cases} x_{old} = \text{IntegerRound}(x_{new} * (h_{old}/h_{new})) \\ y_{old} = \text{IntegerRound}(y_{new} * (w_{old}/w_{new})) \end{cases} \tag{3.30}$$

当已知图像放大系数 m 时,由 $m = h_{new}/h_{old}$ 和 $x_{old} = x_{new} * (h_{old}/h_{new}) = x_{new}/(h_{new}/h_{old}) = x_{new}/m$ 可知有

$$\begin{cases} x_{old} = \text{IntegerRound}(x_{new}/m) \\ y_{old} = \text{IntegerRound}(y_{new}/m) \end{cases} \tag{3.31}$$

下面用一个例子来说明按非整数倍数放大图像的最近邻域插值法的应用方法。

【例 3.1】　设已知有一个 3×3 的灰度图像,如图 3.25(a)所示。利用按非整数倍放大图像的最近邻域插值法将该图像放大为 4×4 的图像。

解:对图 3.25(a)根据式(3.30)逐个地计算插值放大后的目标图像中从(0,0)至(3,3)的每像素的值。

对于目标图像中坐标为(0,0)处的像素,因为有

$$x_{old} = x_{new} * (h_{old}/h_{new}) = 0 \times (3/4) = 0$$
$$y_{old} = y_{new} * (w_{old}/w_{new}) = 0 \times (3/4) = 0$$

234	38	22
67	44	12
89	65	63

(a) 原图像

234	38	22	22
67	44	12	12
89	65	63	63
89	65	63	63

(b) 放大后的图像

图 3.25 按非整数倍放大图像的最近邻域插值法的放大结果示例

所以目标图像中位于(0,0)处的像素值应是原图像中位于(0,0)处的像素值,即 234。

对于目标图像中坐标为(0,1)处的像素,因为有

$$x_{\text{old}} = x_{\text{new}} * (h_{\text{old}}/h_{\text{new}}) = 0 \times (3/4) = 0$$

$$y_{\text{old}} = y_{\text{new}} * (w_{\text{old}}/w_{\text{new}}) = 1 \times (3/4) = 0.75 \approx 1$$

所以目标图像中位于(0,1)处的像素值应是原图像中位于(0,1)处的像素值,即 38。

同理,可得目标图像中位于(0,2)处和(0,3)处的像素值都是 22;位于(1,0)处、(1,1)处、(1,2)处和(1,3)处的像素值分别是 67、44、12 和 12;位于(2,0)处、(2,1)处、(2,2)处和(2,3)处的像素值分别是 89、65、63 和 63;位于(3,0)处、(3,1)处、(3,2)处和(3,3)处的像素值分别是 89、65、63 和 63。放大后的结果图像如图 3.25(b)所示。

通过最近邻域插值法放大的图像可保留图像中所有的原始信息,但是会产生锯齿现象和马赛克现象。为了克服最近邻域插值法的不足,人们进一步提出了双线性插值法、三次样条插值法和基于边缘的图像插值方法等。下面介绍双线性插值法,对其余方法感兴趣的读者可以参阅有关文献。

3. 双线性插值放大图像方法

双线性插值法通过输入图像到输出图像的映射,即通过计算输出像素被映射到输入图像中 4 像素之间非整数位置的那一像素的灰度值,并将具有该灰度值的像素插入该位置,来实现对输入图像的放大。

已知像素(0,0)、(0,1)、(1,0)和(1,1)如图 3.26(a)所示,要插值的点为(x,y)。双线性插值的基本思路是:首先在 x 方向上线性插值,在(0,0)和(1,0)两个点之间插入点$(x,0)$,在(0,1)和(1,1)两个点之间插入点$(x,1)$;然后在 y 方向线性插值,即通过计算出的点$(x,0)$和$(x,1)$,在 y 方向上插值计算出点(x,y)。也就是说,在单位正方形顶点的值已知的情况下,正方形内任意点 $f(x,y)$ 的值可由如下的双线性方程得到

$$f(x,y) = ax + by + cxy + d \tag{3.32}$$

其中,a、b、c 和 d 是待定常数,其值由正方形四个顶点的值确定。

双线性插值运算如图 3.26(b)所示。首先,在 x 方向上进行线性插值,对上端的两个点 (0,0)和(1,0)进行线性插值可得

$$f(x,0) = f(0,0) + x[f(1,0) - f(0,0)] \tag{3.33}$$

同理,对下端的两个点(0,1)和(1,1)进行线性插值可得

$$f(x,1) = f(0,1) + x[f(1,1) - f(0,1)] \tag{3.34}$$

然后,在 y 方向上进行线性插值,有

$$f(x,y) = f(x,0) + y[f(x,1) - f(x,0)] \tag{3.35}$$

将式(3.33)和式(3.34)代入式(3.35),有

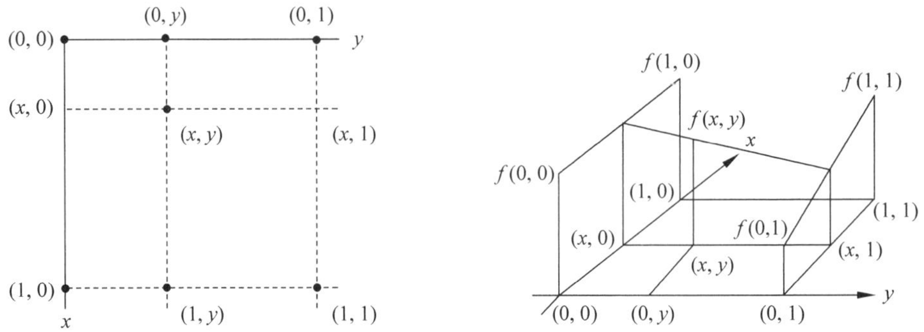

(a) 插值点关系示意图　　　　　　　　(b) 插值运算示意图

图 3.26　双线性插值运算图示

$$f(x,y) = f(0,0) + x[f(1,0) - f(0,0)] +$$
$$y[f(0,1) + x[f(1,1) - f(0,1)] - f(0,0) - x[f(1,0) - f(0,0)]]$$

整理上式,即可得双线性插值公式为

$$f(x,y) = [f(1,0) - f(0,0)]x + [f(0,1) - f(0,0)]y +$$
$$[f(1,1) + f(0,0) - f(0,1) - f(1,0)]xy + f(0,0) \qquad (3.36)$$

基于上述算法原理,在一幅输入图像上依次根据点的 4 个相邻点的灰度值,分别在 x 和 y 方向上进行线性插值,得到结果图像的过程示意如图 3.27 所示。

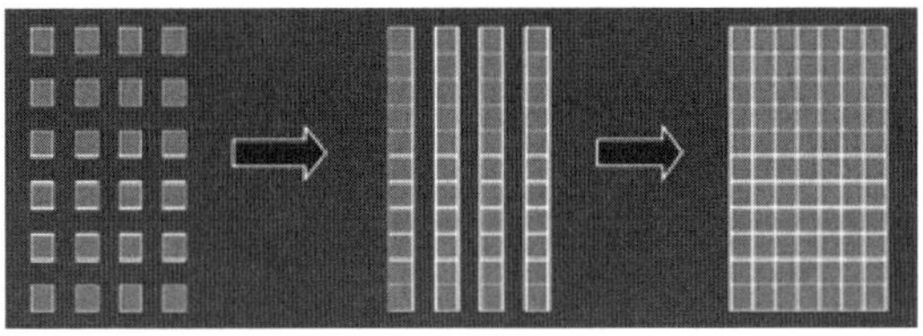

原图像待插值状态　　　x 方向插值结果　　　y 方向插值后结果

图 3.27　利用双线性插值算法对图像进行插值的过程示意

习　题　3

3.1　解释下列术语。

(1) 图像点运算　　　　　　　　　　　(2) 灰度图像的对比度

(3) 归一化直方图　　　　　　　　　　(4) 线性插值

3.2　何谓灰度图像直方图?灰度直方图有哪些性质?

3.3　设有一个灰度图像的直方图,请回答:

(1) 当该直方图偏左时,该图像的亮度和对比度有什么特征?

(2) 当该直方图偏右时,该图像的亮度和对比度有什么特征?

(3) 当该直方图挤在某个狭小区域时,该图像的对比度有什么特征?

3.4　简述图像变化检测的原理及应用领域。

3.5　已知有如图 3.28 所示的图像。

（1）请给出该图像的水平镜像结果图像。

（2）请给出该图像的垂直镜像结果图像。

（3）请给出该图像转置后的结果图像。

（4）请给出该图像向左旋转 90°后的结果图像。

1	2	4	6
5	4	2	3
4	3	2	1
5	6	7	8

图 3.28　习题 3.5 图

3.6　已知有如下的 MATLAB 程序：

（1）补充程序中的注释"％根据式(3.X)进行坐标变换"中的 X 代表的数字。

（2）补充程序中的函数 title('水平 Y 结果图像')"中的 Y 代表的含义。

（3）请说明该程序完成的功能，并在 MATLAB 环境下执行和验证。

```
clc; clear; close all;
img0 = imread('d:\lena.bmp');

[h,w] = size(img0);

for x0 = 1:h
    for y0 = 1:w
        result_img(x0,w - y0 + 1) = img0(x0,y0);        % 根据式(3. X)进行坐标变换
    end
end

subplot(1,2,1); imshow(img0); title('原图像');        % 显示原图像
subplot(1,2,2); imshow(result_img); title('水平 Y 结果图像');
```

3.7　编写一个实现灰度图像灰度反转功能的 MATLAB 程序，并显示原图像和灰度反转结果图像。

第 4 章

空间域图像增强

由于图像在成像、传输和转换等过程中受设备条件、传输信道、照明情况等客观因素的限制,所获得的灰度图像往往存在某种程度的质量下降。图像增强就是通过对图像的某些特征(如边缘、轮廓、对比度等)进行强调或锐化,使之更适合于人眼的观察或机器的处理的一种技术。

图像增强技术分为两大类:一类是空间域增强方法,即在图像平面中对构成图像的像素的灰度值直接进行增强类运算处理的方法,增强过程中图像各像素的位置不变;另一类是频率域方法,指利用傅里叶变换把图像变换到频率域,然后根据原图像上灰度突变部分和灰度变化平缓部分的信息会分别集中到频率域的高频区域和低频区域的特性,在频率域对其进行相应的增强类运算处理,处理后利用傅里叶反变换获得增强后图像的方法(详见第 5 章)。

空间域图像增强方法主要包括:逐像素地对图像进行增强的灰度变换方法,通过全部或局部地改变图像的对比度进行图像增强的直方图增强处理方法,利用模板或掩模(见 4.3 和 4.4 节)对图像的邻域像素进行处理的空间运算方法(由于该类运算同时对图像中某一邻域的多像素进行处理,所以称为空间运算方法)。

本章首先介绍基于点运算的灰度图像增强方法,然后介绍基于直方图的图像增强方法,接着介绍基于空间平滑滤波的图像增强方法,最后介绍基于空间锐化滤波的图像增强方法。

4.1　基于点运算的图像增强方法

基于点运算的灰度图像增强方法是一种逐像素地对图像进行增强的灰度变换方法,也是最基本和最典型的图像增强方法。

4.1.1　对比度拉伸

在实际中,照明不足、成像传感器动态范围太小,或透镜光圈设置等因素的影响,会使获得的图像的对比度不理想。对比度拉伸是一种通过增强图像中各部分的反差来增强图像的方法,在实际中是通过增加原图像中某些灰度值间的动态范围来实现的。对比度拉伸可根据应用目的的不同设计出不同的变换函数。

设用 f 表示输入图像 $f(x,y)$ 在 (x,y) 处的像素值,用 g 表示变换后的输出图像 $g(x,y)$ 在 (x,y) 处的像素值,则典型的对比度拉伸变换可表示成如式(4.1)所示的线性变换函数。

$$g = \begin{cases} \alpha f & 0 \leqslant f < a \\ \beta(f-a) + g_a & a \leqslant f < b \\ \gamma(f-b) + g_b & b \leqslant f < L \end{cases} \tag{4.1}$$

其中，a 和 b 是用于确定中、高灰度级范围的常数；α、β 和 γ 是用于确定三个线段斜率的常数。典型的对比度拉伸变换函数的一般形式如图 4.1 所示。

（1）当 $a=b=0$，$g_a=g_b=0$，且 $\alpha=\beta=\gamma=1$ 时，$g=T[f]$ 如图 4.2(a) 中位于 45°的线段所示，变换为一个线性函数，变换后的图像与输入图像相同（没有灰度级变化）。

（2）当 $a=b=0$，$g_a=g_b=0$，且 $\alpha=\beta=\gamma<1$ 时，$g=T[f]$ 如图 4.2(a) 中位于 45°线段下面的线段所示，变换为一个线性函数，变换后的图像均匀变暗。

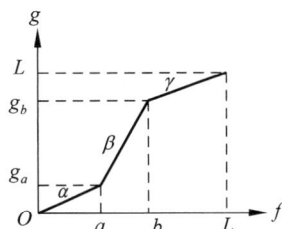

图 4.1　典型的对比度拉伸变换函数图示

（3）当 $a=b=0$，$g_a=g_b=0$，且 $\alpha=\beta=\gamma>1$ 时，$g=T[f]$ 如图 4.2(a) 中位于 45°线段上面的线段所示，变换为一个线性函数，变换后的图像均匀变亮。

（4）当 $\alpha=\gamma=0$，$0<a<b<L-1$，且 $g_a\neq0$，$g_b=0$ 时，$g=T[f]$ 如图 4.2(b) 中的线段所示，表示对除 $[a,b]$ 以外的原图像的灰度不感兴趣，而只将处于 $[a,b]$ 区间的原图像的灰度线性地变换成新图像的灰度。

（5）当 $\alpha=\beta=0$，$\gamma>1$，$a=0$，$0<b\leqslant L-1$，且 $g_a=g_b=0$，或当 $\alpha=0$，$\beta=\gamma>1$，$0<a=b\leqslant L-1$，且 $g_a=g_b=0$ 时，$g=T[f]$ 如图 4.2(c) 中的线段所示，变换后的图像在暗区变黑，在亮区均匀变化。

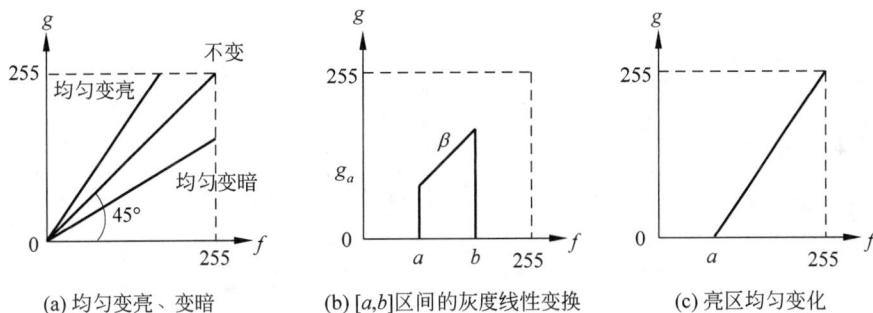

图 4.2　对比度拉伸的几种典型情况

4.1.2　窗切片

窗切片（又称灰度切片）是一种提高图像中某个灰度级范围的亮度，使其变得比较突出的增强对比度的方法。尽管有许多方法可以实现窗切片，但它们基本上可以归为两种方法的变形。一种是给所关心的灰度范围指定一个较高的灰度值，而给其他部分指定一个较低的灰度值或 0 值，如图 4.3(a) 和图 4.3(b) 所示，显然这种变换产生的是二值图像；另一种是给所关心的灰度范围指定一个较高的灰度值，而其他部分的灰度值保持不变，如图 4.3(c) 所示。给式(4.1)中的 α、β、γ、a、b、g_a 和 g_b 指定什么值，可得到图 4.3(b) 和图 4.3(c)？请读者自行完成。

对图 4.4(a) 的 Lena 原图像进行如图 4.2(a)（包括均匀变亮和均匀变暗）、图 4.2(b) 和图 4.2(c) 及图 4.3(a)、图 4.3(b) 和图 4.3(c) 所示的七种灰度变换后的结果图像，分别如

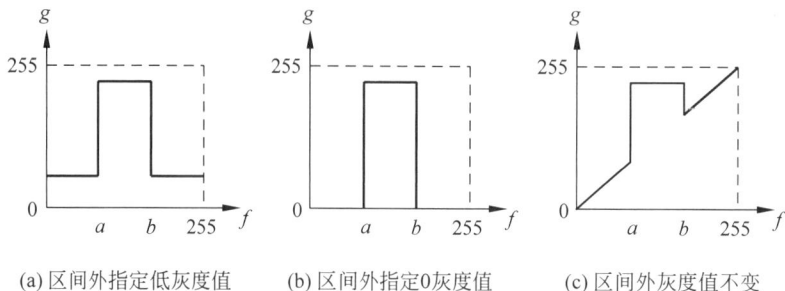

(a) 区间外指定低灰度值　　(b) 区间外指定0灰度值　　(c) 区间外灰度值不变

图 4.3　窗切片的两种基本方法图示

图 4.4(b)、图 4.4(c)、图 4.4(d)、图 4.4(e)、图 4.4(f)、图 4.4(g) 和图 4.4(h) 所示。其中，对应于图 4.2 和图 4.3 的 f 的 a 取值为 80，b 取值为 160；对应于图 4.3 的 g 的低门限取值为 50，高门限取值为 220。

(a) Lena原图像　　(b) 均匀变亮　　(c) 均匀变暗　　(d) 图4.2(b)结果

(e) 图4.2(c)结果　　(f) 图4.3(a)结果　　(g) 图4.3(b)结果　　(h) 图4.3(c)结果

图 4.4　对比度拉伸变换与窗切片灰度变换结果示例

4.2　基于直方图的图像增强方法

第 3 章的图 3.3(d) 说明，当一幅图像的像素涵盖了所有可能的灰度级并且呈均匀分布时，该图像具有比较高的对比度和多变的灰度色调。基于直方图的图像增强方法就是一种通过把原图像的灰度直方图从相对比较集中的某个灰度区间变换成在全部灰度范围内的均匀分布，来实现图像增强的方法。

4.2.1　直方图均衡

1. 直方图均衡的基本思想

所谓直方图均衡，就是把一幅已知灰度概率分布的图像通过扩大该图像中像素数较多的灰度级别的分布范围,缩减其像素数较少的灰度级别的分布范围,使该图像的直方图变换成具有均匀灰度概率分布的新图像,以此来实现增加该图像的对比度的图像增强的技术和方法。图像直方图均衡是一种自动提升灰度图像对比度的算法,均衡后的图像直方图是归一化直方图。

设 r 为待增强的原图像的归一化灰度值,s 为增强后的新图像的归一化灰度值,且 $0 \leqslant r$,$s \leqslant 1$;$n(r)$ 为原图像中灰度值为 r 的像素数,$p_r(r)$ 为原图像中灰度值为 r 的像素的概率分布密度。直方图均衡是找一种变换,使具有如图 4.5(a)所示的任意概率分布密度的直方图的图像,变换成接近于如图 4.5(b)所示的均匀概率分布密度的直方图的图像,图中的 $p_s(s)$ 为直方图均衡化得到的新图像中灰度值为 s 的像素的概率分布密度。

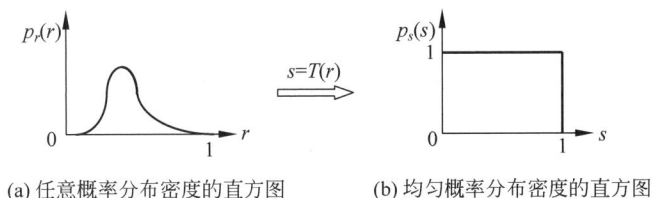

(a) 任意概率分布密度的直方图　　　　(b) 均匀概率分布密度的直方图

图 4.5　直方图均衡变换图示

显然,基于上述思想的直方图均衡变换函数

$$s = T(r), \quad 0 \leqslant r \leqslant 1 \tag{4.2}$$

的选取应满足如下条件:

(1) $T(r)$ 在区间 $0 \leqslant r \leqslant 1$ 中为单值单调增加函数;

(2) 对于 $0 \leqslant r \leqslant 1$,有 $0 \leqslant T(r) \leqslant 1$,即 $0 \leqslant s \leqslant 1$。

在上述的条件中,条件(1)对 $T(r)$ 的单值要求保证了反变换的存在,对 $T(r)$ 的单调要求保证了输出图像从黑经灰到白的次序不变。条件(2)保证了输出灰度级与输入灰度级有相同的范围。

显然,满足上述条件的变换函数存在反变换,并可把从 s 到 r 的反变换表示为

$$r = T^{-1}(s), \quad 0 \leqslant s \leqslant 1 \tag{4.3}$$

且式(4.3)也满足上述两个条件。

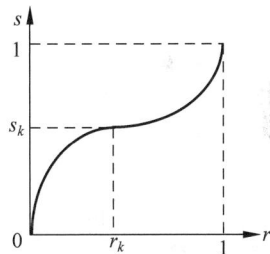

图 4.6　单值且单调递增的灰度级变换函数

图 4.6 是一个典型的满足上述两个条件的变换函数的例子。

2. 变换函数的选取

在一幅图像中,可以认为灰度值是一个在[0,1]区间取值的随机变量 r,其概率分布密度 $p_r(r)$ 是一个在[0,1]区间内变化的单调增加的单值函数。由概率理论可知,任何一个其随机变量 r 的概率分布密度在[0,1]区间内变化的单调增加单值函数,都满足变换要求的两个条件,因此取变换函数为

$$s = T(r) = \int_0^r p_r(r) \mathrm{d}r, \quad 0 \leqslant r \leqslant 1 \tag{4.4}$$

下面证明所得新图像的灰度级分布是归一化的均匀概率密度分布。

对式(4.4)中的 r 求导,有

$$\frac{\mathrm{d}s}{\mathrm{d}r} = \frac{\mathrm{d}}{\mathrm{d}r}\left[\int_0^r p_r(r) \mathrm{d}r\right] = p_r(r) \tag{4.5}$$

由概率理论可知，如果一个随机变量 r 的概率分布密度为 $p_r(r)$，而随机变量 s 是 r 的函数，即 $s = T(r)$，且 s 的概率分布密度为 $p_s(s)$，则可由 $p_r(r)$ 求出 $p_s(s)$。同时注意到，因为 $s = T(r)$ 是单调增加函数，由数学分析可知，其反函数 $r = T^{-1}(s)$ 也是单调函数。在这种情况下，就可以求得随机变量 s 的分布函数为

$$F(s) = P\{r < T^{-1}(s)\} = \int_{-\infty}^{T^{-1}(s)} p_r(r) \mathrm{d}r \tag{4.6}$$

其中，分布函数 $F(s)$ 等于概率分布密度 $p_r(r)$ 在无穷区间 $[-\infty, r]$ 上的广义积分。

对式（4.6）两边求导，并将式（4.5）代入，即可得到随机变量 s 的概率分布密度为（按照概率论中分布密度的性质，随机变量的概率分布密度等于其分布函数的导函数）：

$$\begin{aligned}
f_s(s) &= \frac{\mathrm{d}}{\mathrm{d}s}(F(s)) \\
&= \left[\frac{\mathrm{d}}{\mathrm{d}s} \left(\int_{-\infty}^{T^{-1}(s)} p_r(r) \mathrm{d}r \right) \right]_{r = T^{-1}(s)} \\
&= \frac{\mathrm{d}}{\mathrm{d}r} \left(\int_{-\infty}^{r} p_r(r) \mathrm{d}r \right) \frac{\mathrm{d}r}{\mathrm{d}s} \\
&= \left[p_r(r) \frac{\mathrm{d}r}{\mathrm{d}s} \right]_{r = T^{-1}(s)} \\
&= \left[p_r(r) \frac{1}{\frac{\mathrm{d}s}{\mathrm{d}r}} \right]_{r = T^{-1}(s)} \\
&= \left[p_r(r) \frac{1}{p_r(r)} \right] = 1, \quad 0 \leqslant s \leqslant 1
\end{aligned} \tag{4.7}$$

也就是说，当取变换 $s = T(r) = \int_0^r p_r(r) \mathrm{d}r$ 时，所得新图像的灰度级分布是归一化的均匀概率密度分布。

3. 离散变换函数

对于数字图像的离散值灰度级，概率密度函数与积分应该用概率与和来代替，这样，一幅数字图像中第 k 个灰度级 r_k 出现的概率为

$$p(r_k) = \frac{n_k}{n}, \quad k = 0, 1, \cdots, L-1 \tag{4.8}$$

其中，n 是一幅数字图像中像素的总数，n_k 是图像中灰度级为 r_k 的像素数，L 为图像的灰度级数。在式（4.8）中，$p(r_k)$ 是 $p_r(r_k)$ 的简化表示形式，下同。

由此可得对应于式（4.4）的离散灰度变换函数为

$$s_k = T(r_k) = \sum_{j=0}^{k} p(r_j) = \sum_{j=0}^{k} \frac{n_j}{n}, \quad 0 \leqslant r_j, s_k \leqslant 1; \quad k = 0, 1, \cdots, L-1$$

上式即直方图均衡化公式，可简化表示为

$$s_k = \sum_{j=0}^{k} \frac{n_j}{n}, \quad 0 \leqslant r_j, s_k \leqslant 1; \quad k = 0, 1, \cdots, L-1 \tag{4.9}$$

4. 直方图均衡化方法的实现

假设原图像 f 的灰度级为 L，对原图像 f 进行直方图均衡化得到的新图像为 g，图像直

方图均衡化方法步骤如下。

（1）统计原图像 f 中不同灰度级的像素数（也即统计原图像的灰度级分布）。

（2）依据式（4.8），计算原图像 f 的归一化灰度级分布概率，并画出原图像 f 的灰度直方图。

（3）根据直方图均衡化公式（4.9），求各灰度级对应的变换函数值。

（4）将原图像 f 的灰度级 r_k，映射到新图像 g 的灰度级 t_k。

已知 s_k 为由式（4.9）求得的变换函数值，则原图像 f 的灰度级 $r_k(k=0,1,\cdots,L-1)$映射到新图像 g 的灰度级 $t_k(t_k=0,1,\cdots,L-1)$的映射函数为

$$t_k = \text{IntegerRound}((L-1)\times s_k) \tag{4.10}$$

其中，IntegerRound 是四舍五入求整数函数；$t_k=0,1,\cdots,L-1$；$0\leqslant s_k\leqslant 1$。

（5）求原图像 f 均衡化后得到的新图像 g 中各像素的灰度值，灰度值计算公式为

$$g(i,j)=t_{(f(i,j))},\quad t_k=0,1,\cdots,L-1 \tag{4.11}$$

（6）统计新图像 g 中不同灰度级的像素数 m_k（即统计新图像的灰度级分布）。

（7）计算新图像 g 的归一化灰度级分布概率 $p(t_k)=m_k/n$，并画出新图像 g 的灰度直方图。

值得注意的是，均衡化后获得的新图像的灰度级与原图像的灰度级应该是相同的，但均衡化后获得的新图像的灰度级 $t_k(k=0,1,\cdots,L-1)$的像素数，一般与原图像的同灰度级的像素数各不相同，新图像中那些"被丢失了的"灰度级的像素数只能取 0 值。

【例 4.1】 已知有一幅如图 4.7 所示的图像 f，灰度级为 8。利用直方图均衡化方法增强该图像。

```
1111111111111111
2222222222222222
2222111444442222
2222111444442222
3333344411133333
3333555551113333
3333555553333111
0000066611100003
0000011166600000
0000011777100000
```

图 4.7　原图像

解：（1）统计原灰度图像中不同灰度级的像素数（原图像的灰度级分布），结果如表 4.1所示。

表 4.1　10×16 的原图像的灰度级分布

k	n_k	k	n_k
0	29	4	13
1	40	5	10
2	32	6	6
3	27	7	3

（2）依据式（4.8），计算原图像的归一化灰度级分布概率，结果如表 4.2 所示，并画出原

图像的灰度直方图,如图 4.8 所示。

表 4.2　原图像的归一化灰度级分布概率

k	$p(r_k)=n_k/n$	k	$p(r_k)=n_k/n$
0	0.18	4	0.08
1	0.25	5	0.06
2	0.20	6	0.04
3	0.17	7	0.02

（3）根据式（4.9）,求各灰度级对应的变换函数值。

$$s_0=0.18,\quad s_1=0.18+0.25=0.43,\quad s_2=0.18+0.25+0.20=0.63$$

同理有

$$s_3-0.8,\quad s_4=0.88,\quad s_5-0.94,\quad s_6=0.98,\quad s_7=1.0$$

变换函数如图 4.9 所示。

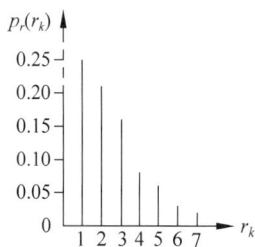

图 4.8　原图像的直方图　　　　图 4.9　变换函数

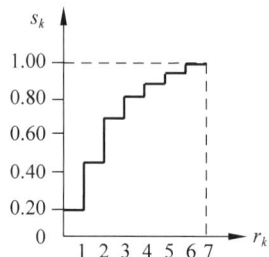

（4）根据式（4.10）,将原图像的灰度级 r_k 映射到新图像的灰度级 t_k。

$$t_0=\mathrm{IntegerRound}(7\times0.18)=1\quad t_1=\mathrm{IntegerRound}(7\times0.43)=3$$

$$t_2=\mathrm{IntegerRound}(7\times0.63)=4\quad t_3=\mathrm{IntegerRound}(7\times0.8)=6$$

$$t_4=\mathrm{IntegerRound}(7\times0.88)=6\quad t_5=\mathrm{IntegerRound}(7\times0.94)=7$$

$$t_6=\mathrm{IntegerRound}(7\times0.98)=7\quad t_7=\mathrm{IntegerRound}(7\times1.0)=7$$

（5）根据式（4.11）,求原图像均衡化后得到的新图像中各像素的灰度值,得到的均衡化后的新图像如图 4.10 所示。

```
3 3 3 3 3 3 3 3 3 3 3 3 3 3 3
4 4 4 4 4 4 4 4 4 4 4 4 4 4 4
4 4 4 4 3 3 3 6 6 6 6 6 4 4 4
4 4 4 4 3 3 3 6 6 6 6 6 4 4 4
6 6 6 6 6 6 6 3 3 3 6 6 6 6 6
6 6 6 7 7 7 7 7 3 3 3 6 6 6 6
6 6 6 7 7 7 7 7 6 6 6 6 3 3 3
1 1 1 1 7 7 7 3 3 3 1 1 1 1 6
1 1 1 1 1 3 3 3 7 7 7 1 1 1 1
1 1 1 1 1 3 3 7 7 7 3 1 1 1 1
```

图 4.10　直方图均衡化结果图像

（6）统计新灰度图像中不同灰度级的像素数（新图像的灰度级分布），结果如表 4.3 所示。

表 4.3 10×16 的新图像的灰度级分布

k	m_k	k	m_k
0	0	4	32
1	29	5	0
2	0	6	40
3	40	7	19

（7）求新图像的归一化灰度级分布概率，结果如表 4.4 所示，并画出新图像的灰度直方图。

表 4.4 新图像的归一化灰度分布概率

k	$p(t_k)=m_k/n$	k	$p(t_k)=m_k/n$
0	0.0	4	0.20
1	0.18	5	0.0
2	0.0	6	0.25
3	0.25	7	0.12

均衡化得到的新图像的直方图如图 4.11 所示。

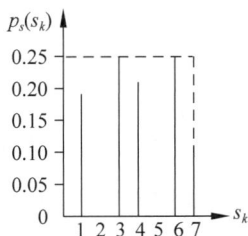

图 4.11 均衡化所得新图像的直方图

由图 4.11 可见，直方图均衡化处理后的新图像的直方图接近于均匀分布。

一个直方图均衡化的示例如图 4.12 所示。

【例 4.2】 已知有一幅大小为 64×64 的图像，灰度级为 8，图像中各灰度级的像素数如表 4.5 所示。要求：

（1）利用直方图均衡化方法对该图像进行直方图均衡化。

（2）分别画出原图像的直方图和均衡化所得新图像的直方图。

表 4.5 64×64 的灰度图像的灰度级分布

k	n_k	k	n_k
0	790	4	329
1	1023	5	245
2	850	6	122
3	656	7	81

(a) 原图像　　　　　　　　　　(b) 均衡化结果图像

(c) 原图像直方图　　　　　　　(d) 均衡化结果图像直方图

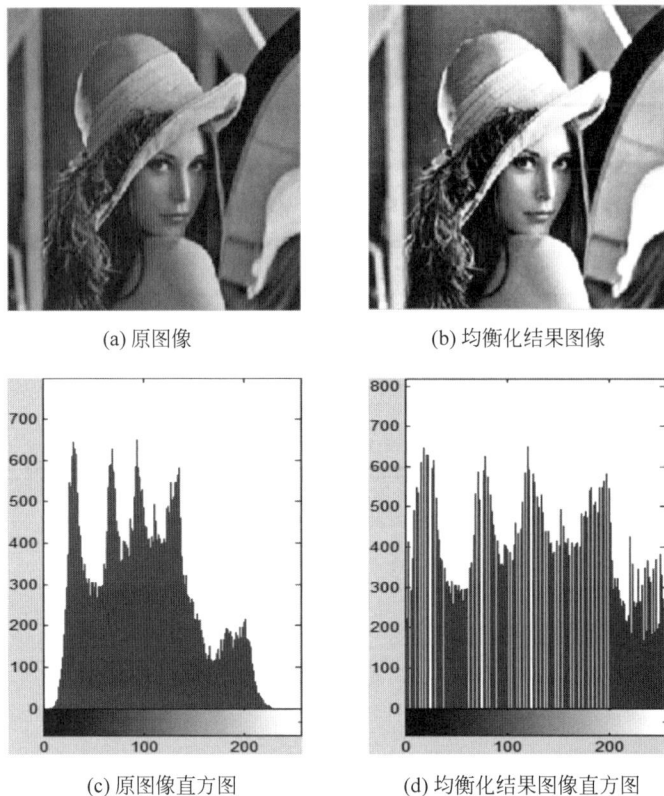

图 4.12　直方图均衡化示例

解：图像直方图均衡化的步骤及其结果如表 4.6 所示。

表 4.6　直方图均衡化的步骤及其结果

灰度级 k	图像中各灰度级的像素数 n_k	原图像的归一化灰度级分布概率 $p(r_k)=n_k/n$	各灰度级的变换函数值 s_k	原图像灰度级 r_k 映射到新图像的灰度级 t_k	新图像各灰度级的像素数 m_k	新图像的归一化灰度级分布概率 $p(t_k)=m_k/n$
0	790	0.19	0.19	1	0	0
1	1023	0.25	0.44	3	790	0.19
2	850	0.21	0.65	5	0	0
3	656	0.16	0.81	6	1023	0.25
4	329	0.08	0.89	6	0	0
5	245	0.06	0.95	7	850	0.21
6	122	0.03	0.98	7	985	0.24
7	81	0.02	1.0	7	448	0.11

具体计算过程如下。

（1）计算原图像的归一化灰度级分布概率 $p(r_k)=n_k/n$，结果如表 4.6 第 3 列所示。

（2）根据式（4.9），计算各灰度级对应的变换函数值，结果如表 4.6 第 4 列所示。

（3）计算原图像灰度级 r_k 映射到新图像的灰度级 t_k，计算过程如下，结果如表 4.6 中的第 5 列所示。利用本步骤计算结果中各行的 t_k 值所对应的像素数（即表 4.6 的第 2 列）n_k，就可计算出均衡化后新图像中灰度级为 k 的像素数。

$$t_0 = \text{InterRound}(7 \times 0.19) \approx 1 \qquad t_1 = \text{InterRound}(7 \times 0.44) \approx 3$$

$$t_2 = \text{InterRound}(7 \times 0.65) \approx 5 \qquad t_3 = \text{InterRound}(7 \times 0.81) \approx 6$$

$$t_4 = \text{InterRound}(7 \times 0.89) \approx 6 \qquad t_5 = \text{InterRound}(7 \times 0.95) \approx 7$$

$$t_6 = \text{InterRound}(7 \times 0.98) \approx 7 \qquad t_7 = \text{InterRound}(7 \times 1.0) \approx 7$$

（4）求新图像中各灰度级的像素数 m_k。根据第（3）步计算结果，新图像中灰度级为 1 的像素数对应于原图像灰度级为 0 的像素数 790，新图像中灰度级为 3 的像素数对应于原图像灰度级为 1 的像素数 1023，新图像中灰度级为 5 的像素数对应于原图像灰度级为 2 的像素数 850，新图像中灰度级为 6 的像素数对应于原图像灰度级为 3 和 4 的像素数之和 656+329＝985，新图像中灰度级为 7 的像素数对应于原图像灰度级为 5、6 和 7 的像素数之和 245+122+81＝448。按上述推算方法，新图像中没有对应的像素数的灰度级 0、灰度级 2 和灰度级 4 的像素数应填 0 值。

（5）计算新图像的归一化灰度级分布概率 $p(t_k) = m_k/n$，结果如表 4.6 的倒数第 1 列所示，由此可得原图像和新图像的直方图如图 4.13 所示。

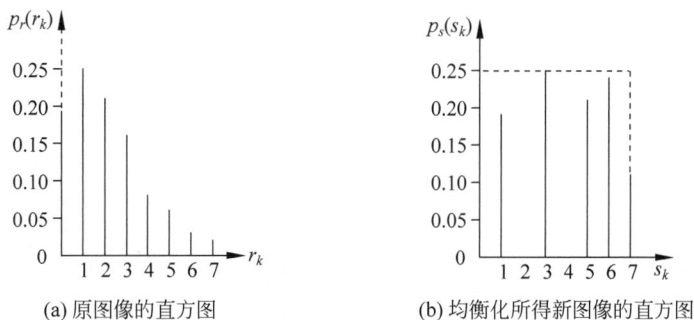

图 4.13 例 4.2 的直方图

4.2.2 直方图规定化

直方图均衡是一种非常有效的图像增强方法，能显著地增强整个图像的对比度。但由于该方法总是只产生近似均匀的直方图，而且其增强效果不易控制，所以在某些特定的情况下必然限制了其效能的发挥和应用。在实际应用中，并不总是需要均匀直方图的图像，有时需要的是具有某种特定形状的直方图的图像，以便有选择地对图像中某个特定的灰度级范围进行增强。直方图规定化就是基于上述思想而提出的一种把已知直方图的图像变换成具有某种期望的直方图的图像增强方法。为了表述方便，仍从连续灰度级概率密度函数入手对直方图规定化进行讨论。

1. 直方图规定化的基本思想及原理

设 $p_r(r)$ 表示待增强的原图像的灰度概率分布密度，$p_z(z)$ 表示增强后的新图像的灰度概率分布密度。直方图规定化即是找一种变换，使得具有任意概率分布密度直方图的原图像经变换后，变成具有均匀概率分布密度和符合指定直方图形状要求的概率分布密度 $p_z(z)$ 的直方图的新图像。

参照前面的讨论，假设对原图像进行直方图均衡化处理，即取变换

$$s = T(r) = \int_0^r p_r(w)\mathrm{d}w, \quad 0 \leqslant r \leqslant 1 \tag{4.12}$$

就可得到具有归一化均匀分布概率密度 $p_s(s)$ 的增强后的图像。

假设将原图像变换成具有均匀概率分布密度的指定直方图的新图像的处理过程，可以表示成类似于直方图均衡处理的变换形式，且

$$u = G(z) = \int_0^z p_z(w)\mathrm{d}w, \quad 0 \leqslant z \leqslant 1 \tag{4.13}$$

由于两幅图像都进行了直方图均衡处理，所以其灰度的概率分布密度 $p_s(s)$ 和 $p_u(u)$ 都应具有归一化的均匀分布，即

$$p_s(s) = p_u(u) = 1, \quad 0 \leqslant s \leqslant 1, 0 \leqslant u \leqslant 1 \tag{4.14}$$

也就是说，均匀分布的随机变量 s 和 u 有完全相同的统计特性。即在统计意义上，它们是完全相同的。因此，在式（4.13）的反变换

$$z = G^{-1}(u)$$

中用 s 替代 u，即

$$z = G^{-1}(s) = G^{-1}(T(r)) \tag{4.15}$$

就可获得新图像中相应的各灰度值。

2. 直方图规定化方法的实现

假设原图像 f 的灰度级为 L，对原图像进行直方图均衡化得到的新图像为 f_1，对新图像 f_1 进行直方图规定化得到的结果图像为 g，则直方图规定化方法的步骤如下。

（1）按直方图均衡化方法，对原图像 f 进行直方图均衡化，得到新图像 f_1。

（2）根据指定的期望直方图，求各灰度级的变换函数值 z_k。

（3）将新图像 f_1 的灰度级 t_k，映射到结果图像 g 的灰度级 v_k。

已知 z_k 为变换函数值，则新图像 f_1 的灰度级 $t_k(k=0,1,\cdots,L-1)$ 映射到结果图像 g 的灰度级 $v_k(v_k=0,1,\cdots,L-1)$ 的映射函数为

$$v_k = \mathrm{IntegerRound}((L-1) \times z_k)$$

其中，IntegerRound 是四舍五入求整数函数；$v_k = 0, 1, \cdots, L-1$；$0 \leqslant z_k \leqslant 1$。

（4）求新图像 f_1 规定化后得到的结果图像 g 中各像素的灰度值，计算公式为

$$g(i,j) = v_{(f1(i,j))} \quad (v_k = 0, 1, \cdots, L-1)$$

（5）统计结果图像 g 中不同灰度级的像素数 l_k（即统计新图像的灰度级分布）。

（6）计算结果图像的归一化灰度级分布概率 $p(v_k) = l_k/n$，并画出结果图像的灰度直方图。

【例 4.3】 已知有一幅大小为 64×64 的图像，灰度级为 8，图像中各灰度级的像素数及归一化分布概率如表 4.7 所示，规定的直方图数据如表 4.8 所示。

表 4.7 64×64 灰度图像中各灰度级的像素数及归一化分布概率

k	n_k	$p_r(r_k) = n_k/n$	k	n_k	$p_r(r_k) = n_k/n$
0	790	0.19	4	329	0.08
1	1023	0.25	5	245	0.06
2	850	0.21	6	122	0.03
3	656	0.16	7	81	0.02

表 4.8　规定的直方图分布概率数据

k	$p(v_k)=l_k/n$	k	$p(v_k)=l_k/n$
0	0.00	4	0.20
1	0.00	5	0.30
2	0.00	6	0.20
3	0.15	7	0.15

（1）对该图像进行直方图规定化。

（2）画出原图像的直方图和直方图规定化后的直方图。

解：（1）对原图像进行直方图均衡化处理。

由于本例图像与例 4.2 中的图像的像素数相同，所以直接采用例 4.2 的直方图均衡化结果，如表 4.9 所示。

表 4.9　直方图规定化方法步骤（1）的过程及结果

灰度级 k	图像中各灰度级的像素数 n_k	原图像的归一化灰度级分布概率 $p(r_k)=n_k/n$	各灰度级的变换函数值 s_k	原图像灰度级 r_k 映射到新图像的灰度级 t_k	新图像各灰度级的像素数 m_k
0	790	0.19	0.19	1	0
1	1023	0.25	0.44	3	790
2	850	0.21	0.65	5	0
3	656	0.16	0.81	6	1023
4	329	0.08	0.89	6	0
5	245	0.06	0.95	7	850
6	122	0.03	0.98	7	985
7	81	0.02	1.0	7	448

（2）对得到的新图像进行直方图规定化，步骤及结果如表 4.10 所示。

表 4.10　直方图规定化方法的步骤（2）～步骤（6）的过程及结果

灰度级 k	中间结果图像各灰度级的像素数 m_k	规定直方图的分布概率数据	规定直方图各灰度级的变换函数值 z_k	中间结果图像灰度级 t_k 映射到新图像灰度级 v_k	新图像各灰度级的像素数 l_k	新图像的归一化灰度级分布概率
0	0	0.00	0.00	0	0	0
1	790	0.00	0.00	0	0	0
2	0	0.00	0.00	0	0	0
3	1023	0.15	0.15	1	790	0.19
4	0	0.20	0.35	3	1023	0.25
5	850	0.30	0.65	5	850	0.21
6	985	0.20	0.85	6	985	0.24
7	448	0.15	1.00	7	448	0.11

原图像的直方图、规定直方图和直方图规定化结果图像的直方图如图 4.14 所示。

(a) 原图像的直方图　　　　(b) 规定的直方图　　　　(c) 规定化结果图像的直方图

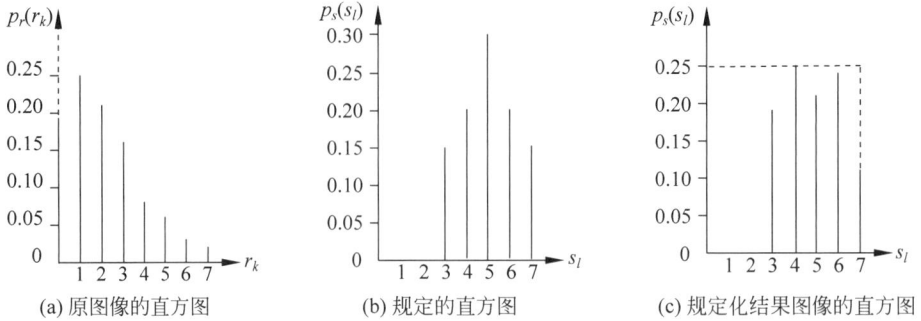

图 4.14　例 4.3 的图

一个直方图规定化的示例如图 4.15 所示。

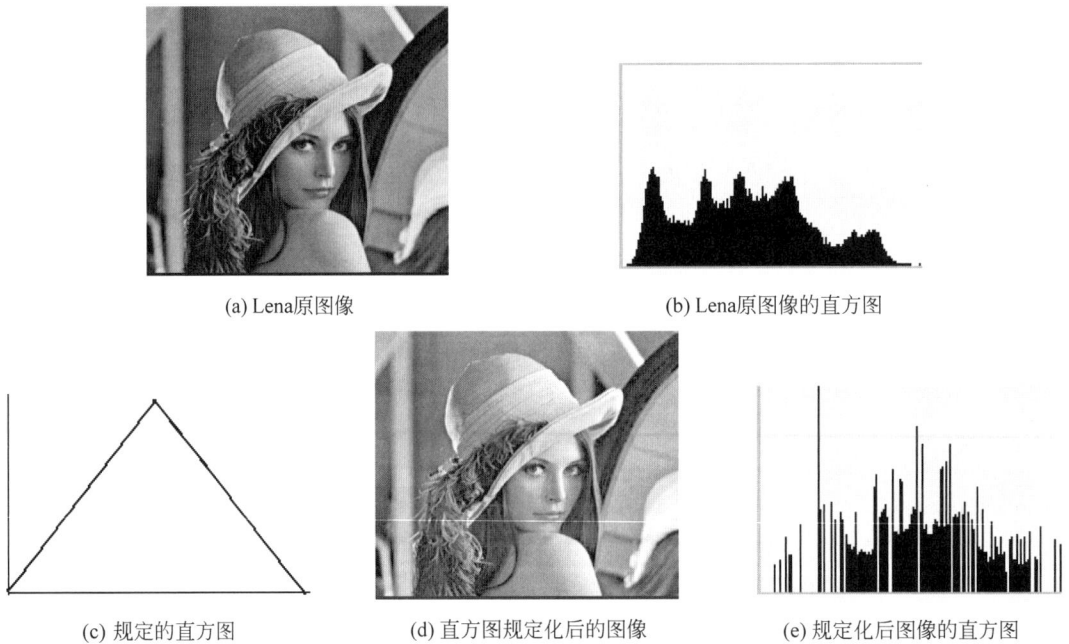

(a) Lena原图像　　　　　　　　　　(b) Lena原图像的直方图

(c) 规定的直方图　　　　(d) 直方图规定化后的图像　　　　(e) 规定化后图像的直方图

图 4.15　直方图规定化示例

4.3　基于空间平滑滤波的图像增强方法

由于成像传感器噪声和相片颗粒噪声的叠加，图像在传输过程中也常会被较强的随机信号（即噪声）污染，会使图像上出现一些随机的、离散的和孤立的像素，即图像噪声。图像噪声在视觉上通常与它们相邻像素的灰度值明显不同，表现形式为黑区域上的白点或白区域上的黑点，影响了图像的视觉效果和后续的目标提取等处理工作，因此需要预先对图像中的噪声进行平滑滤波。去除噪声后的图像会更清晰、明了，所以可将平滑滤波看作一种图像增强方法。

由于平滑滤波是同时对图像中某一邻域的多像素进行处理，是一类利用模板或掩模对图像的邻域像素进行处理的空间运算方法，所以将这种图像增强方法称为基于空间平滑滤波的图像增强方法,也称为图像噪声消除方法。

4.3.1　线性平滑滤波图像增强方法——邻域平均法与均值滤波法

在数字图像中,图像中变化剧烈的部分(如边缘和噪声等)称为高频信号,图像中像素值变化平缓的部分称为低频信号。与之相对应,保留低频信号并滤掉高频信号的处理过程称为低通滤波,保留高频信号并滤掉低频信号的处理过程称为高通滤波。下面介绍的利用邻域平均法消除图像中噪声的方法就是一种低通滤波方法。

1. 邻域平均法

1) 邻域平均法的原理

设 $f(x,y)$ 表示图像中位于 (x,y) 处的像素的灰度值,$g(x,y)$ 表示位于 (x,y) 处的邻域平均法计算的结果,$O_i(i=1,2,\cdots,8)$ 表示与 $f(x,y)$ 相邻的 8 邻域像素的灰度值,则邻域平均法可表示为

$$g(x,y)=\begin{cases}\dfrac{1}{8}\sum_{i=1}^{8}O_i & \text{当}\left|f(x,y)-\dfrac{1}{8}\sum_{i=1}^{8}O_i\right|>\varepsilon \\ f(x,y) & \text{其他}\end{cases} \tag{4.16}$$

其中,ε 是图像 $f(x,y)$ 中在点 (x,y) 处的灰度值与其 8 邻域像素灰度值之和平均值的误差门限,可根据容许的误差程度通过实验选取。

2) 实现中的相关问题及方法

利用邻域平均法对一幅图像进行平滑滤波的思路是:对图像中所有可能计算其 8 邻域像素平均值的像素,都计算它们的 8 邻域像素的平均值,并根据进一步计算的误差门限 ε 的值,确定结果图像中对应位置的结果像素值。

设图 4.16(a)是一幅 16 灰度级的 7×6 的原图像,当按邻域平均法对其进行平滑滤波的误差门限值 $\varepsilon=1.5$ 时,按邻域平均法对图 4.16(a)所示的原图像进行平滑滤波去噪声后得到的结果图像是图 4.16(b)。对相关问题及实现思路说明如下。

(1) 在图像 4.16(a)中,所有可能计算其 8 邻域像素平均值的像素都在如图 4.16(c)所示的 5×4 图像中,即图 4.16(a)中间的 5×4 像素。

(2) 在图 4.16(a)中,分别以其中间的 5×4 像素为中心像素而计算的 8 邻域平均值构成的结果如图 4.16(b)中的灰色区域所示,即图 4.16(b)中间的 5×4 像素。显然,如果仅仅以这 20 像素构成的图像作为邻域平均法的结果图像,那么结果图像就比原图像小。因此,习惯的做法是把原图像中无法计算其 8 邻域像素平均值的四周的像素的灰度值赋值给结果图像,如图 4.16(b)中灰色区域外的像素值所示。

(3) 结果图像 4.16(b)中灰色区域的灰度值按式(4.16)定义的方法计算。例如,以图 4.16(a)中位于 $(2,2)$ 处的灰度值为 15 的像素为中心,按邻域平均法计算所得值为 4(=(6+4+3+2+2+3+7+5)/8),且 $|15-4|=11>1.5$,所以图 4.16(b)的结果图像中位于 $(2,2)$ 处的值应取邻域平均的结果灰度值 4。又如,以图 4.16(a)中位于 $(6,2)$ 处的灰度值为 4 的像素为中心,按邻域平均法计算得到的值为 3.4(=(0+4+6+3+4+3+3+4)/8),且 $|4-3.4|=0.6<1.5$,所以图 4.16(b)所示的结果图像中位于 $(6,2)$ 处的邻域平均结果灰度值应为 4(即保留原来的灰度值)。其他位置的灰度值计算方法不再赘述。

邻域平均法的缺点是误差门限值 ε 没有规律可循,需要通过反复实验来确定,且对于不

6	4	3	5	2	2
2	15	2	5	7	3
3	7	5	5	9	4
0	7	7	7	9	5
0	4	6	6	0	5
3	4	4	7	8	6
3	3	4	6	7	5

(a) 原图像

6	4	3	5	2	2
2	4	6	5	4	3
3	5	7	5	6	4
0	4	7	7	5	5
0	4	6	6	7	5
3	4	4	5	5	7
3	3	4	6	7	5

(b) 平滑后的结果图像

15	2	5	7
7	5	5	9
7	7	7	9
4	6	6	0
4	4	7	8

(c) 中心像素值

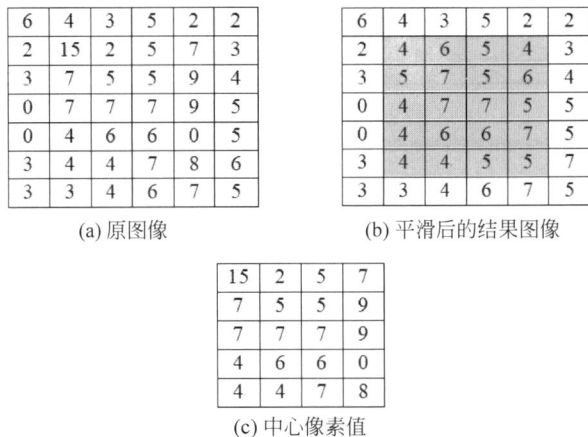

图 4.16 利用邻域平均法平滑图像及结果示例

同的图像其误差门限值是不同的。为了弥补邻域平均法的不足，就引入了下面介绍的均值滤波法。

2. 均值滤波法

在简化的情况下可以认为，当位于图像中 (x,y) 处的像素的灰度值 $f(x,y)$ 与其 8 邻域像素灰度值的平均值大小相近时，将 $f(x,y)$ 与其 8 邻域像素的灰度值相加所求得的平均值也与 $f(x,y)$ 值相接近；如果 $f(x,y)$ 与其 8 邻域像素的灰度值之和的平均值差异较大时（它可能就是噪声），用 $f(x,y)$ 与其 8 邻域像素的灰度值相加所求得的平均值替代 $f(x,y)$，同样也能产生平滑噪声的效果，并且不涉及门限阈值的确定问题，实现简单。基于这种思想，就得到了由式(4.16)改进而来的均值滤波方法。

设 $f(x,y)$ 表示大小为 $N1 \times N2$ 的图像中位于 (x,y) 处的像素的灰度值，$g(x,y)$ 表示结果图像中位于 (x,y) 处的均值滤波计算结果。用 $f(x,y)$ 与其 8 邻域像素灰度值之和的平均值代替原 $f(x,y)$ 处的值，均值滤波法的公式可表示为

$$g(x,y) = \frac{1}{9} \sum_{s=-1}^{1} \sum_{t=-1}^{1} f(x+s, y+t) \tag{4.17}$$

其中，$x \in [2, N1-1]$，$y \in [2, N2-1]$。

式(4.17)的计算过程是：将图像中所有可能的以 (x,y) 为中心的 3×3 窗口内的像素灰度值之和的平均值，作为去噪结果图像中 (x,y) 处的像素值。上述计算过程可通过引入 3×3 的模板（也称为掩模、核、滤波器）来实现，即设模板 H 为

$$H_1 = \frac{1}{9} \begin{bmatrix} 1 & 1 & 1 \\ 1 & 1 & 1 \\ 1 & 1 & 1 \end{bmatrix} \tag{4.18}$$

更一般地，对于 $N1 \times N2$ 的图像 $f(i,j)$（从数字图像的显示坐标角度，下面用 i 表示 x，用 j 表示 y）和 $M \times M$ 的模板 $H(s,t)$，式(4.17)可进一步表示为

$$g(i,j) = \sum_{s=-k}^{k} \sum_{t=-l}^{l} f(i+s, j+t) H(s,t)$$

$$i = k+1, \cdots, N1-k; \ j = l+1, \cdots, N2-l; \ k, l = \left\lfloor \frac{M}{2} \right\rfloor \tag{4.19}$$

其中：

(1)⌊ ⌋意为向下取整。

(2) k 和 l 的值取决于所选模板 $M \times M$ 的大小，$M \geqslant 3$ 且 M 为奇数，$k = l$。

对于某一对确定的 i 和 j 来说，当 $M = 3$，即 k 和 l 都为 1 时，式(4.19)的展开式为

$$g(i,j) = f(i-1,j-1) \times H(-1,-1) + f(i-1,j) \times H(-1,0) + f(i-1,j+1) \times$$
$$H(-1,1) + f(i,j-1) \times H(0,-1) + f(i,j) \times H(0,0) + f(i,j+1) \times$$
$$H(0,1) + f(i+1,j-1) \times H(1,-1) + f(i+1,j) \times H(1,0) +$$
$$f(i+1,j+1) \times H(1,1) \tag{4.20}$$

分析式(4.19)和式(4.20)可得如下结论。

(1) 3×3 模板的像素阵列和与其重叠的 3×3 子图像阵列(也称为窗口)可一般地用图 4.17 来表示。

$f(i-1,j-1)$	$f(i-1,j)$	$f(i-1,j+1)$
$f(i,j-1)$	$f(i,j)$	$f(i,j+1)$
$f(i+1,j-1)$	$f(i+1,j)$	$f(i+1,j+1)$

$H(-1,-1)$	$H(-1,0)$	$H(-1,1)$
$H(0,-1)$	$H(0,0)$	$H(0,1)$
$H(1,-1)$	$H(1,0)$	$H(1,1)$

(a) 3×3的子图像窗口及像素坐标　　　　(b) 3×3的模板及模板系数坐标

图 4.17　k 和 l 都为 1 时式(4.19)对应的 3×3 图像像素阵列和模板像素阵列

(2) 基于式(4.19)和式(4.20)的模板运算(也称为空间滤波运算)的原理如图 4.18 所示，主要思路如下。

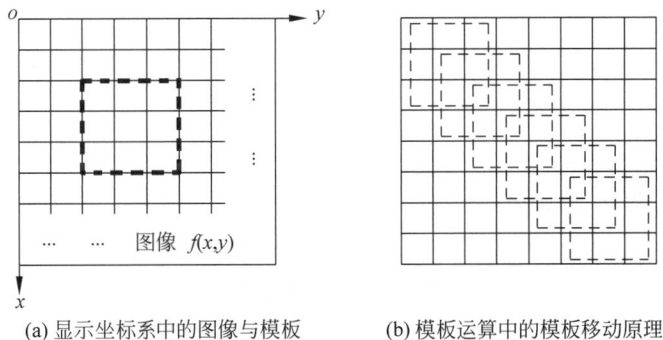

(a) 显示坐标系中的图像与模板　　　　(b) 模板运算中的模板移动原理

图 4.18　模板运算原理图示

① 从图像像素阵列的左上角开始，让模板的系数 $H(-1,-1)$ 与图像中的像素 $f(i-1,j-1)$ 对齐，$H(-1,0)$ 与 $f(i-1,j)$ 对齐，……，$H(1,1)$ 与 $f(i+1,j+1)$ 对齐。

② 模板与图像中重叠的子图像(窗口)进行模板运算的结果是模板的系数与子图像中相应位置的像素值相乘并求和，如式(4.20)所示。

③ 在模板运算过程中，需要让模板从按第①步的重合位置开始，在图像上逐像素地移动，移动方式是：模板向右移动到模板的最右一列系数与图像的最右一列像素重叠为止；模板向下移动到模板的最低一行系数与图像的最低一行像素重叠为止。模板每移动到一个

与图像重叠的新子图像位置时，按第②步所述的方式求此位置的模板运算结果。

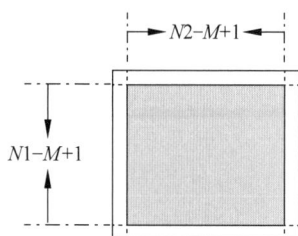

图 4.19　均值滤波结果形式

④ 基于式(4.19)与式(4.20)且采用式(4.18)的 3×3 均值滤波模板的均值滤波运算结果形式如图 4.19 所示。

更具体地，对于 $N1\times N2$ 的原图像 $f(i,j)$ 和结果图像 $g(i,j)$，当 $M=3$ 时，$\lfloor M/2\rfloor=1$，即 $k=l=1$。所以在式(4.19)中，有 $i\in[2,N1-1]$ 和 $j\in[2,N2-1]$。比如，对于图 4.20(a) 所示的原图像（与图 4.16 中的原图像相同），$N1=7$ 和 $N2=6$，则有 $i\in[2,6]$ 和 $j\in[2,5]$，其均值滤波结果如图 4.20(b) 所示，其中中部灰色区域为 5×4 的均值滤波像素值，灰色区域四周的像素的灰度值是填充的原图像中相应位置的像素的灰度值。

6	4	3	5	2	2
2	15	2	5	7	3
3	7	5	5	9	4
0	7	7	7	9	5
0	4	6	6	0	5
3	4	4	7	8	6
3	3	4	6	7	5

(a) 原图像

6	4	3	5	2	2
2	5	6	5	5	3
3	5	7	6	5	4
0	4	6	6	6	5
0	4	6	6	6	5
3	3	5	5	6	7
3	3	4	6	7	5

(b) 均值滤波后的结果图像

图 4.20　利用均值滤波法平滑图像及结果示例

对于 $N1\times N2$ 的原图像 $f(i,j)$ 来说，均值滤波的实现思路也可以用下面的程序来说明。

```
g = f                    /* 使结果图像四周的行、列的像素值与原图像一样 */
for i = 2:N1 − 1
    for j = 2:N2 − 1
        g(i,j) = (f(i−1,j−1) + f(i−1,j) + f(i−1,j+1) + f(i,j−1) + f(i,j) + f(i,j+1) +
                f(i+1,j−1) + f(i+1,j) + f(i+1,j+1))/9
    end
end
```

典型的均值去噪滤波模板还有

$$\boldsymbol{H}_2=\frac{1}{10}\begin{bmatrix} 1 & 1 & 1 \\ 1 & 2 & 1 \\ 1 & 1 & 1 \end{bmatrix} \tag{4.21}$$

$$\boldsymbol{H}_3=\frac{1}{16}\begin{bmatrix} 1 & 2 & 1 \\ 2 & 4 & 2 \\ 1 & 2 & 1 \end{bmatrix} \tag{4.22}$$

其中，$\boldsymbol{H}_2$ 和 $\boldsymbol{H}_3$ 增加了模板的中心像素或 4 邻域像素的重要性，可更好地近似具有高斯概率分布的噪声特性。

需要说明以下两点。

(1) 以上所列均为 3×3 的模板。在空间域中，图像平滑模板的大小与图像平滑的效果密切相关。模板尺寸越大，平滑效果越好；但模板尺寸越大，平滑导致的图像中的边缘信息损失越大，从而使平滑后的图像变得越模糊。因此需要合理地选择平滑模板的大小。

（2）大多数线性滤波器具有低通特性，在去除噪声的同时也会使图像边缘变模糊，所以也常把噪声平滑滤波器称为低通滤波器。

图 4.21 给出了一个利用均值滤波法进行图像去噪的实验结果示例，其中图 4.21(b) 是给图 4.21(a) 叠加了噪声密度为 0.03 的椒盐噪声的结果图像。

（a）原图像   （b）叠加噪声后的图像   （c）均值去噪法结果图像

图 4.21   均值去噪法图像去噪实验结果示例

4. 利用多幅同一场景图像进行图像噪声平滑

进行图像噪声平滑的另一种方法是，在可获得多幅同一场景图像（是指分次拍摄得到，而不是通过复制得到）的情况下，通过对这些图像求平均值，即可得到具有图像噪声平滑功能的图像

$$g(i,j) = \frac{1}{n}\sum_{k=1}^{n} f_k(i,j) \tag{4.23}$$

由于基于空间滤波的邻域平均法是使用连续窗函数内像素值的加权运算来实现滤波的，所以是一种线性平滑滤波图像增强方法。任何不是像素值加权运算的滤波器都属于非线性滤波器。4.3.2 节将要介绍的中值滤波法就是一种非线性滤波方法。

4.3.2 非线性平滑滤波图像增强方法——中值滤波法

中值滤波是一种基于排序统计理论的非线性滤波方法。它也是一种邻域运算，类似于卷积，但是计算的不是加权求和，而是把数字图像中一点的值用该点的一个邻域中各点值的中值来代替，让与周围像素的灰度值相差比较大的像素值改为与周围的像素值接近的值，从而可以消除孤立的噪声点。

1. 中值滤波法的基本原理

中值滤波法的基本原理是基于某种中值滤波窗口（类似于模板），对原图像中被该窗口覆盖的所有像素的灰度值进行排序，用其中间值代替结果图像中对应于滤波窗口最中间的那一像素的灰度值。

因为高频分量对应图像中区域边缘的灰度值变化较大、较快的部分，中值滤波可将这些分量滤除，使图像平滑；且在滤除和令噪声衰减的同时能较好地保护图像的边缘信息，从而较好地弥补了邻域平均法消除噪声的不足。

中值滤波通常选用的窗口有线形、十字形、方形、菱形和圆形等，如图 4.22 所示。

设 $f(x,y)$ 表示图像中位于 (x,y) 点的灰度值，$g(x,y)$ 表示滤波窗口为 A 的中值滤波

图 4.22　中值滤波常用的窗口形状

结果,则其中值滤波器可定义为

$$g(x,y) = \underset{(x,y) \in A}{\mathrm{Med}}\, f(x,y) \tag{4.24}$$

2. 中值滤波法的算法描述及实现

利用选定的窗口进行中值滤波的过程与模板匹配运算中算子在图像上移动扫描的方法类似,其过程可描述如下。

(1) 根据选定窗口的形状,确定窗口中心位置像素在原图像上的重合方式。

(2) 将窗口在图像上逐像素地移动扫描。

(3) 把窗口下对应的像素按它们的灰度值大小进行排序,并找出位于排序结果中间的那个值。

(4) 把找到的中间值赋给结果图像中对应于窗口中心位置的那一像素。

中值滤波在实际应用中有多种实现方法。最简单的方法就是一次性地利用图 4.21 中的某一种滤波器(窗口)进行滤波;另一种实现方法是先使用小尺寸的窗口进行滤波,然后再使用较大尺寸的窗口进行滤波;第三种方法是先使用一维滤波器,然后再使用二维滤波器。

图 4.23 给出了一个利用 3×3 的中值滤波模板进行图像去噪的实验结果示例,其中图 4.23(b)是给图 4.23(a)叠加了噪声密度为 0.03 的椒盐噪声的结果图像。

(a) 原图像　　　　　　　　(b) 叠加噪声后的图像　　　　　　　(c) 中值滤波法结果图像

图 4.23　中值滤波法图像去噪实验结果示例

中值滤波法的主要优点是运算简单,在滤除噪声的同时能很好地保护信号的细节信息(如边缘和锐角等);在消除图像中的随机噪声和脉冲噪声(也称为椒盐噪声)上非常有效。另外,中值滤波器很容易自适应化,从而可以进一步提高其滤波特性。中值滤波法的关键在于选择合适的窗口形状和窗口大小;另一个重要因素就是算法的速度,由于每次都要对窗口内的像素进行排序,因此必须选择有效的快速排序算法。

3. 均值滤波法与中值滤波法图像去噪效果比较

图 4.24 给出了图 4.21 的均值滤波法图像去噪结果图像和图 4.23 的中值滤波法图像去

噪结果图像。比较可知,均值滤波法削弱了图像的边缘,使图像变得有些模糊(见图 4.24(a));而中值滤波法较好地保留了图像的边缘,图像的轮廓比较清晰(见图 4.24(b))。

(a) 均值滤波法图像去噪结果图像　　(b) 中值滤波法图像去噪结果图像

图 4.24　均值滤波法与中值滤波法图像去噪效果比较

4.4　基于空间锐化滤波的图像增强方法

基于空间锐化滤波的图像增强方法是一种增强和突出被模糊的图像的细节,即增强和突出被模糊的图像中景物的边缘和轮廓的方法。基于空间锐化滤波的图像增强方法也简称为图像锐化方法。

4.4.1　基于一阶微分算子的图像增强方法

基于一阶微分算子的图像增强方法包括两个步骤,第一步是利用梯度法检测和突出图像中的边缘,从而得到反映图像边缘的梯度图像;第二步是通过将原图像与梯度图像合成(相加运算),得到增强后的图像。

1. 利用梯度法检测图像中的边缘

如果一幅图像中的所有像素的灰度值都相同,那么在这幅图像中是不可能存在边缘的。换句话说,图像中的边缘位于其中相邻像素的灰度值发生显著变化,甚至剧烈变化的地方。像素灰度值的这种变化可以用数学上由速度问题和切线问题抽象出来的、描述变化率的导数来描述。因此,在经典的图像理论中,将边缘定义为图像灰度值发生剧烈变化之处,也就是一阶导数值较大的像素位置。所以,通常是运用导数的方法提取图像的边缘点,将导数的输出值作为该边缘点的强度,将边缘点连接起来就形成了边缘。

对于二维的图像 $z=f(x,y)$ 来说,其中是否有边缘是由在 z 方向上是否有变化率来确定的。所以需要对 $f(x,y)$ 求偏导数 $[\partial f(x,y)/\partial x \quad \partial f(x,y)/\partial y]$,其结果正好就是 $f(x,y)$ 在 z 方向上的变化率。而梯度公式

$$\nabla f(x,y) = \left[\frac{\partial f(x,y)}{\partial x} \quad \frac{\partial f(x,y)}{\partial y}\right]^{\mathrm{T}} \tag{4.25}$$

正好表示的是图像 $f(x,y)$ 在点 (x,y) 处的梯度向量,所以一般用梯度法表示图像中灰度值的变化率。

梯度是函数变化的一种度量,是一阶导数的二维等效形式,利用梯度的离散逼近函数来检测图像中边缘(灰度值发生显著变化的位置)的方法称为梯度法。

对于连续图像函数 $f(x,y)$，式(4.25)表示的图像在点 (x,y) 处的梯度是一个向量。梯度向量的幅值和幅角（方向角）分别为

$$G(x,y) = \sqrt{\left[\frac{\partial f(x,y)}{\partial x}\right]^2 + \left[\frac{\partial f(x,y)}{\partial y}\right]^2} \tag{4.26}$$

$$\phi(x,y) = \arctan\left(\left(\frac{\partial f(x,y)}{\partial y}\right)\middle/\left(\frac{\partial f(x,y)}{\partial x}\right)\right) \tag{4.27}$$

即在点 (x,y) 处沿方向角 $\phi(x,y)$ 的梯度方向上，$G(f(x,y))$ 具有最大变化率，且其值等于 $G(x,y)$。梯度是一个向量，而梯度幅值是一个正的标量。在下面用差分表示的梯度运算中，把梯度幅值简称为梯度。

对于数字图像 $f(i,j)$，用差分来近似代替导数/微分，则在点 (i,j) 处沿 x 方向和 y 方向的一阶差分可表示为

$$\nabla_x f(i,j) = f(i+1,j) - f(i,j) \tag{4.28}$$

$$\nabla_y f(i,j) = f(i,j+1) - f(i,j) \tag{4.29}$$

此时就可以将式(4.26)表示为

$$G(i,j) = \sqrt{[f(i+1,j) - f(i,j)]^2 + [f(i,j+1) - f(i,j)]^2} \tag{4.30}$$

实际中，为了避免式(4.30)中的平方和运算与开方运算，尽可能地提高运算速度，进一步将式(4.30)近似地简化为两个一阶差分的绝对值之和的形式，即将梯度定义为

$$G(i,j) = |f(i+1,j) - f(i,j)| + |f(i,j+1) - f(i,j)| \tag{4.31}$$

式(4.31)的求梯度方法也称为水平垂直差分法，如图 4.25(a)所示。

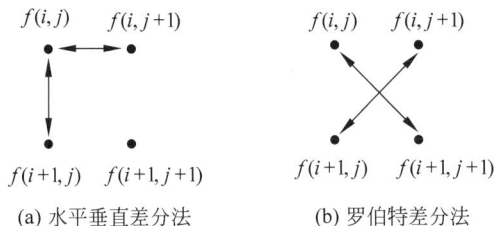

(a) 水平垂直差分法　　　　(b) 罗伯特差分法

图 4.25　两种梯度差分法

另一种求梯度的方法是交叉差分法，其简化的绝对差形式可表示为

$$G(i,j) = |f(i+1,j+1) - f(i,j)| + |f(i,j+1) - f(i+1,j)| \tag{4.32}$$

式(4.32)称为罗伯特梯度(Roberts Gradient)，也称为罗伯特差分法，如图 4.25(b)所示。其中，式(4.32)中的交叉差分项均约定右边列像素的值减去左边列像素的值。

由图 4.25、式(4.31)和式(4.32)可知，对于 $N \times N$ 的图像来说，图像的最右一列(第 $N-1$ 列)和最下面一行(第 $N-1$ 行)的各像素的梯度值无法求得，一般用前一列和前一行的梯度值近似表示。

分析式(4.31)和式(4.32)可知，两种梯度值都反映了图像中相邻像素灰度值的变化情况：在那些灰度值变化显著的区域，其相邻像素的灰度值之差也大，因而其梯度值也大；在那些灰度值变化较平缓的区域，其相邻像素的灰度值之差也小，因而其梯度值也小；在那些灰度值不变的区域，其相邻像素的灰度值之差为零，因而其梯度值为零。所以，经过梯度运算后，灰度值急剧变化的边缘就进一步凸显出来了。

图 4.26 是一个利用罗伯特梯度法对图像进行梯度计算的例子。其中图 4.26(a)为原图像,图 4.26(b)是按式(4.32)和式(4.33)对图像进行梯度计算,直接取其梯度值为结果所得的图像。

$$g(i,j) = G(i,j) \tag{4.33}$$

(a) 原图像　　　　　　　(b) 罗伯特梯度法结果图像

图 4.26　罗伯特梯度法计算图像梯度示例

分析图 4.26 可知,由于在灰度变化比较平缓的区域梯度值比较小,在灰度值不变的区域梯度值为零,因此锐化结果图像除了有剧烈变化的边缘轮廓部分外,其余部分都比较暗或是黑色,损失了图像中除边缘以外的背景信息,这显然不是增强和突出图像中边缘轮廓的图像锐化所需要的结果。因此还需要基于梯度运算结果进一步形成锐化后的结果图像。

2. 基于梯度边缘的增强结果图像形成

图像增强是对原图像而言的,所以在利用水平垂直梯度法或罗伯特梯度法检测和突出图像的边缘后,还需要进一步形成增强后的结果图像,主要有以下 3 种方法。

(1) 给边缘规定一个门限,即

$$g(i,j) = \begin{cases} G(i,j), & G(i,j) \geqslant T \\ f(i,j), & G(i,j) < T \end{cases} \tag{4.34}$$

其中,T 是一个非负的门限值,可根据经验或通过多次的实验确定。

验证结果如图 4.27(b)所示。显然,适当地选取门限 T 的值,既可以使明显的边缘和轮廓得到增强,又可以保留原图像中灰度变化平缓和灰度没有变化的部分。

(2) 给边缘规定一个特定的灰度值,即

$$g(i,j) = \begin{cases} L_G, & G(i,j) \geqslant T \\ f(i,j), & G(i,j) < T \end{cases} \tag{4.35}$$

其中,L_G 是指定的边缘灰度值。

验证结果如图 4.27(c)所示。在这种方法的锐化结果图像中,大于或等于门限值的边缘灰度值都是相等的。

(a) 原图像　　　　(b) 式(4.34)且T=30时的图像　　　(c) 式(4.35)且T=30、L_G=30时的图像

图 4.27　罗伯特梯度法锐化图像示例

（3）将梯度边缘叠加到原图像，即

$$g(i,j) = f(i,j) + G(i,j) \tag{4.36}$$

图 4.28 的验证结果图像是水平垂直差分法梯度图像和利用水平垂直差分法对原图像进行增强的结果图像，以及罗伯特差分法梯度图像和利用罗伯特差分法对原图像进行增强的结果图像。显然，这两种图像增强的结果不应该是图 4.28(b) 和图 4.28(c)，而应该是图 4.28(d) 和图 4.28(e)。

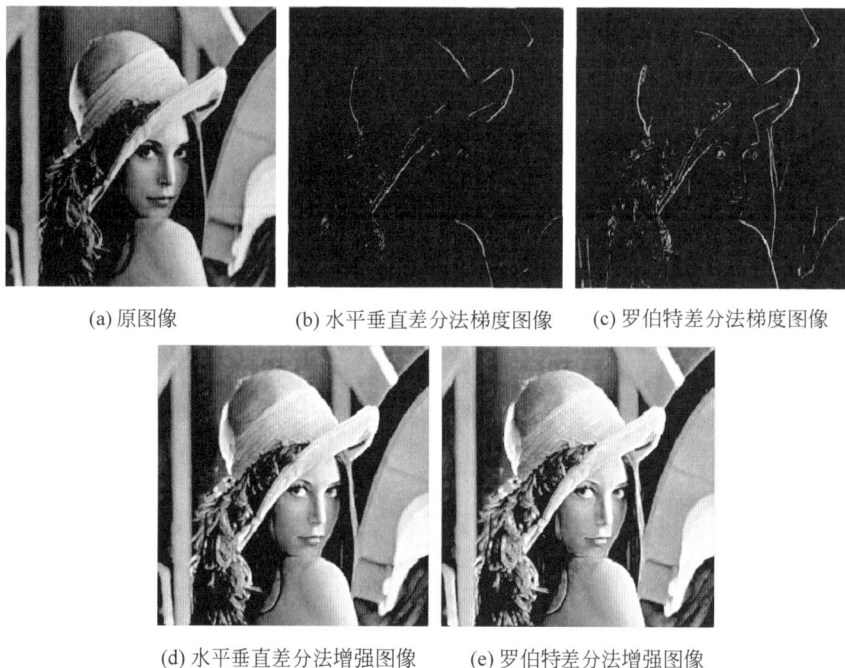

(a) 原图像　　　　　　(b) 水平垂直差分法梯度图像　　　(c) 罗伯特差分法梯度图像

(d) 水平垂直差分法增强图像　　　(e) 罗伯特差分法增强图像

图 4.28　水平垂直差分法与罗伯特差分法的梯度图像和增强结果图像示例

4.4.2　基于二阶微分算子的图像增强方法

二阶微分算子即拉普拉斯（Laplacian）算子。与基于一阶微分算子的图像增强方法类似，需要先检测图像边缘，再形成结果图像。

1. 利用拉普拉斯算子检测和突出图像中的边缘

设 $f(x,y)$ 为连续图像函数，其在点 (x,y) 处的拉普拉斯算子是一个二阶微分算子，并定义为

$$\nabla^2 f = \frac{\partial^2 f}{\partial x^2} + \frac{\partial^2 f}{\partial y^2} \tag{4.37}$$

与一阶导数用于检测图像中位于灰度值剧烈变化的斜坡上的点不同，二阶导数用于检测位于边缘亮的一边和暗的一边的交点处的边缘点（见图 4.29(b)），因此具有更精确的边缘检测精度。

对于数字图像 $f(i,j)$，利用差分方程对 x 方向和 y 方向上的二阶偏导数进行近似如下：

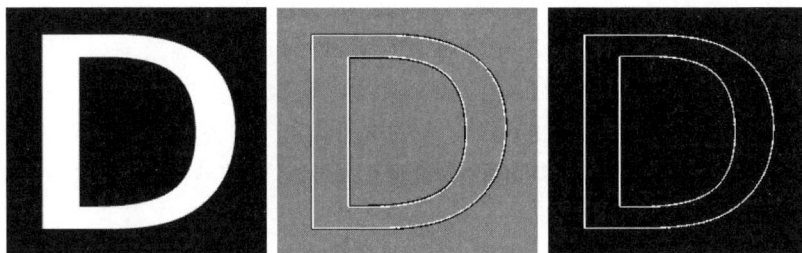

(a) 二值原始图像　　　(b) $\boldsymbol{H}_1$ 模板的检测结果　　(c) 位于交叉点的真正边缘

图 4.29　拉普拉斯二阶边缘检测算子的边缘检测示例

$$\frac{\partial^2 f}{\partial x^2} = \frac{\partial(\nabla_x f(i,j))}{\partial x}$$

$$= \frac{\partial(f(i+1,j) - f(i,j))}{\partial x} \qquad (根据式(4.28))$$

$$= \frac{\partial f(i+1,j)}{\partial x} - \frac{\partial f(i,j)}{\partial x}$$

$$= f(i+2,j) - 2f(i+1,j) + f(i,j) \qquad (4.38)$$

近似式(4.38)以点 $(i+1,j)$ 为中心,用 i 代换 $i+1$ 可得以 (i,j) 为中心的二阶偏导数近似式

$$\frac{\partial^2 f}{\partial x^2} = f(i+1,j) - 2f(i,j) + f(i-1,j) \qquad (4.39)$$

同理可得

$$\frac{\partial^2 f}{\partial y^2} = f(i,j+1) - 2f(i,j) + f(i,j-1) \qquad (4.40)$$

将式(4.39)和式(4.40)代入式(4.37),就可得到拉普拉斯算子(二阶微分算子)为

$$\nabla^2 f = f(i-1,j) + f(i,j-1) - 4f(i,j) + f(i,j+1) + f(i+1,j)$$

$$= \begin{bmatrix} 0 & f(i-1,j) & 0 \\ f(i,j-1) & -4f(i,j) & f(i,j+1) \\ 0 & f(i+1,j) & 0 \end{bmatrix} \qquad (第一步)$$

$$= \begin{bmatrix} f(i-1,j-1) & f(i-1,j) & f(i-1,j+1) \\ f(i,j-1) & f(i,j) & f(i,j+1) \\ f(i+1,j-1) & f(i+1,j) & f(i+1,j+1) \end{bmatrix} \cdot \begin{bmatrix} 0 & 1 & 0 \\ 1 & -4 & 1 \\ 0 & 1 & 0 \end{bmatrix} \quad (第二步)$$

$$= \sum_{s=-1}^{1} \sum_{t=-1}^{1} f(i+s, j+t) H(s,t) \qquad (第三步) \quad (4.41)$$

在式(4.41)中,根据图像像素的坐标位置可得第一步结果;根据二维离散信号的卷积关系可由第一步结果得到第二步结果(其中,·是矩阵的点乘符号,两矩阵的点乘是指两矩阵的对应位置元素相乘);根据函数 f 的坐标关系即可将第二步的离散卷积运算表示成第三步的离散卷积运算的一般公式。

式(4.41)中的第二步右边的数字矩阵就是拉普拉斯算子,即

$$\left[H(s,t)\right] = \begin{bmatrix} H(-1,-1) & H(-1,0) & H(-1,1) \\ H(0,-1) & H(0,0) & H(0,1) \\ H(1,-1) & H(1,0) & H(1,1) \end{bmatrix} = \begin{bmatrix} 0 & 1 & 0 \\ 1 & -4 & 1 \\ 0 & 1 & 0 \end{bmatrix} = H_1$$

拉普拉斯算子是一种空间滤波形式的高通滤波算子。显然,只要适当地选择式(4.41)中的权函数 $H(s,t)$,就可以得到具有不同性能的高通滤波器,从而得到增强性能各异的锐化图像。实现拉普拉斯运算的常用高通模板有

$$\boldsymbol{H}_1 = \begin{bmatrix} 0 & 1 & 0 \\ 1 & -4 & 1 \\ 0 & 1 & 0 \end{bmatrix}, \quad \boldsymbol{H}_2 = \begin{bmatrix} 1 & 1 & 1 \\ 1 & -8 & 1 \\ 1 & 1 & 1 \end{bmatrix} \tag{4.42}$$

$$\boldsymbol{H}_3 = \begin{bmatrix} 1 & -2 & 1 \\ -2 & 4 & -2 \\ 1 & -2 & 1 \end{bmatrix}, \quad \boldsymbol{H}_4 = \begin{bmatrix} 0 & -1 & 0 \\ -1 & 4 & -1 \\ 0 & -1 & 0 \end{bmatrix}, \quad \boldsymbol{H}_5 = \begin{bmatrix} -1 & -1 & -1 \\ -1 & 8 & -1 \\ -1 & -1 & 1 \end{bmatrix}$$

$$\tag{4.43}$$

可以证明,$f(x,y)$ 的拉普拉斯算子具有各向同性和位移不变性,可以满足图像中不同方向的边缘的锐化要求。

图 4.30 依次给出了原图像及利用拉普拉斯模板 $\boldsymbol{H}_1 \sim \boldsymbol{H}_5$ 处理图像所得的二阶微分图像结果。实现中采用的是对结果图像中的"负值"像素取绝对值的方法。

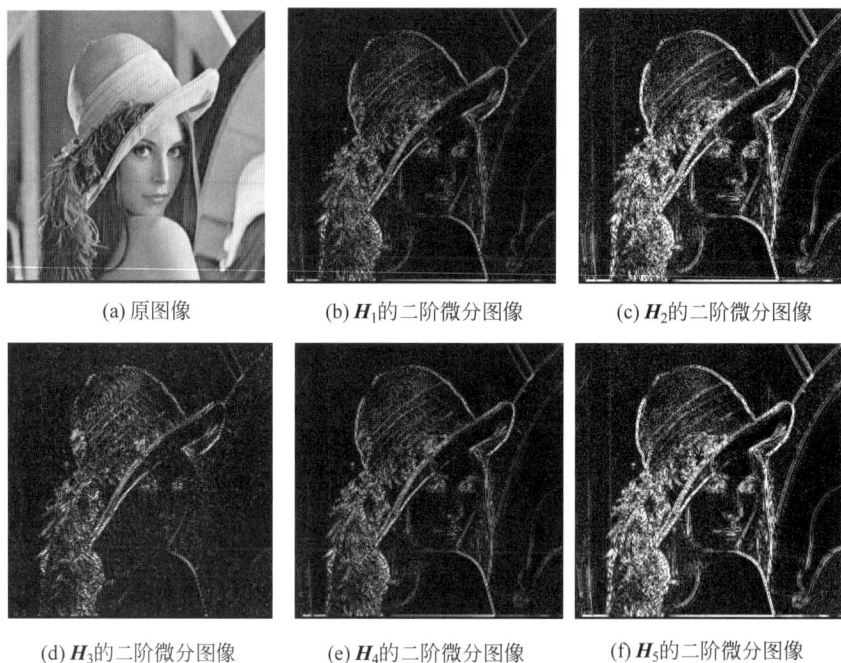

(a) 原图像　　　　　　(b) $\boldsymbol{H}_1$ 的二阶微分图像　　　　(c) $\boldsymbol{H}_2$ 的二阶微分图像

(d) $\boldsymbol{H}_3$ 的二阶微分图像　　(e) $\boldsymbol{H}_4$ 的二阶微分图像　　(f) $\boldsymbol{H}_5$ 的二阶微分图像

图 4.30　用拉普拉斯算子所得的二阶微分图像边缘锐化结果示例

2. 基于拉普拉斯算子的增强结果图像形成

由图 4.30(b)～图 4.30(f)可知,直接利用拉普拉斯模板计算图像的二阶微分所得到的结果图像虽然突出了图像中的边缘,但图像中的背景信息却消失了。为了得到利用拉普拉斯模板锐化的结果图像,与 4.4.1 节类似,还需要将原始图像 $f(x,y)$ 和用拉普拉斯算子处

理图像所得的二阶微分图像(式(4.36)的结果)按下式叠加在一起,从而得到用拉普拉斯算子锐化的结果图像。

$$
\begin{aligned}
g(i,j) &= f(i,j) - \nabla^2 f(i,j) \\
&= f(i,j) - [f(i-1,j) + f(i,j-1) - 4f(i,j) + f(i,j+1) + f(i+1,j)] \\
&= -f(i-1,j) - f(i,j-1) + 5f(i,j) - f(i,j+1) - f(i+1,j)] \\
&= \begin{bmatrix} f(i-1,j-1) & f(i-1,j) & f(i-1,j+1) \\ f(i,j-1) & f(i,j) & f(i,j+1) \\ f(i+1,j-1) & f(i+1,j) & f(i+1,j+1) \end{bmatrix} \times \begin{bmatrix} 0 & -1 & 0 \\ -1 & 5 & -1 \\ 0 & -1 & 0 \end{bmatrix} \\
&= \sum_{s=-1}^{1} \sum_{t=-1}^{1} f(i+s, j+t) H(s,t)
\end{aligned}
\tag{4.44}
$$

根据式(4.41),由式(4.44)可得对应于式(4.42)和式(4.43)中的 $\boldsymbol{H}_1$、$\boldsymbol{H}_2$、$\boldsymbol{H}_4$、$\boldsymbol{H}_5$ 的二阶微分图像增强算子(也称合成拉普拉斯模板):

$$
\boldsymbol{H}_6 = \begin{bmatrix} 0 & -1 & 0 \\ -1 & 5 & -1 \\ 0 & -1 & 0 \end{bmatrix}, \quad \boldsymbol{H}_7 = \begin{bmatrix} -1 & -1 & -1 \\ -1 & 9 & -1 \\ -1 & -1 & -1 \end{bmatrix}
\tag{4.45}
$$

$$
\boldsymbol{H}_8 = \begin{bmatrix} 0 & 1 & 0 \\ 1 & -5 & 1 \\ 0 & 1 & 0 \end{bmatrix}, \quad \boldsymbol{H}_9 = \begin{bmatrix} 1 & 1 & 1 \\ 1 & -9 & 1 \\ 1 & 1 & 1 \end{bmatrix}
\tag{4.46}
$$

用 $\boldsymbol{H}_6$ 和 $\boldsymbol{H}_9$ 锐化的结果图像如图 4.31(b)和图 4.31(c)所示。

(a) 原图像　　　　(b) 用$\boldsymbol{H}_6$算子锐化的结果图像　　　　(c) 用$\boldsymbol{H}_9$算子锐化的结果图像

图 4.31　用拉普拉斯算子增强的结果图像示例

习　题　4

4.1　解释下列术语。

(1) 空间域图像增强　　　　　　　　(2) 直方图增强

(3) 邻域平均　　　　　　　　　　　(4) 均值滤波

(5) 中值滤波　　　　　　　　　　　(6) 图像锐化

4.2　图像平滑会给图像质量带来哪些负面影响?

4.3　图像平滑算子与拉普拉斯图像锐化算子中的系数值各有什么特征?

4.4　与图像平滑(低通滤波)相比,中值滤波有哪些优点?

4.5　已知有一幅大小为 64×64 的图像，灰度级为 8，图像中各灰度级的像素数目如表 4.11 所示。试用直方图均衡方法对该图像进行增强处理，并画出处理前后的直方图。

表 4.11　64×64 图像各灰度级的像素数目

k	n_k	k	n_k
0	1450	4	280
1	1030	5	206
2	530	6	150
3	370	7	80

4.6　已知一幅 8×8 数字图像的各灰度级像素的归一化分布概率如表 4.12 所示。

表 4.12　8×8 图像各灰度级的分布概率

k	$p(r_k) = n_k/n$	k	$p(r_k) = n_k/n$
0	0.18	4	0.08
1	0.25	5	0.06
2	0.20	6	0.04
3	0.17	7	0.02

（1）写出对该图像进行直方图均衡化的各步骤的结果，并画出原图像的直方图和均衡化结果图像的直方图。

（2）若原图像中的某一行 8 像素的灰度值依次为 0、1、2、3、4、5、6、7，请计算该图像均衡化后的结果图像中，该行 8 像素的灰度值依次是什么？

4.7　设有如图 4.32(a)所示的原图像，请指出当利用邻域平均法平滑该图像时，得到的结果图像(图 4.32(b))中：

（1）哪类或哪几类值(X、Y 或 Z)与结果图像中的值相同(不必再计算)？

（2）哪类或哪几类值需要一一计算而得到？

（3）像素 Z 的值是多少？

```
1  25  2  1  3        X  X  X  X  X
2   2  5  3  4        X  Y  Y  Y  X
1   4  4  4  5        X  Y  Z  Y  X
2   5  21 6  8        X  Y  Y  Y  X
3   6  7  8  9        X  X  X  X  X
       (a)                  (b)
```

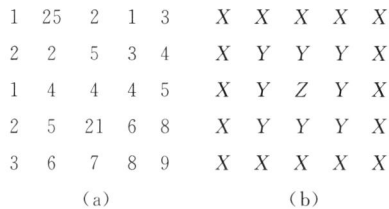

图 4.32　习题 4.7 的图示

4.8　设有如图 4.33 所示的原图像，若用仅包含 5 像素的十字窗口(如图 4.21 中的第 3 个中值滤波窗口所示)对该图像进行中值滤波：

（1）结果图像中有多少像素的值不用计算即可得到？

（2）结果图像中有多少像素的值需要计算得到？

（3）请给出中值滤波后的结果图像。

$$
\begin{array}{ccccc}
10 & 25 & 8 & 32 & 19 \\
9 & 15 & 10 & 30 & 23 \\
11 & 22 & 18 & 35 & 18 \\
16 & 15 & 17 & 18 & 8 \\
13 & 14 & 19 & 19 & 1
\end{array}
$$

图 4.33 习题 4.8 的图示

4.9 编写一个利用中值滤波进行图像去噪的 MATLAB 程序。可参照习题 4.10 向原图像加入噪声。简单情况下,可用图 4.22 中前 3 个模板中的一个。

4.10 在下面的程序中,MATLAB 函数 imnoise(img0,'salt & pepper',0.03)用于向原图像加入噪声密度为 0.03 的椒盐噪声,以获得被噪声污染的图像。

(1) 补充程序中的函数 title('Y 去噪结果图像')中的 Y 代表的含义。

(2) 说明该程序完成的功能,并在 MATLAB 环境下执行和验证。

```
clc; clear all; close all;
img0 = imread('d:\lena.jpg')
Noisy_img = imnoise(img0,'salt & pepper',0.03);  % 噪声密度为 0.03 的椒盐噪声图像
f = double(Noisy_img);                            % 将加噪声图像灰度值转换成双精度数据
result_f = f;                                     % 建立结果图像信息
[h,w] = size(img0);
for i = 1:h - 2
    for j = 1:w - 2
        sum = f(i,j) + f(i,j + 1) + f(i,j + 2) + f(i + 1,j) + f(i + 1,j + 1)
                + f(i + 1,j + 2) + f(i + 2,j) + f(i + 2,j + 1) + f(i + 2,j + 2);
        result_f(i + 1,j + 1) = sum/9;
    end
end
figure;subplot(1,3,1);imshow(img0);title('原灰度图像');
subplot(1,3,2);imshow(Noisy_img);title('叠加噪声图像');
subplot(1,3,3);imshow(uint8(result_f)); title('Y 去噪结果图像');
```

第 5 章

频率域图像处理

频率域图像是把空间域图像像素的灰度值表示成随位置变化的空间频率,并以频谱(也称为频谱图)的形式表示图像信息分布特征的一种表示方式。频率域图像处理是指在图像的频率域中对图像进行某种处理的方法,这种方法以傅里叶变换为基础,即先通过傅里叶变换把图像从空间域变换到频率域,然后用频率域方法对图像进行处理,处理后再利用傅里叶反变换把图像变换回空间域。

本章首先介绍面向空间域图像的二维离散傅里叶变换及其频谱特性,然后介绍频率域图像处理的基本实现思路、基于频率域的图像噪声消除(频率域低通滤波)和基于频率域的图像增强(频率域高通滤波)方法,最后介绍面向某些特殊应用的带阻滤波和带通滤波。

5.1   二维离散傅里叶变换

1822 年,法国工程师傅里叶(Fourier)指出:一个"任意"的周期函数 $f(x)$ 都可以分解为无穷多个不同频率的正弦和/或余弦的和,即傅里叶级数。求解傅里叶级数的过程就是傅里叶变换。傅里叶级数和傅里叶变换又统称为傅里叶分析或谐波分析。

离散傅里叶变换(discrete Fourier transform,DFT)描述的是离散信号的一维时域或二维空间域表示与频率域表示的关系,是信号处理和图像处理中的一种最有效的数学工具之一,在频谱分析、数字滤波器设计、功率谱分析、传递函数建模、图像处理等方面具有广泛的应用。

5.1.1   二维离散傅里叶变换的定义和傅里叶频谱

由于一幅数字图像可以描述成一个二维函数,所以下面仅介绍应用于图像处理的二维离散傅里叶变换。

1. 二维离散傅里叶变换的定义

设 $f(x,y)$ 是在空间域上等间隔采样得到的 $M \times N$ 的二维离散信号,x 和 y 是离散实变量,u 和 v 为离散频率变量,则二维离散傅里叶变换对一般定义为

$$F(u,v) = \frac{1}{\sqrt{MN}} \sum_{x=0}^{M-1} \sum_{y=0}^{N-1} f(x,y) \exp\left[-\mathrm{j}2\pi\left(\frac{xu}{M} + \frac{yv}{N}\right)\right]$$

$$(u = 0,1,\cdots,M-1;\ v = 0,1,\cdots,N-1) \tag{5.1}$$

$$f(x,y) = \frac{1}{\sqrt{MN}} \sum_{u=0}^{M-1} \sum_{v=0}^{N-1} F(u,v) \exp\left[\mathrm{j}2\pi\left(\frac{ux}{M} + \frac{vy}{N}\right)\right]$$

$$(x = 0,1,\cdots,M-1;\ y = 0,1,\cdots,N-1) \tag{5.2}$$

其中,式(5.1)为傅里叶正变换,式(5.2)为傅里叶反(逆)变换。

在图像处理中,有时为了讨论上的方便,取 $M=N$,这样二维离散傅里叶变换对就定义为

$$F(u,v) = \frac{1}{N}\sum_{x=0}^{N-1}\sum_{y=0}^{N-1}f(x,y)\exp\left[-\frac{\mathrm{j}2\pi(xu+yv)}{N}\right]$$

$$(u,v=0,1,\cdots,N-1) \tag{5.3}$$

$$f(x,y) = \frac{1}{N}\sum_{u=0}^{N-1}\sum_{v=0}^{N-1}F(u,v)\exp\left[\frac{\mathrm{j}2\pi(ux+vy)}{N}\right]$$

$$(x,y=0,1,\cdots,N-1) \tag{5.4}$$

其中,$\exp[-\mathrm{j}2\pi(xu+yv)/N]$ 是正变换核,$\exp[\mathrm{j}2\pi(ux+vy)/N]$ 是反变换核。

二维离散傅里叶变换的频谱和相位角定义为

$$|F(u,v)| = \sqrt{R^2(u,v)+I^2(u,v)} \tag{5.5}$$

$$\phi(u,v) = \arctan[I(u,v)/R(u,v)] \tag{5.6}$$

2. 图像的傅里叶频谱特性及频谱图

傅里叶变换的物理意义是将空间域图像的灰度分布函数变换为频率域图像的频率分布函数,从物理效果看,傅里叶变换是将图像从空间域转换到频率域。一幅空间域的图像 $f(x,y)$ 变换到频率域 $F(u,v)$ 后,其傅里叶频谱 $|F(u,v)|$ 可以以频谱图的形式予以显示。比如,图 5.1(a)所示的图像的频谱如图 5.1(b)所示;图 5.2(a)所示的图像的频谱如图 5.2(b)所示。

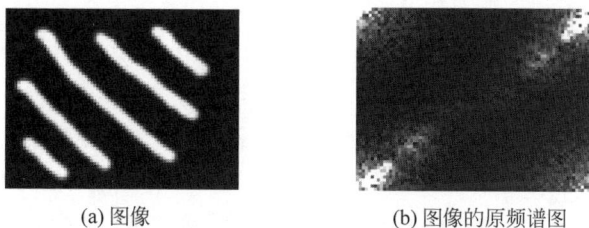

(a)图像　　　　　　　　　(b)图像的原频谱图

图 5.1　图像的傅里叶频谱示例 1

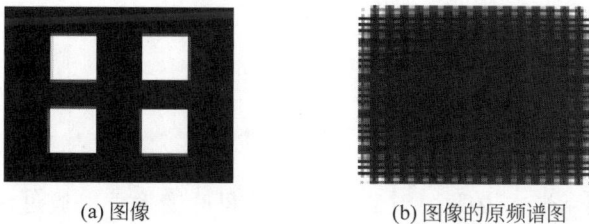

(a)图像　　　　　　　　　(b)图像的原频谱图

图 5.2　图像的傅里叶频谱示例 2

在图像的傅里叶频谱中,原空间域图像上的灰度突变部位、图像结构复杂的区域、图像细节及干扰噪声等信息集中在高频区,对应于图 5.1(b)和图 5.2(b)所示的傅里叶频谱的中间部分;原空间域图像上灰度变化平缓部位(即空间域图像的平坦区域)的信息集中在低频区,对应于图 5.1(b)和图 5.2(b)所示的傅里叶频谱的 4 个角部分。即在傅里叶频谱图上,比较亮的 4 个角反映的是原图像的低频特性,亮度越大说明低频能量越大;比较暗的中间部位反映的是原图像的高频特性。

按照图像空间域和频率域的对应关系，空间域中的强相关性，即图像中一般都存在大量的平坦区域，使得图像平坦区域中的相邻或相近像素一般趋向于取相同或相近的灰度值，它们在频率域中对应于低频部分，即对应于傅里叶频谱的 4 个角部分。由于低频部分能量较集中，因而在频谱图上的视觉效果较亮。

5.1.2 二维离散傅里叶变换的重要性质

二维离散傅里叶变换的性质包括线性性、可分离性、平均值性质、周期性、共轭对称性、空间位置和空间频率的平移性、旋转性、尺度变换性、卷积性质等，下面仅介绍几种比较重要且在本书的有关内容中涉及的性质。

1. 变换系数矩阵

由二维离散傅里叶反变换式(5.4)可知，由于 u 和 v 均有 $0,1,\cdots,N-1$ 这 N 个可能的取值，所以 $f(x,y)$ 由 N^2 个频率分量组成，每个频率分量都与一个特定的 (u,v) 值相对应；且对于某个特定的 (u,v) 值来说，当 (x,y) 取遍所有可能的值 $(x=0,1,\cdots,N-1；y=0,1,\cdots,N-1)$ 时，就可得到对应于该特定的 (u,v) 值的一个变换系数矩阵如下：

$$
\begin{bmatrix}
\exp\left[j2\pi\left(\dfrac{0u+0v}{N}\right)\right] & \exp\left[j2\pi\left(\dfrac{0u+1v}{N}\right)\right] & \cdots & \exp\left[j2\pi\left(\dfrac{0u+(N-1)v}{N}\right)\right] \\
\exp\left[j2\pi\left(\dfrac{1u+0v}{N}\right)\right] & \exp\left[j2\pi\left(\dfrac{1u+1v}{N}\right)\right] & \cdots & \exp\left[j2\pi\left(\dfrac{1u+(N-1)v}{N}\right)\right] \\
\vdots & \vdots & \ddots & \vdots \\
\exp\left[j2\pi\left(\dfrac{(N-1)u+0v}{N}\right)\right] & \exp\left[j2\pi\left(\dfrac{(N-1)u+1v}{N}\right)\right] & \cdots & \exp\left[j2\pi\left(\dfrac{(N-1)u+(N-1)v}{N}\right)\right]
\end{bmatrix}
$$

$$(5.7)$$

显然，对应于不同 (u,v) 值的变换系数矩阵共有 N^2 个，且它们与 $f(x,y)$ 无关。

2. 可分离性

式(5.3)和式(5.4)的二维离散傅里叶变换对可写成如下的分离形式：

$$
F(u,v) = \frac{1}{N}\sum_{x=0}^{N-1}\left(\sum_{y=0}^{N-1}f(x,y)\exp\left[\frac{-j2\pi yv}{N}\right]\right)\exp\left[\frac{-j2\pi xu}{N}\right]
$$
$$(u,v=0,1,\cdots,N-1)$$
$$(5.8)$$

$$
f(x,y) = \frac{1}{N}\sum_{u=0}^{N-1}\left(\sum_{v=0}^{N-1}F(u,v)\exp\left[\frac{j2\pi vy}{N}\right]\right)\exp\left[\frac{j2\pi ux}{N}\right]
$$
$$(x,y=0,1,\cdots,N-1)$$
$$(5.9)$$

上述的可分离表示形式说明，一个二维离散傅里叶变换可以通过两次一维离散傅里叶变换来实现。以式(5.8)为例，可先沿 y 轴方向进行一维的(列)变换而求得

$$
F(x,v) = \frac{1}{\sqrt{N}}\sum_{y=0}^{N-1}f(x,y)\exp\left[\frac{-j2\pi vy}{N}\right]
$$
$$(v=0,1,\cdots,N-1)$$
$$(5.10)$$

然后再对 $F(x,v)$ 沿 x 方向进行一维的(行)变换而得到最后结果

$$
F(u,v) = \frac{1}{\sqrt{N}}\sum_{x=0}^{N-1}F(x,v)\exp\left[\frac{-j2\pi ux}{N}\right]
$$
$$(u,v=0,1,\cdots,N-1)$$
$$(5.11)$$

3. 平均值

一幅图像的灰度平均值可表示为

$$\bar{f} = \frac{1}{N^2} \sum_{x=0}^{N-1} \sum_{y=0}^{N-1} f(x,y) \tag{5.12}$$

如果将 $u = v = 0$ 代入式(5.3),可得

$$F(0,0) = \frac{1}{N} \sum_{x=0}^{N-1} \sum_{y=0}^{N-1} f(x,y) \tag{5.13}$$

所以,一幅图像的灰度平均值可由离散傅里叶变换在原点处的值求得,即

$$\bar{f} = \frac{1}{N} F(0,0) \tag{5.14}$$

对于 $M \times N$ 的图像 $f(x,y)$ 和二维离散傅里叶变换对的一般定义式(5.1)和式(5.2),图像的灰度平均值公式为

$$\bar{f} = \frac{1}{\sqrt{MN}} F(0,0) \tag{5.15}$$

4. 周期性

对于 $M \times N$ 的图像 $f(x,y)$ 和二维离散傅里叶变换对的一般定义式(5.1)和式(5.2),$F(u,v)$ 的周期性定义为

$$F(u,v) = F(u+mM, v+nN) \quad (m,n=0, \pm 1, \pm 2, \cdots) \tag{5.16}$$

5. 共轭对称性

设 $f(x,y)$ 为实函数,则其傅里叶变换 $F(u,v)$ 具有共轭对称性,表示为

$$F(u,v) = F(-u,-v) \tag{5.17}$$

$$| F(u,v) | = | F(-u,-v) | \tag{5.18}$$

6. 平移性

对于 $M \times N$ 的图像 $f(x,y)$ 和二维离散傅里叶变换对的一般定义式(5.1)和式(5.2),设用符号 $\Leftrightarrow$ 表示函数与其傅里叶变换的对应性,则傅里叶变换的平移性有以下两种。

(1) 空间位移(位移定理)。

$$f(x-x_0, y-y_0) \Leftrightarrow F(u,v) \exp\left[-j2\pi\left(\frac{x_0 u}{M} + \frac{y_0 v}{N}\right)\right] \tag{5.19}$$

式(5.19)说明,函数 $f(x,y)$ 在二维平面平移 (x_0, y_0),相当于 $f(x,y)$ 的傅立叶变换乘以因子 $\exp\left(-j2\pi\left(\frac{x_0 u}{M} + \frac{y_0 v}{N}\right)\right)$,即相当于频谱函数的相位发生了变化但幅值不变。反之,将傅里叶频谱 $F(u,v)$ 乘以一个负指数项,相当于将其反变换后得到的函数在空间域中平移到一个新的位置。

(2) 频率域位移定理。

$$F(u-u_0, v-v_0) \Leftrightarrow f(x,y) \exp\left[j2\pi\left(\frac{u_0 x}{M} + \frac{v_0 y}{N}\right)\right] \tag{5.20}$$

式(5.20)说明,频谱函数 $F(x,v)$ 在二维频谱平面平移 (u_0, v_0),相当于 $F(x,v)$ 的傅立叶反变换乘以因子 $\exp\left(j2\pi\left(\frac{x_0 u}{M} + \frac{y_0 v}{N}\right)\right)$,即相当于二维函数旋转了一个角度但幅值不

变。反之,将函数 $f(x,y)$ 乘以一个正指数项,相当于将其变换后的傅里叶频谱在频率域中平移到一个新的位置。

5.1.3 图像的傅里叶频谱特性分析

前面介绍的图 5.1(b)和图 5.2(b)是坐标原点位于(0,0)的傅里叶频谱,而在实际进行图像的傅里叶频谱特性分析时,使用的是原点位于 $(M/2,N/2)$ 的傅里叶频谱图。

1. 图像傅里叶频谱关于 $(M/2,N/2)$ 的对称性

设 $f(x,y)$ 是一幅大小为 $M \times N$ 的图像,根据离散傅里叶变换的周期性公式(5.16),有

$$|F(u,v)| = |F(u+M,v+N)| \tag{5.21}$$

再根据式(5.21)和离散傅里叶变换的共轭对称性公式(5.18)就可得

$$|F(u,v)| = |F(M-u,N-v)| \tag{5.22}$$

下面以图 5.3 为参照,进一步说明图像的傅里叶变换频谱关于 $(M/2,N/2)$ 的对称性。

根据式(5.22),对于 $u=0$ 有

当 $u=0$、$v=0$ 时,$|F(0,0)| = |F(M,N)|$;

当 $u=0$、$v=1$ 时,$|F(0,1)| = |F(M,N-1)|$;

当 $u=0$、$v=2$ 时,$|F(0,2)| = |F(M,N-2)|$;

        ......

当 $u=0$、$v=N/2$ 时,$|F(0,N/2)| = |F(M,N/2)|$。

同理,对于 $v=0$ 有

当 $u=0$、$v=0$ 时,$|F(0,0)| = |F(M,N)|$;

当 $u=1$、$v=0$ 时,$|F(1,0)| = |F(M-1,N)|$;

当 $u=2$、$v=0$ 时,$|F(2,0)| = |F(M-2,N)|$;

        ......

当 $u=M/2$、$v=0$ 时,$|F(M/2,0)| = |F(M/2,N)|$。

以上分析表明,如图 5.3 所示的傅里叶频谱的 A 区和 D 区关于坐标 $(M/2,N/2)$ 对称。

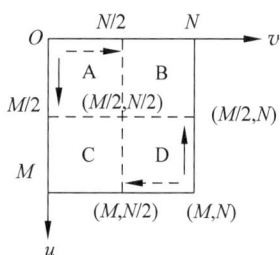

图 5.3 频谱图对称性图示

更一般地,当 $u \in [0,M/2]$ 和 $v \in [0,N/2]$ 时,有 $(M-u) \in [M/2,M]$ 和 $(N-u) \in [N/2,N]$;

当 $u \in [M/2,M]$ 和 $v \in [0,N/2]$ 时,有 $(M-u) \in [0,M/2]$ 和 $(N-u) \in [N/2,N]$。

即傅里叶频谱的 A 区和 D 区关于坐标 $(M/2,N/2)$ 对称;傅里叶频谱的 B 区和 C 区关于坐标 $(M/2,N/2)$ 对称。图 5.1(b)和图 5.2(b)即原点坐标位于(0,0)的傅里叶频谱关于 $(M/2,N/2)$ 对称的两个例子。

2. 原点坐标平移到 $(M/2,N/2)$ 后的傅里叶频谱

由于图像的低频分量比较集中,在频谱图的 4 个角所占的区域都较小,所以不利于图像的频谱特性分析。根据傅里叶频谱的周期性和平移性,如图 5.4(c)所示,当把傅里叶频谱图的原点从(0,0)平移至 $(M/2,N/2)$ 时,以 $(M/2,N/2)$ 为原点截取大小为 $M \times N$ 的区间,就可得到一个低频分量位于中心的图像频谱图,如图 5.4(d)所示。

按照前面关于"图像傅里叶频谱关于 $(M/2,N/2)$ 的对称性"的分析结论,即如图 5.3 所

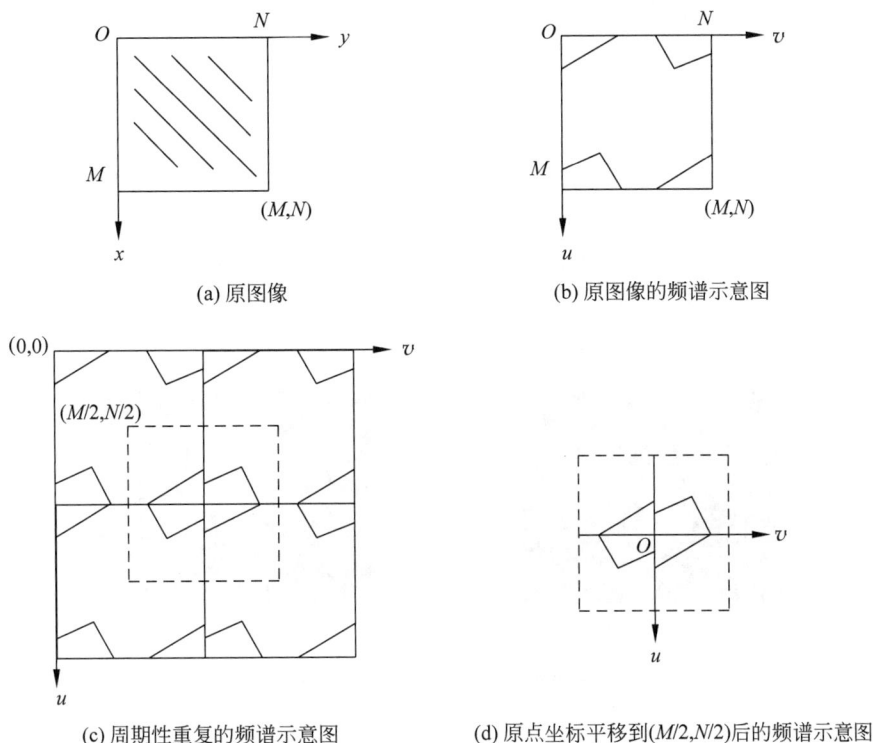

(a) 原图像　　　　　　　　(b) 原图像的频谱示意图

(c) 周期性重复的频谱示意图　　　(d) 原点坐标平移到$(M/2,N/2)$后的频谱示意图

图 5.4　将原点坐标平移到$(M/2,N/2)$后的傅里叶频谱特征分析示意图

示,傅里叶频谱的 A 区和 D 区关于坐标$(M/2,N/2)$对称,傅里叶频谱的 B 区和 C 区关于坐标$(M/2,N/2)$对称。把图 5.1(b)的原点在$(0,0)$的傅里叶频谱平移到以$(M/2,N/2)$为原点,也就是把图 5.1(b)按高(height)和宽(width)折半分成四块,然后把左上角的一块移到右下角位置,把右下角的一块移到左上角位置;同理把右上角的一块移到左下角位置,把左下角的一块移到右上角位置,就可得到如图 5.5(a)所示的、原点在$(M/2,N/2)$的傅里叶频谱。同理,由图 5.2(b)中原点在$(0,0)$的傅里叶频谱可得如图 5.5(b)所示的、原点在$(M/2,N/2)$的傅里叶频谱。

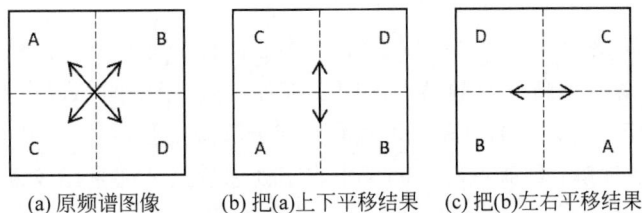

(a) 原频谱图像　　　(b) 把(a)上下平移结果　　　(c) 把(b)左右平移结果

图 5.5　把原傅里叶频谱图像平移成中心对称频谱图像过程示意图

对比图 5.3 和图 5.4(d)可知,基于如图 5.3 所示的图像的原频谱图,只要把其左上角的 A 区向下、向右平移到结果频谱图的 D 区,对应地把其右下角的 D 区向上、向左平移到结果频谱图的 A 区;同理把其右上角的 B 区向下、向左平移到结果频谱图的 C 区,对应地把其左下角的 C 区向上、向右平移到结果频谱图的 B 区,就可以得到如图 5.4(d)所示的关于$(M/2,N/2)$的图像傅里叶频谱图,即中心对称的频谱图。在实际实现中,把通过傅里叶正

变换得到的原图像的频谱图分成 4 块来平移实现起来比较麻烦，相对比较简单的实现思路如图 5.5 所示，即先把原频谱图像（图 5.5(a)）分成上下两部分，接着把由块 A 和块 B 组成的上半部分向下平移到由块 C 和块 D 组成的下半部分位置，把由块 C 和块 D 组成的下半部分向上平移到由原块 A 和块 B 组成的上半部分位置，就可以得到如图 5.5(b)所示的中间结果。然后把这个中间结果分成左右两部分，把由块 C 和块 A 组成的左半部分向右平移到由块 D 和快 B 组成的右半部分位置，把由块 D 和块 B 组成的右半部分向左平移到由原块 C 和块 A 组成的左半部分位置，就可以得到中心对称的图像频谱图（图 5.5(c)）。

按照上述方法对如图 5.1(b)和图 5.2(b)所示的原频谱图进行中心对称化平移，就可以得到如图 5.6(a)和图 5.6(b)所示的中心对称频谱图像。

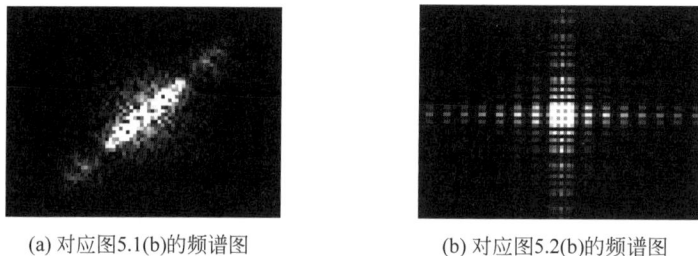

(a) 对应图5.1(b)的频谱图   (b) 对应图5.2(b)的频谱图

图 5.6　中心对称的频谱图像

显然，图 5.6(a)和图 5.6(b)的中心清楚显示出了图像的低频分量的分布情况，不仅具有可视化特点，而且能简化图像的滤波过程等（详见 5.3 节和 5.4 节）。

关于傅里叶频谱的低频分量主要集中在中心的事实，5.3 节中的例 5.1 将对其进一步说明。

3. 对图像进行傅里叶变换的意义

利用傅里叶变换把空间域的图像变换到频率域，就可得到该图像所含频率分量分布情况的傅里叶频谱，进而可以利用频率域的图像处理方法对傅里叶频谱进行处理，其意义在于以下几点。

（1）简化计算。在空间域中处理图像时所进行的复杂的卷积运算，等同于在频率域中简单的乘积运算。

（2）由于在用频谱图表示的频率域图像中，中心部位是能量集中的低频特征，反映的是图像的平滑部分；随着不断远离频谱图的中心位置，对应于空间图像中变化越来越快的细节、边缘、结构复杂区域、突变部位和噪声等高频成分逐渐加强。所以，在频率域中滤波的概念更为直观，更容易理解；即某些在空间域中难于处理或处理起来比较复杂的问题，在频率域就比较容易处理。

（3）某些特定应用需求只能在频率域处理，如频率域图像特征提取、数据压缩、纹理分析、水印嵌入等。

5.1.4　离散傅里叶变换的实现

1. 快速离散傅里叶变换的实现思路

在数字图像处理中，当 $M \times N$ 图像阵列的 M 和 N 较大时，直接利用离散傅里叶变换的定义式进行计算的计算量非常大,以至于在实际中是无法实现的。快速离散傅里叶变换算法的出现,才使得傅里叶变换用于实际的图像处理成为可能。截至目前已经出现了各种各样的快速离散傅里叶变换算法,如按时间提取的基-2一维快速离散傅里叶变换算法和按时间提取的基-4一维快速离散傅里叶变换算法等。由于矩阵处理在空间资源上的要求比较高,所以这些快速算法都是一维的,对于二维图像的处理是分别通过按行和按列执行一维算法实现的。由于篇幅所限,本书略去了作者曾设计实现的“按时间提取的基-2一维快速离散傅里叶变换算法”内容,感兴趣的读者可参阅参考文献[9]。

2. 串行计算二维离散傅里叶变换的方法

设 $f(x,y)$ 是 $N \times N$ 的二维实序列,为表述方便,把 $f(x,y)$ 看作 $N \times N$ 的图像像素阵列,称

$$F(u,v) = \frac{1}{N} \sum_{x=0}^{N-1} \sum_{y=0}^{N-1} f(x,y) W_N^{ux} W_N^{vy} \quad (u,v=0,1,\cdots,N-1) \quad (5.23)$$

为图像像素矩阵的二维离散傅里叶变换(2D-DFT)。其逆变换(2D-IDFT)为

$$f(x,y) = \frac{1}{N} \sum_{u=0}^{N-1} \sum_{v=0}^{N-1} F(u,v) W_N^{-ux} W_N^{-vy} \quad (x,y=0,1,\cdots,N-1) \quad (5.24)$$

其中,$W_N^{ux} = \mathrm{e}^{-\mathrm{j}2\pi/N \cdot ux}$,$W_N^{vy} = \mathrm{e}^{-\mathrm{j}2\pi/N \cdot vy}$。$W_N^{ux} W_N^{vy}$ 是变换核。$F(u,v)$ 为图像的频谱。

根据二维傅里叶变换的可分离性,正变换公式(5.23)可改写成:

$$F(u,v) = \frac{1}{N} \sum_{x=0}^{N-1} \left[\sum_{y=0}^{N-1} f(x,y) W_N^{uy} \right] W_N^{vx} \quad (u,v=0,1,\cdots,N-1) \quad (5.25)$$

式(5.25)的表示形式说明,对于二维离散傅里叶变换,可先对图像像素矩阵的各列分别进行列傅里叶变换(简称列变换),然后再对变换结果的各行分别进行行傅里叶变换(简称行变换),这样就可以利用一维快速离散傅里叶变换算法串行计算二维离散傅里叶变换。其计算和变换过程如图 5.7 所示。

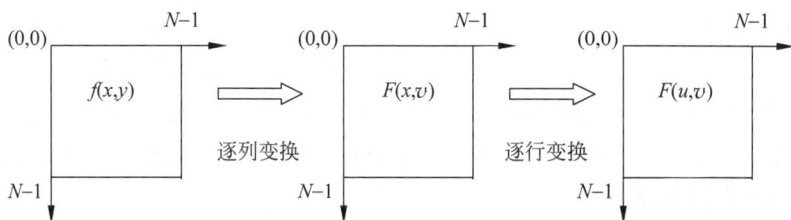

图 5.7　利用一维快速离散傅里叶变换算法串行计算二维离散傅里叶变换

为了简化程序,可把列变换后的结果进行转置,这样在进行行变换时就可应用列变换的程序,最后再把行变换后的结果进行一次转置即为变换结果。二维正变换的流程可简要描述为

$$f(x,y) \rightarrow \mathrm{DFT}_{列}[f(x,y)] = F(x,v) \xrightarrow{转置} F^{\mathrm{T}}(v,x) \rightarrow \mathrm{DFT}_{列}[F^{\mathrm{T}}(v,x)]$$

$$= F^{\mathrm{T}}(v,u) \xrightarrow{转置} F(u,v)$$

其中,$\mathrm{DFT}[f(x,y)]$ 表示对 $f(x,y)$ 进行傅里叶正变换。

图 5.8 是一个傅里叶变换的图例。其中图 5.8(b)是对图 5.8(a)的图像进行傅里叶正变换所得的频谱图像,图 5.8(c)是进行傅里叶反变换恢复的图像。频率域图像处理过程是

对正变换获得的频谱进行进一步处理,如低通滤波(去噪声)、高通滤波(图像增强)等,然后再对处理后的傅里叶频谱进行反变换,获得处理后的空间域图像。

<table>
<tr><td>(a) 原灰度图像</td><td>(b) 傅里叶频谱图像</td><td>(c) 反变换结果图像</td></tr>
</table>

图 5.8   傅里叶变换图例

5.2   频率域图像处理的基本实现思路

由 5.1 节可知,二维离散傅里叶变换很好地描述了二维离散信号的空间域与频率域之间的关系,所以对于那些在空间域中表述起来比较困难、甚至不太可能实现的图像处理问题,可以先通过对图像进行离散傅里叶变换,把图像变换到频率域,然后利用适当的频率域图像处理方式对图像进行处理,处理后再把它变换回空间域中,从而解决那些在空间域不便于解决的图像处理问题。

5.2.1   基本实现思想

由傅里叶频谱的特性可知,u 和 v 同时为 0 时的频率成分对应于图像的平均灰度级。当从傅里叶频谱的原点离开时,低频对应着图像的缓慢变化分量,如一幅图像中较平坦的区域;当进一步离开原点时,较高的频率开始对应图像中变化越来越快的灰度级,它们反映了一幅图像中物体的边缘和灰度级突发改变(如噪声)部分的图像成分。频率域图像增强正是基于这种机理,通过对图像的傅里叶频谱进行低通滤波(使低频通过,使高频衰减)来滤除噪声;或通过对图像的傅里叶频谱进行高通滤波(使高频通过,使低频衰减)突出图像中的边缘和轮廓来实现图像的增强。

设 $f(x,y)$ 为 $M \times N$ 的图像,$F(u,v)$ 为 $f(x,y)$ 的原点在 $(0,0)$ 的傅里叶频谱,$\acute{F}(u,v)$ 为原点平移到 $(M/2, N/2)$ 的傅里叶频谱,$H(u,v)$ 为转移函数(也称为滤波函数),$\acute{G}(u,v)$ 为对 $\acute{F}(u,v)$ 进行频率域滤波后的输出结果,$G(u,v)$ 为原点平移回 $(0,0)$ 的傅里叶频谱,$g(x,y)$ 为经频率域滤波后的输出图像,则有

$$\acute{G}(u,v) = \acute{F}(u,v)H(u,v) \tag{5.26}$$

将 $G'(u,v)$ 平移回原点 $(0,0)$ 可得 $G(u,v)$,则有

$$g(x,y) = F^{-1}[G(u,v)] \tag{5.27}$$

在式(5.26)中,H 和 $\acute{F}$ 的相乘定义为二维函数逐元素的相乘,即 H 的第 1 个元素乘以 $\acute{F}$ 的第 1 个元素,H 的第 2 个元素乘以 $\acute{F}$ 的第 2 个元素,以此类推。被滤波的图像可以由

$G(u,v)$ 的傅里叶反变换(F^{-1})结果得到。通常情况下转移函数都为实函数,所以其傅里叶反变换的虚部为 0。

综上所述,频率域图像处理的步骤如下。

(1) 对图像 $f(x,y)$ 进行二维傅里叶变换,得到原点在$(0,0)$的傅里叶频谱 $F(u,v)$。

(2) 把原点在$(0,0)$的傅里叶频谱 $F(u,v)$ 按其高和宽折半分成四块,通过左上角块与右下角块的对称平移位置互换和右上角块与左下角块的对称平移位置互换,得到原点在 $(M/2,N/2)$ 的傅里叶频谱 $\acute{F}(u,v)$。

(3) 进行频率域滤波,即用设计的转移函数 $H(u,v)$ 乘以原点在$(M/2,N/2)$的傅里叶频谱 $\acute{F}(u,v)$,根据式(5.26)可得 $\acute{G}(u,v)$。

(4) 将 $\acute{G}(u,v)$ 的原点平移回$(0,0)$,可得 $G(u,v)$。

(5) 对 $G(u,v)$ 进行傅里叶反变换,并取变换结果的实部,即计算 $F^{-1}[G(u,v)]$,并取计算结果的实部,即可得到通过频率域滤波后的图像 $g(x,y)$。

以上过程可简要地描述为图 5.9。

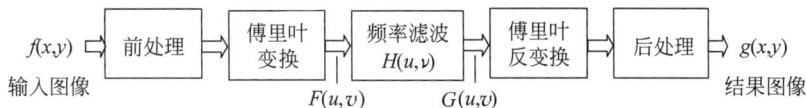

图 5.9　频率域图像增强步骤

在图 5.9 中,前处理和后处理可能包括将输入图像向最接近的偶数维数转换(以便图像有合适的变换中心)、灰度级标定、输入向浮点数/双精度数的转换、输出向 8 比特整数格式的转换等。

5.2.2　转移函数的设计

假设原图像 $f(x,y)$ 经傅里叶变换为 $F(u,v)$,频率域图像处理就是选择合适的滤波器函数 $H(u,v)$ 对 $F(u,v)$ 的频谱成分进行调整(让低频通过,使高频衰减;让高频通过,使低频衰减;等等),然后经傅里叶反变换得到空间域(频率域增强、频率域去噪等)的图像 $g(x,y)$。因此,频率域图像处理的关键是设计合适的滤波转移函数 $H(u,v)$。

关于转移函数的设计方法,一是先凭直观感觉选择一个理想的滤波器模型,然后通过反复的滤波实验和参数修正来逼近并设计出实际的滤波器;二是利用频率成分和图像外观之间的对应关系选择频率域滤波器;三是基于数学和统计准则设计频率域滤波器。

另外,对于大小为 $M \times N$ 的函数 $f(x,y)$ 和 $h(x,y)$,其卷积表示形式为

$$f(x,y) * h(x,y) = \frac{1}{MN} \sum_{m=0}^{M} \sum_{n=0}^{N} f(m,n)h(x-m,y-n) \tag{5.28}$$

其中,$F(u,v)$ 和 $H(u,v)$ 分别为 $f(x,y)$ 和 $h(x,y)$ 的傅里叶变换。

根据傅里叶变换对

$$f(x,y) * h(x,y) \Leftrightarrow F(u,v)H(u,v) \tag{5.29}$$

$$F(u,v) * H(u,v) \Leftrightarrow f(x,y)h(x,y) \tag{5.30}$$

即空间域的卷积在频率域简化为相乘,频率域的卷积在空间域简化为相乘;有时也可以将

频率域的滤波器函数变换到空间域,然后在空间域对图像进行滤波运算。

一般来说,如果两个域中的滤波器尺寸(即滤波窗口大小)相同,通常在频率域中进行滤波计算更有效,空间域更适合于尺寸较小的滤波器。

5.3　基于频率域的图像噪声消除——频率域低通滤波

图像中的噪声和边缘对应于傅里叶频谱的高频部分,选择能使低频通过、使高频衰减的转移函数 $H(u,v)$,就可以根据式(5.26)和式(5.27)实现低通滤波,达到滤除噪声的目的。

下面分别介绍理想的低通滤波器、巴特沃斯低通滤波器和高斯低通滤波器三种滤波器的有关概念和滤波原理。

5.3.1　理想的低通滤波器

一个理想的低通滤波器的转移函数定义为

$$H(u,v) = \begin{cases} 1, & D(u,v) \leqslant D_0 \\ 0, & D(u,v) > D_0 \end{cases} \tag{5.31}$$

其中,D_0 是一个非负整数,$D(u,v)$ 为频率平面从原点到点 (u,v) 的距离。

设已经将傅里叶频谱的原点平移到 $(M/2, N/2)$,则点 (u,v) 到频率平面原点 $(M/2, N/2)$ 的距离为

$$D(u,v) = [(u - M/2)^2 + (v - N/2)^2]^{1/2} \tag{5.32}$$

理想的低通滤波器的含义为,在半径为 D_0 的圆内的所有频率没有衰减地通过该滤波器,而在此圆之外的所有频率完全被衰减掉,所以 D_0 称为截止频率。也就是说,对于低通滤波来说,当某个频率之上的幅度统统被忽略为 0 时,那个频率就称为截止频率。实现上,在进行低通滤波时,先要设定(或经多次实验得到)一个截止频率 D_0,设 $D_0 = \pi/3$;将高于 $\pi/3$ 的频率乘以 0,让其全部被阻止;将低于 $\pi/3$ 的频率乘以 1,让其全部通过。此时的频率值 $\pi/3$ 就称为截止频率。

图 5.10(a)给出了理想低通滤波器的转移函数 H 的横截面图,其中横轴用于表示离原点的径向距离。通过将横截面绕原点旋转 360° 即可得到完整的理想低通滤波器转移函数,即图 5.10(b)所示的转移函数 H 的透视图。该透视图的含义是:只有那些位于该圆柱体内的频率范围的信号才能通过,而位于圆柱体外的频率成分都将被滤除。

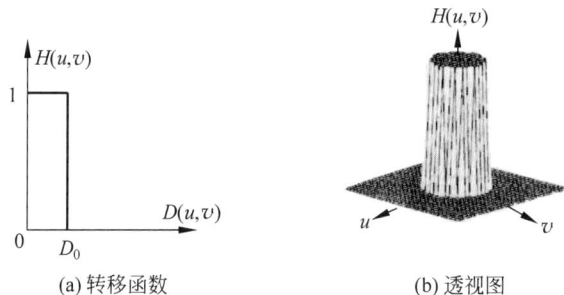

(a) 转移函数　　　　　(b) 透视图

图 5.10　理想低通滤波器的转移函数横截面图和透视图

在图 5.10(a) 及本节的以下内容中,均假设 D_0 的频率平面原点为 $(M/2,N/2)$。

需要说明的是,理想低通滤波器的数学意义是十分清楚的,利用计算机对其进行模拟也是可行的,但在实际中用电子元件实现直上直下的理想低通滤波器是不可能的,所以才将其称为"理想"低通滤波器。

【例 5.1】 频率域理想低通滤波器的滤波效果及低频特性分析。

解: 若一般地设 R 为截止频率的圆周半径,EB 为圆周内能量(图像功率)与原图像总能量(总功率)的百分比,根据图像信号能量在频率域上的分布有

$$\mathrm{EB} = \left[\sum_{u \in R} \sum_{v \in R} P(u,v) \Big/ \sum_{u=0}^{M-1} \sum_{v=0}^{N-1} P(u,v) \right] \times 100\% \tag{5.33}$$

图 5.11(a) 是一幅包含了全部细节的原始图像;图 5.11(b) 是它的傅里叶频谱图,利用其截止频率半径 D 分别为 10、20、40 和 80 确定的理想低通滤波器对原图像进行低通滤波,所得的图像分别为图 5.11(c)～图 5.11(f)。根据式(5.33)计算可知,图 5.11(c)～图 5.11(f)分别包含了原图像中 95.5%、97.9%、99.0% 和 99.6% 的能量。

(a) 原始图像　　　　(b) 傅里叶频谱图　　　　(c) D=10的低通滤波图像

(d) D=20的低通滤波图像　　(e) D=40的低通滤波图像　　(f) D=80的低通滤波图像

图 5.11　频率域理想低通滤波器的滤波效果及低频特性分析

图 5.11(c)～图 5.11(f) 的结果说明:

- 傅里叶频谱图的低频分量主要集中在中心;
- 指明了以截止频率为半径的圆内的图像功率与图像总功率的量级关系;
- 说明了高频成分对于表现图像的轮廓和细节是十分重要的。

图 5.11(c) 仅滤除掉占总能量的 4.5% 的高频分量,图像就变得十分模糊,并有明显的振铃效应;图 5.11(d) 仅滤除掉占总能量的 2.1% 的高频分量,图像仍存在着一定程度的模糊和振铃效应;当图 5.11(e) 仅滤除掉占总能量的 1.0% 的高频分量时,图像视觉效果才变得尚可接受;而当图 5.11(f) 仅滤除掉占总能量的 0.4% 的高频分量时,图像才变得与原图

像几乎一样。

5.3.2 巴特沃斯低通滤波器

一个 n 阶的巴特沃斯（Butterworth）低通滤波器的转移函数定义为

$$H(u,v) = \frac{1}{1+[D(u,v)/D_0]^{2n}} \tag{5.34}$$

其中，D_0 为截止频率，$D(u,v)$ 是频率平面从原点到点 (u,v) 的距离，如式（5.32）所示。

图 5.12(a) 给出了阶数分别为 1、2 和 3 的巴特沃斯低通滤波器的转移函数 H 的横截面图。巴特沃斯低通滤波器的转移函数 H 的透视图如图 5.12(b) 所示，该透视图的含义是：只有那些位于该草帽形体内的频率范围的信号才能通过，而位于草帽形体外的频率成分都将被滤除掉。由图中可见，巴特沃斯低通滤波器在高低频率间的过渡比较平滑。

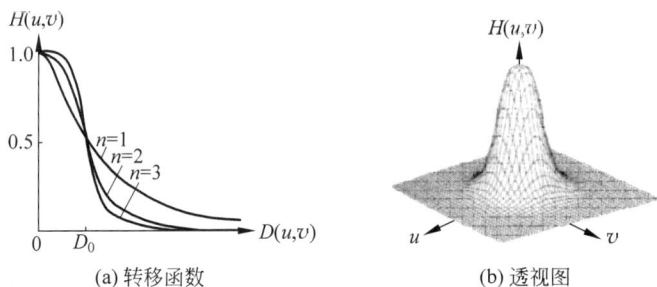

图 5.12　巴特沃斯低通滤波器的转移函数横截面图和透视图

一般情况下取当 H 的最大值降到某个百分比时对应的频率为截止频率。在式（5.34）中，当 $D(u,v)=D_0$ 时，$H(u,v)=0.5$（从最大值 1 降到 50%）。一个常用的方法是取 H 降到最大值的 $1/\sqrt{2}$ 时的频率为截止频率。

图 5.13 是利用巴特沃斯低通滤波器进行图像去噪的实验结果。图 5.13(b) 是加入了噪声密度为 0.02 的椒盐噪声图像，图 5.13(c)～图 5.13(h) 是取不同的截止频率（10 和 30）和不同的滤波器阶数（1、2 和 3）的去噪效果图像。分析可知，滤波器阶数 n 的值越大，去噪结果图像越模糊（去噪效果越差）；截止频率 D_0 的值越大，去噪结果图像越清晰（去噪效果越好）。

5.3.3 高斯低通滤波器

由于高斯函数的傅里叶变换和反变换均为高斯函数，并常常用来帮助寻找空间域与频率域之间的联系，所以基于高斯函数的滤波具有特殊的重要意义。

一个二维的高斯低通滤波器的转移函数定义为

$$H(u,v) = e^{-D^2(u,v)/2\sigma^2} \tag{5.35}$$

其中，$D(u,v)$ 是频率平面从原点到点 (u,v) 的距离，如式（5.32）所示。σ 表示高斯曲线扩展的程度，当 $\sigma=D_0$ 时，可得到高斯低通滤波器的一种更为标准的表示形式

$$H(u,v) = e^{-D^2(u,v)/2D_0^2} \tag{5.36}$$

其中，D_0 是截止频率；当 $D(u,v)=D_0$ 时，H 下降到它的最大值的 0.607 处。

(a) 原图像　　(b) 加椒盐噪声图像　　(c) $D_0=10$，$n=1$图像　　(d) $D_0=30$，$n=1$图像

(e) $D_0=10$，$n=2$图像　　(f) $D_0=30$，$n=2$图像　　(g) $D_0=10$，$n=3$图像　　(h) $D_0=30$，$n=3$图像

图 5.13　利用巴特沃斯低通滤波器进行图像去噪实验结果

图 5.14(a)给出了 $D_0=10$、$D_0=20$ 和 $D_0=40$ 的高斯低通滤波器的转移函数 H 的横截面图。高斯低通滤波器的转移函数 H 的透视图如图 5.14(b)所示。该透视图的含义是：只有那些位于该草帽形体内的频率范围的信号才能通过，而位于草帽形体外的频率成分都将被滤除。

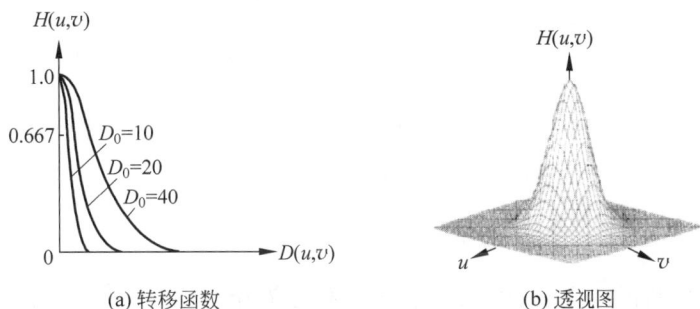

(a) 转移函数　　　　　　　(b) 透视图

图 5.14　高斯低通滤波器的转移函数横截面图和透视图

与巴特沃斯低通滤波器相比，高斯低通滤波器没有振铃现象。另外，在需要严格控制低频和高频之间截止频率的过渡的情况下，选择高斯低通滤波器更合适一些。

在本节结束前需要说明的是，在频率域中，滤波器越窄，滤除掉的高频成分就越多，滤波后的图像就越模糊。这一特性正好对应于在空间域中，滤波器越宽（模板尺寸越大），平滑后的图像就越模糊的现象。

5.4　基于频率域的图像增强——频率域高通滤波

图像中的边缘和灰度的陡峭变化对应于傅里叶频谱的高频部分，选择使高频通过、使低频衰减的转移函数 $H(u,v)$，就可以根据式(5.26)和式(5.27)实现高通滤波，突出图像的高频边缘成分,实现图像增强的效果。

5.4.1 理想的高通滤波器

一个理想的频率域高通滤波器的转移函数定义为

$$H(u,v) = \begin{cases} 0 & D(u,v) \leqslant D_0 \\ 1 & D(u,v) > D_0 \end{cases} \tag{5.37}$$

其中,D_0 为截止频率,$D(u,v)$ 为频率平面从原点到点 (u,v) 的距离,如式(5.32)所示。对于高通滤波来说,当某个频率之下的幅度统统被忽略为 0 时,该频率就称为截止频率。

理想高通滤波器的含义为,将以 D_0 为半径的圆周内的所有频率置零,而使圆周外的所有频率毫不衰减地通过。

图 5.15(a)给出了理想高通滤波器的转移函数 H 的横截面图,图 5.15(b)给出了转移函数 H 的透视图。该透视图的含义是:只有那些位于该圆柱体外的频率范围的信号才能通过,而位于圆柱体内的频率成分都将被滤除。

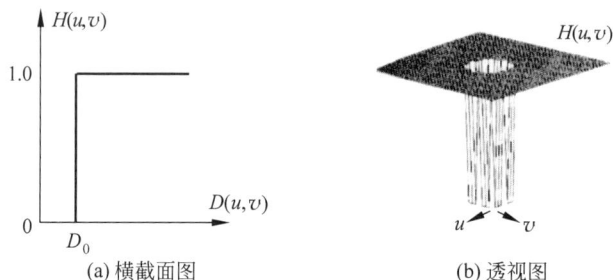

(a) 横截面图   (b) 透视图

图 5.15 理想高通滤波器的转移函数横截面图和透视图

与理想低通滤波器一样,在实际中用电子元件实现直上直下的理想高通滤波器是不现实的,所以才将其称为"理想"高通滤波器。

5.4.2 巴特沃斯高通滤波器

一个 n 阶的巴特沃斯高通滤波器的转移函数定义为

$$H(u,v) = \frac{1}{1 + [D_0/D(u,v)]^{2n}} \tag{5.38}$$

其中,D_0 为截止频率,$D(u,v)$ 是频率平面从原点到点 (u,v) 的距离,如式(5.32)所示。

图 5.16(a)给出了阶数为 1 的巴特沃斯高通滤波器的转移函数 H 的横截面图。巴特沃斯高通滤波器的转移函数 H 的透视图如图 5.16(b)所示,该透视图的含义是:只有那些位于该倒立形草帽体外的频率范围的信号才能通过,而位于倒立形草帽体内的频率成分都将被滤除。与巴特沃斯低通滤波器一样,巴特沃斯高通滤波器在高低频率间的过渡比较平滑。

与巴特沃斯低通滤波器一样,一般情况下取当 H 的最大值降到某个百分比时对应的频率为截止频率。

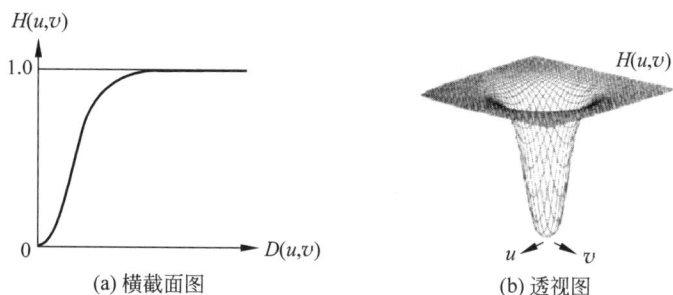

图 5.16 巴特沃斯高通滤波器的转移函数横截面图和透视图

5.4.3 高斯高通滤波器

一个截止频率距离原点为 D_0 的高斯高通滤波器的转移函数定义为

$$H(u,v) = 1 - e^{-D^2(u,v)/2D_0^2}$$ (5.39)

其中，$D(u,v)$ 是频率平面从原点到点 (u,v) 的距离，如式 (5.32) 所示。

图 5.17(a) 给出了典型的高斯高通滤波器的转移函数 H 的横截面图，图 5.17(b) 给出了该高斯高通滤波器转移函数 H 的透视图。该透视图的含义是：只有那些位于该倒立形草帽体外的频率范围的信号才能通过，而位于倒立形草帽体内的频率成分都将被滤除。

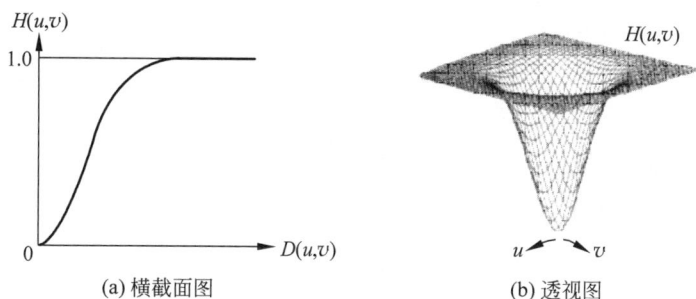

图 5.17 高斯高通滤波器的转移函数横截面图和透视图

图 5.18 给出了用高斯高通滤波器进行图像增强时取不同截止频率时的实验结果。分析可知：随着截止频率 D_0 值的增大，增强效果越来越明显，即使对于细线条的头发丝，肉眼可以看出其细微的增强效果变化。但同时，随着 D_0 的增大，低频信息减少较多，图像中灰度剧烈变化的区域也出现了微弱的振铃现象（即图像灰度剧烈变化处产生的振荡，就好像钟被敲击后产生的空气振荡）。

(a) 原图像   (b) $D_0=20$ 的结果图像   (c) $D_0=40$ 的结果图像

图 5.18 利用高斯高通滤波器进行图像增强的实验结果

5.5 带阻滤波和带通滤波

带阻滤波器（bandpass filter）与带通滤波器（bandstop filter）用于对某些区域的某一频率范围内的频率分量抑制其通过或允许其通过。

5.5.1 带阻滤波器

在某些应用中，图像的质量可能受到具有一定规律的结构性噪声的影响。比如，图像上叠加有正弦干扰图案就是这类噪声的一个典型情况。当正弦干扰图案比较明显时，会在图像的频谱平面上出现两个比较明显的对称点（由于傅里叶变换的共轭对称性所致）。这种用于消除以某点为对称中心的给定区域内的频率，或用于阻止以原点为对称中心的一定频率范围内的信号通过的问题，就可以用带阻滤波器实现。

一个用于消除以某点为对称中心、以 D 为半径的圆上的带阻滤波器，可以通过把以原点为中心的高通滤波器平移到该点得到。设该带阻滤波器的中心为点 (u_0, v_0)，半径为 D_0，则其传递函数定义为

$$H(u,v) = \begin{cases} 0 & D(u,v) \leqslant D_0 \\ 1 & D(u,v) > D_0 \end{cases} \tag{5.40}$$

其中

$$D(u,v) = \sqrt{(u-u_0)^2 + (v-v_0)^2} \tag{5.41}$$

由于傅里叶变换的共轭对称性，要求带阻滤波器必须成对出现，所以一个用于消除以 (u_0, v_0) 为中心、以 D_0 为半径的对称区域内的所有频率的理想带阻滤波器的转移函数定义为

$$H(u,v) = \begin{cases} 0 & D_1(u,v) \leqslant D_0 \quad \text{或} \quad D_2(u,v) \leqslant D_0 \\ 1 & \text{其他} \end{cases} \tag{5.42}$$

其中

$$D_1(u,v) = \sqrt{(u-u_0)^2 + (v-v_0)^2} \tag{5.43}$$

$$D_2(u,v) = \sqrt{(u+u_0)^2 + (v+v_0)^2} \tag{5.44}$$

利用上述构建带阻滤波器的思路，还可以把前面介绍的几种高通滤波器转换为带阻滤波器。例如，一种 n 阶径向对称的巴特沃斯带阻滤波器的传递函数可定义为

$$H(u,v) = \cfrac{1}{1 + \left[\cfrac{D(u,v)W}{D^2(u,v) - D_0^2}\right]^{2n}} \tag{5.45}$$

其中，W 为阻带带宽，D_0 为阻带中心半径。

图 5.19 给出了一个典型的带阻滤波器的转移函数 H 的透视图。该透视图的含义是：只有那些位于两个圆柱体外的频率范围的信号才能通过，而位于两个圆柱体内的频率成分都将被滤除。

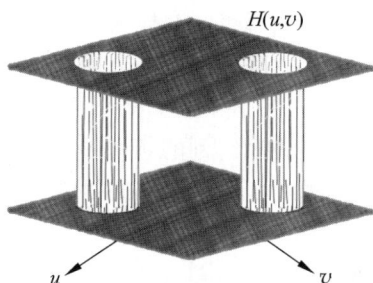

图 5.19 理想带阻滤波器的转移函数的透视图

5.5.2 带通滤波器

带通滤波器与带阻滤波器相反,它允许以原点为对称中心的一定频率范围内的信号通过,而使其他频率衰减或受到抑制。理想的带通滤波器的转移函数可定义为

$$H(u,v)=\begin{cases}1 & D_1(u,v)\leqslant D_0 \text{ 或 } D_2(u,v)\leqslant D_0 \\ 0 & \text{其他}\end{cases} \tag{5.46}$$

带通滤波器也可以通过对相应的带阻滤波器进行"翻转"获得。若设 $H'(u,v)$ 为带阻滤波器的传递函数,则对应的带通滤波器的传递函数 $H(u,v)$ 可定义为

$$H(u,v)=1-H'(u,v) \tag{5.47}$$

图 5.20 是一个典型的带通滤波器的转移函数 H 的透视图。该透视图的含义是:只有那些位于两个圆柱体内的频率范围的信号会通过,而位于两个圆柱体外的频率成分都将被滤除。

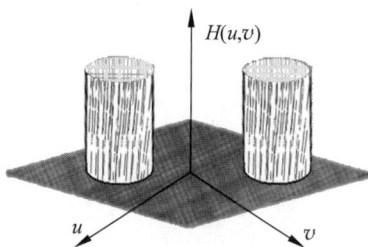

图 5.20 理想带通滤波器的转移函数的透视图

习 题 5

5.1 解释下列术语。

(1) 频率域图像增强   (2) 低通滤波

(3) 高通滤波   (4) 截止频率

5.2 已知数学关系式 $\exp(x)=e^x$ 和 $e^{ix}=\cos x+i\sin x$,请写出下列公式的展开式。

(1) $\exp\left(-\dfrac{j2\pi(xu+yv)}{N}\right)$

(2) $\exp\left(\dfrac{j2\pi(xu+yv)}{N}\right)$

5.3 设 $N \times N$ 的图像 $f(x,y)$ 的傅里叶变换为 $F(u,v)$，请写出反映该图像的灰度平均值与傅里叶变换的直流（DC）分量之间关系的公式。

5.4 回答下列问题：

（1）图像 $f(x,y)$ 进行傅里叶变换后得到的频谱图，低频位于其中心处还是四角处？

（2）当把图像 $f(x,y)$ 进行傅里叶变换后得到的频谱图的坐标原点移到对称中心时，低频位于其中心处还是四角处？

（3）频率域低通滤波实现的图像处理功能是什么？

（4）频率域高通滤波实现的图像处理功能是什么？

5.5 编写一个利用高斯高通滤波器进行图像增强的 MATLAB 程序。

5.6 下面是利用 MATLAB 的自带函数编写的实现傅里叶正变换和反变换的 MATLAB 程序，请在 MATLAB 环境下执行和验证该程序。

```
clc; clear all; close all;
gray_img = imread('d:\girl.jpg')              % 读灰度图像

FT_img = fft2(gray_img);                        % 二维傅里叶正变换
FTS_img = fftshift(FT_img);                     % 实现频谱图的中心对称
FTS_log_img = log(1 + abs(FTS_img));            % 频谱图对数运算

Inverse_I = ifftshift(FTS_img);                 % 反移频谱中心
Inverse_img = real(ifft2(Inverse_I));           % 傅里叶反变换，取变换结果的实部
Inverse_FT_img = uint8(Inverse_img);            % 转换成 8 位图像

subplot(1,3,1); imshow(gray_img); title('原灰度图像');
subplot(1,3,2); imshow(FTS_log_img,[]); title('中心对称傅立叶频谱图');
subplot(1,3,3); imshow(Inverse_FT_img); title('反变换结果图像');
```

读书破万卷

水木书签

May all your wishes
come true

第6章

图像恢复

图像恢复也称为图像复原,是一种使退化的图像去除退化因素,并以最大保真度恢复成原图像的一种技术。图像恢复与图像增强的研究内容有一定的交叉性。一般认为,图像增强是一种改进图像视觉效果的技术;而图像恢复是一种将退化(或品质下降)的图像去除退化因素,并进而复原或重建退化的图像的技术。

本章首先介绍图像的退化模型,然后介绍常用的图像退化空间域恢复方法,接着介绍图像噪声和由噪声引起的图像退化恢复方法,最后介绍几何图像畸变的消除方法。

6.1 图像的退化模型

图像恢复的基本思路就是找出使原图像退化的因素,将图像的退化过程模型化,并据此采用相反的过程对图像进行处理,从而尽可能地恢复原图像。但通常情况下是无法得知或想象出原图像的本来面目的,所以进行图像恢复需要弄清楚使原图像退化的因素和图像质量降低的物理过程,以及与退化现象有关的知识(先验的或后验的),建立原图像的退化模型。因此,精确的图像退化建模是有效恢复图像的关键。

6.1.1 常见退化现象的物理模型

图 6.1 给出了 4 种常见的退化现象的物理模型示意图。

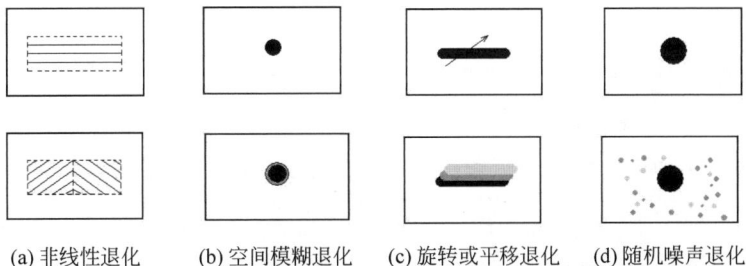

(a) 非线性退化   (b) 空间模糊退化   (c) 旋转或平移退化   (d) 随机噪声退化

图 6.1 4 种常见的退化现象的物理模型示意图

图 6.1(a)是一种非线性退化模型。在摄影过程中,曝光量和感光密度的非线性关系会引起这种非线性退化。

图 6.1(b)是一种空间模糊退化模型。在光学成像系统中,光穿过孔径时发生的衍射作用可用这种模型来表示。

图 6.1(c)是一种由于目标或成像设备旋转或平移而引起的退化模型。

图 6.1(d)是一种由于叠加了随机噪声而引起的退化模型。

6.1.2 图像退化模型的表示

设 $f(x,y)$ 是一幅原图像,图像的退化过程可以理解为一个作用于原图像 $f(x,y)$ 的系统 H,或理解为施加于原图像 $f(x,y)$ 上的一个运算 H;同时数字图像也常会因一些随机误差(即噪声)而退化。也就是说,图像的退化常常是运算 H 和噪声的联合作用,由此可得到图像的通用退化模型,如图 6.2 所示。

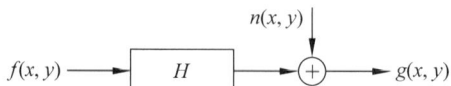

图 6.2 图像退化模型示意图

可以将其表示为如下的关系:

$$g(x,y) = H[f(x,y)] + n(x,y) \tag{6.1}$$

图像恢复按是否对其施加约束条件分为无约束图像恢复方法和有约束图像恢复方法,逆滤波图像恢复方法是一种典型的无约束最小二乘方图像恢复方法,维纳滤波是一种典型的有约束图像恢复方法。接下来先介绍逆滤波图像恢复方法,然后介绍维纳滤波图像恢复方法。

6.2 逆滤波图像恢复

本节介绍无约束最小二乘方恢复的原理和经典的逆滤波图像恢复方法。

6.2.1 无约束最小二乘方恢复

在图像恢复中,如果除了要了解关于退化系统的传递函数 H 之外,还需要知道某些噪声的统计特征或噪声与图像的相关情况,就需要引入最小二乘方恢复。

由式(6.1)有

$$n = g - Hf \tag{6.2}$$

当无法知道叠加噪声 n 时,显然可从 $g - Hf$ 获得 n。由于 g 是已知的退化图像,所以如果取 $\hat{f}$ 为 f 的估计,就可使 $H\hat{f}$ 在最小均方误差的意义下代替 Hf,并通过求退化后的实际图像 g 与退化图像的估值 $H\hat{f}$ 之差的模(或范数)的平方得到 n,即

$$\| n \|^2 = \| g - H\hat{f} \|^2$$

从而可把图像的恢复问题看作对 $\hat{f}$ 求式(6.3)的最小值:

$$J(\hat{f}) = \| g - H\hat{f} \|^2 \tag{6.3}$$

如果在求最小值的过程中不施加任何约束,则称这种复原为无约束复原,或称为非约束复原。

由于有

$$\frac{\partial J(\hat{f})}{\partial \hat{f}} = \frac{\partial}{\partial \hat{f}}(\| g - H\hat{f} \|^2) = -2H^{\mathrm{T}}(g - H\hat{f}) = -2H^{\mathrm{T}}g + 2H^{\mathrm{T}}H\hat{f}$$

根据极值条件

$$\frac{\partial J(\hat{f})}{\partial \hat{f}} = 0$$

所以有

$$-2H^{T}g + 2H^{T}H\hat{f} = 0$$

即

$$H^{T}g = H^{T}H\hat{f} \tag{6.4}$$

将式(6.4)两端同乘以$(H^{T}H)^{-1}$得

$$(H^{T}H)^{-1}H^{T}g = (H^{T}H)^{-1}(H^{T}H)\hat{f}$$

则有

$$\hat{f} = (H^{T}H)^{-1}H^{T}g \tag{6.5}$$

当图像矩阵的尺寸满足$M = N$,且H为满秩非奇异(即可逆)时,则有

$$\hat{f} = H^{-1}(H^{T})^{-1}H^{T}g = H^{-1}g \tag{6.6}$$

式(6.6)说明,当已知H时,便可由g求出f的估值$\hat{f}$。

6.2.2　逆滤波图像恢复方法

如果对式(6.6)两边进行傅里叶变换,可以证明有

$$\hat{F}(u,v) = \frac{G(u,v)}{H(u,v)} \quad (u = 0,1,\cdots,M-1; \ v = 0,1,\cdots,N-1) \tag{6.7}$$

对式(6.7)的结果求傅里叶反变换,就可得到恢复后的图像

$$\hat{f}(x,y) = F^{-1}\left[\frac{G(u,v)}{H(u,v)}\right] \quad (u = 0,1,\cdots,M-1; \ v = 0,1,\cdots,N-1) \tag{6.8}$$

式(6.7)就是频率域的逆滤波方法,即逆滤波方法是一种无约束最小二乘方恢复方法。显然,逆滤波是一种在对噪声n没有先验知识(或者说未知噪声)的情况下,通过寻找一个$\hat{f}$,使得$H\hat{f}$在最小二乘方误差的意义下最接近g的图像恢复方法。

图 6.3 是一个根据式(6.8)对退化图像进行逆滤波图像复原的验证结果示例。图 6.3(b)是利用退化函数

$$H(u,v) = e^{\left(-0.0025\left(\left(u-\frac{M}{2}\right)^2 + \left(v-\frac{N}{2}\right)^2\right)\right)^{(5/6)}}$$

对图 6.3(a)的原图像进行退化所得的退化图像。有学者研究表明,为了在逆滤波图像恢复算法的实现中规避$H(u,v)$零点附近的恢复,可以以频谱移到中心后的频谱中心为圆心,规定一个圆形区域,在圆内正常逆滤波,而将圆外的分量直接赋 0 值;这样就不需要考虑$H(u,v)$的零点影响了。所以,在实现中要设定一个最佳逆滤波半径 FR。图 6.3(c)是利用

(a)原图像　　　　(b)生成的退化图像　　(c)FR=80时的恢复图像　　(d)FR=115时的恢复图像

图 6.3　逆滤波图像恢复方法验证结果示例(FR 为逆滤波半径)

滤波半径为 80 的逆滤波方法恢复的图像,图 6.3(d)是利用滤波半径为 115 的逆滤波方法恢复的图像。实验表明,只有当滤波半径为接近 80 的值时,复原效果较好;当滤波半径再进一步变小或变大时,逆滤波恢复图像的效果都会变差。

6.2.3 无约束图像恢复的病态性

由式(6.7)可知,若 $H(u,v)$ 在 $u\text{-}v$ 平面上取零或很小的值,就会带来计算上的困难或导致不稳定解。如果实际中有噪声 $n(x,y)$ 出现(未知噪声,不等于绝对没有噪声),即根据式(6.1)有

$$\hat{F}(u,v)=\frac{G(u,v)}{H(u,v)}+\frac{N(u,v)}{H(u,v)} \quad (u=0,1,\cdots,M-1;v=0,1,\cdots,N-1) \quad (6.9)$$

则在 $H(u,v)$ 非常小的情况下,噪声项将被放大并对恢复的结果起主导作用,这就是无约束图像恢复方法的病态性。所以,对于光学系统中会导致 $H(u,v)$ 很小或等于零的情况,采用逆滤波恢复就会遇到上述求解方程的病态性问题。

为了克服这种不稳定性,一是可利用有约束图像恢复方法;二是可利用 $N(u,v)$ 在高频范围衰减速度较慢,而 $H(u,v)$ 则随着 u、v 的增加迅速减小的特点,只在与距 u、v 原点较近(接近频域中心)的范围内进行恢复。

6.3 维纳滤波图像恢复

维纳滤波属于有约束的图像恢复方法,本节先介绍有约束最小二乘方恢复原理,然后介绍维纳滤波图像恢复方法。

6.3.1 有约束最小二乘方恢复

为了克服图像恢复过程中的病态性,常常在图像的恢复过程中要对运算施加某种约束,于是就引入了有约束的最小二乘方恢复方法。

有约束的最小二乘方恢复方法需要知道噪声的模平方 $\|n\|^2$。有学者已经证明,$\|n\|^2$能用噪声的均值 $\bar{e}_n$ 和方差 σ_n 表示为

$$\|n\|^2=(M-1)(N-1)[\bar{e}_n^2+\sigma_n^2] \quad (6.10)$$

可见,有约束的最小二乘方恢复方法只需要知道噪声的均值和方差即可。

下面先讨论有约束恢复的一般表示形式,然后在此基础上给出两种具体的恢复方法。

设对原图像施加某线性运算 Q,求在约束条件

$$\|g-H\hat{f}\|^2=\|n\|^2 \quad (6.11)$$

下,使 $\|Q\hat{f}\|^2$ 为最小的原图像 f 的最佳估计 $\hat{f}$。

这一问题实际上是求极值问题,常采用拉格朗日乘数法来实现。也就是说,要寻找一个 $\hat{f}$,使得构造的辅助函数(准则函数)

$$J(\hat{f},\lambda)=\|Q\hat{f}\|^2+\lambda(\|g-H\hat{f}\|^2-\|n\|^2) \quad (6.12)$$

值最小。即令

$$\frac{\partial J(\hat{f},\lambda)}{\partial \hat{f}}=\frac{\partial}{\partial \hat{f}}[(Q\hat{f})^{\mathrm{T}}(Q\hat{f})]+\lambda\frac{\partial}{\partial \hat{f}}[(g-H\hat{f})^{\mathrm{T}}(g-H\hat{f})]$$

$$= 2Q^{\mathrm{T}}Q\hat{f} - 2\lambda H^{\mathrm{T}}(g - H\hat{f})$$

$$= 2Q^{\mathrm{T}}Q\hat{f} + 2\lambda H^{\mathrm{T}}H\hat{f} - 2\lambda H^{\mathrm{T}}g = 0 \qquad (6.13)$$

在式(6.12)和式(6.13)中,λ 是拉格朗日乘子,$(\|g - H\hat{f}\|^2 = \|n\|^2)$是约束项,如果找到 $\|Q\hat{f}\|$ 为最小的原图像 f 的最佳估值 $\hat{f}$,λ 就为 0。

设 $r = \dfrac{1}{\lambda}$,并代入式(6.13)可得

$$H^{\mathrm{T}}g = rQ^{\mathrm{T}}Q\hat{f} + H^{\mathrm{T}}H\hat{f}$$

$$= (rQ^{\mathrm{T}}Q + H^{\mathrm{T}}H)\hat{f}$$

所以有

$$\hat{f} = (rQ^{\mathrm{T}}Q + H^{\mathrm{T}}H)^{-1}H^{\mathrm{T}}g \qquad (6.14)$$

由此可得恢复步骤如下:

(1) 选取一个 r 代入式(6.14),把求得的 $\hat{f}$ 代入式(6.11)。

(2) 当结果大于 $\|n\|^2$,减小 r,返回步骤(1)。

(3) 当结果小于 $\|n\|^2$,增大 r,返回步骤(1)。

(4) 重复上述迭代过程,直到式(6.11)满足两边相等为止,此时的 $\hat{f}$ 即为求得的恢复图像。

6.3.2　维纳滤波图像恢复方法

维纳滤波的总体思路是寻找图像 $f(x,y)$ 的一种估值 $\hat{f}(x,y)$,使得 $f(x,y)$ 和 $\hat{f}(x,y)$ 之间的均方误差最小。由于均方误差最小准则是维纳(Wiener)于 1949 年首先提出并应用于一维平稳时间序列的估值,因此这种方法也称为最小均方误差滤波。

维纳滤波综合了退化函数和噪声统计特性两方面的因素。设 R_f 和 R_n 分别表示原图像和噪声的自相关矩阵,对图像取线性运算

$$Q = R_f^{-\frac{1}{2}} R_n^{\frac{1}{2}} \qquad (6.15)$$

如果用 $E\{\}$ 一般地表示自相关矩阵,则有

$$R_f = E\{ff^{\mathrm{T}}\} \qquad (6.16a)$$

$$R_n = E\{nn^{\mathrm{T}}\} \qquad (6.16b)$$

其中,R_f 的第 i 和第 j 个元素是 $E\{f_i f_j\}$,代表 f 的第 i 和第 j 个元素的相关。因为 f 和 n 中的元素是实数,所以 R_f 和 R_n 都是实对称矩阵。

将式(6.15)代入式(6.14)可得

$$\hat{f} = [H^{\mathrm{T}}H + r(R_f^{-\frac{1}{2}} R_n^{\frac{1}{2}})^{\mathrm{T}}(R_f^{-\frac{1}{2}} R_n^{\frac{1}{2}})]^{-1}H^{\mathrm{T}}g$$

$$= (H^{\mathrm{T}}H + rR_f^{-1}R_n)^{-1}H^{\mathrm{T}}g \qquad (6.17)$$

式(6.17)可使 $Q\hat{f} = R_f^{-\frac{1}{2}} R_n^{\frac{1}{2}} \hat{f}$ 的模最小,即使噪声和信号的比对复原图像(经恢复处理所得的图像)的影响最小。式(6.17)为最小均方误差滤波恢复方法的表示式。

有学者已经证明,当式(6.17)中 $r = 1$ 时,即可得式(6.18)的(标准)维纳滤波器公式。

$$\hat{F}(u,v) = \left[\frac{1}{H(u,v)} \frac{|H(u,v)|^2}{|H(u,v)|^2 + [S_n(u,v)/S_j(u,v)]} \right] G(u,v) \qquad (6.18)$$

其中，$S_n(u,v)$ 为噪声的功率谱，$S_j(u,v)$ 为图像的功率谱。

由式（6.18）可知，当没有噪声时，$\hat{F}(u,v) = G(u,v)/H(u,v)$，维纳滤波器就可简化成逆滤波器；当有噪声时，维纳滤波器也可用信噪功率比作为修正函数对逆滤波器进行修正，可在均方误差最小的意义上提供最佳恢复。

通常将噪声假设为白噪声，则噪声的功率谱 $S_n(u,v)$ 为常数，即认为

$$S_n(u,v) = S_n(0,0) = 常数 \qquad (6.19)$$

由于 $S_j(u,v)$ 通常难以估计，一种近似的解决方法是用一个系数 K 来代替 $S_n(u,v)/S_j(u,v)$，这样式（6.18）就可用式（6.20）来近似。

$$\hat{F}(u,v) = \left[\frac{1}{H(u,v)} \frac{|H(u,v)|^2}{|H(u,v)|^2 + K} \right] G(u,v) \qquad (6.20)$$

其中，K 是根据信噪比（详见 6.5.1 节）的某些先验知识来预先设定的一个常数。

图 6.4 是一个根据式（6.20）对图像进行维纳滤波恢复的实验结果。图 6.4（b）为利用退化函数

$$H(u,v) = e^{\left(-0.0025 \left(u - \frac{M}{2}\right)^2 + \left(v - \frac{N}{2}\right)^2\right)^{(5/6)}}$$

对图 6.4（a）进行退化所生成的退化图像，图 6.4（c）是进一步对退化图像加噪声密度为 0.001 的高斯噪声所形成的退化图像，图 6.4（d）是利用维纳滤波恢复的图像。

| (a) 原图像 | (b) 生成的退化图像 | (c) 加高斯噪声的图像 | (d) 维纳滤波恢复的图像 |

图 6.4 维纳滤波图像恢复方法验证结果示例

6.3.3 图像恢复的病态性和奇异性

值得一提的是，由于在通常情况下无法得知原图像的本来面目，所以恢复后的图像只能是原图像的一种近似；其次，由于噪声具有随机性，这就使得模糊图像（即被噪声污染的图像）有无限多的可能情况，所以恢复后的图像不具有唯一性，这称为图像恢复的病态性。

另外，由式（6.2）可知，在不考虑图像噪声的情况下，要恢复原图像需要对矩阵 $\boldsymbol{H}$ 求逆，即

$$f = \boldsymbol{H}^{-1} g \qquad (6.21)$$

在实际中，可能有逆矩阵 $\boldsymbol{H}^{-1}$ 不存在的情况，但却确实存在与 f 十分近似的解，这称为图像恢复问题的奇异性。

6.4　匀速直线运动模糊的恢复

在图像的运动分析中,比较简单的情况是对由相机镜头和对象之间在曝光瞬间的相对运动而造成的图像模糊的恢复。这种情况或者发生在相机处于静止状态而目标在场景中运动时,或者发生在相机移动而目标处于静止状态时。本节讨论其中最简单的、相机和目标的相对运动可以看成匀速直线运动时造成的模糊图像的恢复问题。

设 $x_0(t)$ 和 $y_0(t)$ 分别是景物图像 $f(x,y)$ 在 x 和 y 方向的运动分量,T 为曝光时间,则在忽略其他因素的情况下,由运动引起的模糊图像为

$$g(x,y) = \int_0^T f(x - x_0(t), y - y_0(t)) \mathrm{d}t \qquad (6.22)$$

假设在曝光的时刻只在 x 方向上存在匀速直线运动,根据匀速直线运动的定义式 $s = vt$,则有

$$x_0(t) = \frac{c}{T}t, \quad y_0(t) = 0 \qquad (6.23)$$

其中,c 为常数,表示当经历时间 T 后景物在 x 方向上移动的距离。

将式(6.23)代入式(6.22)得

$$g(x,y) = \int_0^T f\left(x - \frac{c}{T}t, y\right) \mathrm{d}t$$

因上式中的积分与 y 无关,可以将其表示成只是 x 的函数,且假设 x 的取值范围为 $0 \leqslant x \leqslant L$,由此可以将上式简化为

$$g(x) = \int_0^T f\left(x - c\frac{t}{T}\right) \mathrm{d}t \quad (0 \leqslant x \leqslant L)$$

取变量代换 $z = x - c\dfrac{t}{T}$。当 $t = 0$ 时,$z = x$;当 $t = T$ 时,$z = x - c$,且 $\mathrm{d}t = -\dfrac{T}{c}\mathrm{d}z$,代入上式可得

$$g(x) = -\frac{T}{c} \int_x^{x-c} f(z) \mathrm{d}z \quad (0 \leqslant x \leqslant L)$$

为了讨论上的方便,略去上式中的常数因子 $\dfrac{T}{c}$,可将其简化为

$$g(x) = \int_{x-c}^x f(z) \mathrm{d}z \quad (0 \leqslant x \leqslant L)$$

对上式微分可得

$$g'(x) = f(x) - f(x-c) \quad (0 \leqslant x \leqslant L)$$

即

$$f(x) = g'(x) + f(x-c) \quad (0 \leqslant x \leqslant L) \qquad (6.24)$$

若假设 $L = Kc$,且 K 是正整数,则由 $0 \leqslant x \leqslant L$ 可知有 $0 \leqslant x \leqslant Kc$,即可以一般地将 x 表示为

$$x = z + mc \qquad (6.25)$$

其中,$m \in \{0, 1, 2, \cdots, K\}$,$0 \leqslant z \leqslant c$。

式(6.25)说明,当 $z = 0$ 或 $z = c$ 时,x 为 c 的整倍数;当 $0 < z < c$ 时,x 不是 c 的整倍

数。即当 x 在 $0 \sim Kc$ 中取值时，m 取 $0,1,2,\cdots,K$ 中的某一确定的值。

把式(6.25)代入式(6.24)可得

$$f(z+mc) = g'(z+mc) + f(z+(m-1)c) \tag{6.26}$$

假设 $p(z)$ 为在图像采集间隔内景物的相对移动部分($0 \leqslant z \leqslant c$)，即

$$p(z) = f(z-c), \quad 0 \leqslant z \leqslant c \tag{6.27}$$

则由式(6.26)和式(6.27)可知，当 $m=0$ 时，有

$$f(z) = g'(z) + f(z-c) = g'(z) + p(z)$$

当 $m=1$ 时，有

$$f(z+c) = g'(z+c) + f(z) = g'(z+c) + g'(z) + p(z)$$

当 $m=2$ 时，有

$$f(z+2c) = g'(z+2c) + f(z+c) = g'(z+2c) + g'(z+c) + g'(z) + p(z)$$

一般地，当 m 为任意值时，便有

$$f(z+mc) = \sum_{j=0}^{m} g'(z+jc) + p(z)$$

再把式(6.24)代入上式得

$$f(x) = \sum_{j=0}^{m} g'(x+(j-m)c) + p(x-mc)$$

$$= \sum_{j=0}^{m} g'(x-jc) + p(x-mc) \quad (0 \leqslant x \leqslant L) \tag{6.28}$$

在式(6.28)中，从 $\sum_{j=0}^{m} g'(x+(j-m)c)$ 推导出 $\sum_{j=0}^{m} g'(x-jc)$ 是通过分别令 $m=0,1$，$2,\cdots,L$ 来求得它们的值，然后进行比较就可知二者相等。

若设

$$\hat{f}(x) = \sum_{j=0}^{m} g'(x-jc) \tag{6.29}$$

则由式(6.28)和式(6.29)有

$$p(x-mc) = f(x) - \hat{f}(x) \tag{6.30}$$

根据前面的讨论，在式 $p(x-mc)$ 中，x 的变化范围是 $0 \sim Kc$，m 的变化范围是 $0 \sim (K-1)$，所以可知 $x-mc$ 变化范围的上限是 $Kc-(K-1)c=c$，即

$$0 \leqslant x-mc \leqslant c$$

所以当 $mc \leqslant x \leqslant (m+1)c$ 时，若设 $x_1 = x-mc$，则式(6.30)为

$$p(x_1) = f(x_1+mc) - \hat{f}(x_1+mc), \quad 0 \leqslant x_1 \leqslant c$$

用 x 代换 x_1，用 j 代换 m，上式即为

$$p(x) = f(x+jc) - \hat{f}(x+jc), \quad 0 \leqslant x \leqslant c \tag{6.31}$$

其中，因为 m 的取值范围为 $0 \sim (K-1)$，所以 $j=0,1,2,\cdots,K-1$。

可见，对于 $0 \leqslant x \leqslant c$ 和 $j=0,1,2,\cdots,K-1$，由式(6.31)可得 K 个结果，所以有

$$Kp(x) = \sum_{j=0}^{K-1} f(x+jc) - \sum_{j=0}^{K-1} \hat{f}(x+jc)$$

即

$$p(x) = \frac{1}{K} \sum_{j=0}^{K-1} f(x+jc) - \frac{1}{K} \sum_{j=0}^{K-1} \hat{f}(x+jc)$$

设 $A = \dfrac{1}{K} \sum\limits_{j=0}^{K-1} f(x+jc)$，则

$$p(x) \doteq A - \frac{1}{K} \sum_{j=0}^{K-1} \hat{f}(x+jc), \quad 0 \leqslant x \leqslant c$$

当 x 在 $0 \sim L$ 之间变化时，即上式中用 $x-mc$ 替换 x 时，上式可以写为

$$p(x-mc) \doteq A - \frac{1}{K} \sum_{j=0}^{K-1} \hat{f}(x+(j-m)c), \quad 0 \leqslant x \leqslant L$$

将式(6.29)代入上式得

$$p(x-mc) \doteq A - \frac{1}{K} \sum_{j=0}^{K-1} \sum_{j=0}^{m} g'(x+(j-m)c - jc)$$

$$\doteq A - \frac{1}{K} \sum_{j=0}^{K-1} \sum_{j=0}^{m} g'(x-mc)$$

$$\doteq A - mg'(x-mc)$$

将上式和式(6.29)代入式(6.30)，有

$$f(x) = p(x-mc) + \hat{f}(x)$$

$$\doteq A - mg'(x-mc) + \sum_{j=0}^{m} g'(x-jc) \quad (0 \leqslant x \leqslant L) \tag{6.32}$$

把 y 写回表达式中，可得 x 方向的复原图像

$$f(x,y) \doteq A - mg'(x-mc,y) + \sum_{j=0}^{m} g'(x-jc,y) \quad (0 \leqslant x,y \leqslant L) \tag{6.33}$$

同理，若在曝光的时刻只在 y 方向上存在匀速直线运动，可得 y 方向的复原图像为

$$f(x,y) \doteq A - mg'(x,y-mc) + \sum_{j=0}^{m} g'(x,y-jc) \quad (0 \leqslant x,y \leqslant L) \tag{6.34}$$

上述结果也可以推广到在 x 方向和 y 方向均有匀速直线运动的情况。

6.5　图像噪声与被噪声污染图像的恢复

　　数字图像常会因一些随机误差而退化，这种退化通常称为噪声(noise)。在图像的获取过程中因环境条件、成像设备和传感器元件自身质量的影响，在图像的传输过程中因所用传输信道的干扰污染等，都可能出现噪声，所以去除图像噪声是图像恢复(一般认为是对原图像的一种预处理)中的重要方面。

　　为了在有噪声的情况下恢复图像，就需要了解噪声的统计特性，以及噪声与图像之间的相关性。

6.5.1　图像噪声

　　图像噪声通常是一种空间上不相联系的离散、孤立的像素的变化现象。有误差的像素

在视觉上通常显得和它们相邻的像素有明显的不同,这种现象是许多噪声模型和噪声消除算法的基础。

1. 常见图像噪声的概率密度函数

因为图像噪声是一个随机量,所以噪声一般用其概率特征来描述。下面是一些常见的噪声和它们的概率密度函数。

1) 高斯噪声

高斯噪声(Gaussian noise)是一种源于电子电路噪声和由低照明度或高温带来的传感器噪声。高斯噪声也称为正态噪声,其概率密度函数(下面简称高斯函数)为

$$p(z) = \frac{1}{\sqrt{2\pi}\,\sigma} e^{-(z-\mu)^2/2\sigma^2} \tag{6.35}$$

其中,高斯随机变量 z 表示灰度值;μ 表示 z 的平均值或期望值;σ 表示 z 的标准差,而标准差的平方 σ^2 称为 z 的方差。在很多实际情况下,噪声可以很好地用高斯函数来近似。高斯函数的曲线如图 6.5(a)所示。

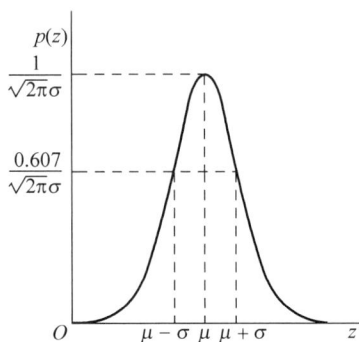

(a) 高斯噪声的概率密度函数曲线

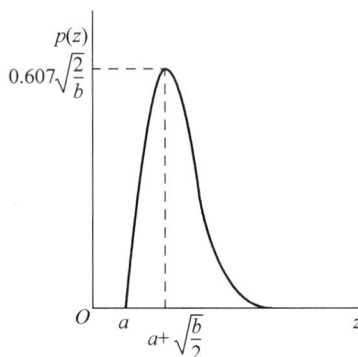

(b) 瑞利噪声的概率密度函数曲线

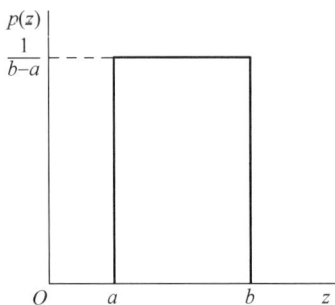

(c) 均匀分布噪声的概率密度函数曲线

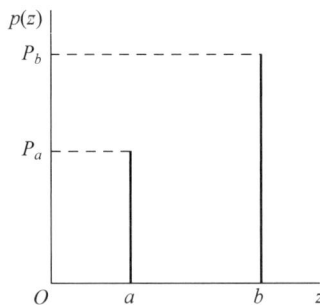

(d) 脉冲噪声的概率密度函数曲线

图 6.5　几种重要的概率密度函数曲线

对于表示灰度值的高斯随机变量 z 来说,其值有 70% 落在 $[(\mu-\sigma),(\mu+\sigma)]$ 范围内,有 95% 落在 $[(\mu-2\sigma),(\mu+2\sigma)]$ 范围内。

高斯噪声是白噪声(white noise)的一个特例。所谓白噪声是指图像面上不同点的噪声是不相关的,其功率谱为常量,即其强度不随频率的增加而衰减。白噪声是一个数学上的抽象概念,实际上,只要噪声带宽远大于图像带宽,就可以把它看作白噪声。

2）瑞利噪声

瑞利噪声的概率密度函数（下面简称瑞利函数）为

$$p(z) = \begin{cases} \dfrac{2}{b}(z-a)\mathrm{e}^{-(z-a)^2/b} & z \geqslant a \\ 0 & z < a \end{cases} \tag{6.36}$$

概率密度的均值和方差分别为

$$\mu = a + \sqrt{\pi b/4} \tag{6.37}$$

$$\sigma^2 = \frac{b(4-\pi)}{4} \tag{6.38}$$

图 6.5(b) 给出了瑞利函数的曲线。瑞利函数对于近似偏移的直方图十分有用，通常也用于在图像范围内的特征化噪声现象。

3）均匀分布噪声

均匀分布噪声的概率密度函数为

$$p(z) = \begin{cases} \dfrac{1}{b-a} & a \leqslant z \leqslant b \\ 0 & \text{其他} \end{cases} \tag{6.39}$$

概率密度的期望值和方差分别为

$$\mu = \frac{a+b}{2} \tag{6.40}$$

$$\sigma^2 = \frac{(b-a)^2}{12} \tag{6.41}$$

图 6.5(c) 给出了均匀分布噪声的概率密度函数的曲线。

4）脉冲噪声（椒盐噪声）

（双极）脉冲噪声的概率密度函数为

$$p(z) = \begin{cases} P_a & z = a \\ P_b & z = b \\ 0 & \text{其他} \end{cases} \tag{6.42}$$

式(6.42)表示的脉冲噪声在 P_a 或 P_b 均不可能为零，且在脉冲可能是正值也可能是负值的情况下，称为双极脉冲噪声。如果 $b>a$，灰度值 b 在图像中将显示为一个亮点；如果 $a>b$，灰度值 a 在图像中将显示为一个暗点。如果 P_a 或 P_b 均不可能为零，尤其它们近似相等时，脉冲噪声值就类似于随机分布在图像上的胡椒和盐粉微粒，所以双极脉冲噪声也称为椒盐噪声（salt-and-pepper noise）。

式(6.42)表示的脉冲噪声中如果 P_a 或 P_b 为零，则称为单极脉冲噪声。

通常情况下脉冲噪声总是数字化为允许的最大值或最小值，所以负脉冲以黑点（胡椒点）出现在图像中，正脉冲以白点（盐点）出现在图像中。图 6.5(d) 给出了脉冲噪声的概率密度函数的曲线。

实际验证表明，对于上述的四种噪声，椒盐噪声是唯一一种引起退化的、视觉可见的噪声类型[1]。

噪声的不同概率及其数字特征用于与之相应的恢复方法。比如，维纳滤波器需要有噪声的谱密度，而约束最小平方滤波仅需要知道噪声的方差。图像噪声的概率密度参数一般是从成像传感器的技术说明书中获得的。

2. 图像噪声的分类

按噪声信号与图像信号的相关性可以把噪声分为两类：加性噪声和乘性噪声。

1）加性噪声

加性噪声是指叠加在图像上的噪声，即它们与信号的关系是相加的，与图像信号的有无及灰度值大小无关，即使信号为零，它也会存在。这种在图像通过信道传输时独立于图像信号的噪声称为加性噪声（additive noise），含有这类噪声的图像一般表示为

$$g(x,y) = f(x,y) + n(x,y) \tag{6.43}$$

其中，噪声 $n(x,y)$ 和输入图像 $f(x,y)$ 是相互独立的变量。

2）乘性噪声

乘性噪声是指对有用信号有调幅作用的噪声，即与信号的关系是相乘的。这类噪声的幅值与图像本身的灰度值有关；但当有用信号为零时，该噪声的干扰影响就不存在了，即信号在它在，信号不在它也就不在了。这种噪声称为乘性噪声（multiplicative noise），含有这类噪声的图像一般表示为

$$g(x,y) = f(x,y)n_1(x,y) \tag{6.44}$$

比如，电视光栅退化和胶片材料退化都是乘性噪声。电视光栅的乘性噪声与电视扫描线有关，其在扫描线上最大，在两条扫描线之间最小。

由于乘性噪声的处理是比较复杂的，所以通常总是假定信号或图像与噪声是互相独立的，即一般都假设噪声是加性噪声。但在红外图像的成像过程中，由于红外波的相互干涉作用，往往存在散斑噪声，即噪声在图像上呈斑点状分布。由于散斑噪声既包含乘性噪声的成分，也包含加性噪声的成分，所以含有这类噪声的图像一般表示为

$$g(x,y) = n(x,y) + f(x,y)n_1(x,y) \tag{6.45}$$

在图像信号中，除上面提到的加性噪声、乘性噪声和散斑噪声外，还有一种噪声称为冲击噪声。在一幅图像中，若有个别像素的亮度与其邻域的像素显著不同，从而产生该图像似乎被这些像素"破坏"的效果，则这些像素称为冲击噪声（impulsive noise）。

比如，椒盐噪声是饱和的冲击噪声，它使得图像被一些白色的或黑色的像素所破坏。椒盐噪声会使二值图像产生退化现象。

3. 给图像叠加噪声的方法

在图像技术研究中，有时为了满足某些实验要求，需要给一幅图像叠加噪声，下面以加性噪声的叠加为例进行说明。假设输入图像 $f(x,y)$ 的灰度级取值范围为 $[0, L-1]$，则产生加性零均值高斯噪声的具体步骤如下。

（1）计算图像灰度值的标准差 $\sigma > 0$。

（2）对每一对水平相邻的像素 (x,y) 和 $(x,y+1)$，产生一对位于 $[0,1]$ 范围内的独立的随机数 r_1、r_2。

（3）计算

$$\begin{cases} z_1 = \sigma^2 \cos(2\pi r_2)\sqrt{-2\ln r_1} \\ z_2 = \sigma^2 \sin(2\pi r_2)\sqrt{-2\ln r_1} \end{cases} \tag{6.46}$$

其中，假定 z_1、z_2 是独立的具有 0 均值和标准差 σ 的正态分布。

（4）计算 $g'(x,y)=f(x,y)+z_1$ 和 $g'(x,y+1)=f(x,y)+z_2$。

（5）置

$$g(x,y)=\begin{cases}0 & g'(x,y)<0 \\ L-1 & g'(x,y)>L-1 \\ g'(x,y) & \text{其他}\end{cases} \tag{6.47}$$

$$g(x,y+1)=\begin{cases}0 & g'(x,y+1)<0 \\ L-1 & g'(x,y+1)>L-1 \\ g'(x,y+1) & \text{其他}\end{cases} \tag{6.48}$$

（6）跳转到步骤（3），直到扫描完所有像素为止。

图 6.6(b)是给图 6.6(a)的原图像叠加了噪声密度为 0.05 的椒盐噪声所得的被噪声污染的图像。

(a) 原图像　　(b) 叠加噪声密度为0.05的椒盐噪声的图像

图 6.6　叠加椒盐噪声验证结果示例

4. 图像的信噪比

一般意义上的信噪比（signal-noise ratio，SNR）是指电子系统中信号与噪声的比例。图像的信噪比等于图像信号与噪声信号的功率谱之比，由于功率谱计算比较复杂，通常用图像信号的大小与噪波信号大小的比值来表示图像的信噪比。设 $g(x,y)$ 是含有噪声的退化图像，$f(x,y)$ 是没有被噪声污染的图像，则图像的信噪比定义为

$$\text{SNR}=\frac{\sum_{(x,y)}f^2(x,y)}{\sum_{(x,y)}[g(x,y)-f(x,y)]^2} \tag{6.49}$$

信噪比是衡量图像质量高低的一个重要的指标，其值越大，图像品质越好。

信噪比的对数表示形式如式（6.50）所示，单位为分贝。

$$\text{SNR}_{db}=10\lg\text{SNR} \tag{6.50}$$

6.5.2　被噪声污染图像的恢复

设 $f(x,y)$ 是一幅原图像，经过退化过程（退化函数）H 后，形成的退化图像为 $g(x,y)$。当一幅图像中存在的唯一退化因素是噪声，并且噪声与图像不相关时，如果用函数 $n(x,y)$ 表示噪声，则在空间域中的退化图像就可以表示为

$$g(x,y)=f(x,y)+n(x,y) \tag{6.51}$$

在图像中仅存在噪声这一退化因素的情况下，图像的恢复和图像的增强就几乎完全没

有区别，也就是说在 4.3.2 节和 4.3.3 节中介绍的图像噪声消除方法同样可用于本节的图像恢复。因此，在 4.3.2 节和 4.3.3 节内容的基础上，下面进一步介绍几种比较典型的被噪声污染图像的恢复方法。

1. 谐波均值滤波

设 $g(x,y)$ 为退化图像，$\hat{f}(x,y)$ 为恢复后的图像，S_{xy} 表示中心在点 (x,y)、尺寸为 $m \times n$ 的矩形子图像窗口的坐标，则对图像进行谐波均值滤波的滤波器可表示为

$$\hat{f}(x,y) = \frac{mn}{\sum\limits_{(s,t) \in S_{xy}} \dfrac{1}{g(s,t)}} \tag{6.52}$$

谐波均值滤波器善于处理像高斯噪声那样的噪声，且对"盐"噪声处理效果很好，但不适用于对"胡椒"噪声的处理。

2. 逆谐波均值滤波

对图像进行逆谐波均值滤波的滤波器可表示为

$$\hat{f}(x,y) = \frac{\sum\limits_{(s,t) \in S_{xy}} g(s,t)^{Q+1}}{\sum\limits_{(s,t) \in S_{xy}} g(s,t)^{Q}} \tag{6.53}$$

其中，Q 称为滤波器的阶数。

逆谐波均值滤波器适合于减少和消除椒盐噪声。当 Q 为正数时，该滤波器用于消除"胡椒"噪声；当 Q 为负数时，该滤波器用于消除"盐"噪声。但它不能同时消除"胡椒"噪声和"盐"噪声。当 $Q = -1$ 时，逆谐波均值滤波器就变成谐波均值滤波器。

3. 中点滤波

对图像进行中点滤波是指在中点滤波器涉及的范围内计算最大值和最小值之间的中点。中点滤波器定义为

$$\hat{f}(x,y) = \frac{1}{2} \Big[\max_{(s,t) \in S_{xy}} \{g(s,t)\} + \min_{(s,t) \in S_{xy}} \{g(s,t)\} \Big] \tag{6.54}$$

这种滤波器结合了顺序统计和求均值的优点，对于高斯和均匀随机分布类噪声有很好的效果。

4. 自适应中值滤波

自适应滤波是基于由 $m \times n$ 矩形窗口 S_{xy} 定义的区域内图像的统计特性的一种滤波技术。最典型的自适应滤波器是自适应中值滤波器。

与 4.3.3 节中讨论的中值滤波（根据经验，适合于脉冲噪声的概率密度 P_a 和 P_b 小于 0.2）相比，自适应中值滤波可以处理具有较大概率的冲击噪声，并且在平滑处理非冲击噪声时可以保存细节，这是传统的中值滤波器无法做到的。

自适应中值滤波算法的关键是：去除椒盐噪声（冲击噪声），平滑处理其他非冲击噪声，并减少诸如物体边界细节或粗化等失真。有关自适应中值滤波的详细介绍请参阅有关文献。

6.6　图像几何失真校正

由于成像器件的拍摄姿态和扫描的非线性、图像传感器承载工具的旋转或姿态的偏差、图像采集或传输过程中受到的电磁干扰等，导致图像画面中出现的横线不平、竖线不直、圆形不圆等现象，称为图像几何失真或几何畸变。图 6.7 所示的非线性的透视失真、枕形失真和桶形失真等就是最直观的例子。

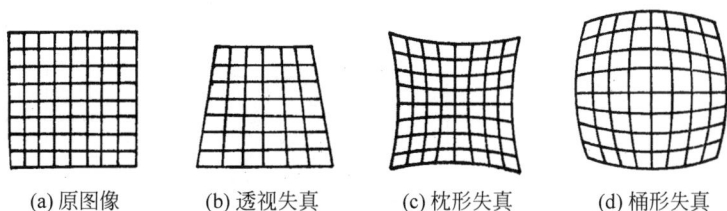

(a) 原图像　　　　(b) 透视失真　　　　(c) 枕形失真　　　　(d) 桶形失真

图 6.7　几种典型的几何失真

图像的几何失真在广义上属于一种图像退化现象，需要通过几何变换来校正图像中像素之间的空间联系，进而消除类似于上述所列的各种失真。图像校正的基本思路是根据图像的失真原因，建立相应的数学模型，从被污染或畸变的图像信号中提取所需的信息，沿着使图像失真的逆过程恢复图像本来面貌。

图像的几何失真校正一般分为两步。首先是对图像进行坐标变换，即对图像平面上的像素坐标位置进行校正或重新排列，以恢复其原空间关系；其次是进行灰度级插值，即给空间变换后的图像的像素赋予相应的灰度值，以恢复其原空间位置上的灰度值。

6.6.1　坐标的几何校正

图像的几何失真可以用原图像和失真图像坐标之间的关系来描述。设原图像（未失真的理想图像）$f(x,y)$ 的坐标是 x 和 y，失真图像 $g(x',y')$ 的坐标为 x' 和 y'，则原图像的空间坐标与失真图像的空间坐标之间的关系可用如下的变换描述：

$$x' = X(x,y) \tag{6.55a}$$

$$y' = Y(x,y) \tag{6.55b}$$

其中，$X(x,y)$ 和 $Y(x,y)$ 分别表示引起图像平面上位于 (x,y) 处的像素的坐标位置发生几何畸变或非线性扭曲的单值映射变换函数。

对于线性失真，$X(x,y)$ 和 $Y(x,y)$ 可分别表示为

$$X(x,y) = a_0 + a_1 x + a_2 y \tag{6.56a}$$

$$Y(x,y) = b_0 + b_1 x + b_2 y \tag{6.56b}$$

对于非线性二次失真，$X(x,y)$ 和 $Y(x,y)$ 可分别表示为

$$X(x,y) = a_0 + a_1 x + a_2 y + a_3 xy + a_4 x^2 + a_5 y^2 \tag{6.57a}$$

$$Y(x,y) = b_0 + b_1 x + b_2 y + b_3 xy + b_4 x^2 + b_5 y^2 \tag{6.57b}$$

其中，a_i、b_i 为待定系数。

如果已知 $X(x,y)$ 和 $Y(x,y)$ 的解析表达形式，并认为校正后的图像 $\hat{f}(x,y)$ 与原图像

$f(x,y)$尽可能地相似，理论上可以用式(6.55)的逆变换把失真图像$g(x',y')$恢复成校正后的图像$\hat{f}(x,y)$。然而在实际中，描述整幅图像的几何畸变失真过程的映射函数一般是无法获取的，所以在恢复过程中需要在输入图像(失真图像)和输出图像(校正后的图像)上找一些已知其精确位置的点(称为控制点)来实现像素的空间重定位，然后利用这些控制点建立两幅图像其他像素的空间位置的对应关系。

图 6.8(a)给出了失真图像中的某一四边形区域(左)和对应的校正后的图像中的四边形区域(右)及其对应的像素关系，四边形的顶点就是"控制点"。图 6.8(b)是校正前后图像的示例。

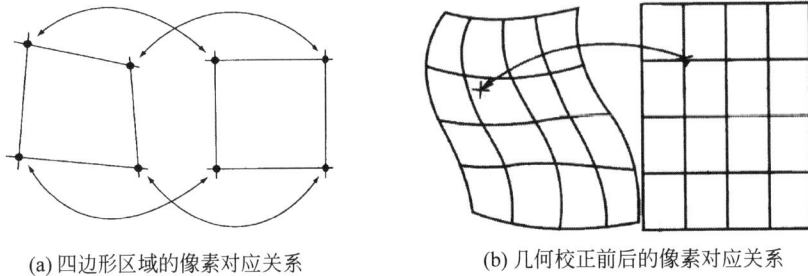

(a) 四边形区域的像素对应关系　　　　(b) 几何校正前后的像素对应关系

图 6.8　失真图像与校正后的图像的像素对应关系

假设失真图像中的某些"控制点"组成的四边形区域中的某一像素的坐标为(x',y')，与其相对应的校正后的图像$\hat{f}(x,y)$中的四边形区域中的像素坐标为(x,y)(由于假设校正后的图像$\hat{f}(x,y)$与原图像$f(x,y)$尽可能地相似，所以认为校正后的图像$\hat{f}(x,y)$的相应像素坐标也为(x,y))，四边形区域中的几何失真过程可用如下的双线性方程对来表示：

$$X(x,y)=a_0+a_1x+a_2y+a_3xy \tag{6.58a}$$

$$Y(x,y)=b_0+b_1x+b_2y+b_3xy \tag{6.58b}$$

把式(6.58a)和式(6.58b)分别代入式(6.55a)和式(6.55b)可得

$$x'=a_0+a_1x+a_2y+a_3xy \tag{6.59a}$$

$$y'=b_0+b_1x+b_2y+b_3xy \tag{6.59b}$$

对于图 6.8(a)中的两个四边形来说，已知的对应"控制点"有 4 组、共 8 个，根据式(6.59)有

$$x'_1=a_0+a_1x_1+a_2y_1+a_3x_1y_1$$

$$x'_2=a_0+a_1x_2+a_2y_2+a_3x_2y_2$$

$$x'_3=a_0+a_1x_3+a_2y_3+a_3x_3y_3$$

$$x'_4=a_0+a_1x_4+a_2y_4+a_3x_4y_4$$

和

$$y'_1=b_0+b_1x_1+b_2y_1+b_3x_1y_1$$

$$y'_2=b_0+b_1x_2+b_2y_2+b_3x_2y_2$$

$$y'_3=b_0+b_1x_3+b_2y_3+b_3x_3y_3$$

$$y'_4=b_0+b_1x_4+b_2y_4+b_3x_4y_4$$

根据图 6.8(a)的 4 组、8 个"控制点"的对应关系，以及校正后图像上的像素坐标与失真

图像中相应像素坐标的对应关系,如图 6.8(a)所示的两个四边形区域分别在校正后图像中的 4 像素坐标和在失真图像中的 4 像素坐标应该是已知的,则求解由上述 8 个关系式组成的方程组,即可解出 8 个待定的系数 a_i、b_i($i=1,2,3,4$);再把这些系数代入由上述 8 个关系式组成的方程组,就建立了该四边形区域内所有像素的空间变换公式(模型)。

通常,在图像的几何畸变校正中,需要足够多的对应"控制点"以产生覆盖整个图像的四边形集。由于每一个四边形的系数集是不同的,运用以上方法即可得到每一个四边形的系数集,由此即可实现整幅图像中所有像素的校正。

6.6.2　灰度值恢复

对于数字图像来说,不管是校正后的图像 $\hat{f}(x,y)$,还是产生了几何畸变的失真图像 $g(x',y')$,其像素值都应定义在整数坐标上,即 x、y、x'、y' 都应是整数值。然而在图像恢复过程中,根据确定的待定系数建立的空间变换模型计算出的 x' 和 y' 可能是非整数值,这样通过非整数值的坐标位置(x',y')而确定的一个到 $g(x',y')$ 的映射就会没有灰度定义,所以就要用该非整数坐标位置的像素值,推算(确定)与其临近的整数坐标位置上的像素值。实现这种功能的技术就称为灰度插值。

最简单的灰度插值是最近邻插值,也叫零阶插值。图 6.9 给出了最近邻插值的示意图。图 6.9 的左边是假设的校正后的图像(理想情况下,校正后的图像不再有失真),右边是产生了几何畸变的失真图像。由于失真,原图像(假设校正后的图像 $\hat{f}(x,y)$ 的坐标位置与原图像 $f(x,y)$ 的坐标位置完全吻合)中的整数坐标点(x,y)(即图 6.9 左部 $\hat{f}(x,y)$ 中的(x,y))就会映射到失真图像 $g(x',y')$ 中的非整数坐标位置(x',y')(即图 6.9 右边由整数坐标像素位置组成的网格中的那个非整数位置的(x',y')),但非整数坐标位置的像素是没有定义的。

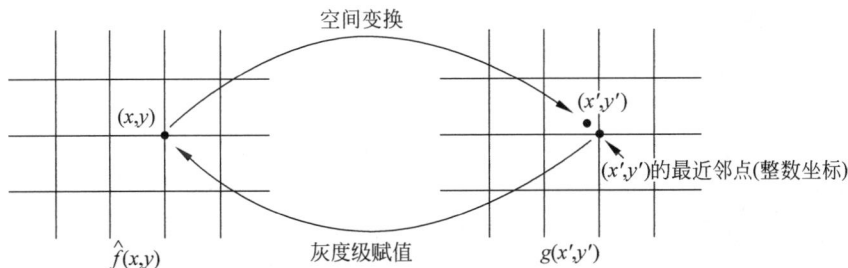

图 6.9　最近邻插值示意图

为了表述上的方便,若将整数坐标位置的"(x',y') 的最近邻点"记为像素 p,则所谓最近邻插值,就是将(x',y') 处的灰度值看作与其最近邻的整数坐标位置的像素 p 的灰度值,赋给校正后图像 $\hat{f}(x,y)$ 中位于(x,y) 处的像素。

利用最近邻插值法对几何畸变失真图像进行校正的步骤如下。

(1) 根据控制点划分图像的四边形区域,认为每个四边形区域内可以用式(6.59)近似地表示校正后图像(假设校正后图像的坐标位置与原图像的坐标位置完全吻合)与失真图像的关系。

(2) 分别对于每个四边形区域,确定校正后图像与失真图像上的四边形的对应点,并利用式(6.59)建立方程组。

（3）求解方程组，将校正后图像的所有整数坐标点(x,y)映射到失真图像上的非整数坐标(x',y')。

（4）选择与(x',y')最近邻的整数坐标。

（5）令校正后图像中位于(x,y)处的像素灰度值，取由第（3）步和第（4）步确定的整数坐标处的像素灰度值。

本节的本意是用最近邻插值法介绍灰度值恢复的基本思路，但最近邻插值法的实现比较简单且不够精确。双线性内插法是一种比较实用的方法，感兴趣的读者可以参阅有关文献。二维 B 样条函数内插法也是实际中常用的方法。

习　题　6

6.1　解释下列术语。

（1）图像恢复　　　　　　　　　　（2）图像信噪比

（3）加性噪声　　　　　　　　　　（4）乘性噪声

（5）图像几何失真　　　　　　　　（6）图像校正

6.2　试画出非线性退化、空间模糊退化、旋转或平移退化、随机噪声退化这四种最常见的退化现象的物理模型。

6.3　请用公式描述图像的退化模型。

6.4　常见的高斯噪声、白噪声和椒盐噪声最具典型性的特点分别是什么？

6.5　最典型的几何失真有哪几种？

6.6　图像几何失真校正一般分为哪几步？

6.7　编写一个利用维纳滤波方法进行图像恢复的 MATLAB 程序。其中，设对原图像进行退化处理的函数为$H(u,v)=e^{\left(-0.0025\left(u-\frac{M}{2}\right)^2+\left(v-\frac{N}{2}\right)^2\right)^{(5/6)}}$。

6.8　下面是利用部分 MATLAB 自带函数编写的生成椒盐噪声的 MATLAB 程序，请在 MATLAB 环境下执行和验证该程序。

```
clc; clear all; close all;
img0 = imread('d:\lena.jpg');
f = im2double(img0);
imgnoise = (rand(size(f)));              % 生成随机数组
d = 0.05;                                % 需要的椒盐噪声密度
result_f = f; [h,w] = size(f);
for i = 1:h
    for j = 1:w
        if (imgnoise(i,j)>(1 - d/2))
            result_f(i,j) = 1;
        else
            if (imgnoise(i,j)< d/2)
                result_f(i,j) = 0;
            else
                continue;
            end
        end
    end
end
subplot(1,2,1); imshow(img0); title('原图像');        % 显示原图像
subplot(1,2,2); imshow(result_f); title('加 0.05 椒盐噪声图像');
```

第 7 章

图像压缩编码

数字图像的压缩编码是减少图像存储空间和实现图像实时传输的基础,对于图像处理技术的发展和应用起到了十分积极的促进作用,已经成为图像处理乃至信息技术领域的重要研究课题。

从本质上讲,数字图像的压缩是指在满足一定的图像质量要求条件下,如保真度评分或信噪比值,通过寻求图像数据的更有效的表示形式,以便用最少的比特数表示图像或表示图像中所包含信息的技术。寻求图像的有效表示方式即是寻求一种用更少的比特数表示图像的编码方法,从而达到表示同一图像所需数据更少(得到压缩)的目的。因此,压缩和编码是无法分开的统一体。

本章首先介绍最常用于图像压缩编码的离散余弦变换(discrete cosine transform, DCT),然后介绍图像压缩编码的基本概念和基础知识,接着介绍几种最基本的编码方法,最后介绍能够反映图像编码完整思路和完整过程的两种变换编码方法——基于区域编码的变换编码和基于门限编码的变换编码。

7.1 离散余弦变换

尽管一幅数字图像的数据是一个实数阵列,但在利用离散傅里叶变换对其进行变换时,却要涉及复数域的运算。这不仅使运算复杂、耗时,而且也给实际应用带来诸多不便。离散余弦变换仅保留了傅里叶变换过程中的变换核的余弦项,即仅有实部部分(实数项),不但使运算大大简化,而且又保持了变换域的频率特性。同时,余弦变换由于在去除图像的相关性、与人类视觉系统特性相适应和运算方便等方面的突出优势,已经被证明是一种最适用于图像压缩编码的图像变换,并已在图像压缩编码方面得到了广泛的应用。

为了理解上的方便,下面先讨论一维 DCT 变换,然后再将其推广到二维的情况。

7.1.1 一维离散余弦变换

设 $f(x)$ 为一个实数离散序列,且 $x=0,1,2,\cdots,M-1$,如图 7.1(a)所示。将其延拓为偶对称序列 $f_s(x)$,如图 7.1(b)所示,则有

$$f_s(x) = \begin{cases} f\left(x-\dfrac{1}{2}\right) & x=\dfrac{1}{2},1+\dfrac{1}{2},\cdots,(M-1)+\dfrac{1}{2} \\ f\left(-x-\dfrac{1}{2}\right) & x=-\dfrac{1}{2},-1-\dfrac{1}{2},\cdots,-(M-1)-\dfrac{1}{2} \end{cases} \tag{7.1}$$

显然,$f_s(x)$ 是以 $x=0$ 为中心的偶对称函数。对 $f_s(x)$ 求 $2M$ 个点的一维离散傅里叶变换(DFT),有

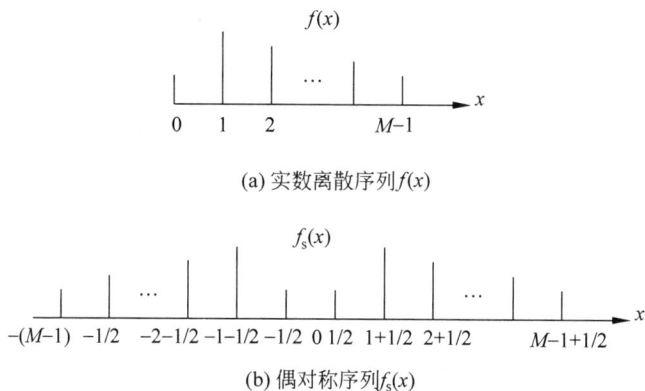

(a) 实数离散序列 $f(x)$

(b) 偶对称序列 $f_s(x)$

图 7.1 以 $x=0$ 为中心的偶序列

$$F_s(u) = \frac{1}{\sqrt{2M}} \sum_{x=-(M-1)-1/2}^{M-1+1/2} f_s(x) \exp\left(-\frac{\mathrm{j}2\pi xu}{2M}\right)$$

$$= \frac{1}{\sqrt{2M}} \sum_{x=-(M-1)-1/2}^{-1/2} f_s(x) \exp\left(-\frac{\mathrm{j}2\pi xu}{2M}\right) + \frac{1}{\sqrt{2M}} \sum_{x=1/2}^{M-1+1/2} f_s(x) \exp\left(-\frac{\mathrm{j}2\pi xu}{2M}\right)$$

用 $y=-x$ 对上式中的第一项做变量代换，并仍用 x 表示，可得

$$F_s(u) = \frac{1}{\sqrt{2M}} \sum_{x=1/2}^{M-1+1/2} f_s(-x) \exp\left(\frac{\mathrm{j}\pi xu}{M}\right) + \frac{1}{\sqrt{2M}} \sum_{x=1/2}^{M-1+1/2} f_s(x) \exp\left(-\frac{\mathrm{j}\pi xu}{M}\right)$$

考虑到 $f_s(x)$ 为偶对称序列（偶函数），即 $f_s(x)=f_s(-x)$，对上式运用欧拉公式可得

$$F_s(u) = \frac{1}{\sqrt{2M}} \sum_{x=1/2}^{M-1+1/2} f_s(x) \left(\cos\left(\frac{\pi xu}{M}\right) + i\sin\left(\frac{\pi xu}{M}\right)\right) +$$

$$\frac{1}{\sqrt{2M}} \sum_{x=1/2}^{M-1+1/2} f_s(x) \left(\cos\left(\frac{\pi xu}{M}\right) - i\sin\left(\frac{\pi xu}{M}\right)\right)$$

整理上式并将式(7.1)代入后可得

$$F_s(u) = \sqrt{\frac{2}{M}} \sum_{x=1/2}^{M-1+1/2} f\left(x - \frac{1}{2}\right) \cos\left(\frac{\pi xu}{M}\right)$$

用 $y=x-\dfrac{1}{2}$ 对上式做变量代换后，再用 x 代替 y，可得

$$F_s(u) = \sqrt{\frac{2}{M}} \sum_{x=0}^{M-1} f(x) \cos\left(\frac{\pi(2x+1)u}{2M}\right) \tag{7.2}$$

为了把变换矩阵定义成归一正交矩阵形式，将式(7.2)乘以 $K(u)$，可得 $f(x)$ 的一维离散余弦正变换为

$$F(u) = \sqrt{\frac{2}{M}} K(u) \sum_{x=0}^{M-1} f(x) \cos\left(\frac{\pi(2x+1)u}{2M}\right) \tag{7.3a}$$

其中

$$K(u) = \begin{cases} \dfrac{1}{\sqrt{2}}, & u=0 \\[2mm] 1, & u=1,2,\cdots,M-1 \end{cases} \tag{7.3b}$$

将式(7.3b)代入式(7.3a),可得到更直观的一维离散余弦正变换的表示形式为

$$F(0) = \frac{1}{\sqrt{M}} \sum_{x=0}^{M-1} f(x) \tag{7.4a}$$

$$F(u) = \sqrt{\frac{2}{M}} \sum_{x=0}^{M-1} f(x) \cos\left(\frac{\pi(2x+1)u}{2M}\right) \tag{7.4b}$$

其中,$F(u)$是第 u 个余弦变换系数,u 是广义频率变量,且 $u=1,2,\cdots,M-1$;$f(x)$是时域的 M 点实序列,且 $x=0,1,\cdots,M-1$。

一维离散余弦变换的正变换核为

$$P(x,u) = \sqrt{\frac{2}{M}} K(u) \cos\left(\frac{\pi(2x+1)u}{2M}\right) \tag{7.5}$$

且当显示坐标系的纵坐标(行方向)为 $u(u=0,1,2,\cdots,M-1)$,横坐标(列方向)为 $x(x=0,1,2,\cdots,M-1)$时,式(7.5)可表示为

$$\boldsymbol{P} = \sqrt{\frac{2}{M}} \begin{bmatrix} \frac{1}{\sqrt{2}} & \frac{1}{\sqrt{2}} & \cdots & \frac{1}{\sqrt{2}} \\ \cos\frac{\pi}{2M} & \cos\frac{3\pi}{2M} & \cdots & \cos\frac{(2M-1)\pi}{2M} \\ \vdots & \vdots & \ddots & \vdots \\ \cos\left(\frac{(M-1)\pi}{2M}\right) & \cos\left(\frac{3(M-1)\pi}{2M}\right) & \cdots & \cos\left(\frac{(2M-1)(M-1)\pi}{2M}\right) \end{bmatrix} \tag{7.6}$$

进一步地,一维离散余弦反变换(IDCT)的定义式可表示为

$$f(x) = \sqrt{\frac{2}{M}} \sum_{u=0}^{M-1} K(u) F(u) \cos\left(\frac{\pi(2x+1)u}{2M}\right)$$

$$x = 0,1,\cdots,M-1 \tag{7.7a}$$

其中

$$K(u) = \begin{cases} \dfrac{1}{\sqrt{2}}, & u=0 \\ 1, & u=1,2,\cdots,M-1 \end{cases} \tag{7.7b}$$

验证可知,离散余弦正变换核 $P(x,u)$ 在形式上与离散余弦反变换核是相同的。但由于变换核 $\boldsymbol{P}$ 是不对称的,因此正、反变换矩阵并不相同,反变换核所对应的变换矩阵应为 $\boldsymbol{P}^{\mathrm{T}}$。

当 $M=4$ 时,一维离散余弦正变换的矩阵形式为

$$\begin{bmatrix} F(0) \\ F(1) \\ F(2) \\ F(3) \end{bmatrix} = \begin{bmatrix} 0.500 & 0.500 & 0.500 & 0.500 \\ 0.653 & 0.271 & -0.271 & -0.653 \\ 0.500 & -0.500 & -0.500 & 0.500 \\ 0.271 & -0.653 & 0.653 & -0.271 \end{bmatrix} \begin{bmatrix} f(0) \\ f(1) \\ f(2) \\ f(3) \end{bmatrix} \tag{7.8}$$

一维离散余弦反变换的矩阵形式为

$$\begin{bmatrix} f(0) \\ f(1) \\ f(2) \\ f(3) \end{bmatrix} = \begin{bmatrix} 0.500 & 0.653 & 0.500 & 0.271 \\ 0.500 & 0.271 & -0.500 & -0.653 \\ 0.500 & -0.271 & -0.500 & 0.653 \\ 0.500 & -0.653 & 0.500 & -0.271 \end{bmatrix} \begin{bmatrix} F(0) \\ F(1) \\ F(2) \\ F(3) \end{bmatrix} \tag{7.9}$$

7.1.2　二维偶离散余弦变换

把一维离散余弦变换推广到二维,就可得到二维离散余弦变换。其基本的思想是把一个 $N \times N$ 的图像数据矩阵延拓成二维平面上的偶对称阵列,延拓方式是围绕图像边缘(但不重叠)将其折叠成对称形式,由此得到的变换称为偶离散余弦变换。

设 $f(x,y)$ 为一个 $N \times N$ 的图像数据阵列,将 $f(x,y)$ 围绕其左边缘和下边缘不重叠地折叠成偶对称图像 $f_s(x,y)$,如图 7.2 所示。

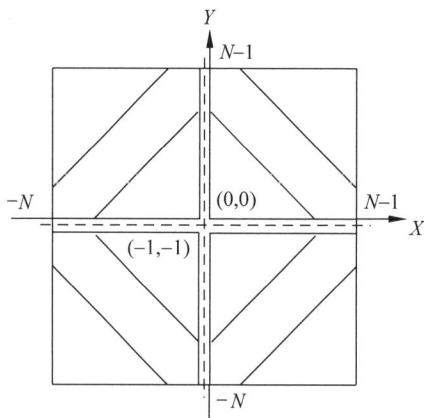

图 7.2　$N \times N$ 图像边缘不重叠地扩展成偶对称的 $2N \times 2N$ 图像

则有

$$f_s(x,y) = \begin{cases} f(x,y) & x \geqslant 0, y \geqslant 0 \\ f(-x-1,y) & x < 0, y \geqslant 0 \\ f(x,-y-1) & x \geqslant 0, y < 0 \\ f(-x-1,-y-1) & x < 0, y < 0 \end{cases} \tag{7.10}$$

在图 7.2 中,右上角的原图像 $f(x,y)$ 的坐标原点是 $X\text{-}Y$ 平面坐标的原点 $(0,0)$。将原图像向左折叠,然后再向左平移 1 像素位置(向左平移的目的是消除由于向左折叠而造成的与原图像的第一列像素重叠的情况)后,就得到了左上角的图像 $f(-x-1,y)$。显然,图 7.2 中左上角的图像 $f(-x-1,y)$ 和右上角的图像 $f(x,y)$ 相对于 $X\text{-}Y$ 平面坐标的 X 方向是对称于 $-\dfrac{1}{2}$。将图 7.2 中左上角的图像 $f(-x-1,y)$ 和右上角的图像 $f(x,y)$ 分别向下折叠,然后再分别向下平移 1 像素位置,就得到了左下角的图像 $f(-x-1,-y-1)$ 和右下角的图像 $f(x,-y-1)$。同理可知,$f(x,y)$ 和 $f(x,-y-1)$ 及 $f(-x-1,y)$ 和 $f(-x-1,-y-1)$ 相对于 $X\text{-}Y$ 平面坐标的 Y 方向也是对称于 $-\dfrac{1}{2}$。所以 $2N \times 2N$ 的新图像的对称中心位于图中细十字虚线的交叉处,即位于 $\left(-\dfrac{1}{2}, -\dfrac{1}{2}\right)$ 处。

对新图像 $f_s(x,y)$ 进行二维离散傅里叶变换,可得

$$F_s(u,v) = \frac{1}{2N} \sum_{x=-N}^{N-1} \sum_{y=-N}^{N-1} f_s(x,y) \exp\left(-\frac{\mathrm{j}2\pi\left[u\left(x+\dfrac{1}{2}\right) + v\left(y+\dfrac{1}{2}\right)\right]}{2N}\right)$$

$$u,v = -N,\cdots,-1,0,1,\cdots,N-1 \tag{7.11}$$

由于 $f_s(x,y)$ 是实对称函数,对式(7.11)运用欧拉公式后的正弦项为零值,所以式(7.11)可简化成

$$F_s(u,v) = \frac{1}{2N} \sum_{x=-N}^{N-1} \sum_{y=-N}^{N-1} f_s(x,y) \cos\left[\frac{\pi(2x+1)u}{2N}\right] \cos\left[\frac{\pi(2y+1)v}{2N}\right]$$

$$u,v = -N,\cdots,-1,0,1,\cdots,N-1 \tag{7.12}$$

同理,由于 $f_s(x,y)$ 是实对称函数,4 个象限的变换结果是完全相同的,所以在式(7.12)中用 $4f(x,y)$ 代替 $f_s(x,y)$,并修改相应的求和区间,可得

$$F_s(u,v) = \frac{2}{N} \sum_{x=0}^{N-1} \sum_{y=0}^{N-1} f(x,y) \cos\left[\frac{\pi(2x+1)u}{2N}\right] \cos\left[\frac{\pi(2y+1)v}{2N}\right]$$

$$u,v = 0,1,\cdots,N-1 \tag{7.13}$$

与一维离散余弦变换类似,为了把变换矩阵定义成归一正交矩阵形式,将式(7.13)乘以 $K(u)$ 和 $K(v)$,即可得到 $f(x,y)$ 的二维离散余弦正变换为

$$F(u,v) = \frac{2}{N} K(u) K(v) \sum_{x=0}^{N-1} \sum_{y=0}^{N-1} f(x,y) \cos\left[\frac{\pi(2x+1)u}{2N}\right] \cos\left[\frac{\pi(2y+1)v}{2N}\right]$$

$$u,v = 0,1,\cdots,N-1 \tag{7.14a}$$

其中

$$K(u) = \begin{cases} \dfrac{1}{\sqrt{2}}, & u=0 \\ 1, & u=1,2,\cdots,M-1 \end{cases} \tag{7.14b}$$

$$K(v) = \begin{cases} \dfrac{1}{\sqrt{2}}, & v=0 \\ 1, & v=1,2,\cdots,N-1 \end{cases} \tag{7.14c}$$

同理可得二维离散余弦反变换的定义式为

$$f(x,y) = \frac{2}{N} \sum_{u=0}^{N-1} \sum_{v=0}^{N-1} F(u,v) K(u) K(v) \cos\left[\frac{\pi(2x+1)u}{2N}\right] \cos\left[\frac{\pi(2y+1)v}{2N}\right]$$

$$u,v = 0,1,\cdots,N-1 \tag{7.15}$$

二维离散余弦变换的正变换核和反变换核是相同的(对称的)、可分离的,即

$$Q(x,y,u,v) = \frac{2}{N} K(u) K(v) \cos\left[\frac{\pi(2x+1)u}{2N}\right] \cos\left[\frac{\pi(2y+1)v}{2N}\right]$$

$$= q_1(x,u) q_2(y,v)$$

$$= q_1(x,u) q_1(y,v) \tag{7.16}$$

并记

$$\boldsymbol{q} = q_1(x,u) = \sqrt{\frac{2}{N}} K(u) \cos\left[\frac{\pi(2x+1)u}{2N}\right] \tag{7.17}$$

二维离散余弦变换的正变换(式(7.14))和反变换(式(7.15))的空间向量表示形式分别为

$$F = \boldsymbol{q} f \boldsymbol{q}^{\mathrm{T}} \tag{7.18a}$$

$$f = \boldsymbol{q}^{\mathrm{T}} F \boldsymbol{q} \tag{7.18b}$$

其中，变换矩阵 $\boldsymbol{q}$ 的形式为

$$\boldsymbol{q}^{\mathrm{T}} = \sqrt{\frac{2}{N}} \begin{bmatrix} \dfrac{1}{\sqrt{2}} & \dfrac{1}{\sqrt{2}} & \cdots & \dfrac{1}{\sqrt{2}} \\[2mm] \cos\dfrac{\pi}{2N} & \cos\dfrac{3\pi}{2N} & \cdots & \cos\dfrac{(2N-1)\pi}{2N} \\[2mm] \vdots & \vdots & \ddots & \vdots \\[2mm] \cos\left(\dfrac{(N-1)\pi}{2N}\right) & \cos\left(\dfrac{3(N-1)\pi}{2N}\right) & \cdots & \cos\left(\dfrac{(2N-1)(N-1)\pi}{2N}\right) \end{bmatrix} \tag{7.19}$$

图 7.3 是离散余弦变换的验证结果图例。从图 7.3(b)的离散余弦变换系数图像可知，离散余弦变换系数中大部分的能量都集中在了左上角。

(a) 原图像　　　　(b) 离散余弦变换系数图像　　　(c) 离散余弦反变换重建图像

图 7.3　离散余弦变换验证结果示例

7.1.3　离散余弦变换的基函数与基图像

如前所述，离散余弦正变换和反变换可描述为

$$F(u,v) = \sum_{x=0}^{N-1} \sum_{y=0}^{N-1} f(x,y) Q(x,y,u,v), \quad u,v=0,1,\cdots,N-1 \tag{7.20}$$

$$f(x,y) = \sum_{u=0}^{N-1} \sum_{v=0}^{N-1} F(u,v) Q(x,y,u,v), \quad x,y=0,1,\cdots,N-1 \tag{7.21}$$

其中，正、反变换核 $Q(x,y,u,v)$ 也称为二维离散余弦变换的基函数或基图像，式(7.21)中的 $F(u,v)(u,v=0,1,\cdots,N-1)$ 称为变换系数。

根据式(7.16)、式(7.14b)和式(7.14c)有

$$Q(x,y,u,v) = \frac{2}{N} K(u) K(v) \cos\left[\frac{\pi(2x+1)u}{2N}\right] \cos\left[\frac{\pi(2y+1)v}{2N}\right] \tag{7.22a}$$

$$K(u) = \begin{cases} \dfrac{1}{\sqrt{2}}, & u=0 \\[2mm] 1, & u=1,2,\cdots,N-1 \end{cases} \tag{7.22b}$$

$$K(v) = \begin{cases} \dfrac{1}{\sqrt{2}}, & v=0 \\[2mm] 1, & v=1,2,\cdots,N-1 \end{cases} \tag{7.22c}$$

其中，$u,v,x,y=0,1,\cdots,N-1$。

根据式(7.22)，当 $N=4$ 时二维离散余弦变换的基图像共有 $4\times4=16$ 块，分别对应于 $Q(x,y,u,v)$ 中 (u,v) 为 $(0,0)$、$(0,1)$、…、$(3,3)$ 的 16 种情况，且有

$$Q(x,y,0,0)=\frac{1}{4}$$

$$Q(x,y,0,1)=\frac{\sqrt{2}}{4}\cos\frac{(2y+1)\pi}{8}$$

$$Q(x,y,0,2)=\frac{\sqrt{2}}{4}\cos\frac{(4y+2)\pi}{8}$$

$$Q(x,y,0,3)=\frac{\sqrt{2}}{4}\cos\frac{(6y+3)\pi}{8}$$

$$Q(x,y,1,0)=\frac{\sqrt{2}}{4}\cos\frac{(2x+1)\pi}{8}$$

$$\vdots$$

$$Q(x,y,3,3)=\frac{2}{4}\cos\frac{(6x+3)\pi}{8}\cos\frac{(6y+3)\pi}{8}$$

对于某一特定的 u 和 v 所对应的块，每块包括 $4\times4=16$ 个元素(子方块)，分别对应于 (x,y) 为 $(0,0)$、$(0,1)$、$(0,2)$、$(0,3)$、$(1,0)$、…、$(3,3)$ 的 16 种情况。所以，大小为 4×4 图像的二维离散余弦变换的基图像在微观上共有 $16\times16=256$ 块，如图 7.4 所示。

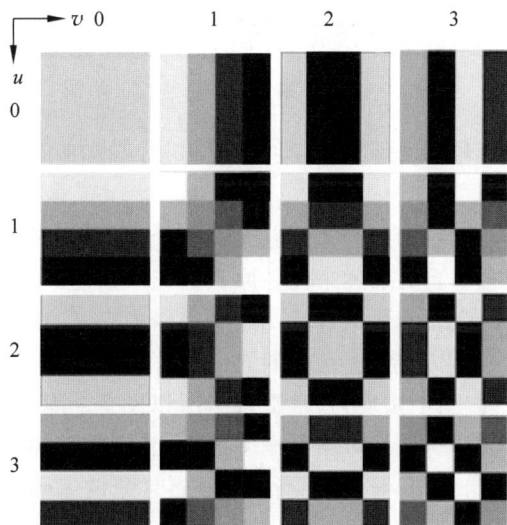

图 7.4　$N=4$ 时二维离散余弦变换的基图像

需要说明的是，直接计算的基图像原始数据都是小于 1 的实数，一般通过把基图像的原始数据放大到 $0\sim255$，才能形象地以图 7.4 的图像形式描述和观察基图像。图 7.4 所示的基图像是通过把计算得到的基图像原始数据放大 75 倍(即乘以 75)，再加上 128.033 005 (即使其中最大的数据值达到 255，并保证所有数据都为正整数)后，按 256 灰度级图像显示得到的。

7.2 数字图像压缩编码基础

数字图像压缩编码的理论基础是信息论和数字通信技术，同时又与图像处理技术自身的特点密切相关。本节先介绍与数字图像压缩编码有关的基本概念和基础知识。

7.2.1 图像压缩的基本概念

图像压缩的基础和依据主要来自于图像中像素之间存在的信息相关和信息冗余。

1. 信息相关

在绝大多数图像的像素之间、各像素行之间存在着较强的相关性。从统计观点出发，就是每像素的灰度值(或颜色值)总是和其周围的其他像素的灰度值(或颜色值)存在某种关系，应用某种编码方法减少这些相关性就可实现图像压缩。比如，对如图 7.5 所示的黑白像素序列，按各像素从左至右出现的顺序直接进行编码需要 41 位，编码为

$$11111,000000000000,1111111,00000000000,111$$

如果约定用一位 0 或 1 表示像素序列的第一像素的值，紧接着用 4 位二进制数表示第一像素的 0 或 1 的延续位数，其后依次用 4 位二进制数表示由白变黑或由黑变白的像素的延续位数，则图 7.5 所示的黑白像素序列的另一种编码只需要 21 位，编码为

$$1,0101,1111,0111,1011,0011$$

图 7.5 黑白像素序列的信息相关示例

由此可见，利用图像中各像素之间存在的信息相关，可实现图像编码信息的压缩。

2. 信息冗余

从信息论的角度来看，压缩就是去掉信息中的冗余，即保留确定信息，去掉可推知的确定信息，用一种更接近信息本质的描述来代替原有的冗余描述。

通常，当一幅图像的灰度级直接用自然二进制编码来表示时，总会存在冗余。大多数图像数据存在着不同程度的编码冗余、像素间的冗余和心理视觉冗余。

由于大多数图像的直方图不是均匀(水平)的，所以图像中某个(或某些)灰度级会比其他灰度级具有更大的出现概率，如果对出现概率大和出现概率小的灰度级都分配相同的比特数，必定会产生编码冗余。更一般地讲，当被赋予事件集的编码(如灰度级值)如果没有充分利用各种结果出现的概率时，就会出现编码冗余。

所谓"像素间的冗余"，是指单一像素携带的信息相对较少，单一像素对于一幅图像的多数视觉贡献是多余的，它的值可以通过与其相邻的像素的值来推断。这种反映像素间的依赖性的"像素间的冗余"通常是空间冗余、几何冗余和帧间冗余的统称。

对于以改善视觉效果为目的的某些应用来说，用户通常允许图像有一定程度的失真；对于以特征提取和目标识别为目的的某些应用来说，用户通常关心的是那些边缘和轮廓信息，允许丢掉与其无关的信息。心理视觉冗余是指在正常的视觉处理过程中那些不十分重要的信息。心理视觉的产生是因为人类对图像信息的感知并不涉及对图像中每像素值的定量分析。通常，观察者寻找可区别的特征，如边缘或纹理区域，然后在心里将它们合并成可

识别的组群,最后通过大脑将这些组群与先前已有的知识相联系,以便完成图像的解释过程。

3. 信源编码及其分类

图像压缩的目的是在满足一定的图像质量的条件下,用尽可能少的比特数表示原图像,以减少图像的存储容量,提高图像的传输效率。在信息论中,把这种通过减少冗余数据实现数据压缩的过程称为信源编码。信源编码分为无失真编码和有失真编码两大类。

(1) 无失真压缩是指压缩后的数据经解压缩还原后,得到的数据与原数据完全相同,没有任何信息损失的数据编码方法。无失真压缩也称为无失真编码或无损压缩。

(2) 有失真压缩是指压缩后的数据经解压缩还原后,得到的数据与原数据不完全相同,有信息损失的数据编码方法。有失真压缩也称为有失真编码或有损压缩。有失真图像压缩一般要求在一定压缩比下获得最佳保真度(见 7.7.1 节),或在给定的保真度下获得最小比特率。由于有失真压缩有一定的信息损失,所以是不可逆的,即无法从压缩后的图像数据恢复出与原图像数据完全相同的图像。有失真压缩用有失真编码方法实现。

7.2.2　图像编码模型

1. 图像编码系统模型

图像编码的目的是通过图像数据的压缩,减少图像信息的存储和传输量,因此一个完整的图像编码系统模型主要由通过信道连接的编码器和解码器组成,如图 7.6 所示。

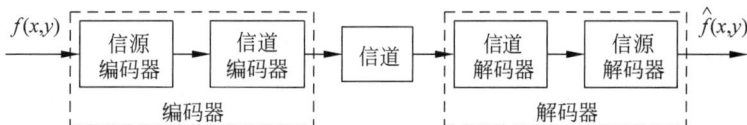

图 7.6　图像编码系统模型

在图 7.6 中,编码器的输入是原图像 $f(x,y)$,输出是编码器产生的一组符号。这组符号经过信道传输后,作为解码器的输入进入解码器,解码器的输出是解码重建的图像 $\hat{f}(x,y)$。

编码器由一个用于消除输入冗余的信源编码器和一个用于增强信源编码器输出的抗干扰、抗噪声能力的信道编码器组成。与编码器相对应,解码器由一个信道解码器和一个信源解码器组成。如果连接编码器和解码器之间的信道是无干扰和无噪声的,则在符号的传输过程中就不会产生误差,信道编码器和信道解码器就都可以不要,这时编码器和解码器就分别只由信源编码器和信源解码器组成。

信道是连接信息源和用户的物理媒介。信道可以是电话线、光缆、电磁能量传输路径或数字电子计算机中的数据线等。

2. 信道编码器与信道解码器

信道编码也称为差错控制编码,是一种在发送端给原数据添加与原数据相关的冗余信息,再在接收端根据这种相关性检测和纠正传输过程产生的差错,以此来对抗数据传输过程中的干扰和噪声的可靠数字通信技术。

信道编码器是一种通过向发送端的信源编码数据中插入可控制的冗余数据来减少对信道干扰和影响的设备;而信道解码器则是一种在数据接收端通过检查原数据与添加的相关

冗余数据的关系,判断传输的信息是否因干扰而出错,并进而纠正出错信息的设备。因此,信道编码器和信道解码器是一种实现抗干扰、抗噪声的可靠数字通信设备,在整个编解码处理和信息传输过程中起着十分重要的作用。

详细介绍信道编码器与信道解码器的编码和实现技术显然超出了本书的范畴,下面仅以由汉明(R. W. Hamming)提出的一种最常用的信道编码技术为例,简要介绍信道编码和信道解码技术的基本实现原理。

汉明提出的信道编码技术的基本原理是,在被编码的数据后面补充足够的位数以确保各个正确的码字之间变化的位数最小。如果把码字之间的最小距离定义为任意两个码字之间相异数字位的最小数目,比如$(100110)_2$ 和$(010110)_2$ 之间的距离是 2,则上述信道编码技术的基本原理就是在被编码的数据后面补充足够的位数,以确保各个正确的码字之间的最小距离大于某个给定的值。汉明指出,如果将 3 比特的冗余码加到 4 比特的码字上,使任意两个正确码字的距离为 3,那么所有单比特的错误就都可以被发现并得到纠正。同理,通过附加额外的冗余位,多位错误也可以被发现并得到纠正。

一个与 4 比特二进制数 $b_3 b_2 b_1 b_0$ 相联系的 7 位汉明(7,4)码字 $h_1 h_2 h_3 h_4 h_5 h_6 h_7$ 可由式(7.23)确定。

$$
\begin{aligned}
h_1 &= b_3 \oplus b_2 \oplus b_0 \quad h_3 = b_3 \\
h_2 &= b_3 \oplus b_1 \oplus b_0 \quad h_5 = b_2 \\
h_4 &= b_2 \oplus b_1 \oplus b_0 \quad h_6 = b_1 \\
h_7 &= b_0
\end{aligned}
\tag{7.23}
$$

其中,$\oplus$ 表示异或运算,h_1、h_2 和 h_4 分别是比特串 $b_3 b_2 b_0$、$b_3 b_1 b_0$ 和 $b_2 b_1 b_0$ 的偶校验位。

对汉明编码结果进行解码时,信道解码器需要对在信道编码时建立的偶校验的比特串进行奇校验并检查校验字的值。单比特的错误由一个非零的奇偶校验字 $c_4 c_2 c_1$ 给出。并且

$$
\begin{aligned}
c_1 &= h_1 \oplus h_3 \oplus h_5 \oplus h_7 \\
c_2 &= h_2 \oplus h_3 \oplus h_6 \oplus h_7 \\
c_4 &= h_4 \oplus h_5 \oplus h_6 \oplus h_7
\end{aligned}
\tag{7.24}
$$

当校验字 $c_4 c_2 c_1$ 的结果为零时,说明传输中没有错误,解码的二进制结果中的 $h_3 h_5 h_6 h_7$ 值就是接收的传输结果。

当校验字的结果非零时,说明传输中有单比特错误,信道解码器只需要将由校验字 $c_4 c_2 c_1$ 指出的出错比特的值进行翻转,就可纠正传输中的单比特错误。解码的二进制结果中的出错位翻转后的 $h_3' h_5' h_6' h_7'$ 值(没有翻转的位 $h_i' = h_i$,翻转的位 $h_i' = \bar{h}_i$)就是接收的传输结果。

【例 7.1】 设信道编码器的输入 $b_3 b_2 b_1 b_0 = (0110)_2$。(1)求信道编码器的输出码字值,若信道传输正确,即假设信道解码器的输入与信道编码器的输出码字值相同,请验证并说明奇校验结果正确;(2)若在传输过程中第 6 位的值传输错误,即假设信道解码器的输入除第 6 位外其余各位均与信道编码器的输出码字值相同,请验证并说明奇校验结果。

解：（1）因为

$$h_1 = b_3 \oplus b_2 \oplus b_0 = 0 \oplus 1 \oplus 0 = 1$$

$$h_2 = b_3 \oplus b_1 \oplus b_0 = 0 \oplus 1 \oplus 0 = 1$$

$$h_4 = b_2 \oplus b_1 \oplus b_0 = 1 \oplus 1 \oplus 0 = 0$$

$$h_3 = b_3 = 0 \quad h_5 = b_2 = 1$$

$$h_6 = b_1 = 1 \quad h_7 = b_0 = 0$$

所以信道编码器输出的 7bit 为

$$h_1 h_2 h_3 h_4 h_5 h_6 h_7 = (1100110)_2$$

（2）当传输正确时，即信道解码器的输入为

$$h_1 h_2 h_3 h_4 h_5 h_6 h_7 = (1100110)_2$$

时，有

$$c_1 = h_1 \oplus h_3 \oplus h_5 \oplus h_7 = 1 \oplus 0 \oplus 1 \oplus 0 = 0$$

$$c_2 = h_2 \oplus h_3 \oplus h_6 \oplus h_7 = 1 \oplus 0 \oplus 1 \oplus 0 = 0$$

$$c_4 = h_4 \oplus h_5 \oplus h_6 \oplus h_7 = 0 \oplus 1 \oplus 1 \oplus 0 = 0$$

由于校验字 $c_4 c_2 c_1$ 为全零 $(000)_2$，说明偶校验结果正确，无传输错误。

（3）当第 6 位传输错误，即信道解码器的输入为

$$h_1 h_2 h_3 h_4 h_5 h_6 h_7 = (1100100)_2$$

时，有

$$c_1 = h_1 \oplus h_3 \oplus h_5 \oplus h_7 = 1 \oplus 0 \oplus 1 \oplus 0 = 0$$

$$c_2 = h_2 \oplus h_3 \oplus h_6 \oplus h_7 = 1 \oplus 0 \oplus 0 \oplus 0 = 1$$

$$c_4 = h_4 \oplus h_5 \oplus h_6 \oplus h_7 = 0 \oplus 1 \oplus 0 \oplus 0 = 1$$

由于校验字 $c_4 c_2 c_1$ 为 $(110)_2$ 而不全为零，说明第 6 位传输有错误。按照信道解码的实现原理，只要将由校验字指出的第 6 比特的 0 翻转为 1，就可纠正传输中的错误，得到的解码结果 $h_3' h_5' h_6' h_7'$ 为 $(0110)_2$。

3. 信源编码器模型与信源解码器模型

在信息论中，把通过减少冗余来压缩数据的过程称为信源编码。显然，信源编码器的作用就是减少或消除输入图像中的编码冗余。特定的应用和与之相联系的保真度要求，规定了在给定条件下所使用的编码方法。信源编码器模型如图 7.7 所示。

$f(x,y)$ ⟶ 映射变换器 ⟶ 量化器 ⟶ 符号编码器 ⟶ 信道编码器或信道

图 7.7　信源编码器模型示意图

1）映射变换器

映射变换器的作用是将输入的图像数据转换为可以减少输入图像中像素间的冗余的格式，其输出是比原始图像数据更适合于高效压缩的图像数据表示形式。对映射变换器的要求从数据压缩的有效性、保真度和经济实用方面考虑，应该是高度去相关的、可逆的、可重现的、易于实现的。也就是说，映射变换器是无损的。实现映射变换功能的典型变换包括：

（1）线性预测变换，如各种正交变换、应用差分映射图像编码的差分编码等预测编码；

（2）酉变换，如可将图像能量集中到少数系数上的离散余弦变换；

（3）多分辨率变换，如子带分解和小波变换等；

（4）其他变换，如二值图像的游程编码等。

2）量化器

量化器用于对映射变换（如离散余弦变换）后的变换系数进行量化。按照用一个元素数目较小的值集表示一个大（可能是无限）的值集的量化概念，图像编码量化器的作用就是对较多的变换系数产生用于表示被压缩图像的有限数量（较少）的符号（详见 7.6.4 节）。显然，量化是一种不可逆的多对一映射，即利用量化器对映射变换后的变换系数进行量化必然会导致部分信息的损失（对应于有损压缩编码）；如果进行的是无损压缩编码，则不需要量化器。

3）符号编码器

符号编码器（见图 7.8）的功能是用码元集 A 中的一组码元 a_j 建立输入的信源符号 x_i 与输出的码字 w_i 之间的关系，即为信源符号集中的每一个元素 x_i 分配一个用一组码元 a_j 表示的码字 w_i。所有的码字 w_i 都按规定的编码方式由 $a_j(j=1,2,\cdots,m)$ 来组成。

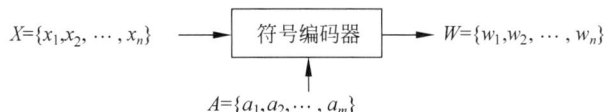

$$X=\{x_1,x_2,\cdots,x_n\} \longrightarrow \boxed{\text{符号编码器}} \longrightarrow W=\{w_1,w_2,\cdots,w_n\}$$

$$A=\{a_1,a_2,\cdots,a_m\}$$

图 7.8 信源符号编码器构成示意图

其中，输入 X 称为信源符号集，集合中的每一个元素 $x_i(i=1,2,\cdots,n)$ 称为信源符号；输出 W 称为代码，是由 $w_i(i=1,2,\cdots,n)$ 组成的集合，集合中的每一个元素 w_i 称为码字；A 称为码元集，集合中的每一个元素 $a_j(j=0,1,\cdots,m)$ 称为码元。

如何用码元表示输入序列中的每一个信源符号，以便在输出端获得与输入序列中每一个信源符号对应的码字是编码方法所要解决的问题。

为了唯一地重建原信号，需要建立信源符号集 X 和代码 W 的一一对应关系，即 X 中的每一个元素都唯一地对应 W 中的每一个码字。这种对应关系可通过不同的编码方法实现。

4）灰度图像的符号编码

对灰度图像的编码，实质上就是利用码元集 $A=\{0,1\}$，对灰度图像符号序列（即一幅图像中出现的所有不同的灰度级值 $0,1,\cdots,255$）的编码，这个符号序列中的所有符号（不同的灰度级值）就构成了一个独立信源。独立信源可由一个信源符号集 X 和每一个符号出现的概率描述，即

$$X=\{x_1,x_2,\cdots,x_n\} \tag{7.25}$$

$$P(X)=\{p(x_1),p(x_2),\cdots,p(x_n)\} \tag{7.26}$$

5）信源解码器模型

对信源符号进行编码并完成某种应用后，还需要对其进行解码。信源解码器模型如图 7.9 所示，其操作次序、原理及功能正好与信源编码器相反，此处不再赘述。

信道 → 符号解码器 → 反量化器 → 反向映射变换器 → $\hat{f}(x,y)$

图 7.9　信源解码器模型示意图

7.2.3　数字图像的信息熵

本节先介绍信源符号码字的平均长度,然后从信息熵与信源符号码字平均长度的关系出发,引出数字图像的信息熵。

1. 信源符号码字的平均长度

设有信源符号集 $X=\{x_1,x_2,\cdots,x_n\}$,信源符号出现的概率为 $\{P(x_1),P(x_2),\cdots,P(x_n)\}$。对 X 编码得到的代码为 $W=\{w_1,w_2,\cdots,w_n\}$,其中每个码字 w_i 的比特数(长度)为 $l(x_i)$,则表示每个信源符号码字的平均长度(比特数)为

$$\bar{L}=\sum_{i=1}^{n}P(x_i)l(x_i) \tag{7.27}$$

也就是说,将每个信源符号码字的比特数与该信源符号出现的概率相乘,将所得乘积相加后就可得到该信源符号集编码的码字的平均长度。显然,如果对具有最大概率 $P(x_i)$ 的信源符号 x_i 用最少位数的码字 w_i 编码,则会得到具有最短平均码字长度的代码。

2. 信息熵与信源符号码字平均长度的关系

信息熵常被用来作为一个系统的信息含量的量化指标,从而可以进一步用来作为系统优化的目标或者参数选择的依据。信源的熵定义为

$$H(X)=-\sum_{i=1}^{n}P(x_i)\log_2 P(x_i) \tag{7.28}$$

其中,熵的单位是 b/s,表示每个符号的比特数。

【例 7.2】　设一个随机变量 X 有 8 种可能的状态 $x_i(i=1,2,\cdots,8)$,每个状态都是等概率的,则该随机变量的熵为

$$H(X)=-\sum_{i=1}^{8}\frac{1}{8}\log_2\frac{1}{8}=-8\times\frac{1}{8}\log_2\frac{1}{8}=3(\text{b})$$

也就是说,为了把 X 的值传递给接收者,需要传输一个 3 比特的消息。

【例 7.3】　设一个随机变量 X 有 8 种可能的状态 $\{a,b,c,d,e,f,g,h\}$,这 8 个状态各自的概率为 $\{1/2,1/4,1/8,1/16,1/64,1/64,1/64,1/64\}$,这种情况下该随机变量的熵为

$$H(X)=-\frac{1}{2}\log_2\frac{1}{2}-\frac{1}{4}\log_2\frac{1}{4}-\frac{1}{8}\log_2\frac{1}{8}-\frac{1}{16}\log_2\frac{1}{16}-4\times\frac{1}{64}\log_2\frac{1}{64}=2(\text{b})$$

也就是说,非均匀分布的熵要比均匀分布的熵小。

基于以上的引例可知,可以利用非均匀分布的特点,使用尽可能短的编码来描述概率较大的事件,使用更长的编码来描述概率较小的事件,就可以得到更短的平均编码长度。如对于例 7.3,可以使用编码串 0、10、110、1110、111100、111101、111110、111111 来表示状态 $\{a,b,c,d,e,f,g,h\}$,根据式(7.28),其需要传输的平均长度为

$$\bar{L}=1\times\frac{1}{2}+2\times\frac{1}{4}+3\times\frac{1}{8}+4\times\frac{1}{16}+4\times6\times\frac{1}{64}=2(\text{b})$$

基于以上的分析可知,如果所有信源符号的概率都是 2 的指数,信源符号码字的平均长

度就与随机变量的熵相等。也就是说，熵是编码所需比特数的下限，即编码所需的比特数最少。

在信息论中，信息量是指从 N 个相等的可能事件中选出一个事件所需的信息度量和含量。假设 N 的大小为 2 的整数次幂（如 $N=2^n$），则信息量可表示为

$$I(x) = \log_2 N = -\log_2 \frac{1}{N} = -\log_2 P(x) \tag{7.29}$$

将式(7.29)代入式(7.28)可得

$$H(X) = -\sum_{i=1}^n P(x_i) \log_2 P(x_i) = \sum_{i=1}^n P(x_i) I(x_i) \tag{7.30}$$

比较式(7.27)和式(7.30)可知，每个信源符号的信息量实际上反映的是该符号的编码长度。

3. 数字图像的信息熵

对于一幅灰度级值分布为 $X=\{0,1,\cdots,L-1\}$ 且其灰度级值出现的概率为 $P=\{p_0, p_1,\cdots,p_{L-1}\}$ 的数字图像，其信息熵定义为

$$H = -\sum_{i=0}^{L-1} p_i \log_2 p_i \tag{7.31}$$

7.3　基本的变长编码方法

变长编码（variable length coding）的基本思想是用尽可能少的比特数表示出现概率尽可能大的灰度级值，以实现数据的压缩编码。由于利用这些编码方法得到的码字长度是不相等的，所以称为变长编码。利用最基本的变长编码对图像进行编码不会产生信息损失，所以这类编码方法也称为无误差编码方法或无损编码方法。

下面介绍几种最常用、最基本的变长编码方法。

7.3.1　费诺码

由于在数字形式的编码中，码字中的 0 和 1 是相互独立的，因而认为其出现的概率也应是相等的（0.5 或接近 0.5），这样就可确保传输的每一位码含有 1 比特的信息量。费诺码就是基于这种思想的一种最佳编码方法。

设输入的离散信源符号集为 $X=\{x_1, x_2,\cdots, x_n\}$，其中各信源符号出现的概率为 $P(x_i)(i=1,2,\cdots,n)$，待求的费诺码为 $W=\{w_1, w_2,\cdots, w_n\}$，则费诺码编码方法可通过以下步骤实现。

（1）把输入的信源符号 x_i 及其出现的概率 $P(x_i)$ 按概率值的非递增顺序从上到下依次并列排列。

（2）按概率之和相等或相近的原则把 X 分成两组，并给上面或概率之和较大的组赋值 1，给下面或概率之和较小的组赋值 0。

（3）再按概率之和相等或相近的原则把现有的组分成两组，并给上面或概率之和较大的组赋值 1，给下面或概率之和较小的组赋值 0。

（4）重复步骤(3)的分组和赋值过程，直至每组只有一个符号为止。

（5）把给每个符号所赋的值依次排列，就可得到信源符号集 X 的费诺码。

【例 7.4】　设有信源符号集 $X=\{x_1,x_2,x_3,x_4,x_5,x_6,x_7,x_8\}$，其概率分布分别为 $P(x_1)=0.25,P(x_2)=0.125,P(x_3)=0.0625,P(x_4)=0.25,P(x_5)=0.0625,P(x_6)=0.125,P(x_7)=0.0625,P(x_8)=0.0625$，求该信源符号集的费诺码 $W=\{w_1,w_2,w_3,w_4,w_5,w_6,w_7,w_8\}$。

解：编码过程和编码结果如图 7.10 所示。

符号 x_i	概率 $P(x_i)$						编码结果
x_1	1/4	1	1				11
x_4	1/4		0				10
x_2	1/8		1	1			011
x_6	1/8			0			010
x_3	1/16	0		1	1		0011
x_5	1/16		1		0		0010
x_7	1/16		0		1		0001
x_8	1/16			0	0		0000

图 7.10　例 7.4 的编码过程和编码结果

可得
$$W=\{11,011,0011,10,0010,010,0001,0000\}$$
平均码字长度为（b 为 bit 的缩写，后文的计算不再特别说明）
$$\bar{L}=\sum_{i=1}^{8}P(x_i)l_i$$
$$=\frac{1}{4}\times2+\frac{1}{8}\times3+\frac{1}{16}\times4+\frac{1}{4}\times2+\frac{1}{16}\times4+\frac{1}{8}\times3+\frac{1}{16}\times4+\frac{1}{16}\times4$$
$$=2\frac{3}{4}(\text{b})$$

在上述的费诺码编码中，也可以给上面或概率之和较大的组赋值 0，给下面或概率之和较小的组赋值 1。所以例 7.4 的另一组费诺码是 $W=\{00,100,1100,01,1101,101,1110,1111\}$。

上述的求解过程也可以用一棵二叉树表示。所以费诺码的编码过程又可看作构造具有相等或相近概率分支的一棵二叉树的过程，其编码过程就是给二叉树的左子女和右子女分别赋 0 值和 1 值（或分别赋 1 值和 0 值）的过程。感兴趣的读者可以尝试用二叉树方法描述例 7.4 的编码过程。

7.3.2　霍夫曼编码

霍夫曼（Huffman）编码是 1952 年由 Huffman 提出的一种编码方法。该编码方法的基本思想是：根据信源符号出现的概率进行编码，给出现概率越高的符号分配以越短的编码，给出现概率越低的符号分配以越长的编码，从而实现用尽可能少的编码符号表示数据源的目的。

1. 霍夫曼编码方法的步骤
霍夫曼编码方法的一般步骤如下。

（1）统计信源（如一幅图像）中的信源符号及每个信源符号出现的概率。设经统计有 n 个信源符号 $x_i(i=1,2,\cdots,n)$，其出现概率为 $P(x_i)$。

（2）把信源符号 x_i 和其概率 $P(x_i)$ 按概率值的递减顺序从上到下依次排列。

（3）把最末两个具有最小概率值的信源符号的概率值合并相加，得到新的概率值。

（4）给最末两个具有最小概率值的信源符号中上面的信源符号编码为"0"，给下面的信源符号编码为"1"。

（5）如果最末两个信源符号的概率值合并相加后为 1.0，则转步骤（7）；否则继续步骤（6）。

（6）把合并相加得到的新概率值与其余概率值按递减顺序从上到下依次排列，并转步骤（3）。

（7）寻找每一个信源符号到概率值为 1.0 处的路径，并依次记录路径上的"1"和"0"，即可得到每个信源符号对应的二进制符号序列。

（8）逆序逐位地写出每个信源符号对应的二进制符号序列，即可得到每个信源符号的霍夫曼编码。

【例 7.5】 设有信源符号集 $X=\{x_1,x_2,x_3,x_4,x_5,x_6\}$，其概率分布分别为 $P(x_1)=0.1$，$P(x_2)=0.3,P(x_3)=0.1,P(x_4)=0.4,P(x_5)=0.05,P(x_6)=0.05$。求该信源符号集的霍夫曼编码 $W=\{w_1,w_2,w_3,w_4,w_5,w_6\}$ 和平均码字长度。

解：根据霍夫曼编码的步骤（1）～步骤（6），可得如图 7.11 所示的霍夫曼编码过程。

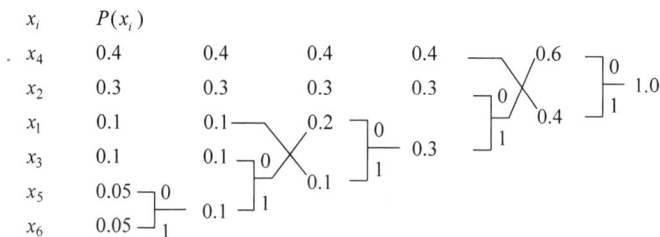

图 7.11 例 7.5 的霍夫曼编码过程

根据图 7.11 所示的编码过程，依据编码步骤（7）得到的信源符号及其对应的二进制符号序列为

$$\{x_1,x_2,x_3,x_4,x_5,x_6\}\rightarrow\{110,00,0010,1,01010,11010\}$$

根据编码步骤（8），将上述二进制符号序列逆序排列，即可得到霍夫曼编码为

$$W=\{011,00,0100,1,01010,01011\}$$

平均码字长度为

$$\bar{L}=\sum_{i=1}^{6}P(x_i)l_i$$
$$=0.1\times3+0.3\times2+0.1\times4+0.4\times1+0.05\times5+0.05\times5$$
$$=2.2(b)$$

2. 利用霍夫曼编码进行压缩编码的方法

基于上述的霍夫曼编码方法完成编码后，接下来利用该编码对信源符号进行压缩编码。

（1）创建霍夫曼编码表。

（2）对信源符号进行编码，即用码字代替信源符号。

比如，例 7.5 中的 6 个信源符号 x_1,x_2,x_3,x_4,x_5,x_6 实际上分别代表一幅 8 灰度级图像中仅出现的 6 个灰度级的值（所以有时也称为码值）001、010、100、101、110、111，只是为了简化描述才用符号 x_i 表示它们。这样，基于例 7.5 就可构建如表 7.1 的霍夫曼编码表。

表 7.1 霍夫曼编码表

符号（码值）	码 字 长 度	码 字
x_4	1	1
x_2	2	00
x_1	3	011
x_3	4	0100
x_5	5	01010
x_6	5	01011

因为在二进制信息传输过程中，信息传输的基本单位是字节，在接收端进行解码时，需要按码字的长度（比特数）还原出原来的码值，所以霍夫曼编码表必须包含各码字的长度。

按照例 7.5 中各信源符号的概率，设要压缩编码的信源符号流为

$$x_1,x_2,x_2,x_2,x_3,x_3,x_4,x_4,x_4,x_4,x_5,x_4,x_4,x_4,x_4,x_2,x_2,x_2,x_1,x_6$$

其编码就应为 011 00 00 00 0100 0100 1111 01010 1111 00 00 00 011 01011。

3. 霍夫曼编码的特点

当对独立信源符号进行编码时，霍夫曼编码可为每个信源符号产生可能最短的码字，所以霍夫曼编码有时也称为最佳编码。可以证明，最佳编码的码字平均长度 $\bar{L}$ 满足关系式

$$\frac{H}{\log_2 D} < \bar{L} < \frac{H}{\log_2 D} + 1 \tag{7.32}$$

其中，H 为信源的熵（见式（7.31））；D 为码元数，当 $D=2$ 即二进制编码时，式（7.32）简化成

$$H < \bar{L} < H+1 \tag{7.33}$$

根据式（7.33），可求得例 7.5 的码字平均长度的下限为

$$
\begin{aligned}
H &= -\sum_{i=1}^{6} P(x_i) \log_2 P(x_i) \\
&= -0.1 \times \log_2 0.1 - 0.3 \times \log_2 0.3 - 0.1 \times \log_2 0.1 - 0.4 \times \log_2 0.4 - \\
&\quad 0.05 \times \log_2 0.05 - 0.05 \times \log_2 0.05 \\
&= 2.14 \text{(b)}
\end{aligned}
$$

在例 7.5 中所求的码字平均长度为 2.2，可见其值已经与最佳编码的码字平均长度的下限值 2.14 十分接近，所以说，霍夫曼编码是一种最佳编码。

霍夫曼编码的主要特点如下。

（1）霍夫曼编码方法得到的编码不是唯一的，但其平均码长是一样的，因此不影响编码效率与数据压缩性能。

（2）码字长度不一样，硬件实现有难度。

（3）对不同信源的编码效率不同，当信源符号的概率值为 2 的负数次方时，编码效率最高；若信源符号的概率相等，则编码效率最低。

（4）解码时，必须参照霍夫曼编码表才能正确解码。

7.3.3　接近最佳的变长编码

由霍夫曼编码原理和上述的霍夫曼编码示例可知，当有 n 个信源符号时，需要进行 $n-2$ 次信源简化，同理也需要为信源符号分配 $n-2$ 次编码。当需要对数量较大的信源符号进行编码时，霍夫曼编码的计算量会很大。比如，对于具有 256 灰度级（256 个信源符号）的图像（信源）来说，构造最佳霍夫曼编码需要进行 254 次信源符号缩减并且 254 次为信源符号分配编码。因此，有时会采用一些接近最佳编码的方法，通过牺牲编码效率来换取编码过程中计算上的简便。表 7.2 给出了几种接近最佳编码的变长编码方法，为了方便比较，二进制编码也列在其中。

表 7.2　典型的变长编码

输入 （信源符号 i）	输出 W_i （二进制编码）	输出 W_i （B1 码）	输出 W_i （B2 码）	输出 W_i （二进制移位码）
0	0000	C0	C00	000
1	0001	C1	C01	001
2	0010	C0C0	C10	010
3	0011	C0C1	C11	011
4	0100	C1C0	C00C00	100
5	0101	C1C1	C00C01	101
6	0110	C0C0C0	C00C10	110
7	0111	C0C0C1	C00C11	111000
8	1000	C0C1C0	C01C00	111001
9	1001	C0C1C1	C01C01	111010
10	1010	C1C0C0	C01C10	111011
11	1011	C1C0C1	C01C11	111100
12	1100	C1C1C0	C10C00	111101
13	1101	C1C1C1	C10C01	111110
14	1110	C0C0C0C0	C10C10	111111000
15	1111	C0C0C0C1	C10C11	111111001

1）B 码

当输入的信源符号集的概率分布服从式（7.34）的乘幂定律时，B 码接近最优。

$$P(w_k) = \frac{k^{-r}}{\sum_{k=1}^{M} k^{-r}} \tag{7.34}$$

其中，r 为正常数。

B 码的每个码字由两部分组成：一部分称为延续位，一般记为 C，在实际中根据编码原理其值取 0 或 1；另一部分称为信息位。延续位用于标注一个码字究竟延续多长，信息位用于表示不同的信息内容。

（1）B1 码。

表 7.2 的第三列给出了 B1 码的一般表示形式。进行 B1 码编码的基本元素是单元,单元由 1 个延续位和 1 个信息位组成。例如,C0 和 C1 就是进行 B1 码编码的基本单元。B1 码的编码方法如下。

① 当输入的信源符号不超过两个时,B1 码由 1 个单元组成。

② 当输入的信源符号超过两个时,根据输入的信源符号的多少,B1 码的组成按 1 个单元、2 个单元、3 个单元……的顺序增加。

③ 对于单元数相同的 B1 码来说,其信息位按二进制自然序排列。

④ 同一个码字应具有相同的延续位,相邻码字应有不同的延续位。

⑤ 一个 B1 码的码字序列的第一个延续位可以是 0,也可以是 1。

【例 7.6】　写出 w_0、w_7、w_4 的 B1 编码。

解：由表 7.2 可知,w_0、w_7、w_4 的 B1 编码的一般表示形式是

C0 C0C0C1 C1C0

当第一个延续位是 0 时,w_0、w_7、w_4 的 B1 编码为

00 101011 0100

当第一个延续位是 1 时,w_0、w_7、w_4 的 B1 编码为

10 000001 1110

【例 7.7】　已知编码输入为 $X=\{x_0,x_1,x_2,x_3,x_4,x_5\}$,其中各信源符号的概率分布为 $P(x_0)=0.4,P(x_1)=0.3,P(x_2)=0.1,P(x_3)=0.1,P(x_4)=0.06,P(x_5)=0.04$。求 B1 码 $W=\{w_0,w_1,w_2,w_3,w_4,w_5\}$ 的码字平均长度。

解：因为已知 w_0、w_1、w_2、w_3、w_4 和 w_5 的 B1 码码字分别为 C0、C1、C0C0、C0C1、C1C0 和 C1C1,所以 B1 码 $W=\{w_0,w_1,w_2,w_3,w_4,w_5\}$ 的码字平均长度为

$$\overline{L}=0.4\times2+0.3\times2+0.1\times4+0.1\times4+0.06\times4+0.04\times4=2.6(b)$$

（2）B2 码。

表 7.2 的第四列给出了 B2 码的一般表示形式。构成 B2 码的基本单元由一个延续位和两个信息位组成。B2 码的编码方法如下。

① 当输入的信源符号不超过 4 个时,B2 码由 1 个单元组成。

② 当输入的信源符号超过 4 个时,根据输入的信源符号的多少,B2 码的组成按 1 个单元、2 个单元、3 个单元……的顺序增加。

③ 对于单元数相同的 B2 码来说,其信息位按二进制自然序排列。

④ 同一个码字应具有相同的延续位,相邻码字应有不同的延续位。

⑤ 一个 B2 码的码字序列的第一个延续位可以是 0,也可以是 1。

2）二进制移位码

表 7.2 的第五列给出了二进制移位码。二进制移位码是一种对具有单调递减概率的输入信源符号相当有效的变长编码方法,一般可通过以下步骤生成移位码。

（1）对信源符号进行排列,以便使其概率呈现单调递减顺序。

（2）将所有的信源符号分割为大小相等的符号块。

（3）在所有的块中对单个信源符号进行相同的编码。

（4）为每个块增加特定的块识别符号，以便进行块的识别。每当解码器识别出一个块识别符号，该符号就根据预先定义的基准块下移一个块。

二进制移位码有不同的分块方式。当信源符号的数目比较少时，可采用每个块只有 3 个信源符号的分块方案，这时对单个信源符号进行编码的 3 个二进制码分别为 00、01 和 10。前 3 个信源符号组成的块称为基准块，第 4 个二进制码 11 用于标识除基准块外的剩余块，剩余的第一个块用一个 11，第二个块用两个 11，以此类推。例如，若输入的信源符号集有 9 个符号，并假设按概率递减顺序排列为 $X = \{x_1, x_2, \cdots, x_8, x_9\}$，则对应的二进制移位码如表 7.3 所示。

表 7.3 每个块只有 3 个信源符号的二进制移位码编码

输入（信源符号）	移 位 码	输入（信源符号）	移 位 码	输入（信源符号）	移 位 码
x_1	00	x_4	1100	x_7	111100
x_2	01	x_5	1101	x_8	111101
x_3	10	x_6	1110	x_9	111110

当信源符号的数目比较多时，可采用每个块有 7 个信源符号的分块方案，这时对单个信源符号进行编码的 7 个二进制码分别为 000、001、010、011、100、101 和 110。第 8 个二进制码 111 用于标识除基准块外的剩余块，剩余的第一个块用一个 111，第二个块用两个 111，以此类推。假设表 7.2 中的输入信源符号是按概率递减顺序排列的，则对应的二进制移位码如该表中第五列所示。

7.3.4 算术编码

算术编码假设对于一个独立信源来说，任一由信源符号组成的长度为 N 的序列的发生概率之和等于 1。根据信源符号序列的概率，把 $[0,1]$ 区间划分为互不重叠的子区间，子区间的宽度恰好等于各符号序列的概率，这样，每个子区间内的任意一个实数都可以用来表示对应的符号。显然，一串符号序列发生的概率越大，对应的子区间就越宽，表示它所用的比特数就越少，因而相应的码字就越短。

算术编码首先需要知道每个信源符号的概率大小，然后扫描符号序列，依次分割相应的区间，最终得到符号序列所对应的码字。整个编码过程包含两个过程，即概率模型建立过程和扫描编码过程。

1. 编码过程

图 7.12 说明了一个来自 4 个信源符号的五符号输入序列 $a_1 a_2 a_2 a_3 a_4$ 的算术编码过程。

首先建立信源符号集的概率模型，通过扫描输入符号序列可知，信源符号集中的符号按序排列为 $a_1 a_2 a_3 a_4$，其在输入符号序列中出现的概率依次为 0.2、0.4、0.2 和 0.2。

在第二步扫描编码开始时，首先根据各信源符号（即 a_1、a_2、a_3、a_4）及其出现的概率（分别为 0.2、0.4、0.2、0.2），在半开区间 $[0,1)$ 内为每个信源符号分配一个宽度等于其概率的半开区间，即 $[0.0, 0.2)$、$[0.2, 0.6)$、$[0.6, 0.8)$ 和 $[0.8, 1.0)$，且 a_1 对应 $[0.0, 0.2)$，a_2 对应 $[0.2, 0.6)$，a_3 对应 $[0.6, 0.8)$，a_4 对应 $[0.8, 1.0)$。

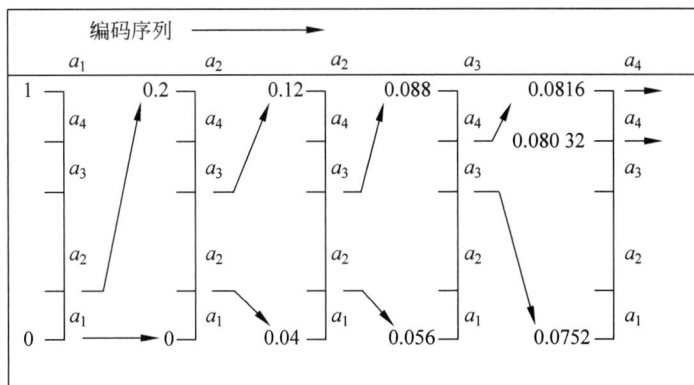

图 7.12　算术编码过程示例

接着,考察信源符号序列中的第一个符号 a_1,将该符号对应的子区间 $[0.0, 0.2)$ 扩展到整个高度(即扩展到整个符号序列),并根据各信源符号及其概率将其子分成 4 个半开子区间 $[0.0, 0.04)$、$[0.04, 0.12)$、$[0.12, 0.16)$ 和 $[0.16, 0.2)$。

然后,考察信源符号序列中的第二个符号 a_2,将该符号对应的子区间 $[0.04, 0.12)$ 扩展到整个符号序列,并根据各信源符号及其概率将其子分成 4 个半开子区间 $[0.04, 0.056)$、$[0.056, 0.088)$、$[0.088, 0.104)$ 和 $[0.104, 0.12)$。

接下来,考察信源符号序列中的第三个符号 a_2,将该符号对应的子区间 $[0.056, 0.088)$ 扩展到整个符号序列,并根据各信源符号及其概率将其子分成 4 个半开子区间 $[0.056, 0.0624)$、$[0.0624, 0.0752)$、$[0.0752, 0.0816)$ 和 $[0.0816, 0.088)$。

其后,考察信源符号序列中的第 4 个符号 a_3,将该符号对应的子区间 $[0.0752, 0.0816)$ 扩展到整个符号序列,并根据各信源符号及其概率将其子分成 4 个半开子区间 $[0.0752, 0.076\,48)$、$[0.7648, 0.079\,04)$、$[0.079\,04, 0.080\,32)$ 和 $[0.080\,32, 0.0816)$。

最后,信源符号序列中的第 5 个符号 a_4 不用再分,直接对应子区间 $[0.080\,32, 0.0816)$。

通过上述依次的区间分割后,与输入符号序列对应地就会得到一个区间序列,比如上述示例中输入符号序列 $a_1 a_2 a_2 a_3 a_4$ 对应的区间依次为 $[0.0, 0.2)$、$[0.04, 0.12)$、$[0.056, 0.088)$、$[0.0752, 0.0816)$、$[0.080\,32, 0.0816)$。这时,每个输入符号的编码就可以取与该符号对应的那个区间中任意一点的值。一种比较简单的方法是取与各个符号对应的那个区间的左端点的值为该符号的编码,比如上述示例中输入符号序列 $a_1 a_2 a_2 a_3 a_4$ 的编码可依次取值为 0.0、0.04、0.056、0.0752、$0.080\,32$。

2. 编码过程的数学描述

设在由 M 个信源符号 $X = x_1 x_2 \cdots x_m$ 组成的、长度为 N 的输入符号序列中,各信源符号的概率分布为 $P_j (j = 1, 2, \cdots, M; k = 1, 2, \cdots, N; M \leqslant N)$,$[0, 1)$ 为对输入符号序列进行算术编码的初始区间,则对第 k 个输入符号进行算术编码的子区间 $[L_k, R_k)$ 定义为

$$L_k = L_{k-1} + A_{k-1} W_{k-1} \quad (k = 1, 2, \cdots, N) \tag{7.35a}$$

$$R_k = L_{k-1} + (A_{k-1} + P_k) W_{k-1} \tag{7.35b}$$

$$W_k = R_k - L_k \tag{7.35c}$$

其中：

(1) 如果输入符号序列中的第 k 个符号是 x_j，则 A_{k-1} 为从 x_1 到 x_{j-1} 的所有信源符号的概率之和，即

$$A_{k-1} = \sum_{i=0}^{j-1} x_i \quad (j=1,2,\cdots,M, i=1,2,\cdots,M-1) \tag{7.36}$$

且约定 $x_0 = 0$，即 $A_0 = 0$。

(2) W_{k-1} 为扫描第 $k-1$ 个信源符号时的子区间宽度，当 $k=1$ 时，$W_0 = 1$。

(3) 用第 k 个子区间的左端点值 L_k 表示第 k 个输入符号的编码值。

注意：当 $M < N$ 时，式(7.35)中 P_k 的下标 k 为输入符号序列的顺序号。

【例 7.8】 对于图 7.12 所示的编码示例来说，输入符号序列为 $a_1 a_2 a_2 a_3 a_4$，信源符号集中的符号依序排列为 $X = a_1 a_2 a_3 a_4$，其概率分布分别为 $P_1 = 0.2, P_2 = 0.4, P_3 = 0.2$ 和 $P_4 = 0.2$。根据式(7.35)的约定有 $A_0 = 0$ 和 $W_0 = 1$，初始区间为 $[0,1)$，即 $L_0 = 0$。请用式(7.35)的数学实现方式进行编码。

解：当按输入符号序列的顺序排列时，其概率分布分别为 $P_1 = 0.2, P_2 = 0.4, P_3 = 0.4$，$P_4 = 0.2$ 和 $P_5 = 0.2$。编码过程如下。

(1) 对第一个输入符号 a_1（$j=1$）进行编码，因为

$$A_0 = 0$$
$$L_1 = L_0 + A_0 W_0 = 0 + 0 \times 1 = 0$$
$$R_1 = L_0 + (A_0 + P_1) W_0 = 0 + (0 + 0.2) \times 1 = 0.2$$
$$W_1 = R_1 - L_1 = 0.2 - 0 = 0.2$$

所以，其区间为 $[0, 0.2)$。

(2) 对第二个输入符号 a_2（$j=2$）进行编码，因为

$$A_1 = P_1 = 0.2$$
$$L_2 = L_1 + A_1 W_1 = 0 + 0.2 \times 0.2 = 0.04$$
$$R_2 = L_1 + (A_1 + P_2) W_1 = 0 + (0.2 + 0.4) \times 0.2 = 0.12$$
$$W_2 = R_2 - L_2 = 0.12 - 0.04 = 0.08$$

所以，其区间为 $[0.04, 0.12)$。

(3) 对第三个输入符号 a_2（$j=2$）进行编码，因为

$$A_2 = P_1 = 0.2$$
$$L_3 = L_2 + A_2 W_2 = 0.04 + 0.2 \times 0.08 = 0.056$$
$$R_3 = L_2 + (A_2 + P_3) W_2 = 0.04 + (0.2 + 0.4) \times 0.08 = 0.088$$
$$W_3 = R_3 - L_3 = 0.088 - 0.056 = 0.032$$

所以，其区间为 $[0.056, 0.088)$。

(4) 对第四个输入符号 a_3（$j=3$）进行编码，因为

$$A_3 = P_1 + P_2 = 0.2 + 0.4 = 0.6$$
$$L_4 = L_3 + A_3 W_3 = 0.056 + 0.6 \times 0.032 = 0.0752$$
$$R_4 = L_3 + (A_3 + P_4) W_3 = 0.056 + (0.6 + 0.2) \times 0.032 = 0.0816$$

$$W_4 = R_4 - L_4 = 0.0816 - 0.0752 = 0.0064$$

所以,其区间为 $[0.0752, 0.0816]$。

(5) 对第五个输入符号 $a_4(j=4)$ 进行编码,因为

$$A_4 = P_1 + P_2 + P_3 = 0.2 + 0.4 + 0.2 = 0.8$$

$$L_5 = L_4 + A_4 W_4 = 0.0752 + 0.8 \times 0.0064 = 0.080\,32$$

$$R_5 = L_4 + (A_4 + P_5)W_4 = 0.0752 + (0.8 + 0.2) \times 0.0064 = 0.0816$$

所以,其区间为 $[0.080\,32, 0.0816]$。

若取各区间左端点的值为各输入符号的编码,则输入符号序列 $a_1 a_2 a_2 a_3 a_4$ 中各符号的编码依次为 0.0、0.04、0.056、0.0752、$0.080\,32$。

7.4　位平面编码

所谓位平面编码,就是将一幅灰度图像或彩色图像分解为多幅二值图像的过程。

7.4.1　位平面分解

一幅 m 位的灰度级图像的灰度级值可用多项式表示为

$$x_{m-1}2^{m-1} + x_{m-2}2^{m-2} + \cdots + x_1 2^1 + x_0 2^0 \tag{7.37}$$

其中,$x_i \in [0,1]$。

根据式(7.37),将一幅灰度级图像分解成 m 个二值图像的一种简单的方法,就是把图像中用于表示每像素的 m 位的多项式系数分别分解到 m 个 1 位的位平面的相应位置中,即第 0 级位平面由图像中每像素的 x_0 组成,第 1 级位平面由图像中每像素的 x_1 组成,……,第 $m-1$ 级位平面由图像中每像素的 x_{m-1} 组成。也就是说,每个位平面的像素等于每像素在原图像中对应位的值。

举例来说,对于一幅 $N \times N$ 的灰度图像,若每像素用 m 位表示,就可以从每像素的二进制表示中取出相同位上的 1 比特,这样就形成了一幅 $N \times N$ 的二值图像,该二值图像称为原灰度图像的一个位平面。对于一幅 256 灰度级的图像来说,每像素用 8 位即 1 字节表示,该图像就可以分解成 8 个位平面,位平面 0 由原图像中像素的最低位组成,位平面 1 由原图像中像素的次低位组成,……,位平面 7 由原图像中像素的最高位组成。图 7.13 说明了 8 位图像的位平面概念。其中:

$$0 \times 2^7 + 1 \times 2^6 + 0 \times 2^5 + 1 \times 2^4 + 0 \times 2^3 + 1 \times 2^2 + 0 \times 2^1 + 1 \times 2^0 = 64 + 16 + 4 + 1 = 85$$

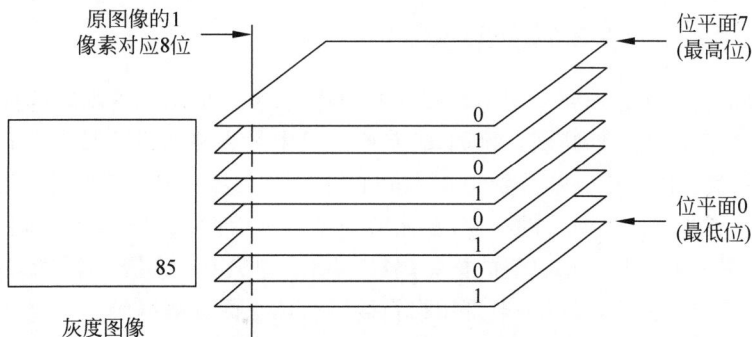

图 7.13　8 位图像的位平面分解示例

图 7.14 给出了从一幅 256 灰度级图像（见图 7.14(a)）分解出该图像的 8 个位平面的二值图像的示例。由图 7.14 可以看出，较高位（特别是前 4 位）包含了原图像在视觉上的重要数据信息，而其他位平面则反映了原图像中较微小的细节。

(a) 256灰度级的分形原图像　　　　(b) 位平面7　　　　(c) 位平面6

(d) 位平面5　　　　(e) 位平面4　　　　(f) 位平面3

(g) 位平面2　　　　(h) 位平面1　　　　(i) 位平面0

图 7.14　从灰度图像分解出 8 个位平面的二值图像验证结果示例

通过把灰度图像分解为位平面，就可以利用二值图像中存在的连续的"0"和连续的"1"，采用二值图像的压缩编码技术对各位平面进行高效的压缩编码和传输。

7.4.2　位平面的格雷码分解编码

多数图像中的大多数相邻像素值具有渐变的特征，但若采用二进制码进行位平面分解，就会导致各位平面的相关性减弱。例如，若灰度图像中的相邻两像素是 127 和 128，它们显然比较接近，但其二进制编码却分别为 01111111 和 10000000，即灰度图像中相邻像素间的很小变化，引起了所有位平面值的突变，从而减弱了位平面图像的相关性，即降低了位平面图像的压缩效率。由于两个相邻值的格雷码（Gray）之间只有一位是不同的，这样就可保持相邻像素间较强的相关性，所以一般采用格雷码进行位平面分解编码。

采用格雷码进行位平面分解编码的思想是：如果用一个 m 位的灰度编码 g_{m-1} …

$g_2 g_1 g_0$ 表示图像中 1 像素的二进制编码,那么图像的全部像素的 m 位灰度值编码 $g_{m-1}\cdots$
$g_2 g_1 g_0$ 中的所有 g_i,就组成了第 i 个位平面的二值图像。

设一幅图像中各像素灰度值的原 m 位二进制编码为 $x_{m-1}\cdots x_2 x_1 x_0$,对其进行重新编
码的 m 位格雷码为 $g_{m-1}\cdots g_2 g_1 g_0$,则有

$$g_i = x_i \oplus x_{i+1} \quad (0 \leqslant i \leqslant m-2)$$
$$g_{m-1} = x_{m-1}$$

$$(7.38)$$

其中,$\oplus$ 为异或运算。

采用上述编码方式,就可以保证灰度值连续的码字只在一位上不同,进而保证灰度值小
的变化不大可能影响到所有的 m 个位平面。比如,当灰度值为 127 和 128 的两像素相邻
时,127 和 128 的格雷码分别为 01000000 和 11000000,显然,只有第 7 位(g_7)的位平面灰度
值需要进行 0 到 1 的转换,大大增强了位平面图像中像素之间的相关性。

7.5　游 程 编 码

游程编码(run length coding)是用于黑白(二值)图像的一种应用比较广泛的编码方法,
常用于页面文字、工程图纸、电路图等的编码。

在一个逐行存储的图像中,把具有相同灰度值的一些像素组成的序列称为一个游程;
把取相同灰度值的若干连续像素的数目称为游程长度(run-length),简称游长。如图 7.4 所
示,在黑白图像中,像素为黑或白,或者说像素只取 0 和 1 两种灰度值,这样,就把连续白点
和连续黑点的数目分别称为白长和黑长。因为像素只取两种灰度值,所以黑白图像与灰度
图像相比,相邻像素的相关性更强,游程编码正好利用了这种相关性。

游程编码的基本思想是:只存储一个代表某个灰度值的码,后面是它的游程长度,这样
同样的灰度值码就不必存储多次。

1. 一维游程编码

黑白图像的一维游程编码的基本方法是:首先从左到右统计每一行中交替出现的白长
和黑长,然后按游程编码的思想对其长度进行变长编码。

在编码时,对每一行的第一像素要有一个标志码,以区分该行是以白长开始还是以黑长
开始,并给出其编码。对于后面的游长,只要给出相应游长的编码。由于黑白游长是交替出
现的,所以在解码时只要知道每一行是以白长开始还是黑长开始,其后各游长是黑是白就自
然确定了。决定游程长度值最通常的约定如下:

(1) 指定每一行第一个游程的值;

(2) 假设每一行从白色游程开始;如果第一行是从黑色游程开始,则游程长度为 0。

在进行变长编码时,经常采用霍夫曼编码。白长和黑长的发生概率分为两种情况:一
种是白长和黑长各自的概率分布;另一种只是游长的概率分布,而不分白长和黑长。对于
第一种情况,要分别建立白长和黑长的霍夫曼编码表;对第二种情况,只需要建立一个游长
的霍夫曼编码表。

国际传真标准 CCITT T.4(G3)采用的是一维游程编码。编码方法是:游长的霍夫曼
编码分为形成码和终止码两种。对于位于 0~63 的游长,用单个码字,即终止码表示;对于
大于 63 的游长,用一个形成码和一个终止码的组合表示,其中,形成码表示实际游长是 64

的最大倍数值，终止码表示剩余的小于 64 的差值。

CCITT T.4(G3)标准中对白长和黑长分别建立了霍夫曼码表，其中部分如表 7.4 和表 7.5 所示，完整的码表详见有关文献。

表 7.4　国际传真标准 ITU(CCITT T.4 G3)终止码表

游　　长	白长码字	黑长码字
0	00110101	0000110111
1	000111	010
2	0111	11
3	1000	10
4	1011	011
5	1100	0011
6	1110	0010
⋮	⋮	⋮
63	00110100	000001100111

表 7.5　国际传真标准 ITU(CCITT T.4 G3)形成码表

游　　长	白长码字	（码字）	黑长码字
64	11011		0000001111
128	10010		000011001000
192	010111		000011001001
⋮	⋮		⋮
1728	010011011		0000001100101
1792		00000001000	（黑白码字开始相同）
1856		00000001100	
⋮		⋮	
2560		000000011111	

由表 7.5 可见，当游长大于或等于 1792 时，黑长和白长的形成码就相同了，游长大于或等于 1792 时的形成码称为扩展形成码。在 CCITT T.4(G3)标准中规定，每一行总是以白长开始，且其长度可以是 0；每一行以一个唯一的行尾(EOL)码字 000000000001 结束该行。

2. 二维游程编码

一维游程编码虽然可消除每一行内像素(或水平分解元素)的相关性，但没有考虑行间像素(或垂直分解元素)之间的相关性，所以就提出了二维游程编码问题。

二维游程编码是一种基于相对地址编码(relative address coding, RAC)原理的编码方法，通过对黑白过渡点(从白到黑或从黑到白的后一比特位置称为过渡点)相对于当前编码行中参考像素的位置进行编码，不仅利用了二值图像中每一行内相邻像素的相关性，而且也利用了当前编码行与参考行(前一行)的行间像素之间的相关性。

由于篇幅所限，本书不再介绍二维游程编码，对二维游程编码感兴趣的读者请参阅有关文献资料。

7.6 变 换 编 码

变换编码以信号处理中的正交变换的性质为理论基础,基本依据如下。

(1) 正交变换可保证变换前后信号的能量保持不变。

(2) 正交变换具有减少原始信号中各分量的相关性和将信号的能量集中到少数系数上的功能。

所谓变换编码,是指以某种可逆的正交变换把给定的图像变换到频率域,从而可利用频率域数据的特点,用一组非相关的变换系数表示原图像,将尽可能多的信息集中到尽可能少的变换系数上,使多数系数只携带尽可能少的信息,实现用较少的数据表示较大的图像数据信息,以此去除或削弱图像在空间域中的相关性,达到压缩数据的目的。变换编码相当于频率域编码方法,是有损编码中应用最广泛的一种编码方法。

7.6.1 变换编码的过程

变换编码过程由以下四步组成。

(1) 将待编码的 $N \times N$ 的图像分解成 $(N/n)^2$ 个大小为 $n \times n$ 的子图像。通常选取的子图像大小为 8×8 或 16×16,即 n 等于 8 或 16。

(2) 对每个子图像进行正交变换(如 DCT 变换等),得到各子图像的变换系数。这一步的实质是把空间域表示的图像转换成频率域表示的图像。

(3) 对变换系数进行量化。

(4) 使用霍夫曼变长编码或游程编码等无损编码方法对量化的系数进行编码,得到压缩后的图像(数据)。

上述的变换编码过程可以用图 7.15 的变换编码系统来实现。

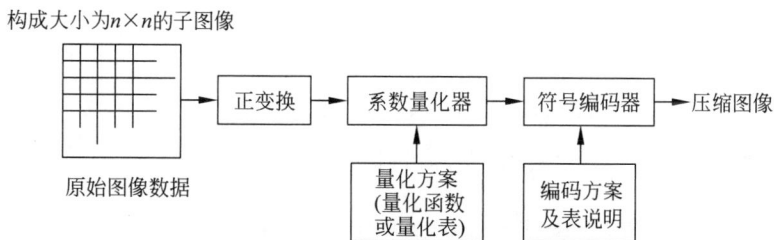

图 7.15 变换编码系统框图

在上述的变换编码过程中,有关步骤(1)中选取子图像大小的说明在 7.6.2 节中介绍,步骤(2)中正交变换的选择在 7.6.3 节中介绍;步骤(3)中对变换系数的量化方法在 7.6.4 节中介绍。

7.6.2 子图像尺寸的选择

子图像的大小与变换编码的误差和变换所需的计算量等有关。在大多数应用中,对图像的进一步分割(将其分解成子图像)要求满足以下两个条件:一是相邻子图像之间的相关性(冗余)要减少到某种可接受的程度;二是子图像大小 $n \times n$ 中的 n 应是 2 的整数次幂。

后一个条件主要是为了简化对子图像的计算。一般来说,当子图像的尺寸增大时,所计入的相关像素就越多,总的均方差性能改善可能越大。然而,从统计学上平均来说,一列相似的像素通常会持续 15~20 像素那么长,其后像素间的相关性就开始减弱。按照子图像的长和宽应是 2 的整数次幂的要求,即当 $n > 16$ 时,对性能的进一步改善作用不大,所以最常采用的子图像尺寸为 8×8 和 16×16。JPEG 编码选用的就是 8×8 的块。

7.6.3 变换的选择

变换编码选择正交变换中的哪一种特定变换,不仅取决于可容忍的图像重构误差的大小,而且还取决于所能获得的压缩比和编码解码的计算量。

为了理解上的方便,下面先介绍变换系数和图像的均方差等概念。

1. 变换系数

如 7.1.3 节所述,对于 $N \times N$ 的图像 $f(x, y)$ 和该图像的二维正向离散变换 $T(u, v)$,有

$$T(u, v) = \sum_{x=0}^{N-1} \sum_{y=0}^{N-1} f(x, y) \boldsymbol{H}(x, y, u, v) \quad (u, v = 0, 1, \cdots, N-1) \tag{7.39}$$

$$f(x, y) = \sum_{u=0}^{N-1} \sum_{v=0}^{N-1} T(u, v) \boldsymbol{H}(x, y, u, v) \quad (x, y = 0, 1, \cdots, N-1) \tag{7.40}$$

其中,$\boldsymbol{H}(x, y, u, v)$ 称为变换核函数(由式(7.15)和式(7.16)可知,正变换核函数与反变换核函数是同一个函数),也称为基函数或基图像;式(7.40)中的 $T(u, v)$ 称为变换系数,且对于任何指定的 $f(x, y)$,只有一个 $T(u, v)$ 系列与之相对应。

用 n 替换式(7.40)中的 N,则一幅大小为 $n \times n$ 的子图像 $f(x, y)$ 可以表示成它的二维变换 $T(u, v)$ 的函数

$$f(x, y) = \sum_{u=0}^{n-1} \sum_{v=0}^{n-1} T(u, v) \boldsymbol{H}(x, y, u, v) \quad (x, y = 0, 1, \cdots, n-1) \tag{7.41}$$

其中,变换核函数 $\boldsymbol{H}(x, y, u, v)$ 只依赖于参数 x、y、u、v,与 $f(x, y)$ 和 $T(u, v)$ 的值无关。所以,$\boldsymbol{H}(x, y, u, v)$ 可看作由式(7.41)定义的子图像序列的一组基函数或基图像。为了更好地理解这种解释,将式(7.41)表示成如下形式:

$$\boldsymbol{F} = \sum_{u=0}^{n-1} \sum_{v=0}^{n-1} T(u, v) \boldsymbol{H}_{uv} \tag{7.42}$$

其中,$\boldsymbol{H}_{uv}(u, v = 0, 1, \cdots, n-1)$ 为

$$\boldsymbol{H}_{uv} = \begin{bmatrix} h(0, 0, u, v) & h(0, 1, u, v) & \cdots & h(0, n-1, u, v) \\ h(1, 0, u, v) & h(1, 1, u, v) & \cdots & h(1, n-1, u, v) \\ \vdots & \vdots & \ddots & \vdots \\ h(n-1, 0, u, v) & h(n-1, 1, u, v) & \cdots & h(n-1, n-1, u, v) \end{bmatrix} \tag{7.43}$$

显然,式(7.42)显式地将 F 定义成 n^2 个 $n \times n$ 矩阵 $\boldsymbol{H}_{uv}$ 的线性组合,这些矩阵是式(7.42)的子图像序列的基函数或基图像,$T(u, v)$ 是变换系数。

2. 图像的均方误差

如果定义一个变换系数 $T(u, v)$ 的模板函数为

$$\gamma(u,v) = \begin{cases} 0, & \text{如果 } T(u,v) \text{ 满足指定的截断准则} \\ 1, & \text{其他} \end{cases} \tag{7.44}$$

其中，$u,v=0,1,\cdots,n-1$。那么，$\boldsymbol{F}$ 的一个截断可近似地定义为

$$\hat{\boldsymbol{F}} = \sum_{u=0}^{n-1} \sum_{v=0}^{n-1} \gamma(u,v) T(u,v) \boldsymbol{H}_{uv} \tag{7.45}$$

显然，利用 $\gamma(u,v)$ 的截断功能就可消除式(7.42)中对求和贡献最少的系数的数目，且子图像 $\boldsymbol{F}$ 和它的近似 $\hat{\boldsymbol{F}}$ 之间的均方误差为

$$\begin{aligned} e_{ms} &= E\{\parallel \boldsymbol{F} - \hat{\boldsymbol{F}} \parallel^2\} \\ &= E\left\{\left\parallel \sum_{u=0}^{n-1} \sum_{v=0}^{n-1} T(u,v) \boldsymbol{H}_{uv} - \sum_{u=0}^{n-1} \sum_{v=0}^{n-1} \gamma(u,v) T(U,v) \boldsymbol{H}_{uv} \right\parallel^2\right\} \\ &= E\left\{\left\parallel \sum_{u=0}^{n-1} \sum_{v=0}^{n-1} T(u,v) \boldsymbol{H}_{uv} [1 - \gamma(u,v)] \right\parallel^2\right\} \\ &= \sum_{u=0}^{n-1} \sum_{v=0}^{n-1} \sigma_{T(u,v)}^2 [1 - \gamma(u,v)] \end{aligned} \tag{7.46}$$

其中，$\parallel \boldsymbol{F} - \hat{\boldsymbol{F}} \parallel$ 是矩阵$(\boldsymbol{F} - \hat{\boldsymbol{F}})$的范数(矩阵的模)；$\sigma_{T(u,v)}^2$ 是变换系数在(u,v)处的方差。冈萨雷斯等在其著作《数字图像处理(第二版)》中指出，式(7.46)中最后一步的简化是基于基函数的正交性，并假定 $\boldsymbol{F}$ 的像素是由零均值和已知方差的随机过程产生的。

由式(7.44)和式(7.46)可知，当 $T(u,v)$ 满足指定的截断准则时，$1-\gamma(u,v)$ 的值为 1，否则其值为 0。所以，总的均方误差的近似值是所有截断的变换系数的方差之和。一个能把最多的信息集中到最少的系数上的变换提供了最好的子图像近似，因此所产生的重建误差最小。

3. 几种变换的性能

变换编码通常采用的变换包括 DCT(离散余弦变换)、DFT(离散傅里叶变换)、WHT(沃尔什-哈达玛变换)和 KLT(卡-洛变换)等。

理论上，KLT 是所有变换中信息集中能力最强的变换。对于任意的输入图像和任意保留下来的系数，KLT 都可以使用于衡量图像重构误差的均方误差(详见冈萨雷斯等编著的《数字图像处理(第二版)》的 8.5.2 节)降至最低。但 KLT 具有数据依赖性，通常得到每幅子图的 KLT 基图像所需的计算量非常大，所以 KLT 很少在实际的图像压缩中应用。

研究表明，DCT 具有比 DFT 和 WHT 更强的信息集中能力，且 DCT、DFT 和 WHT 由于具有输入独立性和固定的基图像而在实际的图像压缩中较为常见。非正弦变换(如WHT)最容易实现，正弦变换(如 DCT 和 DFT)更接近于 KLT 的信息集中能力。

由于 DCT 变换在信息集中能力和计算复杂性方面的综合优势，它已经有了较多的应用。对于大多数自然图像来说，DCT 变换能将最多的信息分配在最少的系数之中，还能使被称为"分块噪声"的子图像边缘可见的块效应降到最小。随着微电子技术的发展，DCT 变换已被设计成单个集成电路芯片，并得到了十分广泛的应用。

7.6.4　变换系数的量化和编码

对各子图像进行变换后，就可得到各子图像的变换系数，接下来就要对这些系数进行量

化和编码。量化和编码的实现通常采用区域编码和门限编码两种方法。

1. 区域编码

所谓区域编码，就是只保留变换系数矩阵中一个特定区域的系数，而将其他系数置零的一种编码方法。由于大多数图像的频谱具有低通特性，所以区域编码即是保留低频部分的系数而丢弃高频部分的系数。具体来说，就是保留系数方阵中左上角区域的若干系数，而将其余系数置为零。

图 7.16 是两个典型的区域编码量化模板，图 7.16(a) 是只保留变换系数的左上角 6 个系数的区域编码量化模板，图 7.16(b) 是只保留变换系数的左上角 15 个系数的区域编码量化模板。

1	1	1	0	0	0	0	0
1	1	0	0	0	0	0	0
1	0	0	0	0	0	0	0
0	0	0	0	0	0	0	0
0	0	0	0	0	0	0	0
0	0	0	0	0	0	0	0
0	0	0	0	0	0	0	0
0	0	0	0	0	0	0	0

（a）只保留左上角的 6 个系数

1	1	1	1	1	0	0	0
1	1	1	1	0	0	0	0
1	1	1	0	0	0	0	0
1	1	0	0	0	0	0	0
1	0	0	0	0	0	0	0
0	0	0	0	0	0	0	0
0	0	0	0	0	0	0	0
0	0	0	0	0	0	0	0

（b）只保留左上角的 15 个系数

图 7.16　典型的区域编码量化模板示例

实现区域编码要求的保留左上角特定区域系数的方法是，用区域编码量化模板中的各个数据（1 或 0）乘以变换系数，即分别乘以将各子图像进行变换后所得到的变换系数。例如，用图 7.16(a) 的区域编码量化模板乘以图 7.17(a) 的变换系数，量化结果如图 7.17(b) 所示。

176	172	48	107	158	179	171	153
172	174	163	134	167	168	148	148
171	176	167	161	169	159	147	131
176	177	170	169	163	124	84	96
185	179	179	159	80	41	58	74
185	184	143	72	66	75	75	69
182	131	90	100	116	113	114	104
113	83	101	114	123	116	112	130

（a）8×8 的 DCT 变换系数

176	172	48	0	0	0	0	0
172	174	0	0	0	0	0	0
171	0	0	0	0	0	0	0
0	0	0	0	0	0	0	0
0	0	0	0	0	0	0	0
0	0	0	0	0	0	0	0
0	0	0	0	0	0	0	0
0	0	0	0	0	0	0	0

（b）区域编码的均匀量化结果

图 7.17　区域编码均匀量化方法示例

一般把利用区域编码量化模板来实现只保留变换系数矩阵中左上角一个特定区域的系数，而将其他系数置零的这种系数量化方法称为均匀量化方法。

在进行均匀量化（和后面将要介绍的非均匀量化）后，还要对图 7.17(b) 所示的量化后的系数根据如图 7.18 所示的 Zig-zag（Z 字形）顺序重新编排成一个具有 n^2 个元素的 $1 \times n^2$ 的系数序列（向量）。图 7.17(b) 的均匀量化结果按图 7.18 的编排方法可得 $1 \times 8^2 = 64$ 的系数向量为 $[176,172,172,171,174,148,0,\cdots,0]$。显然，这样编排后就使得频率较低的系数（即变换系数矩阵左上角的系数）放在了向量的顶部，而在高频率段的系数（即变换系数矩阵右下角的系数）将出现大量连续的 0 值，所以一般采用一维游程编码或其他变长变码方法对其进行编码。

0	1	5	6	14	15	27	28
2	4	7	13	16	26	29	42
3	8	12	17	25	30	41	43
9	11	18	24	31	40	44	53
10	19	23	32	39	45	52	54
20	22	33	38	46	51	55	60
21	34	37	47	50	56	59	61
35	36	48	49	57	58	62	63

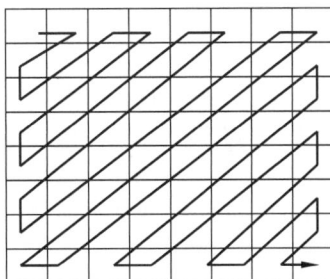

(a) 量化后系数的编排顺序图　　　　　　　(b) 量化后系数的编排序号

图 7.18　量化后系数的编排顺序示例

【例 7.9】　对图 7.19(a)进行区域编码过程示例。

(a) 原图像　　　　　　(b) 仅由DCT系数重构的图像　　　　(c) 图(a)与图(b)的误差图像

(d) 最低6个系数的重构图像　　　(e) 最低15个系数的重构图像　　　(f) 最低28个系数的重构图像

图 7.19　DCT 区域编码中原图像与重构图像示例

解：编码过程及有关问题说明如下。

(1) 子图像尺寸选 8×8。

(2) 采用 DCT 进行变换,得到变换系数。

对图 7.19(a)中的每一个 8×8 的子图像进行正向 DCT,变换可得一组(64 个)DCT 系数。其中,最左上角的 DCT 系数是该子图像 DCT 系数序列中的导引系数,也称为直流系数,简记为 DC;其余 63 个 DCT 系数为跟随系数,也称为交流系数,简记为 AC。

(3) 对变换系数进行区域编码量化和均匀量化。

区域编码的量化模板采用四种截断方式,分别取子图像的 DCT 系数结果方阵的左上角的 1 个分量、6 个分量、15 个分量和 28 个分量，其余分量为零。

图 7.19(a)为区域编码的原图像；图 7.19(b)、图 7.19(d)、图 7.19(e)和图 7.19(f)分别为截取每个子图像的 DCT 系数量化结果方阵的左上角的 1 个分量、6 个分量、15 个分量和 28 个分量(其余分量为零)的重构图像；图 7.19(c)为图 7.19(a)的原图像与图 7.19(b)的仅由一个直流系数重构的图像之间的误差图像。详细观察可见，仅由 28 个系数(约占总系数的 43.75% ≈ 28/64)重构的图 7.19(f)就与图 7.19(a)的原图像非常接近了，这直观地说明了 DCT 及其正交变换把信息集中到少数系数上的功能和能力。

2. 门限编码

门限编码采用的是非均匀量化方法，所以先介绍非均匀量化的概念。

与前面介绍的仅保留系数矩阵中那些位置对应于区域量化模板中值为"1"的系数，而将其余系数置为"0"的均匀量化方法不同，非均匀量化是指用图 7.20 所示的亮度量化阵列或图 7.21 所示的色度量化阵列中的值作为分母，除 8×8 的变换系数矩阵的方法。理论上非均匀量化保留全部变换系数，但实际上由于量化阵列都具有左上角的值小而右下角的值大，且变换系数都具有左上角的值大而右下角的值小的特征，所以相除的结果也会有在变换系数矩阵右下角的高频率段的系数呈现大量连续的 0 值的情况。

16	11	10	16	24	40	51	61
12	12	14	19	26	58	60	55
14	13	16	24	40	57	69	56
14	17	22	29	51	87	80	62
18	22	37	56	68	109	103	77
24	35	55	64	81	104	113	92
49	64	78	87	103	121	120	101
72	92	95	98	112	100	103	99

图 7.20　亮度量化阵列

17	18	24	47	99	99	99	99
18	21	26	66	99	99	99	99
24	26	56	99	99	99	99	99
47	66	99	99	99	99	99	99
99	99	99	99	99	99	99	99
99	99	99	99	99	99	99	99
99	99	99	99	99	99	99	99
99	99	99	99	99	99	99	99

图 7.21　色度量化阵列

亮度量化阵列和色度量化阵列是根据人眼的视觉特性及对各种空间频率的灵敏度，通过广泛而大量的实验得出的。由于人眼对亮度的细节变化很敏感，而对色度则不然，所以亮度比色度更重要，JPEG 采用的就是图 7.20 的亮度量化阵列。

门限编码就是仅采用非均匀量化方法对变换系数进行量化的方法，即用变换系数矩阵中的系数除以非均匀量化矩阵(见图 7.20 或图 7.21)中的相应位置的量化值。门限编码量化函数如式(7.47)所示。

$$\hat{T}(u,v) = \text{IntegerRound}\left[\frac{T(u,v)}{Z(u,v)}\right] \tag{7.47}$$

其中，$T(u,v)$ 是变换系数，$\hat{T}(u,v)$ 是对 $T(u,v)$ 进行门限处理及量化的近似，IntegerRound 为四舍五入取整函数，$Z(u,v)$ 是图 7.20 或图 7.21 所示的量化矩阵中的一个元素值。

显然，门限编码是通过用式(7.47)代替式(7.45)中的 $\gamma(u,v)T(u,v)$ 实现门限处理和量化过程的。

【例 7.10】 以 Lena 图像中的一个 8×8 子图像块为例，说明门限变换编码过程。

解： 图 7.22 给出了对 Lena 图像中的一个 8×8 子图像块进行门限变换编码的过程示例。离散余弦变换在应用于自适应变换编码时，要求变换矩阵的大小是 8×8，且每个矩阵

176	172	48	107	158	179	171	153
172	174	163	134	167	168	148	148
171	176	167	161	169	159	147	131
176	177	170	169	163	124	84	96
185	179	179	159	80	41	58	74
185	184	143	72	66	75	75	69
182	131	90	100	116	113	114	104
113	83	101	114	123	116	112	130

(1) 子图像的像素阵列数据

197	141	91	103	161	199	177	135
177	165	150	142	146	153	154	150
173	171	169	170	166	156	144	135
176	172	170	169	156	129	102	87
186	185	175	145	92	49	44	62
206	169	130	102	78	60	64	81
177	124	84	91	114	118	113	112
107	94	98	119	125	113	113	128

(10) 反变换数据加128后重构的子图像阵列数据

48	44	−80	−21	30	51	43	25
44	46	35	6	39	40	20	20
43	48	39	33	41	31	19	3
48	49	42	41	35	−4	−44	−32
57	51	51	31	−48	−87	−70	−54
57	56	15	−56	−62	−53	−53	−59
54	3	−38	−28	−12	−15	−14	−24
−15	−45	−27	−14	−5	−12	−16	2

(2) 子图像各像素减去128后的阵列数据

69	13	−36	−24	33	71	49	7
49	37	22	14	18	25	26	22
45	43	41	42	38	28	16	7
48	44	42	41	28	1	−25	−40
58	57	47	17	−35	−78	−83	−65
78	41	2	−25	−49	−67	−63	−47
49	−3	−43	−36	−13	−9	−14	−15
−20	−33	−29	−8	−2	−14	−14	0

(9) 反变换后的子图像阵列数据

44	140	43	41	12	−19	−10	−3
142	−40	−13	36	−13	−27	−21	−13
−4	−156	33	78	8	−11	−13	−7
−62	60	75	16	−16	−4	−21	−13
−25	−8	−23	−14	32	3	−11	−17
14	−25	4	60	14	−10	−18	−12
−16	−10	13	4	−20	−5	−6	−3
2	−2	6	−7	15	23	−15	−7

(3) 对子图像数据进行DCT变换得到的DCT系数

48	143	40	48	24	0	0	0
144	−36	−14	38	−26	0	0	0
0	−156	32	72	0	0	0	0
−56	68	66	29	0	0	0	0
−18	0	−37	0	0	0	0	0
24	−35	0	64	0	0	0	0
0	0	0	0	0	0	0	0
0	0	0	0	0	0	0	0

(8) 逆量化后的DCT系数

16	11	10	16	24	40	51	61
12	12	14	19	26	58	60	55
14	13	16	24	40	57	69	56
14	17	22	29	51	87	80	62
18	22	37	56	68	109	103	77
24	35	55	64	81	104	113	92
49	64	78	87	103	121	120	101
72	92	95	98	112	100	103	99

(4) 量化值表(亮度量化值表)

16	11	10	16	24	40	51	61
12	12	14	19	26	58	60	55
14	13	16	24	40	57	69	56
14	17	22	29	51	87	80	62
18	22	37	56	68	109	103	77
24	35	55	64	81	104	113	92
49	64	78	87	103	121	120	101
72	92	95	98	112	100	103	99

(7) 量化值表(亮度量化值表)

3	13	4	3	1	0	0	0
12	−3	−1	2	−1	0	0	0
0	−12	2	3	0	0	0	0
−4	4	3	1	0	0	0	0
−1	0	−1	0	0	0	0	0
1	−1	0	0	0	0	0	0
0	0	0	0	0	0	0	0
0	0	0	0	0	0	0	0

(5) 对DCT系数进行量化取整后的系数

3	13	4	3	1	0	0	0
12	−3	−1	2	−1	0	0	0
0	−12	2	3	0	0	0	0
−4	4	3	1	0	0	0	0
−1	0	−1	0	0	0	0	0
1	−1	0	0	0	0	0	0
0	0	0	0	0	0	0	0
0	0	0	0	0	0	0	0

(6) 量化取整系数

(这里略去了压缩编码过程和解压缩过程的描述)

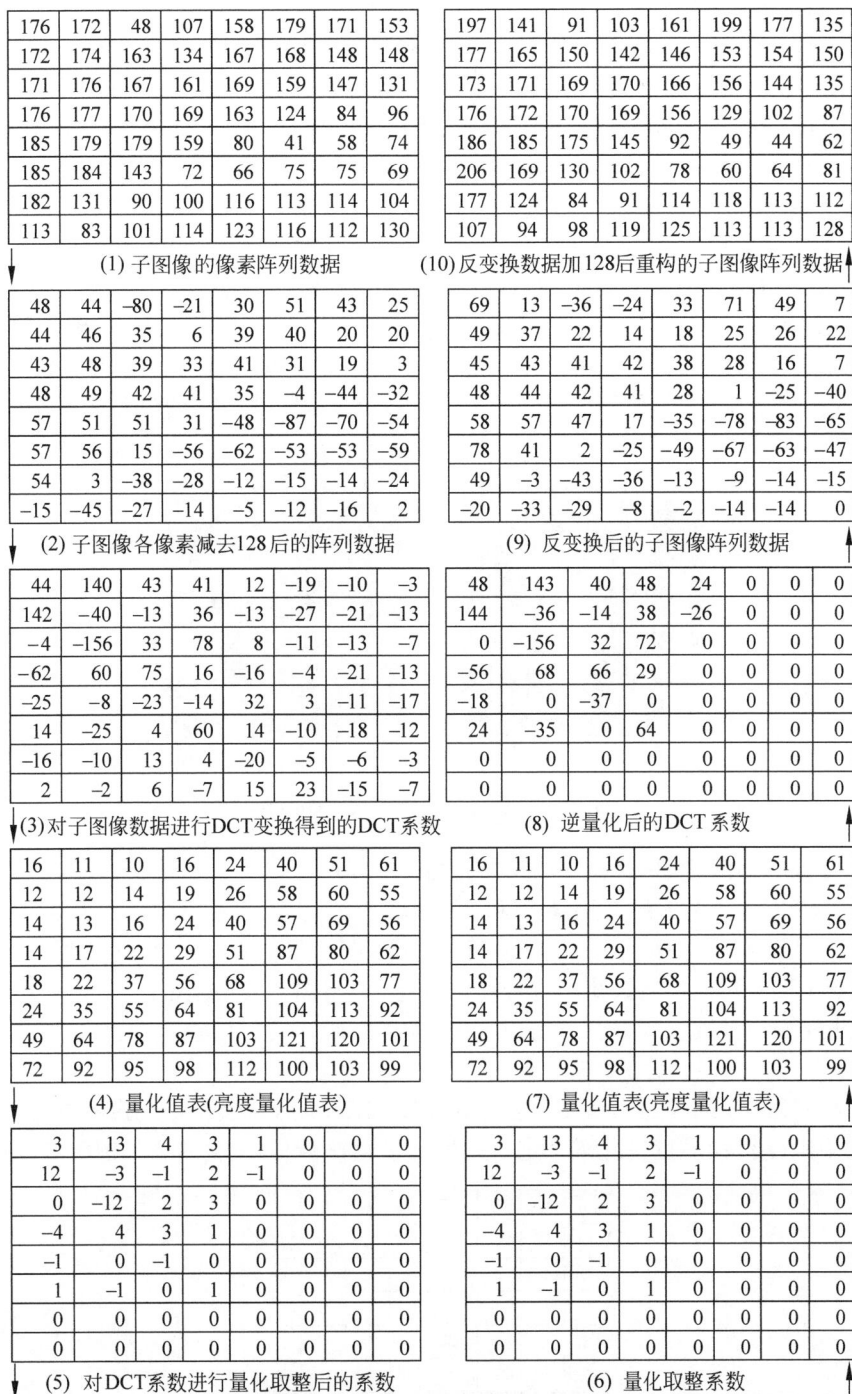

图 7.22 一个 8×8 子图像的门限变换编码过程示例

元素的精度为 8 位(b),范围为 −128～+127,所以在 DCT 变换前,子图像中每像素的数据要减去 128。在图 7.22 的示例中减 128 体现在第(1)步到第(2)步。同理,在重构图像时,也要对反变换后的结果加上 128，在图 7.22 的示例中加 128 体现在第（9）步到第（10）步。对正变换后得到的 DCT 系数的（非均匀）量化和解压缩中得到的量化取整系数的逆（非均匀）量化采用图 7.20 的亮度量化矩阵，量化方案采用的是式（7.47）的量化方案。正向量化体现在第（3）步到第（5）步，逆向量化体现在第（6）步到第（8）步。另外，本例在正变换和逆变换计算过程中的数据都保留了 4 位小数，但由于图中表示上的限制，均只给出了整数部分。

【例 7.11】 在例 7.10 基础上说明门限变换编码结果图像的重构情况。

解：图 7.23(b)给出了对 Lena 灰度图像进行门限编码的重构图像结果，图 7.23(a)为原图像。在门限编码中，子图像的尺寸为 8×8，正交变换采用的是 DCT，门限处理采用的是式（7.47）的门限处理方式，量化方案采用的是图 7.20 的亮度量化阵列量化方案。虽然门限变换编码是一种有损编码，但原图像与图 7.23(b)的重构图像之间的误差非常小，其差异的均方误差（详见式（7.51））只有 12.0699，所以没有再列出两者的差异图像。

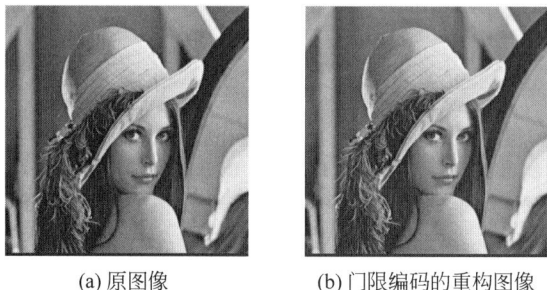

(a) 原图像　　　　　(b) 门限编码的重构图像

图 7.23　图像的门限变换编码示例

3. 门限编码与区域编码相结合的编码方式

上述都是严格意义上的门限编码和区域编码，但在实际应用中，有时会同时考虑门限编码计算简单和区域编码充分利用人眼视觉特性的优点。先用类似于图 7.16 的典型区域编码量化模板对变换系数矩阵进行均匀量化，再用图 7.20 或图 7.21 的量化模板对已经均匀量化的变换系数矩阵进行非均匀量化，也就是所谓的门限编码与区域编码相结合的编码方式。

对图 7.17(a)的 DCT 变换系数，先采用图 7.16(a)的区域编码量化模板进行均匀量化，然后再利用图 7.20 的亮度量化阵列进行非均匀量化，得到的量化结果如图 7.24 所示。

11	16	5	0	0	0	0	0
14	15	0	0	0	0	0	0
12	0	0	0	0	0	0	0
0	0	0	0	0	0	0	0
0	0	0	0	0	0	0	0
0	0	0	0	0	0	0	0
0	0	0	0	0	0	0	0
0	0	0	0	0	0	0	0

图 7.24　均匀量化与非均匀量化结合方法示例

7.6.5　变换解码

解码过程是编码过程的逆过程。解码过程由以下四步组成。

(1) 对压缩的图像数据进行解码,得到用量化系数表示的图像数据。

(2) 用与编码时相同的量化函数或量化阵列对用量化系数表示的图像数据进行逆量化,得到每个子图像的变换系数。

(3) 对逆量化得到的每个子图像的变换系数进行反向正交变换(如反向 DCT 变换等),得到 $(N/n)^2$ 个大小为 $n \times n$ 的子图像。

(4) 将 $(N/n)^2$ 个大小为 $n \times n$ 的子图像重构成一个 $N \times N$ 的图像。

变换解码系统的框图如图 7.25 所示。

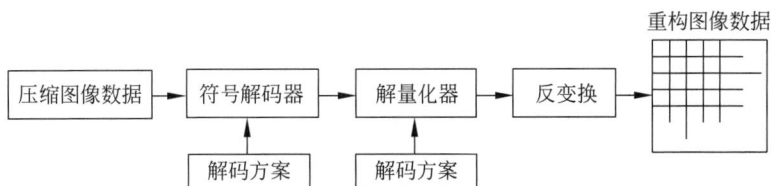

图 7.25　变换解码系统框图

在解码过程中,将 $\hat{T}(u,v)$ 和 $Z(u,v)$ 相乘,得到反向归一化阵列 $\dot{T}(u,v)$,它是 $\hat{T}(u,v)$ 的近似式,表示为

$$\dot{T}(u,v) = \hat{T}(u,v)Z(u,v) \tag{7.48}$$

$\dot{T}(u,v)$ 的逆变换可生成解压缩子图像的近似。

值得注意的是,在变换编码中,变换本身并不产生信息压缩,而只是去除原图像中的相关性,只有通过对系数的量化和高效的符号编码才能产生对图像数据信息的压缩。

7.7　图像质量评价——保真度准则

图像质量评价(image quality assessment,IQA)与图像压缩编码是一对密切相关的问题。由于图像的有损压缩有一定的信息损失,所以在对压缩后的图像进行解压缩所获得的图像可能会与原图像不完全相同,这样就需要一种对信息损失的程度进行度量的标准,以描述解压缩所获得的图像与原图像的相似度和偏离程度。保真度准则就是这样一种用于评价压缩后图像质量的度量标准。常用的保真度准则主要分为主观保真度准则和客观保真度准则两类。

7.7.1　主观保真度准则

对于那些以改善或获得好的视觉效果为目的的图像处理应用来说,用观察者的主观评价来衡量图像的质量通常更显得合乎情理。主观评价的一般方法是:通过给一组观察者(通常由有图像质量评价经验的专家或最终用户组成)提供原图像和典型的解压缩图像,由每个观察者对解压缩图像的质量给出一个主观的评价,并将他们的评价结果进行综合平均,从而得出一个统计平均意义下的评价结果。观察者对解压缩图像质量的评价可以采用打分方法，也可以采用其他评价方法。表 7.6 给出了一种典型的主观保真度评价准则。

表 7.6　一种典型的图像质量主观保真度评价准则

评　　　分	评　　　价	评价标准描述
1	优秀	图像的质量非常好，达到了所想象的质量标准和显示效果
2	良好	图像质量高，观看效果好，有时有干扰，但不影响观看效果
3	可用	图像的质量尚可，观看效果一般，有干扰，但尚不影响观看
4	勉强可用	图像质量较差，干扰较妨碍观看，但还可以观看
5	差	图像质量很差，干扰令人讨厌，但观察者还可以忍耐
6	不能用	图像质量极差，已经无法观看

7.7.2　客观保真度准则

当所损失的信息量可表示成原图像与该图像先被压缩而后又被解压缩而获得的图像的函数时，就称该函数是基于客观保真度准则的。

设 $f(x,y)$ 表示原图像，$\hat{f}(x,y)$ 表示 $f(x,y)$ 被压缩后解压缩的图像，x 的取值范围为 $[0,M-1]$，y 的取值范围为 $[0,N-1]$，则对于任意的 x 和 y，$f(x,y)$ 和 $\hat{f}(x,y)$ 之间的误差 $e(x,y)$ 定义为

$$e(x,y) = \hat{f}(x,y) - f(x,y) \tag{7.49}$$

两图像之间的总误差定义为

$$\sum_{x=0}^{M-1} \sum_{y=0}^{N-1} \left| \hat{f}(x,y) - f(x,y) \right| \tag{7.50}$$

图像误差的概念不仅用于测量被压缩图像与解压缩图像之间的误差，而且也广泛地应用于被噪声污染的图像与去除噪声后的图像之间的差异测量，并成为评价去除噪声算法性能的标准。

最经典的客观图像质量评价方法有均方误差、均方信噪比和峰值信噪比等。

1. 均方误差

均方误差（mean square error，MSE）是基于"平均误差"思想，通过计算两幅图像像素的均方值，来判断图像失真的程度。

设 $f(x,y)$ 是被压缩图像（或被噪声污染图像），$\hat{f}(x,y)$ 是解压缩图像（或去除噪声后的图像），则两图像之间的均方误差定义为

$$\mathrm{MSE} = \frac{1}{MN} \sum_{x=0}^{M-1} \sum_{y=0}^{N-1} \left[\hat{f}(x,y) - f(x,y) \right]^2 \tag{7.51}$$

2. 均方信噪比

如果把解压缩（或去除噪声）后的图像 $\hat{f}(x,y)$ 看作原（或被噪声污染）图像 $f(x,y)$ 与噪声误差 $e(x,y)$ 的叠加，则两图像之间的均方信噪比（mean square SNR，msSNR）定义为

$$\mathrm{SNR}_{\mathrm{ms}} = \frac{\displaystyle\sum_{x=0}^{M-1} \sum_{y=0}^{N-1} \hat{f}(x,y)^2}{\displaystyle\sum_{x=0}^{M-1} \sum_{y=0}^{N-1} \left[\hat{f}(x,y) - f(x,y) \right]^2} \tag{7.52}$$

3. 峰值信噪比

峰值信噪比(peak signal to noise ratio,PSNR)是指两图像之间的均方误差相对于原图像最大值平方的对数值。从一般意义上来说,峰值信噪比反映的是信号最大可能功率和影响它的表示精度的破坏性噪声功率的比值。峰值信噪比的单位为分贝。

设 $f_{max}=\max[f(x,y),f(x,y)\in\{0,1,\cdots,255\}]$,则灰度图像的峰值信噪比定义为

$$PSNR=10\lg\left(\frac{f_{max}^2}{MSE}\right) \tag{7.53}$$

其中,MSE 是式(7.51)所示的均方误差, f_{max} 是灰度图像 $f(x,y)$ 中的最大灰度值,有时为了简化起见,直接取 $f_{max}=255$。图像压缩应用中的典型峰值信噪比值为 $30\sim40$dB,这个值越大越好。

4. 压缩比

从概念上来说,图像的压缩比是指通过编码器压缩后的数字图像大小与原数字图像大小的比值。在实际应用中,也把压缩后的图像文件大小与压缩前的图像文件大小的比值称为图像压缩比。

习　题　7

7.1　解释下列术语。

(1) 信源编码　　　　　　　　　(2) 信道编码

(3) 无损压缩　　　　　　　　　(4) 有损压缩

(5) 游程长度　　　　　　　　　(6) 区域编码

(7) 门限编码　　　　　　　　　(8) 保真度准则

7.2　与离散傅里叶变换相比,DCT 变换有哪些优越性?

7.3　当 $N=8$ 时,二维 DCT 变换的基图像共由多少个块组成?

7.4　设有如图 7.26 所示的 256 灰度级图像,依据位平面的权值公式

$$x_7\times2^7+x_6\times2^6+x_5\times2^5+x_4\times2^4+x_3\times2^3+x_2\times2^2+x_1\times2^1+x_0\times2^0$$

请给出该灰度图像的位平面 0、位平面 3、位平面 7 的二值图像。

225　186

79　43

图 7.26　习题 7.5 图

7.5　设有信源符号集合 $\{l,o,n,c,e,\_\}$ 及其信源符号序列 l、o、n、c、e、_、l、l、e、e,请对该信源符号序列进行算术编码。

7.6　设有如图 7.27 所示的图像阵列数据需要传输:

7　7　7　7　7　7　7　7

7　6　6　6　6　6　6　7

7　6　4　4　4　4　6　7

7　6　4　2　2　4　6　7

7　5　3　2　2　3　5　7

7　5　3　3　3　3　5　7

7　5　5　5　5　5　5　7

7　7　7　7　7　7　7　7

图 7.27　习题 7.9 图

请按下列要求对其进行霍夫曼编码。

（1）给出图示形式的霍夫曼编码过程。

（2）依据编码过程各步的编码，给出信源符号集中各信源符号的霍夫曼编码。

（3）列式计算所得编码的平均长度。

7.7　设有信源符号集{7,6,5,4,3,2}，其出现概率分别为 $P(x1=7)=14/32$，$P(x2=6)=3/32$，$P(x3=5)=1/32$，$P(x4=4)=5/32$，$P(x5=3)=8/32$，$P(x6=2)=1/32$。

7.8　设有如下信源符号集及各信源符号的出现概率：

符号	x_1	x_2	x_3	x_4	x_5	x_6
概率	0.25	0.25	0.20	0.15	0.10	0.05

（1）给出图示形式的霍夫曼编码过程。

（2）依据编码过程各步的编码，以 $\{w_1,w_2,w_3,w_4,w_5,w_6\}$ 格式，给出信源符号集中各信源符号的霍夫曼编码。

（3）列式计算所得编码的平均长度。

7.9　什么是变换编码？变换编码是有损编码还是无损编码？

7.10　编写一个利用 MATLAB 中的 DCT 变换函数进行 DCT 变换的 MATLAB 程序。

7.11　编写一个从灰度图像分解出 8 幅位平面图像的 MATLAB 程序。

7.12　请在 MATLAB 环境下执行和验证以下程序，并在分析程序运行结果和程序代码的基础上，指出程序完成的功能（即补充 Y 的含义）。

```
clc; clear all; close all;
fprintf('当 M = 4 时的一维 Y 矩阵 P(4,4)\n');
for u = 0:3
    fprintf('[');
    for x = 0:3
        if u == 0
            ku = 1.0/sqrt(2.0);
        else
            ku = 1.0;
        end
        hxu = sqrt(2.0/double(4)) * ku * cos((pi * (2.0 * double(x) + 1) * u)/(2.0 * double(4)));
        fprintf(' %f',hxu);
    end
    fprintf(' ]\n');
end
```

第 8 章

小波图像处理

小波变换(wavelet transform)是 20 世纪 80 年代中后期逐渐发展起来的一种新的数学工具,在图像压缩、图像去噪、图像边缘提取和纹理分析,以及语音识别与合成、地震信号处理等领域得到了非常广泛的应用。

本章首先介绍小波变换的相关概念及图像的小波变换方法,然后介绍具有代表性的嵌入式零树小波编码方法,最后介绍基于小波的图像去噪方法。读者通过对嵌入式零树小波编码方法和小波图像去噪方法的学习,将对小波变换在图像处理中的应用方法有一定的了解。

8.1　小波变换与图像小波变换

小波与传统观念上的波具有不同的形式和特性。

8.1.1　小波的概念和特性

小波是指小区域、长度有限、均值为 0 的振荡波形,如图 8.1(a)和图 8.1(b)所示。

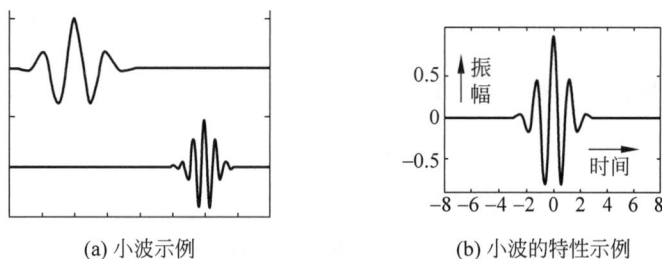

(a) 小波示例　　　　　　　　　　　(b) 小波的特性示例

图 8.1　小波及其特性示例

小波的所谓“小”,一是相对于傅里叶波而言,傅里叶波指的是在时域空间无穷振荡的正弦波或余弦波;二是指它是一种能量在时域非常集中的波,其能量都集中在某一点附近,而且积分的值为零;三是指它具有衰减性,即局部非 0 性,其非 0 系数的个数多少反映了高频成分的丰富程度。小波的所谓“波”,是指它的波动性,即它是振幅正负相间的振荡形式。也就是说,小波必须具备两个特性:第一,小波必须是振荡的;第二,小波的振幅只能在很短的一段区间上非零,即是局部化的。

按照小波的定义及特性,图 8.2 所示的波不是小波。因为图 8.2(a)是周期波,振幅不是只在一个很短的区间上非零;图 8.2(b)不具有振荡性。

小波变换是指基于小波的变换,其基本思想是通过一个母函数在时间上的平移和在尺度上的伸缩得到一个函数簇,然后利用这簇函数去表示或逼近信号或函数,获得一种能自动

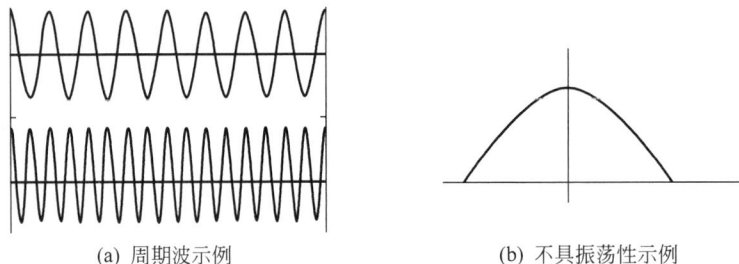

(a) 周期波示例　　　　　　　　　　(b) 不具振荡性示例

图 8.2　不是小波的示例

适应各种频变成分的有效的信号分析手段。小波变换弥补了傅里叶变换不能描述随时间变化的频率特性的不足，特别适合那些在不同时间窗内具有不同频率特性，而且其应用目的是得到信号或图像的局部频谱信息而非整体信息的信号或图像处理问题。

由于小波变换在时域和频域同时具有良好的局部化特征，利用小波的多分辨率分析特性，既可高效地描述图像的平坦区域，又可有效地表示图像信号的局部突变（即图像的边缘轮廓部分），再加上小波变换在计算上的低复杂性，因此小波变换在图像处理领域具有十分广阔的应用前景。

8.1.2　连续小波变换

1. 能量有限函数空间 $L^2(\mathbf{R})$

设 $\mathbf{R}$ 为实数集合（实直线），即 $\mathbf{R}=(-\infty,+\infty)$，则可将定义在实数集合 $\mathbf{R}$ 上的可测函数 f 的空间 $L^2(\mathbf{R})$ 定义为

$$L^2(\mathbf{R})=\{f(t)\mid\langle f,f\rangle=\int_{-\infty}^{+\infty}\mid f(t)\mid^2\mathrm{d}x<+\infty\}\tag{8.1}$$

其中，可测连续时间信号函数 $f(t)$ 的空间 $L^2(\mathbf{R})$ 称为能量有限函数空间；符号 $\langle f,g\rangle$ 代表内积，其含义是

$$\langle f,g\rangle=\int_{-\infty}^{+\infty}f(t)g^*(t)\mathrm{d}t\tag{8.2}$$

其中的 $g^*(t)$ 是 $g(t)$ 的复共轭；如果 $f(t)$ 和 $g(t)$ 都是实函数，则有

$$\langle f,g\rangle=\int_{-\infty}^{+\infty}f(t)g(t)\mathrm{d}t\tag{8.3}$$

2. 连续小波

定义 8.1　设 $\psi(t)\in L^2(\mathbf{R})$，且 $\int_{\mathbf{R}}\psi(t)\mathrm{d}t=0$，则称 $\psi(t)$ 为基本小波函数或母小波函数。对基本小波函数做伸缩和平移变换，伸缩因子（也称尺度因子）为 a，平移因子（也称位置因子）为 b，且 $a,b\in\mathbf{R},a\neq0$，就可得到一个函数簇 $\psi_{a,b}(t)$，称 $\psi_{a,b}(t)$ 为连续小波（也称分析小波），且

$$\psi_{b,a}(t)=\mid a\mid^{-1/2}\psi\left(\frac{t-b}{a}\right)\tag{8.4}$$

其中，$\psi(t)\in L^2(\mathbf{R})$ 意味着小波函数的能量是有限的；$\int_{\mathbf{R}}\psi(t)\mathrm{d}t=0$ 意味着基本小波函数 $\psi(t)$ 是一个积分为零的函数，其能量集中在以 $t=0$ 为中心的邻域内。$\mid a\mid^{-1/2}$ 是一个归

一化因子,用于在不同尺度间规范化能量。另外,小波函数还具有速降性(或称紧支性)(详见 8.1.6 节)。

3. 连续小波变换

定义 8.2　设 $f(t) \in L^2(\mathbf{R})$,$\psi(t)$ 为基本小波函数,则连续小波变换(continuous wavelet transform,CWT)定义为

$$(W_\psi f)(b,a) = \langle f, \psi_{b,a} \rangle = \int_{-\infty}^{+\infty} f(t) \psi_{b,a}(t) \mathrm{d}t = |a|^{-1/2} \int_{-\infty}^{+\infty} f(t) \psi^* \left(\frac{t-b}{a} \right) \mathrm{d}t \quad (8.5)$$

其中,函数 $\psi_{b,a}(t)$ 称为连续小波;$a > 0$ 是尺度因子,当 $a > 1$ 时,函数 $\psi(t)$ 具有伸展作用;当 $a < 1$ 时,函数 $\psi(t)$ 具有收缩作用;$b \in \mathbf{R}$ 是平移因子,积分核为 $\psi_{b,a}(t) = \psi^* \left(\frac{t-b}{a} \right)$ 的函数簇。

在式(8.5)中,t、a、b 都是连续变量。定义 8.2 说明如下:

(1) 连续小波变换是指基于基本小波函数的变换,其值是能量有限函数空间上的函数 f 与连续子波函数的内积。

(2) 小波变换的实质是把一个称为基本小波的函数 $\psi(t)$ 在时间上平移 b,然后在不同的尺度 a 下与待分析的信号 $f(t)$ 做内积。

(3) 尺度因子 a 是一个频率参数。低频对应于信号的全局信息(一般贯穿于整个信号中,周期较长,频率较低),伸缩信息高,尺度因子 a 的值大;高频对应于信号的细节信息(通常仅持续较短的时间,周期较短,频率较高),伸缩信息低,尺度因子 a 的值小。尺度因子(频率参数)a 的特性及其对小波函数 $\psi(t)$ 的影响如图 8.3 所示。

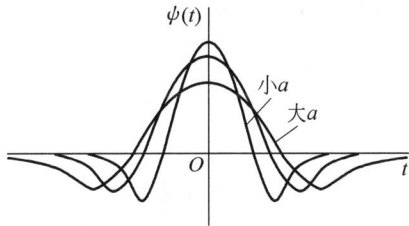

图 8.3　尺度因子(频率参数)a 的特性及其对小波函数 $\psi(t)$ 的影响示例

(4) 平移因子 b 是一个时间参数。参数 b 和 a 在时-频平面给出了一个可变的时间-频率窗。由于信号的频率与其周期成反比,所以对于高频谱信息,时间间隔变小,可以给出较好的精度;对于低频信息,时间间隔变大,可以给出完全的信息。所以在式(8.5)关于某个"基小波"的小波变换中,由参数 b 和 a 给出的时间-频率窗就可使在高中心频率随其时间窗自动变窄,在低中心频率随其时间窗自动变宽,具有类似调焦距的伸缩能力。

例如,设有小波函数 $\psi(t) = t\mathrm{e}^{-t^2}$,如图 8.4 所示。当 $a = 2, b = 15$ 时,$\psi_{15,2}(t)$ 的波形从原点向右移至 $t = 15$,且波形展宽。当 $a = 0.5, b = -10$ 时,$\psi_{15,2}(t)$ 的波形从原点向左移至 $t = -10$,且波形收缩。

利用小波变换的多尺度变焦,即尺度 a 的变化,小波变换能有效地检测瞬变信号。

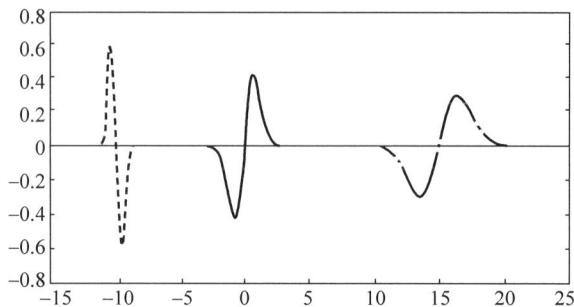

图 8.4　尺度因子 a 和平移因子 b 对 $\psi(t)$ 的影响示例

8.1.3　离散小波变换

1. 能量有限序列空间 $l^2(\mathbf{Z})$

设 $\mathbf{Z}$ 表示整数集合 $\mathbf{Z}=\{\cdots,-1,0,+1,\cdots\}$，则能量有限平方和序列空间定义为

$$l^2(\mathbf{Z})=\left\{c=\{c_n\}_{n\in\mathbf{Z}}\mid \langle c,c\rangle=\sum_{n=-\infty}^{+\infty}|c_n|^2<\infty\right\} \tag{8.6}$$

其中，内积定义为

$$\langle c,d\rangle=\sum_{n\in\mathbf{Z}}c_n d_n^* \tag{8.7}$$

2. 离散小波

把式(8.4)所示的连续小波中的参数 a、b 离散化，并令尺度因子 $a_0>1,a=a_0^{-j}$；平移因子 $b_0\neq0,b=nb_0a_0^{-j}$，则可得到离散小波为

$$\psi_{j,n}(t)=a_0^{j/2}\psi(a_0^j t-nb_0) \tag{8.8}$$

其中，$j,n\in\mathbf{Z}$。

3. 离散小波变换

定义 8.3　设 $\psi(t)\in L^2(\mathbf{R})$，且 $\psi(t)$ 为基本小波函数，其离散小波变换（discrete wavelet transform，DWT）定义为

$$(Df)_{j,n}=\langle f,\psi_{j,n}\rangle=a_0^{j/2}\int_{-\infty}^{+\infty}f(t)\psi^*(a_0^j t-nb_0)\mathrm{d}t \tag{8.9}$$

8.1.4　二进小波变换

1. 二进小波

在实际应用中，通常对小波变换进行二进制离散化，所以当 $a_0=2,b_0=1$ 时，对应于式(8.8)的二进小波表示为

$$\psi_{j,n}(t)=2^{j/2}\psi(2^j t-n) \tag{8.10}$$

其中，$j,n\in\mathbf{Z}$。

对于一维小波函数 $\psi_{j,n}(t)$ 来说，式(8.10)中的 n 决定了 $\psi_{j,n}(t)$ 在 t 轴上的位置，j 决定了 $\psi_{j,n}(t)$ 的宽度，即沿 t 轴的宽或窄的程度，而 $2^{j/2}$ 用于控制其高度或幅度。

2. 二进小波变换

与式(8.9)对应的二进小波变换表示为

$$(Df)_{j,n} = \langle f, \psi_{j,n} \rangle = 2^{j/2} \int_{-\infty}^{+\infty} f(t) \psi^*(2^j t - n) \mathrm{d}t \tag{8.11}$$

8.1.5　塔式分解与 Mallat 算法

1. $f(t)$ 的分解

研究表明，$L^2(\mathbf{R})$ 可以分解成子空间 W_j（小波空间）的直接和，即

$$L^2(\mathbf{R}) = \dot{\sum_{j \in \mathbf{Z}}} W_j = \cdots \dot{+} W_{-1} \dot{+} W_0 \dot{+} W_1 \dot{+} \cdots \tag{8.12}$$

其中，符号"$\dot{+}$"表示"直接和"。

在上述意义下，每个 $f(t) \in L^2(\mathbf{R})$ 都有唯一的分解

$$f(t) = \cdots + e_{-1}(t) + e_0(t) + e_1(t) + \cdots \tag{8.13}$$

其中，对于所有 $j \in \mathbf{Z}, e_j \in W_j$ 成立。

如果 ψ 是一个正交小波，那么 $L^2(\mathbf{R})$ 的子空间 W_j 是相互正交的，即

$$\langle e_j, e_i \rangle = 0, \quad j \neq i, e_j \in W_j, e_i \in W_l \tag{8.14}$$

并可表示为

$$W_j \perp W_i, \quad j \neq i \tag{8.15}$$

这时，式(8.12)的"直接和"就变成正交和了，即

$$L^2(\mathbf{R}) = \bigoplus_{j \in \mathbf{Z}} W_j = \cdots \oplus W_{-1} \oplus W_0 \oplus W_1 \oplus \cdots \tag{8.16}$$

式(8.16)所表示的含义是：任一 $f(t) \in L^2(\mathbf{R})$ 分解为函数 $e_j \in W_j$ 的（无限）和不仅是唯一的，而且如同式(8.13)所描述的那样，f 的分量还是相互正交的。式(8.16)的分解通常称为 $L^2(\mathbf{R})$ 的一种正交分解。

2. 塔式分解

在式(8.12)的有关 $L^2(\mathbf{R})$ 空间的分解基础上，将

$$V_j = \cdots \dot{+} W_{j-2} \dot{+} W_{j-1} \quad j \in \mathbf{Z} \tag{8.17}$$

定义为 $L^2(\mathbf{R})$ 中的闭子空间 V_j（尺度空间）的一个嵌套序列。

由式(8.12)和式(8.17)可知

$$W_j \bigcap W_i = \{\}, \quad j \neq i \tag{8.18}$$

$$V_{j+1} = V_j \dot{+} W_j, \quad j \in \mathbf{Z} \tag{8.19}$$

由式(8.19)可知，W_j 捕捉了 V_j 逼近 V_{j+1} 时丢失的信息；子空间 $\{V_j\}_{j \in \mathbf{Z}}$ 是嵌套的，即尺度子空间 V_j 具有递归嵌套关系如下：

$$\cdots V_{-1} \subset V_0 \subset V_1 \subset V_2 \cdots$$

各 V_j 之间的嵌套关系如图 8.5 所示。

由 $V_{j+1} = W_j \oplus V_j$ 可知，对于任意整数 N 与 $I > 0$，有如下的塔式分解：

$$V_N = W_{N-1} \oplus V_{N-1}$$
$$= W_{N-1} \oplus W_{N-2} \oplus V_{N-2}$$
$$\vdots$$

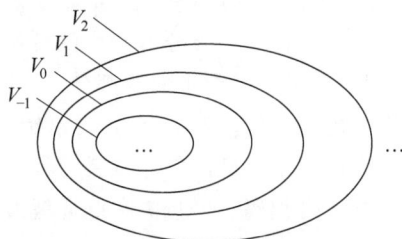

图 8.5　各 V_j 之间的嵌套关系

$$= W_{N-1} \oplus W_{N-2} \oplus W_{N-3} \oplus \cdots \oplus W_{N-I} \oplus V_{N-I} \tag{8.20}$$

3. Mallat 算法

在实际应用中,对于可测时间信号函数 $f(t)$,总可以找到适当的尺度函数 $\varphi(t)$,并生成 V_N,从而使 $\forall f \in V_N$ 有唯一的分解:

$$
\begin{aligned}
f_N(t) &= e_{N-1}(t) + f_{N-1}(t) \\
&= e_{N-1}(t) + e_{N-2}(t) + f_{N-2}(t) \\
&\vdots \\
&= e_{N-1}(t) + e_{N-2}(t) + e_{N-3}(t) + \cdots + e_{N-I}(t) + f_{N-I}(t) \tag{8.21}
\end{aligned}
$$

由式(8.21)和式(8.20)的对应关系可知,有

$$
\begin{cases}
e_j(t) \in W_j & j = N-I, \cdots, N-1 \\
f_{N-I}(t) \in V_{N-I}
\end{cases} \tag{8.22}
$$

对于 $f_j \in V_j, e_j \in W_j$,有唯一的级数表示,即

$$f_j(t) = \sum_n c_n^j \varphi(2^j t - n), \quad n \in \mathbf{Z} \tag{8.23}$$

$$e_j(t) = \sum_n d_n^j \psi(2^j t - n), \quad n \in \mathbf{Z} \tag{8.24}$$

这样,式(8.21)中的分解就可唯一地用式(8.23)和式(8.24)中的序列 c^j 和 d^j 来确定。

由 $f_{j+1} = f_j + e_j$ 可得

$$f_{j+1}(t) = \sum_n c_n^j \varphi_{j,n}(t) + \sum_n d_n^j \psi_{j,n}(t) \tag{8.25}$$

根据 $L^2(\mathbf{R})$ 的直接和分解公式(即 $V_1 = V_0 \dotplus W_0$)成立的充要条件定理和小波理论的有关定理,就可以得到式(8.25)右边各个系数的表达式,即得到 Mallat 分解算法为

$$
\begin{cases}
c_n^{j-1} = \sum_l c_l^j h_{l-2n} \\
d_n^{j-1} = \sum_l c_l^j g_{l-2n}
\end{cases} \tag{8.26}
$$

其中,$\{h_n\}_{n \in \mathbf{Z}} \in l^2(\mathbf{Z})$ 是一个低通滤波系数,$\{g_n\}_{n \in \mathbf{Z}} \in l^2(\mathbf{Z})$ 是一个高通滤波系数。比较图 8.6 可知,j 的初值应取 I。

图 8.6 是一维信号的 Mallat 多分辨率分解过程示意图。根据 Mallat 分解算法,设 $\{c_n^N\}$ 为一维输入序列(这里实质上假设输入信号 c_n 将被分解 N 次),分解过程由低通滤波器 h 和高通滤波器 g 对信号滤波,然后对输出结果进行下二采样(也对输出的一维信号序列,每隔一个信号抽取一个信号)来实现正交小波分解,多级分解通过级联的方式进行,每一级的分解都是在前一级分解产生的低频分量上继续进行,分解的结果使信号的时域分辨率减半,即产生了长度减半的两部分,一个是由低通滤波器 h 产生的原始信号的平滑部分,另一个则是由高通滤波器 g 产生的原始信号的细节部分。但由于分解时滤波器使得半数的采样信号占用了全部的信号频带,所以分解操作使信号的频率分辨率加倍,上述操作便是通常所说的子带编码。经过 i 次低通滤波得到的输出是 $\{c_n^{N-i}\}$,经过 i 次高通滤波得到的输出是 $\{d_n^{N-i}\}$。

由图 8.6 可知,正整数 N 实质上是对一维信号进行 Mallat 多分辨率分解的最大层数;

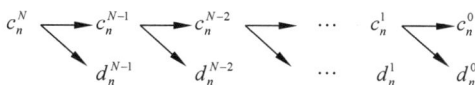

图 8.6　Mallat 分解过程

且在式(8.20)～式(8.22)中,应有 $I=N$。

根据式(8.26),图 8.6 中的每一步分解过程的实现原理如图 8.7 所示。

用类似于信号分解的思路,同样可以推导出小波系数重构公式为

$$c_n^j = \sum_l c_l^{j-1} \bar{h}_{l-2n} + \sum_l d_l^{j-1} \bar{g}_{l-2n} \qquad (8.27)$$

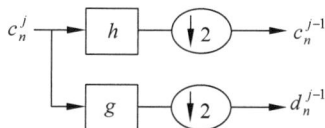

图 8.7　Mallat 分解算法

图 8.8 是一维信号的 Mallat 多分辨率重构过程示意图。重构时使用一对合成滤波器 $\bar{g}$ 和 $\bar{h}$ 对小波分解的结果进行滤波,再进行上二采样,即通过在 c_l^{j-1} 的 d_l^{j-1} 的样本之间插入零再滤波,可逐步重构出每个信号 c_n^j。多级合成通过级联的方式进行,合成是分解的逆运算。

根据式(8.27),图 8.8 中的每一步重构过程的实现原理如图 8.9 所示。

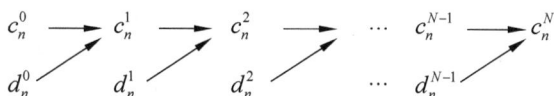

图 8.8　Mallat 重构过程

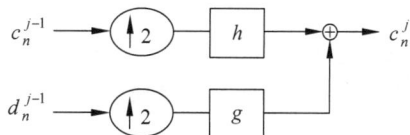

图 8.9　Mallat 重构算法

4. Mallat 算法在二维图像处理中的应用

可以用向量积的方式把一维小波变换推广到二维空间,也就是把不同空间方向的对象联合起来。二维的多尺度空间 $L^2(\mathbf{R}^2)$ 就是 $W_j^x \oplus W_j^y$。于是,$L^2(\mathbf{R}_x)$ 的空间关系 $V_{j+1}^x = V_j^x \oplus W_j^x$ 与 $L^2(\mathbf{R}_y)$ 的空间关系 $V_{j+1}^y = V_j^y \oplus W_j^y$ 可以推广成

$$V_{j+1}^x \otimes V_{j+1}^y = (V_j^x \oplus W_j^x) \otimes (V_j^y \oplus W_j^y)$$

$$= (V_j^x \otimes V_j^y) \oplus (V_j^x \otimes W_j^y) \oplus (W_j^x \otimes V_j^y) \oplus (W_j^x \otimes W_j^y) \qquad (8.28)$$

其中,就函数关系而言,$\otimes$ 可以理解为 $f \otimes g = f(x)g(x)$；$\oplus$ 可以理解为通常的加法。

可见,每一个二维低通空间要分解成 4 个小空间,其空间特性是低通与带通的组合(4 种可能)。所得的新低通空间可以再往下分解,恢复方法也仿照一维进行。基于以上思路就得到了对二维图像进行小波分解的方法。

8.1.6　图像的小波变换

图像信源的最大特点是非平稳特性,也就是不能用一种确定的数学模型来描述；而小波的多分辨率分析特性使之既可高效地描述图像的平坦区域,又可有效地表示图像信号的局部突变(即图像的边缘轮廓部分)。小波在空域和频域良好的局部性,使之能够聚焦到图像的任意细节,相当于一个具有放大和平移功能的"数学显微镜",因此小波非常适合于进行图像处理。

1. 二维离散小波变换及其算法基础

将一维信号的离散小波变换推广到二维，就可得到二维离散小波变换。

设 $\varphi(x)$ 是一维尺度函数，$\psi(x)$ 是一维小波函数，则可得到二维小波变换的基础函数为

$$\begin{cases} \varphi^0(x,y)=\varphi(x)\varphi(y) \\ \psi^1(x,y)=\psi(x)\varphi(y) \\ \psi^2(x,y)=\varphi(x)\psi(y) \\ \psi^3(x,y)=\psi(x)\psi(y) \end{cases} \tag{8.29}$$

其中，$\varphi^0(x,y)$ 是一个可分离的二维尺度函数，$\psi^1(x,y)$、$\psi^2(x,y)$ 和 $\psi^3(x,y)$ 分别是可分离的"方向敏感"二维小波，$\psi^1(x,y)$ 反映的是沿列的水平方向边缘的灰度变化，$\psi^2(x,y)$ 反映的是沿行的垂直水平方向边缘的灰度变化，$\psi^3(x,y)$ 反映的是对角线方向边缘的灰度变化。

设图像的大小为 $M \times N$，且 $M=2^m$，$N=2^n$，$m>0$，$n>0$。对图像每进行一次二维离散小波变换，就叫分解产生一个低频子图（子带）即 LL（行低频、列低频）和 3 个高频子图，即水平子带 HL（行高频、列低频）、垂直子带 LH（行低频、列高频）和对角子带 HH（行高频、列高频），下一级小波变换在前一级产生的低频子带 LL 的基础上进行，依次重复，即可完成图像的 $i(i=1,2,\cdots,I-1,I)$ 级小波分解，对图像进行 i 级小波变换后，产生的子带数目为 $3i+1$。由于对图像每进行一次小波变换，就相当于在水平方向和垂直方向进行隔点采样，所以变换后的图像就分解成 4 个大小为前一级图像（或子图）尺寸的 1/4 的频带子图，图像的时域分辨率就下降一半（相应地使尺度加 1），在对图像进行 i 级小波变换后，所得到的 i 级分辨率图像的分辨率是原图像分辨率的 $1/2^i$。当 $i=1$ 时，即对图像进行一次小波变换后的子带分布如图 8.10 所示，每个子带分别包含了各自相应频带的小波系数。

图 8.11 给出了对图像进行 3 层小波变换（即对图像的 3 尺度的分解）的系数分布示意图。

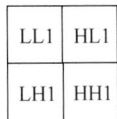

图 8.10 对图像进行一次小波变换
后的小波系数分布示意图

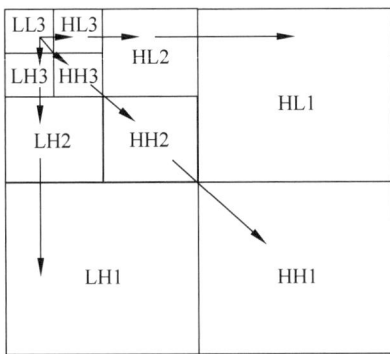

图 8.11 对图像进行 3 层小波变换
的系数分布示意图

图 8.12 给出了与图 8.11 对应的一个对图像进行 3 层小波变换的结果示例。

2. 二维离散小波变换原理

对于二维图像信号，二维 Mallat 算法采用可分离的滤波器设计，实质上是利用一维滤波器分别对图像数据的行和列进行一维小波变换。二维离散小波变换的 Mallat 算法实现原理如图 8.13 所示。

(a) 原图像　　　(b) 1层小波变换结果

(c) 2层小波变换结果　　　(d) 3层小波变换结果

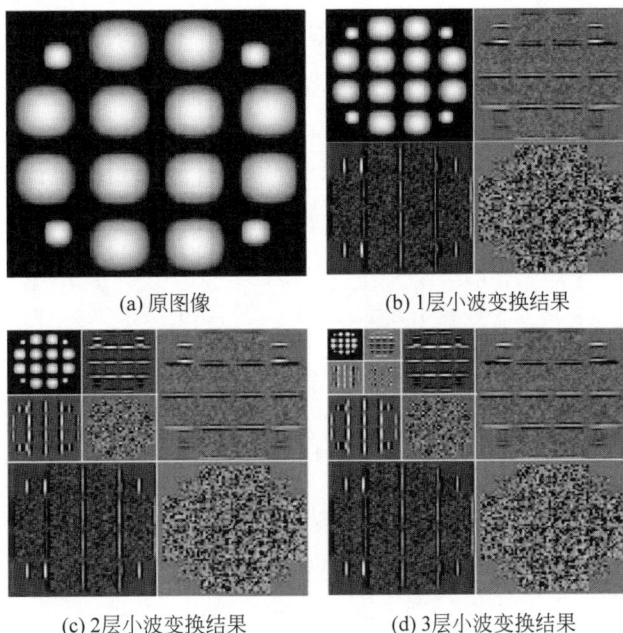

图 8.12　对图像进行 3 层小波变换的结果示例

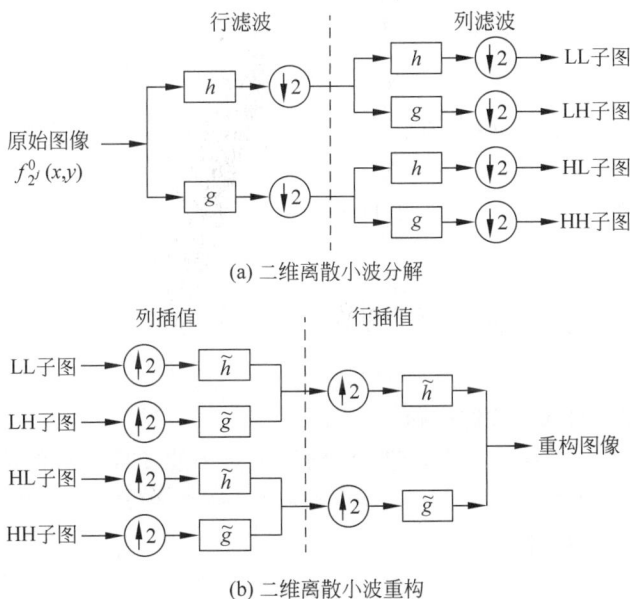

(a) 二维离散小波分解

(b) 二维离散小波重构

图 8.13　二维离散小波变换的 Mallat 实现

在图 8.13(a)中,图中标注的说明是以对图像进行第一次 Mallat 分解为例。在第一层首先用 h 和 g 对图像 $f_{2^j}^0(x,y)$ 的每行做变换(对应于图 8.13(a)的行滤波),并丢弃奇数行(设最左一列为第 0 列);接着,对行变换后的 $\frac{M}{2} \times N$ 阵列中的每列再与 h 和 g 相卷积,并丢弃奇数列(设最上一行为第 0 行);其结果就是该层变换所求的 4 个 $\frac{M}{2} \times \frac{N}{2}$ 阵列。此时,LL

子带为 $f^0_{2^{j-1}}(x,y)$，HL 子带为 $f^1_{2^{j-1}}(x,y)$，LH 子带为 $f^2_{2^{j-1}}(x,y)$，HH 子带为 $f^3_{2^{j-1}}(x,y)$。接着进行的分解过程与上述步骤原理相同。

3. 二维离散小波变换快速算法

把一维 Mallat 分解与重构算法推广到二维，通过对图像数据的行和列分别进行变换，就可得到二维 Mallat 分解与重构算法。对一幅 $M \times N$ 的图像 $C_j = \{C_{j,k,l}\}$ 进行分解的算法为

$$
\begin{cases}
C_{j-1,m,n} = \sum_{k,l} C_{j,k,l} h_{k-2m} h_{l-2n} \\
D^{(1)}_{j-1,m,n} = \sum_{k,l} C_{j,k,l} h_{k-2m} g_{l-2n} \\
D^{(2)}_{j-1,m,n} = \sum_{k,l} C_{j,k,l} g_{k-2m} h_{l-2n} \\
D^{(3)}_{j-1,m,n} = \sum_{k,l} C_{j,k,l} g_{k-2m} g_{l-2n}
\end{cases}
\tag{8.30}
$$

其中:

(1) 第一次分解时，$C_j = \{C_{j,k,l}\}$ 中的 $k = M$，$l = N$。

(2) C_{j-1} 是一个低频子带，对应于图 8.11 中的 LL1（左上角的 $1/4$ 子带）；D^1_{j-1} 是水平方向的高频子带，对应于图 8.11 中的 HL1；D^2_{j-1} 是垂直方向的高频子带，对应于图 8.11 中的 LH1；D^3_{j-1} 是对角线方向的高频子带，对应于图 8.11 中的 HH1。同理，可以把低频子带 C_{j-1} 进一步分解而得到 C_{j-2}、D^1_{j-2}、D^2_{j-2} 和 D^3_{j-2}，分别对应于图 8.11 中的 LL2、HL2、LH2 和 HH2。进一步可再把 C_{j-2} 分解，得到 C_{j-3}、D^1_{j-3}、D^2_{j-3} 和 D^3_{j-3}，分别对应于图 8.11 中的 LL3、HL3、LH3 和 HH3。

二维 Mallat 重构算法为

$$
\begin{aligned}
C_{j,k,l} = \sum_{k,l} (& C_{j-1,m,n} \bar{h}_{m-2k} \bar{h}_{n-2l} + D^1_{j-1,m,n} \bar{h}_{m-2k} \bar{g}_{n-2l} + \\
& D^2_{j-1,m,n} \bar{g}_{m-2k} \bar{h}_{n-2l} + D^3_{j-1,m,n} \bar{g}_{m-2k} \bar{g}_{n-2l})
\end{aligned}
\tag{8.31}
$$

4. 图像小波变换的几个关键问题

在对图像进行小波变换的过程中有一个问题是对小波变换层数的选择，另一个关键技术问题就是小波基函数的选取。

1) 小波变换层数的选择

离散小波变换是将原始图像分解成 1 个近似信号和 3 个细节信号，即每一层分解成 4 个子带信号，其中近似信号又可以进一步分解成 4 个子带信号，因此总的子带数为 $3i + 1$，其中 i 就是分解的层数。分解层数的选择一方面要看图像的复杂程度和滤波器的长度；另一方面要从子带信息量来分析，当 1 个子带分成 4 个子带时，若 4 个子带的熵值和很小，就不值得再分解了。例如，给定子带 B，要进一步分解成 LL、HL、LH 和 HH 4 个子带，其熵分别记为 $H(LL)$、$H(HL)$、$H(LH)$ 和 $H(HH)$，即

$$
H(B) - \frac{1}{4}[H(LL) + H(HL) + H(LH) + H(HH)] > H_{th}
\tag{8.32}
$$

式中，H_{th} 为给定的门限值。

已经有学者证实,对于 512×512 的标准测试图像 Cronkite,前面的 4 层分解都可以显著地减少熵值,但 4 层之后的熵值曲线变得非常平稳,所以,多于 4 层的分解就没有必要了。由于计算图像的熵过于复杂,为了节省时间和提高编码效率,在实际应用过程中一般只根据原始图像的大小和一些经验数据来确定分解层数。在目前的应用中,大多数情况下取变换层数为 3。

2）小波基函数的选取

与傅里叶变换相比,小波变换具有很大的灵活性,其中一个重要的方面就是傅里叶变换具有唯一的正弦型基函数,其数学性质比较简单,而小波变换在理论上有很多小波基函数可供选择。选用不同的小波基函数对于图像处理的效果有很大的影响,这种灵活性一方面使小波变换的性能比傅里叶变换有了根本性的提高,另一方面,也给小波变换的应用带来了难题。

小波基函数的选取一般要考虑以下因素。

（1）线性相位。如果小波具有线性相位或至少具有广义线性相位,则可以避免小波分解和重构时的图像失真,尤其图像在边缘处的失真。

（2）紧支性。紧支性是指函数的定义域是有限的范围。若小波函数 $\psi(t)$ 在区间 $[a,b]$ 外的部分为零,则称该函数在这个区间上紧支,称 $[a,b]$ 为 ψ 的支集,紧支区间 $[a,b]$ 越小,支集越小,具有该性质的小波称为紧支撑小波。支集越小的小波函数局部化能力越强,越容易确定信号的突变点。

（3）正交性。用正交小波基函数对图像做多尺度分解,对应的低通滤波器和高通滤波器之间有着直观的联系。低通子带数据和高通子带数据分别落在相互正交的 $L^2(\mathbf{R})$ 子空间中,使各子带数据的相关性降低。

5. 最基本的小波基函数

1）Haar 小波

Haar（哈尔）小波是最常用的小波基,如图 8.14 所示。其解析表达式为

$$\psi(x) = \begin{cases} 1 & 0 \leqslant x < 0.5 \\ -1 & 0.5 \leqslant x < 1 \\ 0 & \text{其他} \end{cases} \tag{8.33}$$

Harr 小波的尺度函数为

$$\varphi(x) = \begin{cases} 1 & 0 \leqslant x < 1 \\ 0 & \text{其他} \end{cases} \tag{8.34}$$

Haar 小波具有紧（最短的）支集,支集长度为 1,滤波器长度为 2,具有正交性和对称性。

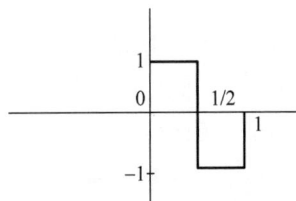

2）墨西哥草帽（Mexican hat）小波

图 8.14　Haar 小波

Mexican hat 小波如图 8.15 所示,其解析表达式为

$$\psi(x) = \frac{2}{\sqrt{3}} \pi^{-1/4} (1 - x^2) e^{-x^2/2}, \quad -\infty < x < +\infty \tag{8.35}$$

Mexican hat 小波为连续小波,不存在尺度函数,也不具备正交性,不存在紧支集,有效支集区间为 $[-5,5]$,时频均具有很好的局部性。

3）Morlet 小波

Morlet 小波如图 8.16 所示,其解析表达式为

$$\psi(x) = e^{-x^2/2}\cos(5x), \quad -\infty < x < +\infty \tag{8.36}$$

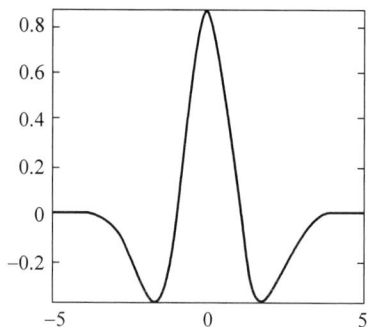

图 8.15　Mexican hat 小波

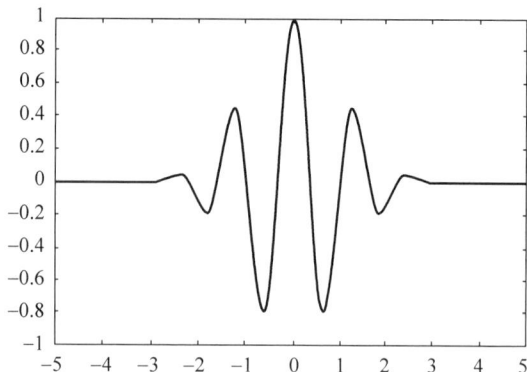

图 8.16　Morlet 小波

　　Morlet 小波为连续小波,不存在尺度函数,也不具备正交性,不存在紧支集,有效支集区间为[-4,4],时频均具有很好的局部性。

　　应当指出的是,虽然已有很多文献对如何选取小波基的问题进行了理论研究和论述,但小波基的选取问题并没有从根本上得到解决。在未来很长一段时间内,小波基的选取仍将是小波应用研究中的一个难点。在实际应用中,小波基的选取往往都是通过实验来确定的。

8.2　嵌入式零树小波编码

　　嵌入式零树小波编码(embedded zero-tree wavelets encoding,EZW 编码)是 1993 年由美国学者 Jerome M. Shapiro 提出的一种图像编码方法,已经成为一种非常重要的图像编码压缩方法,并以此为基础衍生出了多种有效的图像压缩编码方法。

8.2.1　基于小波变换的图像压缩基本思路

　　由于小波变换是将图像分解成与人类视觉特性相匹配的具有不同分辨率、不同方向特性的子带,不仅大部分能量集中在低频子带中,而且越低频的子带系数值越大,包含的图像信息越多;越高频的子带系数值越小,包含的图像信息越少。这些都为小波变换图像压缩编码提供了坚实的基础。

　　基于小波变换的图像压缩编码的基本思路是:利用图像小波变换后的小波系数能使原图像的能量集中在少数小波系数上的特性;或进一步采用只保留那些能量较大的小波系数,而将小于某一阈值的系数略去或将其表示为恒定常数的简单系数量化方法,达到数据压缩的目的。因此,基于小波变换的图像压缩一般是通过对图像进行小波变换、量化编码(当不进行前述的简单系数量化编码时,也就省略了本量化编码步骤)和符号编码这三个过程实现的,如图 8.17 所示。

　　如果不考虑计算误差,则小波变换过程是无损的。由于量化编码过程要略去小于某一

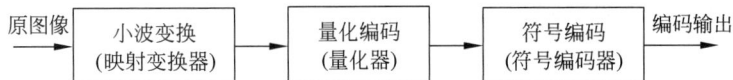

图 8.17 图像小波变换编码过程框图

阈值的系数,或将其置为恒定常数,所以量化编码过程是有损的,即基于小波变换的图像压缩编码是有损压缩编码。

图像的小波变换解压缩(简称解码)恢复过程是图 8.17 所示的图像小波变换编码过程的逆过程,如图 8.18 所示。

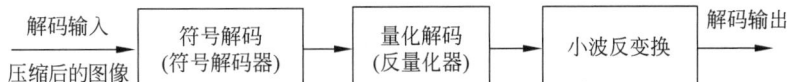

图 8.18 图像小波变换解码过程框图

8.2.2 嵌入式编码与零树概念

研究表明,如果一个低频小波系数小于某个阈值 T,则其子系数也极有可能小于 T。利用这种相关性,可以由低频子带系数来预测高频子带系数,嵌入式零树小波编码正是基于这种相关性的一种编码方法。下面介绍 EZW 算法的有关概念和编码方法。

1. 嵌入式编码的概念

所谓嵌入式编码,就是编码器将待编码的比特流按重要性的不同进行排序,根据目标码率或失真度的大小要求确定迭代次数或随时结束编码;同样,对于给定的解码流,解码器也可据此随时结束解码,并可以得到相应码流截断处的目标码率的恢复图像。

嵌入式编码实质上是一种比特连续逼近的图像编码方法,即按位平面分层,首先编码传输最重要的信息,也就是传输幅值最大的变换系数的位信息(因为越高层的位平面的信息权重越大,对编码越重要),通过对判决阈值逐层折半递减,实现逐次从最重要的位(最高位)到最不重要的位(最低位)的逐个传输,直到达到所需精度(码率)时停止。

嵌入式编码的这种可分层特性可以满足图像渐进传输、多质量服务以及图像数据库浏览等要求。

2. 零树及相关概念

根据小波变换的多分辨率表示特点,一幅经过小波变换的图像从低分辨率子带(对应于粗尺度子带)到高分辨率子带(对应于细尺度子带)形成一个树状结构。图 8.19 即是经过三级小波分解形成的树状结构,树根是最低频子带的 LL3 节点(确切地应写成 LL_3,其中的 3 为下标,但为了表述上的方便,以下均一般地将 LL_M 写成 LLM),它与 3 个分别位于水平方向、垂直方向、对角线方向的次低分辨率子带的小波系数相关联,在图 8.19 中分别为 HL3、LH3 和 HH3。对于其余子带(最高分辨率子带除外)的节点,都与其下一级尺度子带(也即高一级分辨率子带)的相同方向的相同空间位置的 4 个小波系数相关联。在图 8.19 中,最高分辨率子带是 HL1、LH1、HH1;除最低分辨率子带 LL3 之外的其他非最高分辨率的子带是 HL3、LH3、HH3、HL2、LH2、HH2,这些子带中的每个系数都与其下一级细尺度子带的相同方向的相同空间位置的 4 个小波系数相关联,如图 8.19 中的 HH3 到 HH2 再到

HH1 的树枝箭头和小四方框结构所示。

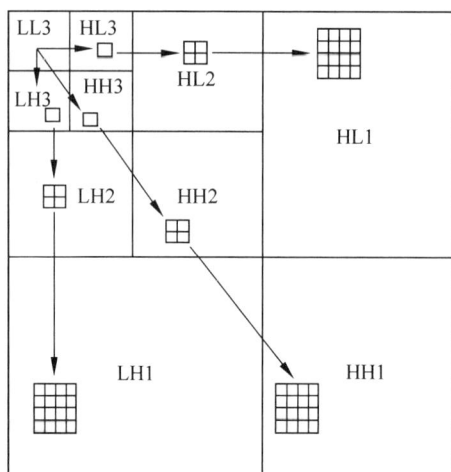

图 8.19　三级小波分解的子带树及其系数的关联关系

　　粗尺度子带上的系数称为与其关联的下一级细尺度子带的系数的父亲（父系数）；细尺度子带上的系数称为与其关联的上一级粗尺度子带的系数的孩子。与其对应地，也把比当前子带尺度大的上一级子带称为父子带；把比当前子带尺度小的下一级子带称为子子带。对于某个给定的父系数，把相同方向的相同空间位置的所有细尺度子带上的系数称为子孙；对于某个给定的孩子（子系数），把相同方向的相同空间位置的所有粗尺度子带上的系数称为祖先。

　　零树是指当前系数和它的所有后代的值都为零（或都小于某个阈值）的那些系数构成的子树。零树中粗尺度子带（也即分辨率最低的那个子带）上的那个小波系数称为零树根。在图 8.19 的三级小波分解子带树是一棵深度为 4 的树，树根是最低频子带的系数 LL3，它有 3 个孩子；除最高频子带以外的其余子带的系数都有 4 个孩子。

8.2.3　重要小波系数及扫描方法

　　在嵌入式零树小波编码中，通过判决阈值将小波系数分成重要的小波系数和不重要的小波系数。

1. 重要的小波系数和不重要的小波系数

　　在 EZW 编码中，用一个给定的阈值 T 来决定小波系数 x 是不是重要的。如果一个小波系数 x 的绝对值不小于给定的阈值 T，即当 $\mathrm{abs}(x) \geqslant T$ 时，称该小波系数 x 是重要的；反之，当 $\mathrm{abs}(x) < T$ 时，称该小波系数 x 是不重要的。如果一个在粗尺度子带上的小波系数 x 关于给定的阈值 T 是不重要的，并且与其关联的较细尺度子带上相同方向的相同空间位置的所有小波系数也关于给定的阈值 T 是不重要的，这时就称从粗尺度子带的小波系数到其细尺度子带的所有小波系数构成了一棵零树（由于这些系数不重要，当把这些系数值都置为零值时就和上面的零树概念相同），该粗尺度子带上的小波系数 x 所在的节点就是零树根。如果一个在粗尺度上的小波系数 x 关于给定阈值 T 是不重要的，但它在较细尺度子带上相同方向的相同空间位置的小波系数关于给定的阈值 T 至少存在一个重要的子孙，则

该粗尺度子带上的这个小波系数 x 所在的节点就称为孤立零点。

要求 $abs(x) \geqslant T$ 是因为 x 本身可能是正数也可能是负数,所以图像的小波分解子带树中的小波系数可以用以下 4 种符号编码(表示):

(1) P(正的重要系数,positive);

(2) N(负的重要系数,negative);

(3) I(孤立零点,isolated zero-point);

(4) T(零树根,zero-tree Root)。

EZW 编码的理论基础主要是统计概率。该方法假设如果小波系数 x 是不重要的,那么 x 对应的子孙为不重要系数的概率非常大。记住零树根的位置(只对零树根编码),就可以忽略零树根以下的零点,从而达到压缩的目的。形成的零树棵数越多,零树根出现越早,编码效率就越高。

2. 小波系数的扫描方法

EZW 编码算法采用主扫描(dominant-pass)和精细扫描(refinement-pass)来完成对零树和重要系数的判定。主扫描是对小波系数的扫描,遵循先父节点、后孩子节点的原则。对于一个 M 级尺度的小波变换来说,扫描从标注为 LLM 的最低频子带开始,依次精细扫描 HLM、LHM 和 HHM,接下来依次精细扫描 $M-1$ 层、$M-2$ 层等。一个 3 尺度的小波分解子带树的扫描顺序如图 8.20 所示。需要注意的是,直到给定子带内的每一个系数都被扫描完才进行下一个子带的扫描。

对于小波分解子带树中的每一个子带的扫描可以按 zig-zag(之字形-急转)顺序进行。图 8.21 给出了一个对小波系数中的每个子带都按 zig-zag 顺序扫描的扫描顺序序号说明。

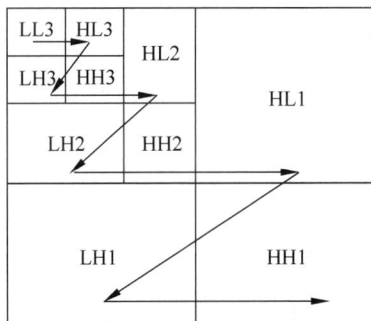

图 8.20　对小波分解子带树中子
带的扫描顺序

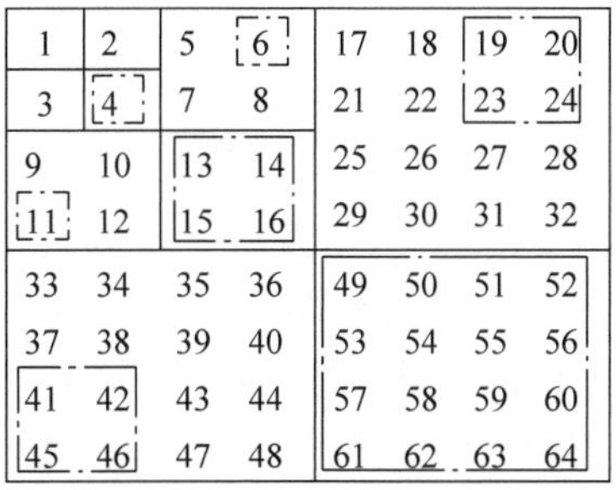

图 8.21　三级分解各子带中小波
变换系数的扫描顺序

为了便于对后面算法的理解,图 8.21 中还用虚线框描述了 3 棵 4 叉树:第一棵 4 叉树的根节点在标号为 11 的位置,子节点分别在标号为 41、42、45、46 的位置,共 2 级;第 2 棵 4 叉树的根节点在标号为 4 的位置,子节点分别在标号为 13、14、15、16 和标号为 49、50、…、64 的位置,共 3 级;第 3 棵 4 叉树的根节点在标号为 6 的位置,子节点分别在标号为 19、20、23、24 的位置,共 2 级。

8.2.4　嵌入式零树编码方法

嵌入式零树编码通过逐次使用阈值序列 $T_0, T_1, \cdots, T_N$ 来判定重要系数,通过逐次逼近量化过程实现嵌入式编码,逐次量化的总层数 $N-1$(即逼近量化的循环迭代次数)一般按照压缩比和失真率折中的原则来事先确定。每次的逼近量化编码过程包括主扫描、精细扫描和符号编码(symbol-encode)3 个子过程。在主扫描时要先构建一个主表,用于依次地保存该次主扫描过程中对各小波系数以 T_i 为判定阈值所确定的节点编码符号,即重要系数(正的和负的重要系数的编码符号分别为 P(positive)和 N(negative))、孤立零点(编码符号为 I(isolated zero))和零树根(编码符号为 T),以及相关说明信息,用于在解码时恢复各系数的空间位置及重要系数的符号。在第一次主扫描时还要构建一个辅表,用于保存在主扫描中得到的重要系数和在精细扫描时依据重要系数所在区间得到的二进制编码,以便对重要系数的原重构值进一步细化。

EZW 编码过程假设在编码前已经知道或已经获得了子带树中具有最大值的小波系数,编码过程可细分为如下步骤。

(1) 构建用于主扫描和精细扫描的主表和辅表,格式分别如下。

主表:

子带	系数值	输出符号	重构值

辅表:

系数值	原重构值	输出符号	重构值

(2) 确定初始阈值 T_1。

初始阈值 T_1(开始设 $k=1$,有 $T_k=T_1$)的选取要同时满足:对于所有的小波系数 x 应有 $\mathrm{abs}(x) \leqslant 2T_1$;$T_1$ 是一个 2 的整数次幂的整数;$2\mathrm{abs}(T_1)$ 的值应不小于且最接近于最大小波系数 $\max(\mathrm{abs}(x))$。并设 $T_{k-1}=T_0=2\mathrm{abs}(T_1)$,$T_0$ 为第一次扫描时的区间上限,在精细扫描中用于区间的分割。

比如,设最大小波系数的值是 105,那么不小于 105 且其值最接近 105、又是 2 的整数次幂的整数显然是 128,即 $T_0=128$,$T_1=64$。

(3) 主扫描(一般假设为第 k 次主扫描,$k \geqslant 1$)。

按照前面介绍的小波系数扫描方法,逐子带地扫描各小波系数,并将每个小波系数 x 与当前的阈值 $T_k(k \geqslant 1)$ 进行比较如下。

如果 $\mathrm{abs}(x) \geqslant T_k$,说明 x 是重要的。如果 x 为正数,则编码器生成并传送符号 P;如果 x 为负数,则编码器生成并传送符号 N;同时将系数矩阵中该重要系数 x 清零(即将其置换为 0 值),并将该重要系数及其编码符号记入辅表中。

如果 $\mathrm{abs}(x) < T_k$,则进行以下处理:
- 如果 x 位于子带树的最低尺度子带(即位于 HL1、LH1、HH1),则认为是孤立零点,编码器生成并传送符号 I。
- 否则,在节点为 x 的四叉树上搜索。如果该四叉树是零树,则编码器生成并传送符号 T;否则就是孤立零点,编码器生成并传送符号 I。

这里需要补充说明以下几点。

一是在主扫描过程中,将小波系数矩阵中重要系数所在位置的值置为零,是为了在后续的扫描中当阈值减小后,该系数不会影响新零树的出现。

二是当 4 叉树是零树时,由于零树根的子孙中不再有重要系数,所以其后就不需再对其进行扫描,这样便起到了预测作用。

三是因为最低尺度子带(HL1、LH1、HH1)中的系数没有子孙节点,只能分类为 P、N 和 I。如果是非重要系数,就认为其为孤立零点。

四是在解码时,解码器是根据每次主扫描中的判定阈值 T_k 和重要系数 x,先将 $\pm 1.5T_k$ 值作为重要系数的重构值,即区间 $[T_k+1, T_{k-1}]$ 的中间值是重要系数重构值的绝对值。

五是将重要系数及其编码符号记入辅表,是为在下一步的精细扫描中进一步精细重要系数的重构值。

(4)精细扫描。

精细扫描也称为次扫描或次循环。精细扫描过程的输出是与重要系数值有关的二进制数(0 和 1 组成的二进制串)。精细扫描的步骤如下。

首先把总区间 $[T_k+1, T_0]$ 划分成宽度为 T_k 且相互不重叠的若干区间。接着,按从区间值大的区间到区间值小的区间的顺序,依次判定目前辅表中的重要系数值(即截至本次精细扫描时的所有重要系数)是否属于该区间。

① 从剩余的还没有被选的区间中,取出一个区间值最大的区间,如 $[T_k+1, 2T_k]$。如果已没有剩余的区间,则本次精细扫描结束;否则接着把取出的区间按宽度 $T_k/2$ 分别划分成两个子区间,比如分为 $[T_k+1, 3T_k/2]$ 和 $[3T_k/2+1, 2T_k]$,前者称为下半区间,后者称为上半区间。

② 在辅表中选取一个其值在区间 $[T_k+1, 2T_k]$ 的范围内的重要系数 x。如果选不出属于该区间的重要系数,则转步骤①;否则(即选到了一个属于该区间的重要系数),如果 $\text{abs}(x) \in [T_k+1, 3T_k/2]$,则(说明该重要系数落在下半区间)编码生成并传送 0,解码器从该系数 x 的原重构值中减去 $\pm 0.25T_k$。

如果 $\text{abs}(x) \in [3T_k/2+1, 2T_k]$,则(说明该重要系数落在上半区间)编码生成并传送 1,解码器给该系数 x 的原重构值加上 $\pm 0.25T_k$。

如果该系数的信息行已经紧邻本区间值的前一个重要系数的信息行之后,则转步骤①;否则,将辅表中表示该系数的信息行,调至紧邻属于本区间值的前一个重要系数的信息行之后,然后转步骤①。

(5)更新阈值 T_k,并判别是否结束迭代循环。

如果 N 次循环完成,或 $T_k=0.5$,则结束精细扫描;否则,转步骤(3)。

(6)符号编码。

在每一遍扫描后,要将主表和辅表送入编码器进行熵编码。由于在主扫描过程中产生的符号流最终是按比特传输的,所以通常对主扫描过程中产生的符号采用一种简单的方法进行编码,如 P=00,N=01,I=10,T=11。精细扫描的结果已经用 0 和 1 表示了,所以不再需要进行符号编码。

综上可知,每增加一遍扫描就判定阈值减小一半,会使更小的系数值进入重要系数行列,原有的重要系数也经进一步细化使其重构值进一步靠近原值,所以恢复的图像也就更加逼近原图像。

【例 8.1】 图 8.22(a)给出了一幅 8×8 图像的三级小波变换的系数矩阵,其中最大的系数值为 63。请利用嵌入式零树小波编码方法对其进行编码。

63	−34	50	10	7	13	−12	7
−31	23	14	−13	3	4	6	−1
15	14	3	−12	5	−7	3	9
−9	−7	−14	8	4	−2	3	2
−5	9	−1	45	4	6	−2	2
3	0	−3	2	3	−2	0	4
2	−3	6	−4	3	6	3	6
5	11	5	6	0	3	−4	4

(a)三级小波变换的系数矩阵

P	N	P	T	I	I	·	·
I	T	T	T	I	I	·	·
T	I	·	·	·	·	·	·
T	T	·	·	·	·	·	·
·	·	I	P	·	·	·	·
·	·	I	I	·	·	·	·
·	·	·	·	·	·	·	·
·	·	·	·	·	·	·	·

(b) 第一次主扫描输出符号和未扫描位置

0	0	0	10	7	13	−12	7
−31	23	14	−13	3	4	6	−1
15	14	3	−12	5	−7	3	9
−9	−7	−14	8	4	−2	3	2
−5	9	−1	0	4	6	−2	2
3	0	−3	2	3	−2	0	4
2	−3	6	−4	3	6	3	6
5	11	5	6	0	3	−4	4

(c) 第二次主扫描的小波系数矩阵

0	0	0	T	I	I	·	·
N	P	T	T	I	I	·	·
T	T	T	T	·	·	·	·
T	T	T	T	·	·	·	·
·	·	·	·	·	·	·	·
·	·	·	·	·	·	·	·
·	·	·	·	·	·	·	·
·	·	·	·	·	·	·	·

(d) 第二次主扫描输出符号和未扫描位置

图 8.22 基于小波变换的嵌入式零树编码示例

解:因为比最大系数值 63 大且为 2 的整数次幂的整数是 64,所以选取 $T_1 = 32$, $T_0 = 64$。

(1) 构建主表(见表 8.1)和辅表(见表 8.2)。开始时,构建的仅是表 8.1 和表 8.2 的架构,其中的数据是在其后的扫描过程中填入的。表 8.1 中的最右一列是为了配合下面的主扫描过程说明而增加的。为了直观起见,将第一次主扫描的输出符号和未扫描位置标注在图 8.22(b)中。

表 8.1 第一次主扫描表及辅助说明信息

子　　带	系　数　值	输出符号	重　构　值	题解说明序号
LL3	63	P	48	①
HL3	−34	N	−48	②
LH3	−31	I	0	③
HH3	23	T	0	④
HL2	50	P	48	⑤
HL2	10	T	0	⑥
HL2	14	T	0	⑦
HL2	−13	T	0	⑧
LH2	15	T	0	⑨
LH2	14	I	0	⑩

子　　带	系　数　值	输出符号	重　构　值	题解说明序号
LH2	−9	T	0	⑪
LH2	−7	T	0	⑫
HL1	7	I	0	⑬
HL1	13	I	0	⑬
HL1	3	I	0	⑬
HL1	4	I	0	⑬
LH1	−1	I	0	⑭
LH1	45	P	48	⑭
LH1	−3	I	0	⑭
LH1	2	I	0	⑭

表 8.2　第一次主扫描和精细扫描时的辅表及相关说明

系　数　值	原重构值	输出符号	重　构　值
63	48	1	56
−34	−48	0	−40
50	48	1	56
45	48	0	40

（2）第一次主扫描（$k=1$，$T_1=32$）过程。

① 系数 63 大于 $T_1=32$，且为正；编码器生成并传送一个"P"符号，并将"P"写入主表（以下省略写入主表表述），同时将系数为 63 的位置处清零。解码器根据接收的符号"P"，将 $1.5T_k=1.5T_1=1.5\times32=48$ 作为该符号的重构值。将重要系数 63 和它的重构值 48 填入辅表。

② 系数 −34 的绝对值大于 $T_1=32$，且为负；编码器生成并传送一个"N"符号，同时将系数为 −34 的位置处清零。解码器根据接收的符号"N"，将 $−1.5T_1=−1.5\times32=−48$ 作为该符号的重构值。将重要系数 −34 和它的重构值 −48 填入辅表。

③ 系数 −31 的绝对值小于 $T_1=32$，是不重要的，但与其关联的子带 LH1 的系数中有一个系数 45 是重要的，因而它不是零树根，而是一个孤立零点，编码器生成并传送一个"I"符号。

④ 系数 23 小于 $T_1=32$，是不重要的，其位于子带 HH2 和 HH1 中的子孙（系数）也是不重要的，因而是一个零树根，编码器生成并传送一个"T"符号。

因为系数 23 及其子孙构成了一棵零树，所以在本次主扫描中，不再对 HH2 和 HH1 中的系数进行扫描。为了直观起见，在图 8.22(b) 中将系数 23 的不再扫描的子孙标注为"•"。

⑤ 扫描 HL2 子带。系数 50 大于 $T_1=32$，且为正；编码器生成并传送一个"P"符号，同时将系数为 50 的位置处清零。解码器根据接收的符号"P"，将 $1.5T_1=1.5\times32=48$ 作为该符号的重构值。将重要系数 50 和它的重构值 48 填入辅表。

⑥ 系数 10 小于 $T_1=32$，是不重要的，其位于子带 HL1 中的子孙（系数 −12、7、6、−1）也是不重要的，因而是一个零树根，编码器生成并传送一个"T"符号。同理，在图 8.22(b) 中将系数 10 的不再扫描的子孙标注为"•"。

⑦ 同理，系数 14 和其子孙（HL1 中的系数 5、−7、4、−2）构成了一棵零树，编码器生成

并传送一个"T"符号。在图 8.22(b)中将系数 14 的不再扫描的子孙标注为"·"。

⑧ 系数−13 和其子孙(HL1 中的系数 3、9、3、2)构成了一棵零树,编码器生成并传送一个"T"符号。在图 8.22(b)中将系数 14 的不再扫描的子孙标注为"·"。

⑨ 扫描 LH2 子带。系数 15 和其子孙(LH1 中的系数−5、9、3、0)构成了一棵零树,编码器生成并传送一个 T 符号。在图 8.22(b)中将系数 15 的不再扫描的子孙标注为"·"。

⑩ 系数 14 小于 $T_1=32$,是不重要的,但它的子孙(LH1 中的系数−1、45、−3、2)中有一个系数 45 是重要的,因而它是一个孤立零点,编码器生成并传送一个"I"符号。

⑪ 同理,系数−9 和它的孩子(LH1 中的系数 2、−3、5、11)构成了一棵零树,编码器生成并传送一个"T"符号。在图 8.22(b)中将系数−9 的不再扫描的子孙标注为"·"。

⑫ 系数−7 和其孩子(LH1 中的系数 6、−4、5、6)构成了一棵零树,编码器生成并传送一个"T"符号。在图 8.22(b)中将系数−7 的不再扫描的子孙标注为"·"。

⑬ 前面的第④步中已经说明不再对了带 HH2 进行扫描,所以接下来搜索 HL1。根据前面第⑥、⑦、⑧步中的说明,在 HL1 中只剩下 7、13、3、4 共 4 个系数需要扫描。由于 7、13、3、4 都是不重要的,所以编码器依次生成并传送 4 个"I"符号。

⑭ 同理,接下来对 LH1 中剩下的−1、45、−3、2 共 4 个系数进行扫描。显然,对系数−1、−3、2 的扫描,编码器分别生成并传送符号"I"。系数 45 是正的重要系数,将"P"写入主表,同时将系数为 45 的位置处清零。解码器根据接收的符号"P",将 $1.5T_1=1.5\times32=48$ 作为该符号的重构值。将重要系数 45 和它的重构值 48 填入辅表。

第一次主扫描中把有关重要系数位置置 0 后,得到用于第二次主扫描的小波变换系数矩阵,如图 8.22(c)所示。这里应当注意的是,第一次主扫描时给辅表 8.2 中填写的只有左边两列内容。

(3) 第一次精细扫描($T_1=32$)过程。

① 根据已知条件 $k=1$,$T_k=T_1=32$ 和 $T_0=64$,把总区间$[T_k+1,T_0]=[T_1+1,T_0]=[33,64]$划分成宽度为 $T_1=32$ 且不重叠的区间$[33,64]$。

② 取出区间值最大的区间$[33,64]$,并把该区间划分成两个宽度为其一半的子区间$[33,48]$和$[49,64]$。

③ 重要系数 $63\in[49,64]$,且位于其上半区间,所以编码为 1。因为 $0.25T_1=0.25\times32=8$,所以解码器给重要系数 63 的原重构值 48 加上 8,得到新的重构值为 56(需要说明的是,辅表的结构应当只有左边 3 列,第 4 列是为了标注精细扫描时新修正的重构值。精细扫描时,本应用新修正的重构值替换第 2 列的旧值,但为了展现其值的变化过程,才增加了右边的第 4 列)。第 1 次精细扫描后的结果辅表如表 8.2 所示。

④ 重要系数值−34 的绝对值 $34\in[33,48]$,且位于其下半区间,所以编码为 0。同时,解码器从重要系数 34 的原重构值−48 再减去−8,得到新的重构值为−40。

⑤ 重要系数 $50\in[49,64]$,且位于其上半区间,所以编码为 1。同时,解码器给重要系数 50 的原重构值 48 加上 8,得到新的重构值为 56。

⑥ 重要系数值 $45\in[33,48]$,且位于其下半区间,所以编码为 0。同时,解码器从重要系数 45 的原重构值 48 再减去 8,得到新的重构值为 40。

⑦ $k=1$ 时精细扫描分成的宽度为 $T_1=32$ 的不重叠区间已经处理完,此次精细扫描结束。

第一次精细扫描输出的二进制串为 1010。

第一次精细扫描后辅表的内容如表 8.3 所示,该表实质上就成为第二次主扫描开始时辅表的初值。

表 8.3 第一次主扫描和精细扫描后的辅表内容

系 数 值	原重构值	输出符号	重 构 值
63	56		
−34	−40		
50	56		
45	40		

(4) 更新阈值,$T_2 = T_1/2 = 16$。

(5) 第二次主扫描($T_2 = 16$)过程。

如前所述,第二次主扫描是对图 8.22(c)所示的小波系数矩阵的扫描,扫描时要跳过该系数矩阵中原来为重要系数的四个已被置为 0 的系数(位于 LL3 第 1 行的两个 0、位于 HL2 左上角的 0 和位于 LH1 右上角的 0)。构建第二次主扫描的主表如表 8.4 所示。为了直观起见,将第二次主扫描的输出符号和未扫描位置标注在图 8.22(c)中。第二次主扫描过程详述如下(见表 8.4)。

表 8.4 第二次主扫描表及辅助说明信息

子 带	系 数 值	输 出 符 号	重 构 值	题解说明序号
LH3	−31	N	−24	①
HH3	23	P	24	②
HL2	10	T	0	③
HL2	14	T	0	④
HL2	−13	T	0	④
LH2	15	T	0	⑤
LH2	14	T	0	⑥
LH2	−9	T	0	⑥
LH2	−7	T	0	⑥
HH2	3	T	0	⑦
HH2	−12	T	0	⑧
HH2	−14	T	0	⑧
HH2	8	T	0	⑧
HL1	7	I	0	⑨
HL1	13	I	0	⑨
HL1	3	I	0	⑨
HL1	4	I	0	⑨

① 系数 −31 的绝对值大于 $T_2 = 16$,且为负;编码器生成并传送一个"N"符号,将"N"写入本次扫描的主表(以下省略写入主表表述),同时将系数为 −31 的位置处清零。解码器根据接收到的符号"N",将 $−1.5T_k = −1.5T_2 = −1.5 \times 16 = −24$ 作为该符号的重构值。将重要系数 −31 和它的重构值 −24 填入辅表(见表 8.5)。

表 8.5　第二次主扫描和精细扫描时的辅表及相关说明

系 数 值	原 重 构 值	输 出 符 号	重 构 值
63	56	1	60
50	56	0	52
−34	−40	0	−36
45	40	1	44
−31	−24	1	−28
23	24	0	20

② 系数 23 的绝对值大于 $T_2=16$，且为正；编码器生成并传送一个"P"符号，同时将 23 清零。解码器根据接收的符号"P"，将 $1.5T_2=1.5\times16=24$ 作为该符号的重构值。将重要系数 23 和它的重构值 24 填入辅表。

③ 扫描 HL2 子带。系数 10 和其子孙（HL1 中的系数 −12、7、6、−1）构成了一棵零树，编码器生成并传送一个"T"符号。在图 8.22(c)中将系数 10 的不再扫描的子孙标注为"·"。

④ 同理，系数 14 和其子孙（HL1 中的系数 5、−7、4、−2）构成了一棵零树，编码器生成并传送一个"T"符号。在图 8.22(c)中将系数 14 的不再扫描的子孙标注为"·"。系数 −13 和其子孙（HL1 中的系数 3、9、3、2）构成了一棵零树，编码器生成并传送一个"T"符号。在图 8.22(c)中将系数 −13 的不再扫描的子孙标注为"·"。

⑤ 扫描 LH2 子带。系数 15 和其子孙（LH1 中的系数 −5、9、3、0）构成了一棵零树，编码器生成并传送一个"T"符号。在图 8.22(c)中将系数 15 的不再扫描的子孙标注为"·"。

⑥ 同理，LH2 中的系数 14、−9、−7 分别和其子孙构成了一棵零树，编码器分别生成并传送一个"T"符号。在图 8.22(c)中将系数 14、−9、−7 的不再扫描的子孙标注为"·"。

⑦ 扫描 HH2 子带。系数 3 和其子孙（HH1 中的系数 4、6、3、−2）构成了一棵零树，编码器生成并传送一个"T"符号。在图 8.22(c)中将系数 3 的不再扫描的子孙标注为"·"。

⑧ 同理，HH2 中的系数 −12、−14、8 分别和其子孙构成了一棵零树，编码器分别生成并传送一个"T"符号。在图 8.22(c)中将系数 −12、−14、8 的不再扫描的子孙标注为"·"。

⑨ 扫描 HL1 子带，在该子带中只剩下系数 7、13、3、4 了，它们都是不重要的，根据算法它们都应是孤立零点，因此编码器分别生成并传送"I"符号。

(6) 第二次精细扫描（$T_2=16$）过程。

① 根据已知条件 $k=2$、$T_k=T_2=16$ 和 $T_0=64$，把总区间 $[T_k+1,T_0]=[T_2+1,T_0]=[17,64]$ 划分成宽度为 $T_2=16$ 且不重叠的 3 个区间 $[17,32]$、$[33,48]$ 和 $[49,64]$。

② 取出区间值最大的区间 $[49,64]$，并把该区间划分成两个宽度为其一半的子区间 $[49,56]$ 和 $[57,64]$。

③ 重要系数 $63\in[49,64]$，且位于其上半区间，所以编码为 1。因为 $0.25T_2=0.25\times16=4$，所以解码器给重要系数 63 的原重构值 56 加上 4，得到新的重构值为 60。第二次精细扫描后的辅表结果如表 8.5 所示。

④ 重要系数 $50\in[49,64]$，且位于其下半区间，所以编码为 0。同时，解码器从重要系

数 50 的原重构值 56 减去 4，得到新的重构值为 52，并将重要系数 50 的信息行调至紧邻前一个重要系数 63 的信息行之后。

⑤ 取出区间值最大的区间[33,48]，并把该区间划分成两个宽度为其一半的子区间[33,40]和[41,48]。

⑥ 重要系数值 -34 的绝对值 $34 \in [33,48]$，且位于其下半区间，所以编码为 0。同时，解码器从重要系数 -34 的原重构值 -40 再减去 -4，得到新的重构值为 -36。

⑦ 重要系数 $45 \in [33,48]$，且位于其上半区间，所以编码为 1。同时，解码器给重要系数 45 的原重构值 40 加上 4，得到新的重构值为 44。

⑧ 取出区间值最大的区间[17,32]，并把该区间划分成两个宽度为其一半的子区间[17,24]和[25,32]。

⑨ 重要系数值 -31 的绝对值 $31 \in [17,32]$，且位于其上半区间，所以编码为 1。同时，解码器相应地给重要系数 -31 的原重构值 -24 加上 -4，得到新重构值 -28。

⑩ 重要系数 $23 \in [17,32]$，且位于其下半区间，所以编码为 0。同时，解码器从重要系数 23 的原重构值 24 减去 4，得到新的重构值为 20。

⑪ $k=2$ 时精细扫描分成的宽度为 $T_2=16$ 的不重叠区间已经处理完，此次精细扫描结束。

第二次精细扫描的输出二进制串为 100110。

第二次精细扫描后辅表的内容如表 8.6 所示。

表 8.6 第二次主扫描和精细扫描后的辅表内容

系 数 值	原 重 构 值	输 出 符 号
63	60	1
50	52	0
-34	-36	0
45	44	1
-31	-28	1
23	20	0

(7) 更新阈值，$T_3=T_2/2=8$。

由于篇幅所限，接下去的几次扫描过程不再赘述，感兴趣的读者可以自行完成直至 $T_k=0.5$ 为止。

8.2.5 嵌入式零树小波编码图像的重建

图像压缩的目的是减少图像信息的存储和传输量。当压缩图像被传输或被复制到某处需要继续处理或应用时，就需要对其进行解压缩来恢复原图像。对于用 EZW 算法实现的压缩图像的解码来说，同样要先通过解压缩获得重建图像的小波系数矩阵，然后通过小波反变换获得重建的图像。图像小波系数矩阵的重建是利用主扫描的输出符号及主表的相关信息，恢复各重要系数的正、负号和系数值及各系数的空间位置，用精细扫描的二进制串和辅表的信息对重建的重要系数进行精细化修正。为了便于对应地理解压缩编码过程和解码的主要思路，在 8.2.4 节中已经对如何重建重要的小波系数和如何对重建的重要系数进行精细化进行了介绍，这里不再赘述。

下面通过一个实例说明 EZW 编码的扫描（循环）次数对重建图像效果的影响。

图 8.23 给出了利用 Daubeches8 小波对 Lena 图像进行三级小波分解的 EZW 编码的解压缩实验结果。该实验利用 Daubeches8 小波对 Lena 图像进行的三级小波分解的 EZW 编码、解码共有 12 次循环，图 8.23 从左到右、从上到下依次为进行 1、3、5、7、10、12 次 EZW 编码并进行同样次数的解码后的重构图像。仅有一次循环的 EZW 编码的图像的压缩比是 1920.5，有 12 次循环的 EZW 编码的图像的压缩比为 4.1。

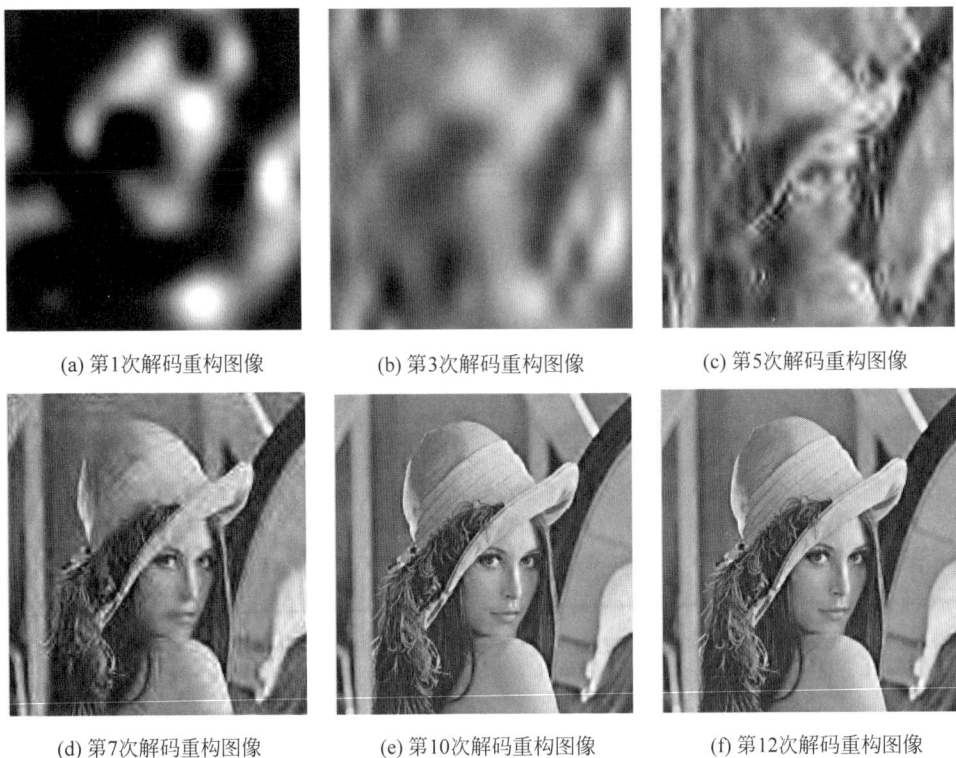

(a) 第1次解码重构图像 (b) 第3次解码重构图像 (c) 第5次解码重构图像

(d) 第7次解码重构图像 (e) 第10次解码重构图像 (f) 第12次解码重构图像

图 8.23　EZW 编码的扫描（循环）次数对重构图像效果的影响示例

8.2.6　嵌入式零树小波编码的渐进传输特性

实验表明，EZW 算法非常适用于图像的渐进式传输。在实际解码过程中，可以当达到目标码率要求时就随即停止解码（即终止解码循环），这对于限制目标码率和失真度的系统非常有用。

图 8.24 给出了 Lena 图像 12 次循环解码过程中的渐进传输过程中的峰值信噪比（PSNR）值的变化过程（峰值信噪比的高低反映了图像中细节的丰富程度）。随着解码循环次数的增加，PSNR 值不断增加。而且，从图 8.23 和图 8.24 可以看出，解码过程先恢复的是重要的低频信息（峰值信噪比较低），然后恢复的才是细节信息。当解码循环进行到第 10 次时，重构的图像已经十分逼真了。

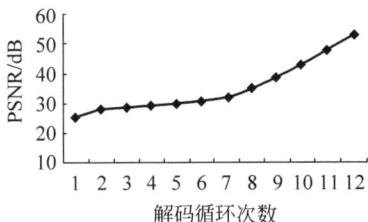

图 8.24 Lena 图像渐进传输过程中的 PSNR 值

8.3 基于小波变换的图像去噪方法

图像去噪方法都存在如何兼顾降低噪声和保留细节的难题,而基于小波变换的图像去噪方法在去除图像噪声的同时,又能较好地保留图像特征,优于传统的低通滤波器,因而在图像去噪方面得到了成功的应用。

8.3.1 小波去噪方法的原理

1. 小波去噪方法的特点

基于小波变换的图像去噪方法之所以取得了成功,得益于小波具有的以下特点。

(1) 低熵性。由于小波系数的稀疏分布,图像经小波变换后的熵明显降低。

(2) 多分辨率性。由于小波变换可以在不同尺度上描述信号的局部特征,所以可以较好地刻画信号的非平稳特征,如边缘、尖峰和断点等,在不同分辨率下根据信号和噪声的分布特点去除噪声。

(3) 去相关性。由于小波变换可以对信号去相关性,使信号的能量集中在少数小波系数上,而使噪声的能量分布于大多数小波系数上,即噪声在变换后具有白化趋势,所以小波域比空域更利于去噪。

(4) 选基灵活性。由于小波变换可以灵活选择小波基,所以针对不同的应用对象和应用场合,可以选用不同的小波母函数来获得最佳的去噪效果。

小波变换具有的低熵性、多分辨率性、去相关性和选基灵活性,使其可同时进行时域、频域的局部分析并灵活地对信号的局部奇异特征进行提取,具有特征提取和低通滤波的综合功能,所以小波去噪方法优于传统的低通滤波器。

2. 阈值去噪方法的基本原理

基于小波变换的图像去噪方法的基本实现方法是,先对含有噪声的图像进行小波变换,再选定一个阈值对小波系数进行取舍,然后通过小波反变换重构原图像,因此简称为阈值去噪方法。

阈值去噪方法的基本原理是:小波变换能将信号的能量集中到少数小波系数上,而白噪声在任何正交基上的变换仍然是白噪声,即白噪声经小波变换后仍均匀地分布在所有的小波系数上。相对而言,信号的小波系数值必然大于那些能量分散的噪声的小波系数值。因此,选择一个合适的阈值,通过对高频小波系数进行保留大于(或等于)阈值的小波系数而摒弃小于阈值的小波系数的处理,就可以达到去除噪声而保留有用信号的目的。

3. 阈值去噪算法步骤及思路

阈值去噪算法的步骤及思路可描述如下。

（1）选择小波函数并确定分解层数 N（一般取 $N=3$）。

（2）对图像信号进行小波分解，将图像信号分解为低频和高频信息，而噪声部分通常包含在高频中。

（3）对小波分解的高频系数进行阈值量化处理。

（4）利用小波分解的第 N 层低频系数和经过阈值量化处理后的 $1\sim N$ 层高频系数进行小波重构（小波反变换），重构后得到的图像即去噪后的图像。

阈值去噪算法的关键是小波函数的选取和小波系数的阈值化处理。下面以小波收缩阈值去噪方法为例，主要介绍阈值的选取及量化处理方法。

8.3.2 小波收缩阈值去噪方法

1. 阈值 δ 的定义

阈值去噪的基本实现方法是寻找一个合适的 δ 作为阈值，把低于 δ 的小波系数设为零，而将高于 δ 的系数或予以保留或进行收缩，然后对经阈值化处理后的小波系数进行重构。δ 的值定义为

$$\delta = \sigma \sqrt{2\ln N} \tag{8.37}$$

其中，N 代表信号的长度，σ 表示噪声的方差。

2. 阈值的选取

小波收缩阈值去噪方法的关键步骤是阈值的选取和对小波系数的门限阈值化处理。小波系数的门限阈值化处理分为硬阈值处理、软阈值处理、半软半硬阈值处理3种情况。

1）硬阈值处理

硬阈值处理是指只保留较大的小波系数，而将较小的小波系数置零，如图8.25所示。用公式可表示为

$$\hat{W}_{j,k} = \begin{cases} W_{j,k} & |W_{j,k}| \geqslant \delta \\ 0 & |W_{j,k}| < \delta \end{cases} \tag{8.38}$$

硬阈值算法是保留绝对值大于阈值的小波系数，而将绝对值小于阈值的小波系数置为零。硬阈值方法可以很好地保留图像边缘等局部特征。但由于硬阈值函数不是连续函数，在数学上不易处理；同时会对含有丰富边缘的图像中产生许多"人为的"噪声点，图像会出现振铃、伪吉布斯效应等失真现象。

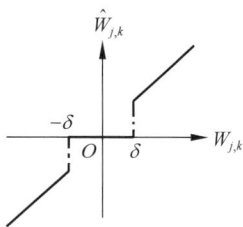

图 8.25 硬阈值函数

2）软阈值处理

软阈值处理方法是指将较小的小波系数置零，对较大的小波系数向零进行收缩，用公式可表示为

$$\hat{W}_{j,k} = \begin{cases} \text{sign}(W_{j,k})|W_{j,k}-\delta| & |W_{j,k}| \geqslant \delta \\ 0 & |W_{j,k}| < \delta \end{cases} \tag{8.39}$$

其中，$\text{sign}(\bullet)$ 为符号函数，其含义是当 $W_{j,k}$ 为正时，$\text{sign}(W_{j,k})$ 取正号"＋"（可省略）；当 $W_{j,k}$ 为负时，$\text{sign}(W_{j,k})$ 取负号"－"。

软阈值的图示说明如图 8.26 所示。

软阈值去噪算法不是完全保留绝对值大于阈值的小波系数,而是对其进行收缩处理,即使绝对值大于阈值的小波系数适当减小。由于软阈值函数是一个连续的函数,所以软阈值方法较好地克服了硬阈值算法的缺点,处理结果相对平滑了很多。但该算法减小了绝对值大的小波系数,造成了一定的高频信息损失,会导致图像边缘出现一定程度的模糊失真。

3）半软半硬阈值处理

半软半硬阈值处理方法是一种兼具硬阈值和软阈值两者特点的折中方案,如图 8.27 所示。用公式可表示为

$$\hat{W}_{j,k} = \begin{cases} \text{sign}(W_{j,k}) \mid W_{j,k} - \alpha\delta \mid & \mid W_{j,k} \mid \geqslant \delta, 0 < \alpha < 1 \\ 0 & \mid W_{j,k} \mid < \delta \end{cases} \tag{8.40}$$

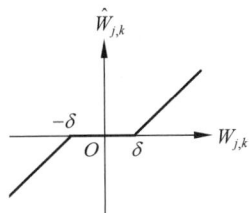

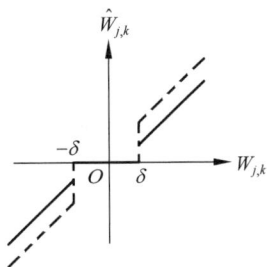

图 8.26　软阈值函数　　　　图 8.27　半软半硬阈值函数

显然,本方法是软阈值方法和硬阈值方法的折中方案。当 α 取 0 值时,即为硬阈值方法;当 α 取 1 值时,即为软阈值方法。通过适当地调整 α 值,就可获得较好的去噪效果。

3. 算法效果比较

图 8.28 给出了分别采用三种阈值处理方法得到的去噪实验结果,其中的图 8.28(a)是叠加了白噪声的图像,噪声均值 μ 为 0,方差 σ 为 20。总体来说,半软半硬阈值方法比硬阈值方法去噪效果好一些,软阈值方法比半软半硬阈值方法去噪效果好一些。

(a) 原图像　　(b) 硬阈值去噪　　(c) 半软半硬阈值去噪　　(d) 软阈值去噪

图 8.28　三种收缩去噪算法实验结果

习　题　8

8.1　解释下列术语。

（1）零树　　　　　　　　　　　　（2）零树根

（3）孤立零点　　　　　　　　　　（4）重要系数

8.2　小波必须具备的两个特性是什么？

8.3　小波变换的基本思想是什么？

8.4　LL、HL、LH 和 HH 子带分别描述了图像的哪些特征？

8.5　在图像小波变换中，尺度和分辨率分别与变换级数有什么关系？

8.6　在图像的嵌入式零树编码中，主扫描的功能是什么？

8.7　在图像的嵌入式零树编码中，精细扫描的功能是什么？

8.8　图 8.29 为一幅 8×8 图像的三级小波变换的矩阵值。试求出第一次、第二次主扫描的输出符号序列和精细扫描的输出二进制串及重要系数。

63	−34	14	−13	7	13	−12	7
−31	23	49	10	3	4	6	−1
25	−7	3	−12	5	−7	3	9
−9	14	−14	8	4	−2	3	2
−5	9	−1	47	4	6	−2	2
3	0	−3	2	3	−2	0	4
2	−3	6	−4	3	6	3	6
5	11	5	6	0	3	−4	4

图 8.29　习题 8.8 图

8.9　简述小波变换去噪方法为什么优于传统的低通滤波。

第 9 章

图像分割

图像分割(image segmentation)是指根据图像的灰度、颜色、纹理和形状等特征,把图像划分成若干互不交叠的区域,并使这些特征在同一区域内呈现相似性,而在不同区域间呈现明显的差异性的过程。

图像分割的目的是简化或改变图像的表示形式,以便在分割成的相关区域中提取目标,并进而根据目标的特征或结构信息对其进行分类和识别。图像分割属于图像分析的范畴,是从图像处理到图像分析的标志性步骤。

图像分割的基本方法可分为四种,分别是基于边缘检测的图像分割、基于阈值的图像分割、基于跟踪的图像分割和基于区域的图像分割。本章首先介绍图像分割的基本概念,然后依次介绍这四种基本的图像分割方法。

9.1 图像分割的概念

1. 目标、前景和背景

人们在对图像进行研究和应用时,往往会对图像中某些部分感兴趣,这些部分一般称为目标或前景,而其他部分称为背景。目标和背景是相对的概念,感兴趣的区域就认为是目标,反之就认为是背景。目标一般对应于图像中特定的、具有独特性质的区域。

2. 图像分割的含义

图像分割就是依据图像的灰度、颜色、纹理、边缘等特征,把图像分成各自满足某种相似性准则或具有某种同质特征的连通区域的集合的过程。对图像分割比较严格的定义如下:

设 R 代表整个图像区域,对 R 的分割可看作将 R 分成若干满足以下 5 个条件的非空子集(子区域)$R_1, R_2, \cdots, R_n$。

(1) $\bigcup\limits_{i=1}^{n} R_i = R$,即分割成的所有子区域的并应能构成原来的区域 R。

(2) 对于所有的 i 和 j 及 $i \neq j$,有 $R_i \bigcap R_j = \varnothing$,即分割成的各子区域互不重叠。

(3) 对于 $i = 1, 2, \cdots, n$,有 $P(R_i) = \text{True}$,即分割得到的属于同一区域的像素应具有某些相同的特性。

(4) 对于 $i \neq j$,有 $P(R_i \bigcup R_j) = \text{False}$,即分割得到的属于不同区域的像素应具有不同的性质。

(5) 对于 $i = 1, 2, \cdots, n$,R_i 是连通的区域,即同一子区域内的像素应当是连通的。

3. 灰度图像的分割

图像分割的依据是认为图像中各区域具有不同的特性,如灰度、颜色和纹理。由于受图像传感器技术和彩色图像需要传输巨量数据的限制,各种遥感和军事侦察应用大都使用灰度图像,所以,灰度图像分割是图像分割研究中最主要的内容。灰度图像分割的依据是基于相邻像素灰度值的不连续性和相似性,即同一区域内部的像素一般具有灰度相似性,而在不同区域之间的边界上一般具有灰度不连续性。所以,灰度图像的各种分割算法可据此分为利用区域间灰度不连续的基于边界的图像分割算法和利用区域内灰度相似性的基于区域的图像分割算法。

9.2　基于边缘检测的图像分割

由于图像边缘不仅可以勾画出图像的不同区域,而且反映了图像的大部分结构特征信息,所以基于图像边缘检测的图像分割方法是所有基于边界的图像分割方法的基础。本节先介绍图像边缘的概念,然后介绍基于图像边缘检测的图像分割方法。

9.2.1　图像边缘的概念

自然景物中物体、背景、区域的物理形状、几何特性(如方向和深度)、材质特性及其反射

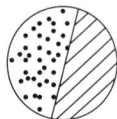

图 9.1　图像的边缘
特征示意图

系数的不同,导致了图像中灰度、颜色和纹理的突变,并在图像中形成一个个不同的区域。图像边缘是指图像中两个相邻区域的边界线上连续的像素的集合;进一步讲,图像的边缘是指图像中的灰度、颜色、纹理等特征发生空间突变的像素的集合。在灰度图像中,边缘也反映了图像中以灰度值表征的两平滑区域之间的振幅断续,如图 9.1 所示。

图像边缘的特点是两侧的灰度在通过边缘时将发生某种显著的变化,边缘的理想阶跃截面如图 9.2(a)所示,而实际中遇到的边缘多半是图 9.2(b)的情况。

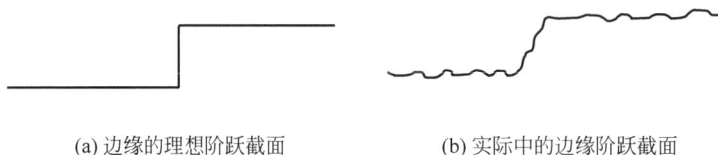

(a) 边缘的理想阶跃截面　　　　　　(b) 实际中的边缘阶跃截面

图 9.2　图像中的边缘的截面示意图

基于边缘检测的图像分割方法的基本思路是先确定图像中的边缘像素,然后就可把它们连接在一起构成所需的边界。图 9.3 直观地描述了用图像边缘划分图像不同区域的方法。

边缘既可有效地表述图像分割的区域,又是一种最直观地表述图像特征的方法。所以,本章仅介绍 Hough 变换边缘检测方法,有关边缘检测的更多内容详见 10.1 节。

9.2.2　Hough 变换

Hough(哈夫)变换的基本思想是将图像空间 X-Y 变换到参数空间 P-Q,利用图像空间 X-Y 与参数空间 P-Q 的点—线对偶性(duality),通过把原始图像中给定形状的直线或曲线变换成参数空间的一个点,即把原始图像中给定形状的直线或曲线上的所有点都映射到参数空间的某个点上而形成峰值(点数目累积的值),从而把原始图像中给定形状的直线或曲线的检测问题,转化成寻找变换空间中的峰点问题。

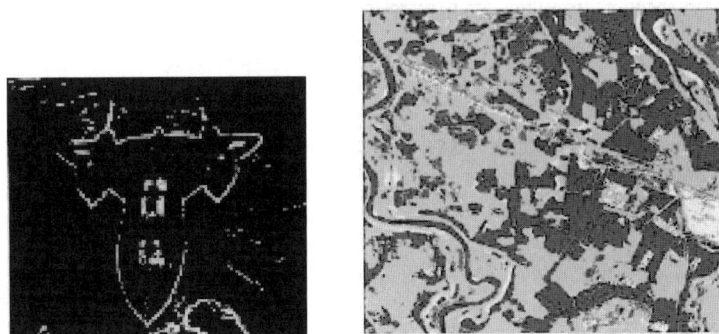

(a) 边缘区分的空中炸弹区域　　　　(b) 边缘区分的水体、旱地、林地等

图 9.3　用图像边缘划分图像不同区域示例

1. Hough 变换的基本原理

设在图像空间 X-Y 中,所有过点(x,y)的直线都满足方程

$$y = px + q \tag{9.1}$$

其中,p 为斜率,q 表示截距。若把式(9.1)改写成

$$q = -px + y \tag{9.2}$$

且假设 p 和 q 是人们感兴趣的变量,而 x 和 y 是参数,则式(9.2)表示的是参数空间 P-Q 中过点(p,q)的一条直线,其斜率和截距分别为$-x$ 和 y。举例来说,若在图像空间 X-Y 中有 $y=3x-2$,即 $p=3,q=-2$,则式(9.2)就表示参数空间 P-Q 中过点$(3,-2)$的一条直线。

一般地,对于任意的 i 和 j,设图像空间 X-Y 中同时过点(x_i,y_i)和点(x_j,y_j)的直线方程分别为

$$y_i = px_i + q \tag{9.3}$$

$$y_j = px_j + q \tag{9.4}$$

则与式(9.3)和式(9.4)相对应的、在参数空间 P-Q 中同时过点(p,q)的直线分别为

$$q = -px_i + y_i \tag{9.5a}$$

$$q = -px_j + y_j \tag{9.5b}$$

由此可见,图像空间 X-Y 中的一条直线(因为两点可以决定一条直线)和参数空间 P-Q 中的一点相对应;反之,参数空间 P-Q 中的一点和图像空间 X-Y 中的一条直线相对应,如图 9.4 所示。

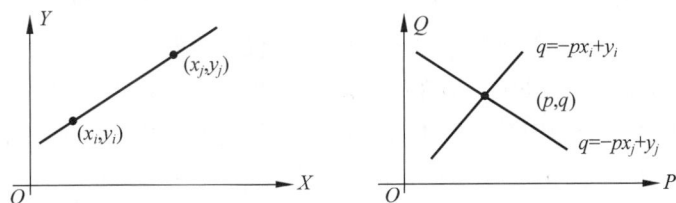

图 9.4　图像空间直线与参数空间点的对偶性

把上述结论推广到更一般的情况可知,如果图像空间 X-Y 中的直线 $y=px+q$ 上有 n 个点,那么这些点对应参数空间 P-Q 上的一个由 n 条直线组成的直线簇,且所有这些直线相交于同一点,如图 9.5 所示。进一步讲,在图像空间中的共线的点对应于参数空间中的相

交线；反之，在参数空间中相交于同一点的所有直线，在图像空间中都有共线的点与之对应，即所谓的点-线对偶性。根据这种点-线对偶性，当给定图像空间中的一些边缘点时，就可以通过 Hough 变换确定连接这些点的直线方程，从而把图像空间中的边缘线（即共线点）的检测问题转换为参数空间中对直线簇的相交点的检测问题。

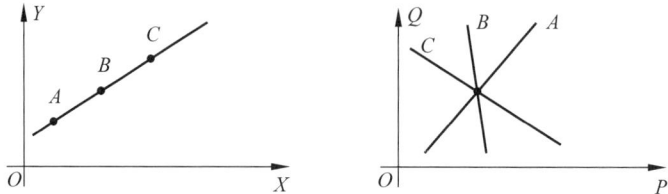

图 9.5　图像空间的一条直线与参数空间的直线簇交点对应示例

2. 经典的 Hough 变换

在实际中，当用式(9.1)表示的直线方程接近竖直（即该直线的斜率接近无穷大）或垂直时，则会由于参数空间中 p 和 q 的值接近无穷大或为无穷大而无法表示。因此，检测直线的 Hough 变换一般使用含极坐标参数的直线表示形式。

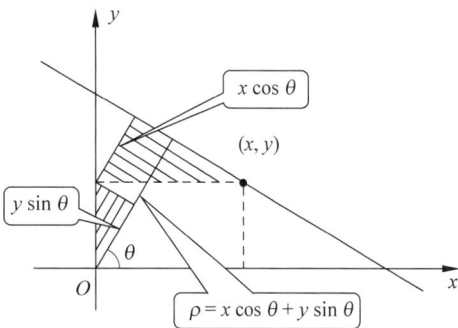

图 9.6　含极坐标参数的直线表示

图 9.6 描述了在图像空间 X-Y 中相交于 x 轴与 y 轴的直线 L，并且用极坐标空间 ρ-θ 中的极径 ρ（从极点 O 出发并垂直于直线 L 的线段）与极角 θ 表示直线 L 的关系。分析图 9.6 中各线段之间的平行关系及夹角关系可知，从直角坐标系的原点（即极坐标的原点）到直线 L 的法线距离 ρ（即极坐标中的极径）为（式(9.6a)中等号右边的两项可分别由图 9.6 中向右下斜线标注的三角形和向左下斜线标注的三角形求得）

$$\rho = x\cos\theta + y\sin\theta \qquad (9.6a)$$

并由此可得

$$y = \frac{-\cos\theta}{\sin\theta}x + \frac{\rho}{\sin\theta} \qquad (9.6b)$$

显然，式(9.6b)是图像空间 X-Y 中的直线方程，即式(9.1)在极坐标空间 ρ-θ 中的表示方式。式(9.6)中，θ 是直线 L 的垂线（即极径）与 x 轴（即极轴）的夹角。

在式(9.6)的意义下，图像空间 X-Y 中的一条直线就与极坐标空间 θ-ρ 中的一组曲线的交点一一对应（见图 9.7）；反之，图像空间 X-Y 中的一点与极坐标空间 θ-ρ 中的一条曲线相对应。这样就把图像空间中的直线检测转换为极坐标空间中曲线的交点的检测。

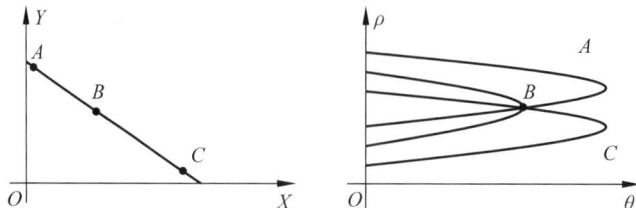

图 9.7　图像空间的一条直线与极坐标空间的曲线簇交点对应示例

3. 用 Hough 变换提取图像中直线的方法

在实现时,要根据精度要求将参数空间 θ-ρ 离散化成一个累加器阵列,即将参数空间细分成一个网格阵列(也即把每个网格近似看作一点,认为通过每个网格的曲线近似相交于该网格对应的“点”),其中的每个格子对应一个累加器(用于记录相交于该点的曲线数),如图 9.8 所示。

在图 9.8 中,角 θ 的取值范围以 x 轴为准是 $\pm 90°$,因此,当水平直线的角度 $\theta = 0°$ 时,ρ 等于正的 x 截距;当垂直直线的角度 $\theta = 90°$ 时,ρ 等于正的 y 截距;或 $\theta = -90°$ 时,ρ 等于负的 y 截距。

累加器阵列中的每个累加器的初值被置为零,且 $[\theta_{min}, \theta_{max}]$ 和 $[\rho_{min}, \rho_{max}]$ 分别为预期的斜率和截距的取值范围。然后,按照式(9.6)把图像空间 X-Y 中的

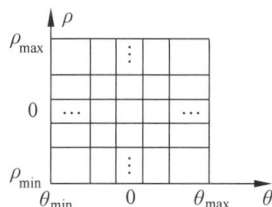

图 9.8　将 $\theta\rho$ 平面细分成网格阵列

每一点 (x_i, y_i) 映射到参数空间 θ-ρ 对应的一系列累加器中。即对于图像空间 X-Y 中的每一点,按照式(9.6)就会得到它在参数空间 θ-ρ 中所对应的曲线,凡是曲线经过的格子,其对应的累加器值加 1。由于通过同一格子的曲线所对应的点(近似于在图像空间)共线,于是格子对应的累加器的累加数值就等于图像空间中共线的点数。这样,如果图像空间中包含有若干直线,则在参数空间中就有同样数量的格子对应的累加器的累加值会出现局部极大值。通过检测这些局部极大值,就可以分别确定出与这些曲线对应的一对参数 (ρ, θ),从而检测出各条直线。

由上述过程可以看出,当网格中的格子被量化得过小时,各组共线点的数量可能变小;反之,当网格中的格子被量化得过大时,参数空间的集聚效果就会变差,以至于找不到准确描述图像空间直线的参数 ρ 和 θ。因此,要适当地选取网格中格子的大小。鉴于篇幅所限,有关的选取策略请参阅有关文献。利用 Hough 变换对圆和椭圆的检测也不再赘述。

图 9.9 是用 Hough 变换提取图像中直线的验证结果示例。图 9.9(b) 是用 canny 算子对原图 9.9(a) 进行边缘检测的结果,由于在确定图 9.9(c) 的纵坐标 ρ 和横坐标 θ 时对原图像的方向进行了一定调整,所以旋转了一定角度的原图像相对于图 9.9(b) 的边缘图像来说,原图像四个边的边缘也被检测出来了。图 9.9(c) 的 Hough 直线边缘检测结果没有原图像四个边的边缘,是因为 Hough 直线边缘检测的仅仅是原图像中的直线。

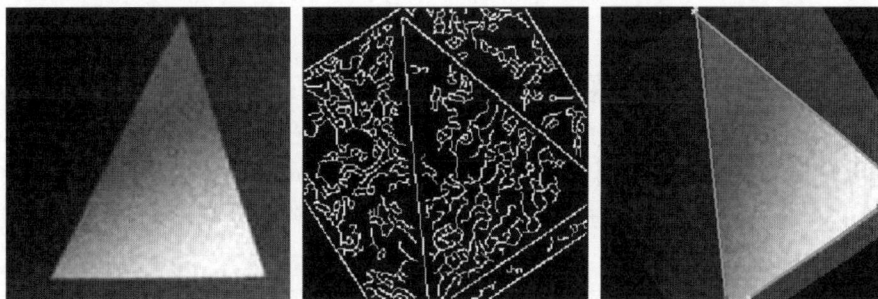

(a) 原图像　　　　　　(b) 有直线的二值图像　　　　　(c) 直线边缘检测结果图像

图 9.9　Hough 变换直线边缘检测验证结果示例

9.3 基于阈值的图像分割

由于图像中的目标与背景有时在灰度上有较大的差异，所以就可利用它们在不同区域上灰度值的不同提取阈值来分割出目标。基于阈值的图像分割就适用于那些物体（前景）与背景在灰度上有较大差异的图像分割问题。严格来讲，基于阈值的图像分割方法是一种区域分割技术。

9.3.1 基于阈值的分割方法

基于阈值的图像分割方法是提取物体与背景在灰度上的差异，把图像分为具有不同灰度级的目标区域和背景区域的一种图像分割技术。

1. 阈值化分割方法

一般情况下，当图像由较亮的物体和较暗的背景组成，且物体与背景的灰度有较大差异时，该图像的灰度直方图会呈现图 9.10 所示的两个峰值的情况。图中位于偏右（对应于灰度值大）的部分反映了物体的灰度分布，位于偏左（对应于灰度值小）的部分反映了背景的灰度分布。

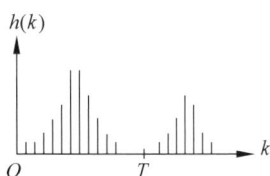

图 9.10 基于单阈值分割的灰度直方图

在这种情况下，从背景中提取物体的方法显然是选取位于两个峰值中间的谷底对应的灰度值 T 作为灰度阈值，然后将图像中所有像素的灰度值与这个阈值进行比较，所有大于阈值 T 的像素被认为是组成物体的点，一般地称为目标点；而那些小于或等于阈值 T 的像素被认为是组成背景的点，称为背景点。即对于图像 $f(x,y)$，利用单阈值 T 分割后的图像可定义为

$$g(x,y) = \begin{cases} 1 & f(x,y) \geqslant T \\ 0 & f(x,y) < T \end{cases} \tag{9.7}$$

用这种方法分割得到的结果图像 $g(x,y)$ 是一幅二值图像，对应于从暗的背景上分割出亮的物体的情况。

与上述情况相反的是从亮的背景上分割出暗的物体的情况，并定义为

$$g(x,y) = \begin{cases} 1 & f(x,y) \leqslant T \\ 0 & f(x,y) > T \end{cases} \tag{9.8}$$

【例 9.1】 利用阈值化方法提取细胞边界的轮廓。

解：不管是从暗的背景上分割出亮的物体，还是从亮的背景上分割出暗的物体，都认为物体与背景之间存在着可区分的边界（轮廓）。所以如果将暗的背景与亮的物体的灰度值分别变换为 0 和 1，或将亮的背景与暗的物体的灰度值分别变换为 1 和 0，就可以得到利用阈值化方法分割的二值图像。

图 9.11(b) 是对图 9.11(a) 所示的原细胞图像进行阈值化分割得到的二值化结果图像。

图 9.12 描述了在较暗的背景上有两个较亮的物体的直方图，且有如下约定：

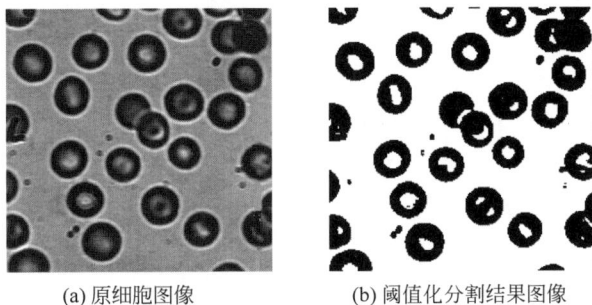

(a) 原细胞图像　　　　　(b) 阈值化分割结果图像

图 9.11　用阈值化方法分割图像示例

(1) 当 $f(x,y) \leqslant T_1$ 时，为背景（序号为 1）。

(2) 当 $T_1 < f(x,y) \leqslant T_2$ 时，为物体甲（序号为 2）。

(3) 当 $T_2 < f(x,y)$ 时，为物体乙（序号为 0）。

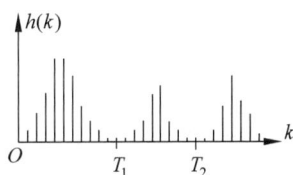

图 9.12　基于多阈值分割的灰度直方图

更一般地，对于将一幅图像 $f(x,y)$ 按多个阈值分割成多个区域的情况，可将其定义为

$$g(x,y) = \begin{cases} 1 & f(x,y) \leqslant T_1 \\ k & T_{k-1} < f(x,y) \leqslant T_k \\ 0 & T_k < f(x,y) \end{cases} \tag{9.9}$$

其中，$T_1,T_2,\cdots,T_k$ 为 k 个不同的分割阈值；$L_T = 0,1,2,\cdots,k$ 为图像被分割后的 $k+1$ 个不同区域的标号。在实际中，如果让不同标号对应不同的灰度值，多阈值图像分割的结果图像 $g(x,y)$ 就变为一幅 $k+1$ 值（即多值）图像；如果让不同标号（实质上对应于不同灰度级）与不同的颜色相对应，多阈值图像分割的结果图像 $g(x,y)$ 就变为一幅伪彩色图像（将具有不同灰度级的图像变换为彩色图像的技术详见 11.4.2 节）。

2. 半阈值化分割方法

图像经阈值化分割后除了可以表示成二值和多值图像外，还有一种非常有用的形式就是半阈值化分割方法。半阈值化方法是将比阈值大的亮像素的灰度级保持不变，而将比阈值小的暗像素变为黑色；或将比阈值小的暗像素的灰度级保持不变，而将比阈值大的亮像素变为白色。利用半阈值化方法分割后的图像可定义为

$$g(x,y) = \begin{cases} f(x,y) & f(x,y) \geqslant T \\ 0 & f(x,y) < T \end{cases} \tag{9.10}$$

或

$$g(x,y) = \begin{cases} f(x,y) & f(x,y) \leqslant T \\ 255 & f(x,y) > T \end{cases} \tag{9.11}$$

式（9.10）和式（9.11）的图示形式分别为图 9.13(a) 和图 9.13(b)。

在本节结束之前，有两个问题需要特别强调：一是由于图像直方图仅反映图像中具有不同灰度级像素的统计信息，并不能反映具有不同灰度级像素的空间分布结构信息，所以具

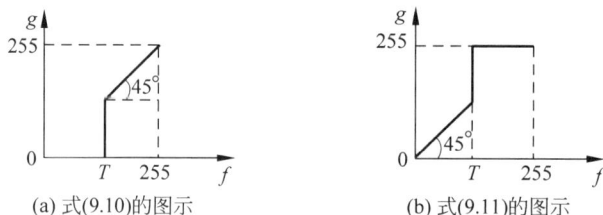

(a) 式(9.10)的图示　　　　　(b) 式(9.11)的图示

图 9.13　半阈值化方法图示

有双峰—谷形直方图的图像不都是具有在暗的背景上有亮的物体或在亮的背景上有暗的物体这样特征的图像。比如，一幅左边是灰黑而右边是白亮（或正好相反），或灰黑与白亮像素随机相间的图像也会具有双峰—谷特征的直方图。二是上面介绍的两种基于阈值的图像分割方法的前提是图像的直方图应具有双峰一谷或多峰多谷，否则阈值就无法确定。显然，阈值的确定是分割是否成功的关键，由于阈值应是位于两峰之间谷底的临界值，如果阈值定的不合适，就可能将物体上的点归为背景，或者将背景上的点归为物体。

尽管人们已经提出了许多选取阈值的方法，但基本上都是一种阈值方法只能适用于某一类或某几类图像，至今还没有发现一种对所有图像都可进行有效分割的方法。在 9.3.2 节中将接着介绍阈值的选取问题。

9.3.2　阈值选取方法

由 9.3.1 节分析可知，对于具有双峰—谷形状的直方图图像的分割问题，需要准确找到双峰之间的谷底的准确位置，该谷底位置对应的灰度值就是所求的分割阈值。另外，除了根据典型的双峰形直方图选取阈值外，还可以根据图像中物体的尺寸、物体在图像中所占的比例、图像中不同灰度级像素的空间结构特征等选取合适的阈值，进行基于阈值的图像分割处理。下面介绍几种典型的阈值选取方法。

1. 利用极大值和极小值寻找双峰形直方图的谷底及其阈值

首先求图像 $f(x,y)$ 的直方图 $P(f)$，在该直方图具有双峰特征的情况下，接着在直方图 $P(f)$ 上找出两个局部极大值（或最大值），并设这两个局部极大值的位置分别为 r_i 和 r_j；然后找出位于 r_i 和 r_j 之间的、具有最小值 $P(r_T)$ 的点 r_T，即对于直方图上所有满足 $r_i \leqslant r_T \leqslant r_j$ 的位置点，有 $P(r_i) \leqslant P(r_T) \leqslant P(r_j)$；接下来可以进一步测定直方图双极性的强弱，即计算

$$K_T = \frac{P(r_T)}{\min(P(r_i), P(r_j))} \tag{9.12}$$

在式(9.12)中，当 K_T 的值较小，说明谷低峰高，就认为在该直方图的两个峰值之间存在一个有用的阈值 K_T，并可以将其作为进行基于阈值的图像分割的一个可用的阈值；当 K_T 的值较大、特别是接近 1 时，说明谷和峰的高度比较接近，即该直方图的双极性较弱，这时若利用阈值 K_T 进行基于阈值的图像分割，显然很难得到满意的分割效果。

2. 全局阈值的选取

如果图像中的背景具有同一灰度值，或背景的灰度值在整个图像中几乎可看作接近于某一恒定值；而图像中的物体为另一确定的灰度值，或明显可看作接近于另一恒定值（如

图 9.14(a)所示),或与背景有明显的灰度级区别(如图 9.14(b)所示),则可使用一个固定的全局阈值,一般会取得较好的分割效果。

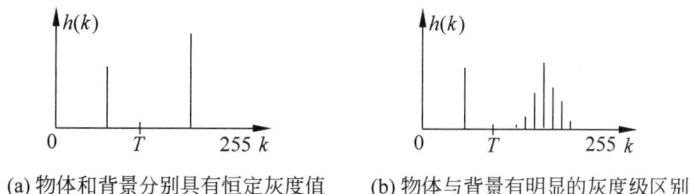

(a) 物体和背景分别具有恒定灰度值　　　(b) 物体与背景有明显的灰度级区别

图 9.14　全局阈值选取示例

3. 类二值图像的阈值选取

在实际中有一些图像可以看作具有均匀灰度的物体放在另一个与其不同亮度的背景上,如效果不是很好的二值图像、手写或打印的文本样本扫描成的图像等。这种图像的共同特征是它们可被看作一幅类二值图像(由于各像素的灰度值不都是 0 或 255,所以不能将它们完全归为二值图像)。这样,当大约已知被处理的类二值图像灰度分布的百分比时,就可通过试探的方法选取阈值,直到阈值化后的图像的效果达到最佳(即阈值化的图像的灰度分布比例与实际的灰度分布比例一致)时为止。例如,若一幅印刷文本图像中的文字约占整幅图像的 20%,就可以选择一个与其对应的灰度阈值对该文本图像进行阈值化处理,并通过多次更改阈值的阈值化试探过程,使其分割效果达到最佳,即使灰度值小于阈值的像素数约占总像素数的 20%。

4. 迭代式阈值选取

迭代式阈值选取方法的基本思路是:首先根据图像中物体的灰度分布情况,选取一个近似阈值作为初始阈值,一个比较好的方法就是将图像的灰度均值作为初始阈值;然后通过分割图像和修改阈值的迭代过程获得被认可的最佳阈值。迭代式阈值选取过程可描述如下。

(1) 选取一个初始阈值(如灰度均值)T。

(2) 利用阈值 T 把给定图像分割成两组图像,记为 R_1 和 R_2。

(3) 计算 R_1 和 R_2 的均值 μ_1 和 μ_2。

(4) 计算新的阈值 T,且

$$T = \frac{\mu_1 + \mu_2}{2}$$

(5) 重复步骤(2)~步骤(4),直至 R_1 和 R_2 的均值 μ_1 和 μ_2 不再变化为止,即直至两次计算所得的 T 值(前一次的 T 值 pre_T 与当前的 T 值 now_T)之差的绝对值(diff_T=abs(pre_T-now_T))非常小为止(理想情况是 diff_T=0,但实际中只要满足 0≤diff_T≤1 即可)。

9.4　基于跟踪的图像分割

由于图像中目标边缘轮廓的延伸有时可直接地勾画出图像中不同的区域,或直观地反映出目标的形状信息,所以基于目标边界跟踪的分割方法也是进行图像分割的重要技术。

基于跟踪的图像分割方法是先通过对图像上的点的简便运算,来检测出可能存在的物体上的点,然后在检测到的点的基础上通过跟踪运算来检测物体的边缘轮廓的一种图像分割方法。这种方法的特点是跟踪计算不需要在图像每个点上进行，只需要在已检测到的点和正在跟踪的物体的边缘轮廓延伸点上进行即可。本节介绍最基本的轮廓跟踪法和光栅跟踪法。

9.4.1 轮廓跟踪法

设图像是由黑色物体和白色背景组成的二值图像。轮廓跟踪的目的是找出目标的边缘轮廓，如图 9.15 所示。

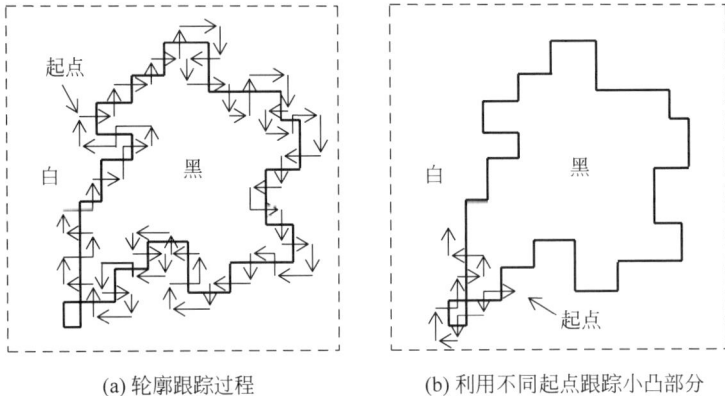

(a) 轮廓跟踪过程   (b) 利用不同起点跟踪小凸部分

图 9.15 轮廓跟踪法示例

1. 轮廓跟踪算法

轮廓跟踪算法可描述如下。

（1）在靠近边缘处任取一个起始点，然后按照每次只前进一步、步距为一像素的原则开始跟踪。

（2）当跟踪中的某一步是由白区进入黑区时，以后各步向左转，直到穿出黑区为止。

（3）当跟踪中的某一步是由黑区进入白区时，以后各步向右转，直到穿出白区为止。

（4）当围绕目标边界循环跟踪一周回到起点时，则所跟踪的轨迹便是目标的轮廓；否则，应按步骤（2）和步骤（3）的原则继续进行跟踪。

2. 在轮廓跟踪中需要注意的问题

（1）目标中的某些小凸部分可能因被迂回过去而被漏掉，如图 9.15(a) 左下部所示。避免这种问题的常用方法是选取不同的多个起始点（见图 9.15(b)）进行多次重复跟踪，然后把相同的跟踪轨迹作为目标轮廓。

（2）由于这种跟踪方法可形象地看作是一个爬虫在爬行，所以又称为"爬虫跟踪法"。当围绕某个局部的闭合小区域重复"爬行"而回不到起点时，就出现了"爬虫掉进陷阱"的情况。防止爬虫掉进陷阱的一种方法是让爬虫具有记忆能力，当爬行中发现在走重复的路径时，便退回到原起始点 A，并重新选择起始点和爬行方向，重新进行轮廓跟踪。

图 9.16 是利用轮廓跟踪法进行图像分割的验证结果示例。

9.4.2 光栅跟踪法

对于灰度图像中可能存在的一些比较细且其斜率不大于 $90°$ 的曲线的检测，可采用一种类似于电视光栅扫描的方法，通过逐行跟踪来检测该类曲线，这种方法就是光栅跟踪图像

(a) 原图像　　　　　　(b) 轮廓跟踪法标注的分割边界

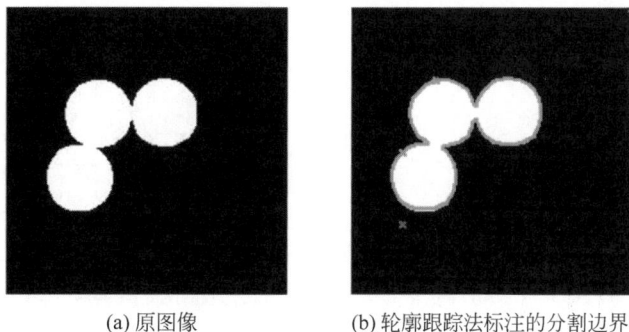

图 9.16　轮廓跟踪法图像分割验证结果示例

分割方法。

　　光栅跟踪法的基本思想是先利用检测准则确定接受对象点,然后根据已有的接受对象点和跟踪准则确定新的接受对象点,最后将所有标记为 1 且相邻的对象点连接起来,就得到了检测到的细曲线。

　　光栅跟踪法需要事先确定一个检测阈值 d 和一个跟踪阈值 t,且要求 $d>t$。通过对图像逐行扫描,将每一行中灰度值大于或等于检测阈值 d 的所有点(称为接受对象点)记为 1,即为检测准则。设位于第 i 行的点 (i,j) 为接受对象点,如果位于第 $i+1$ 行上的相邻点 $(i+1,j-1)$、$(i+1,j)$ 和 $(i+1,j+1)$ 的灰度值大于或等于跟踪阈值 t,就将其确定为新的接受对象点并记为 1,即为跟踪准则。

　　利用光栅跟踪法进行图像分割(检测边缘)的过程可描述如下。

　　(1) 确定检测阈值 d 和跟踪阈值 t,且要求 $d>t$。

　　(2) 用检测阈值 d 逐行对图像进行扫描,依次将灰度值大于或等于检测阈值 d 的点的位置记为 1。

　　(3) 逐行扫描图像,若图像中的 (i,j) 点为接受对象点,则在第 $i+1$ 行上找点 (i,j) 的相邻点 $(i+1,j-1)$,$(i+1,j)$,$(i+1,j+1)$,并将其中灰度值大于或等于跟踪阈值 t 的相邻点确定为新的接受对象点,将相应位置记为 1。

　　(4) 重复步骤(3),直至图像中除最末一行以外的所有接受点扫描完为止。此时位置为 1 的像素连成的曲线即为检测到的边缘。

　　【例 9.2】　已知有一个 8×10 的灰度图像,如图 9.17 所示,对其中没有标灰度值的位置认为其灰度值为 0。设检测阈值 $d=7$,跟踪阈值 $t=4$,试利用光栅跟踪法检测该图像中的曲线。

　　解:(1) 根据检测准则逐行扫描图像,并将其灰度值大于或等于检测阈值 $d=7$ 的所有像素的位置置为 1,结果在图 9.18(a)中标记为①。

　　(2) 逐行扫描图像,并按跟踪准则将灰度值大于或等于跟踪阈值 $t=4$ 的所有像素确定为新的接受点,且将其相应位置置为 1,结果如图 9.18(a)所示。

　　(3) 将标记为 1(包括①,主要是为了便于区别

图 9.17　例 9.2 的原图像

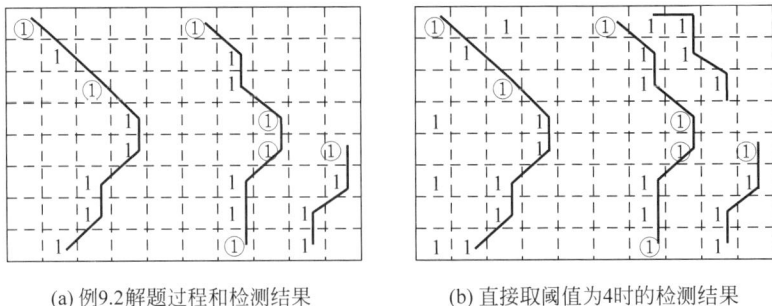

(a) 例9.2解题过程和检测结果　　　　　(b) 直接取阈值为4时的检测结果

图 9.18　例 9.2 利用光栅跟踪法检测边缘结果示例

检测准则和跟踪准则的结果)的像素连接起来,就得到了检测获得的结果曲线。

值得注意的是,若直接按阈值 4 确定所有接受点时,检测(阈值化)结果为图 9.18(b)所示。比较利用光栅跟踪法得到的如图 9.18(a)所示的结果和直接按阈值 4 确定的如图 9.18(b)所示的只进行阈值化而不跟踪的结果可知,本算法与简单的阈值化方法是有明显区别的。

最后需要说明的是,检测准则和跟踪准则的判定可以不是灰度值,而是其他反映图像局部特征的量,如对比度、梯度等。相邻点的定义也可以将范围选得大一些。另外,人们还针对本方法的不足提出了一种全向跟踪方法,有兴趣的读者可以参阅有关文献。

9.5　基于区域的图像分割

基于区域的图像分割是根据图像的灰度、纹理、颜色和图像像素统计特征的均匀性等图像的空间局部特征,把图像中的像素划归到各个物体或区域中,进而将图像分割成若干不同区域的一种分割方法。典型的区域分割方法有区域生长法、分裂合并法等。

9.5.1　区域生长法

区域生长法的基本思想是根据事先定义的相似性准则,将图像中满足相似性准则的像素或子区域聚合成更大区域的过程。

区域生长的基本方法是首先在每个需要分割的区域中找一"种子"像素作为生长的起点,然后将种子像素周围邻域中与种子像素有相同或相似性质的像素(根据事先确定的相似性准则判定)合并到种子像素所在的区域中,接着以合并成的区域中的所有像素作为新的种子像素,继续上面的相似性判别与合并过程,直到再没有满足相似性准则的像素可被合并进来为止。这样就使得满足相似性准则的像素组成(生长成)了一个区域。

由此可见,在区域生长法的图像分割方法中,需要合理确定区域生长过程中能正确代表所需区域的种子像素、生长过程中能将相邻像素合并进来的相似性准则、终止生长过程的条件或规则这 3 个关键问题。

1. 选择和确定一组能正确代表所需区域的种子像素

选择和确定一组能正确代表所需区域的种子像素的一般原则如下。

(1) 接近聚类重心的像素可作为种子像素。例如,图像直方图中像素最多且处在聚类中心的像素。

（2）红外图像目标检测中最亮的像素可作为种子像素。

（3）按位置要求确定种子像素。

（4）根据某种经验确定种子像素。

值得注意的是，最初的种子像素可以是某一具体的像素，也可以是由多像素聚集而成的种子区。

种子像素的选取可以通过人工交互的方式实现，也可以根据物体中像素的某种性质或特点自动选取。

2. 确定在生长过程中能将相邻像素合并进来的相似性准则

在生长过程中能将相邻像素合并进来的相似性准则主要如下。

（1）当图像是彩色图像时，可以以各颜色为准则，并考虑图像的连通性和邻近性。

（2）待检测像素的灰度值与已合并成的区域中所有像素的平均灰度值满足某种相似性准则，例如灰度值差小于某个值。

（3）待检测点与已合并成的区域构成的新区域符合某个尺寸或形状要求等。

从以上的生长准则可知，本方法的最终分割效果与图像的种类和属性，图像中像素间的连通性、邻近性、均匀性等都有关系。例如，同样大小的灰度值可能形成互不相连的几个区域。

3. 确定终止生长过程的条件或规则

（1）一般的终止生长准则是生长过程进行到没有满足生长准则的像素时为止。

（2）其他与生长区域需要的尺寸、形状等全局特性有关的准则。

显然，有时可能因为要建立区域生长的终止条件，需要根据图像或图像中物体的特征、某种先验知识及结果要求等建立一些专门的模型。

【例 9.3】 设有原始图像如图 9.19(a)所示。种子像素为灰度值最大的那一像素，生长方法是由种子像素和与其相邻的像素组成新区域，相似性度量方法是新区域的所有像素的平均灰度值与拟被生长的那一像素的灰度值之差的绝对值小于或等于 2。请完成区域生长操作，并对相关过程进行较为详细的说明。

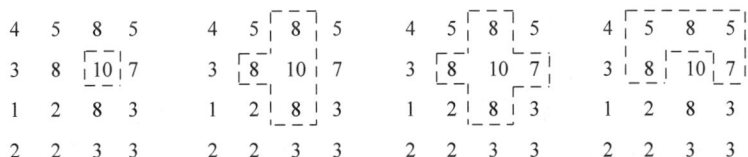

```
4  5  8  5        4  5 ┌8┐ 5        4  5 ┌8┐ 5        4 ┌5  8  5┐
3  8 ┌10┐7        3 ┌8│10│7        3 ┌8  10  7┐       3 │8  10  7│
1  2  8  3        1  2│8│3          1  2│8│3          1  2  8  3
2  2  3  3        2  2  3  3        2  2  3  3        2  2  3  3
```

  (a)原始图像 (b)前3步生长结果 (c)第4步生长结果 (d)5为种子的生长结果

图 9.19 例 9.3 的区域生长过程示例

解： 通过检测可知，种子像素是灰度值为 10 的像素，用图 9.19(a)中的虚线框标注。生长过程如下。

（1）图 9.19(b)是前 3 步的区域生长结果，前 3 步逐次地将相邻像素合并进来的生长过程如下。

① 拟被生长的第一相邻像素灰度值为 8。因为 (10+8)/2=9，|8−9|=1<2，所以可将相邻的第一灰度值为 8 的像素合并进来。

② 拟被生长的第 2 相邻像素灰度值为 8。因为 $(10+8+8)/3=8.67$，$|8-8.67|=1.33<2$，所以可将相邻的第 2 灰度值为 8 的像素合并进来。

③ 拟被生长的第 3 相邻像素灰度值为 8。因为 $(10+8+8+8)/4=8.5$，$|8-8.5|=1.5<2$，所以可将相邻的第 3 灰度值为 8 的像素合并进来。

（2）拟被生长的第 4 相邻像素灰度值为 7。因为 $(10+8+8+8+7)/5=8.2$，$|7-8.2|=1.2<2$，所以可将相邻的第 4 灰度值为 7 的像素合并进来。

（3）因为 $(10+8+8+8+7+5)/6=7.67$，$|5-7.67|=2.67>2$，不满足相似性准则，所以生长过程终止，图 9.19(c) 即是区域生长的最终结果。显然，通过区域生长过程将原图像分割成了 3 个区域。

图 9.19(d) 为以右上角的 5 为种子像素的生长结果。这个例子说明，当选择不同的种子像素时，分割成的区域也会不同。

【例 9.4】 设有原图像如图 9.20(a) 所示，其中有两种子像素如虚线框所示。生长准则是：当四周相邻像素与种子像素区域的灰度值差的绝对值小于或等于某个门限 T 时，将相邻像素合并到种子像素所在的区域。

(a) 原图像   (b) $T=1$ 时的生长结果   (c) $T=8$ 时的生长结果

图 9.20   例 9.4 的区域生长示例

解：分析可知：当 $T=1$ 时，区域生长结果如图 9.20(b) 所示；当 $T=8$ 时，区域生长结果如图 9.20(c) 所示。这个例子说明，当生长准则的相似度阈值不同时，分割成的区域也会不同。

9.5.2   分裂-合并法

分裂-合并分割方法是根据事先确定的分裂合并准则，即区域特征一致性的测度，从整个图像出发，根据图像中各区域的不一致性，把图像或区域分裂成新的子区域；同时，可查找相邻区域有没有相似的特征，当相邻子区域满足一致性特征时，把它们合并成一个较大区域，直至所有区域不再满足分裂和合并的条件为止。分裂-合并分割方法的基础是图像四叉树表示法。

1. 图像四叉树

当整个图像或图像中的某个区域的特征不一致时，就把该图像（区域）分裂成大小相同的 4 个象限区域，其编号依次为 1（左上角）、2（右上角）、3（左下角）、4（右下角）；并依序分别根据已经分裂得到的新区域的特征是否一致，把特征不一致的区域进一步分成大小相同的 4 个更小的象限区域；如此不断分裂下去，直至所有的更小区域的特征一致为止。这种分裂过程可以用一个以该图像为树根，以分成的新区域或更小区域为中间节点或树叶节点的四叉树来描述，如图 9.21 所示。

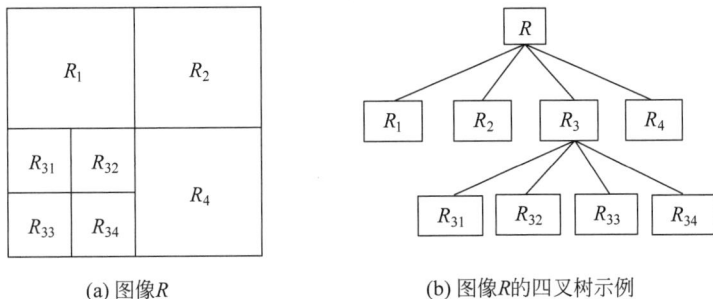

(a) 图像 R　　　　　　　(b) 图像 R 的四叉树示例

图 9.21　图像的四叉树示例

2. 分裂-合并分割方法

分裂-合并分割方法可描述如下。

(1) 设用 R_0 表示整幅图像,用 $R_i(i=1,2,3,4)$ 表示原图像分割成的图像区域;并假设当同一区域 R_i 中的所有像素满足某一相似度测量准则(即认为它们具有相同的性质)时,$P(R_i)=$ TRUE,否则 $P(R_i)=$ FALSE。

(2) 对于任何的区域 R_i,当 $P(R_i)=$ TRUE 时,该区域及该分支不再进一步分裂。

(3) 对于任何的区域 R_i,当 $P(R_i)=$ FALSE 时,将该区域分成大小相同的 4 个更小的象限区域 R_{i1}、R_{i2}、R_{i3}、R_{i4}。

(4) 在每一次将 R_i 分成更小的区域 R_{i1}、R_{i2}、R_{i3}、R_{i4} 后,如果它们中有相邻的两区域 R_{ij} 与 R_{ik} 使 $P(R_{ij})=$ TRUE 和 $P(R_{ik})=$ TRUE 同时成立,则将它们合并成新区域。如果它们中的区域 R_{ij} 使 $P(R_{ij})=$ TRUE 和 $P(R_{(i-1)k})=$ TRUE$(i-1\geqslant1)$同时成立,或使 $P(R_{ij})=$ TRUE 和 $P(R_{(i-2)k})=$ TRUE$(i-2\geqslant1)$同时成立,则将 R_{ij} 和 $R_{(i-1)k}$ 合并成新区域,或将 R_{ij} 和 $R_{(i-2)k}$ 合并成新区域。

(5) 重复步骤(2)~步骤(4),直到再无法进行拆分及合并为止。

【例 9.5】　利用分裂-合并法进行图像分割,原图像如图 9.22(a)所示。

解: (1) 将原图像分裂成 4 个象限区域 R_1、R_2、R_3、R_4,如图 9.22(b)所示。

(2) 由于图 9.22(b)的区域 1 使 $P(R_1)=$ FALSE,进一步地把区域 1 分裂成 R_{11}、R_{12}、R_{13}、R_{14},如图 9.22(c)所示。

(3) 由于区域 1 中的相邻区域 R_{11} 和 R_{13} 使 $P(R_{11})\bigcap P(R_{13})=$ TRUE 成立,所以合并 R_{11} 和 R_{13},结果如图 9.22(d)所示。

(4) 由于图 9.22(d)中区域 12 使得 $P(R_{12})=$ FALSE,进一步地把区域 12 分裂成 R_{121}、R_{122}、R_{123}、R_{124},如图 9.22(e)所示。

(5) 由于区域 12 中的相邻区域 R_{121} 和 R_{123} 使 $P(R_{121})\bigcap P(R_{123})=$ TRUE 成立,所以合并 R_{121} 和 R_{123};同时,由于 $P(R_{11})\bigcap P(R_{121})\bigcap P(R_{123})=$ TRUE 成立,所以把 R_{121} 和 R_{123} 合并到 R_{11} 和 R_{13} 的连片区域,并将该连片区与记为 R_{1-},结果如图 9.22(f)所示。

(6) 由于在图 9.22(f)中,区域 1 中的 R_{1-} 与区域 3 相邻,且 $P(R_{1-})\bigcap P(R_3)=$ TRUE 成立,所以合并 R_{1-} 和 R_3,并将其新连片的区域记为 $R_{(1,3)-}$,结果如图 9.22(g)所示。

（7）同理，由于 $P(R_4)=\text{FALSE}$，可将其分裂成 R_{41}、R_{42}、R_{43}、R_{44}；然后根据 $P(R_{(1,3)-})\bigcap P(R_{41})\bigcap P(R_{43})=\text{TRUE}$，将 R_{41} 和 R_{43} 合并到区域 $R_{(1,3)-}$ 形成更大的分割区域；进而将 R_{441} 和 R_{442} 合并进来，就可得到最终的分割结果，如图 9.22(h)所示。

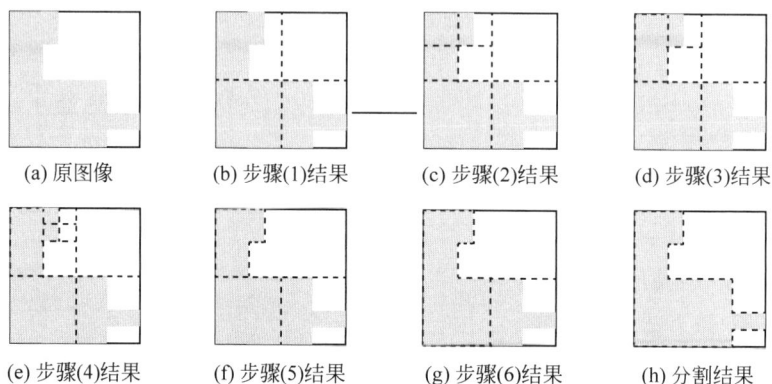

| (a) 原图像 | (b) 步骤(1)结果 | (c) 步骤(2)结果 | (d) 步骤(3)结果 |

| (e) 步骤(4)结果 | (f) 步骤(5)结果 | (g) 步骤(6)结果 | (h) 分割结果 |

图 9.22　例 9.5 的利用分裂-合并法图像分割过程示例

例 9.5 是一个二值图像分割的例子。若是对灰度图像进行分割，进行同一区域内相似度度量的一种可行标准是：假设当同一区域 R_i 内至少 80% 的像素满足式（9.13）时，$P(R_i)=\text{TRUE}$；否则，就要对其进行进一步的分裂。

$$|z_j-m_i|\leqslant 2\sigma_i \tag{9.13}$$

其中，z_j 是区域 R_i 内的第 j 个像素的灰度值；m_i 是区域 R_i 内所有像素的灰度值的均值；σ_i 是区域 R_i 内所有像素的灰度值的标准差。

如果在式（9.13）的条件下有 $P(R_i)=\text{TRUE}$，则将 R_i 内所有像素的灰度值置为 m_i。

最后需要说明的是，分裂-合并分割方法会分割出或产生出块状的区域，如果毗邻的块状区域不够均匀（不满足相似性要求），就被分割成更小的块状区域；如果两个毗邻的块状区域足够均匀（满足相似性要求），该两个区域就会被合并。对某一区域是否需要进行分裂的准则和对相邻区域是否应当合并的准则应该是一致的。下面是一些可以选择的准则：

（1）同一区域中最大灰度值与最小灰度值之差或方差小于某选定的阈值；

（2）两个区域的平均灰度值之差及方差小于某个选定的阈值；

（3）两个区域的灰度分布函数之差小于某个选定的阈值；

（4）两个区域的某种图像统计特征值的差小于或等于某个阈值。

习　题　9

9.1　解释下列术语。

（1）图像分割　　　　　　　　（2）图像边缘

（3）前景　　　　　　　　　　（4）种子像素

9.2　图像分割的依据是什么？

9.3　简述基于边缘检测的图像分割方法的基本思路。

9.4　简述 Hough(哈夫)变换的基本思想。

9.5　什么是基于阈值的图像分割方法？

9.6　什么是基于跟踪的图像分割方法？

9.7　简述光栅跟踪方法的基本思想。

9.8　什么是基于区域的图像分割方法？

9.9　请在 MATLAB 环境下执行和验证以下程序，并在分析程序运行结果和程序代码的基础上，指出程序完成的功能(即补充 Y 的含义)。

```matlab
clc; clear all; close all;
img0 = imread('d:\cell.jpg');
[h,w] = size(img0);
Th = graythresh(img0);          % 给灰度图像找一个合适的(归一化)阈值
Th1 = uint8(256 * Th);          % 阈值的 8 位数值
img1 = img0;                    % 给结果图像赋初值

for i = 1:h                     % 求该图像的 Y 结果图像
        for j = 1:w
                if img0(i,j) >= Th1
                    img1(i,j) = 255;
                else
                    img1(i,j) = 0;
                end;
        end
end
imshow(img0),title('灰度原图');
figure,imshow(img1),title('Y 结果');
```

第 10 章

图像特征提取

在图像技术领域的许多应用中，人们总是希望从分割出的区域中分辨出地物类别，例如分辨农田、森林、湖泊、沙滩等；或是希望从分割出的区域中识别出某种物体（目标），例如在河流中识别舰船，在飞机跑道上识别飞机等。进行地物分类和物体识别的第一步就是物体在图像中的特征的提取和检测，然后才能根据检测和提取的图像特征对图像中可能的物体进行识别。因此，图像特征提取是图像处理和分析研究中最主要的内容之一。

图像特征是一种用于区分一个图像内部特征的最基本的属性。根据图像本身的自然属性和人们进行图像处理的应用需求，图像特征可分成自然特征和人工特征两大类。人工特征是指人们为了便于对图像进行处理和分析而人为认定的图像特征，如图像直方图、图像频谱和图像的各种统计特征（图像的均值、图像的方差、图像的标准差、图像的熵）等。自然特征是指图像固有的特征，如图像的边缘、角点、纹理、形状和颜色等。图像特征提取是指使用计算机提取图像中属于其特征性信息的方法及过程。

本章介绍图像的几种主要特征及其提取和检测方法，包括图像的边缘特征及其检测方法，图像的点和角点特征及其检测方法，图像的纹理特征及其检测方法，图像的形状特征和图像的统计特征。有关图像中目标结构的表示和描述将在第 13 章介绍。

10.1　图像的边缘特征及其检测方法

第 9 章已经给出了图像边缘的初步概念，下面进一步讨论图像边缘的特征及其检测方法。

10.1.1　图像边缘的特征

图像边缘具有方向和幅度两个特征。沿边缘走向，像素的灰度值变化比较平缓，而沿垂直于边缘的走向，像素的灰度值则变化比较剧烈。这种剧烈的变化或者呈阶跃状，或者呈屋顶状，分别称为阶跃状边缘（step edge）和屋顶状边缘（roof edge）。阶跃状边缘两边的灰度值有明显变化，而屋顶状边缘位于灰度增加和减小的交界处。另一种是由上升阶跃和下降阶跃组合而成的脉冲状边缘剖面，主要对应于细条状的灰度值突变区域。一般常用一阶和二阶导数来描述和检测边缘。图 10.1 分别给出了具有阶跃状、脉冲状和屋顶状边缘的图像，图像沿水平方向灰度变化的边缘曲线的剖面，边缘曲线的一阶和二阶导数的变化规律的示例。

由图 10.1(a)和图 10.1(b)可知，阶跃状边缘曲线的一阶导数在边缘处呈极值，所以可用一阶导数的幅度值来检测边缘的存在，且幅度值一般对应边缘位置。阶跃状边缘曲线的二阶导数在边缘处呈"零交叉"，所以也可用二阶导数的过零点检测边缘位置，并可用二阶导

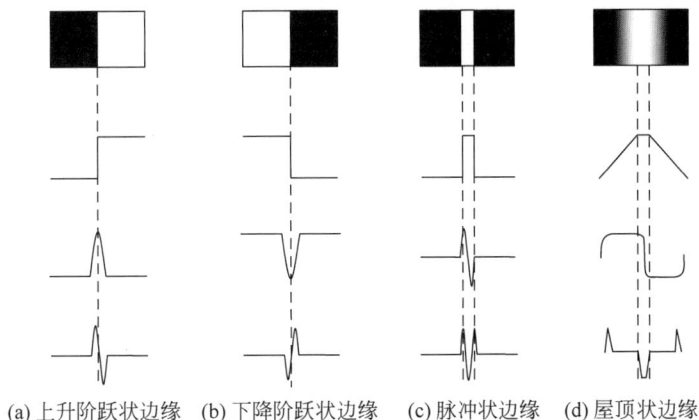

(a) 上升阶跃状边缘　(b) 下降阶跃状边缘　(c) 脉冲状边缘　(d) 屋顶状边缘

图 10.1　图像边缘及其导数曲线规律示例

数在过零点附近的符号确定边缘像素在图像边缘的暗区或亮区。

由图 10.1(c)可知,脉冲状边缘曲线的一阶导数在脉冲的中心处呈"零交叉",所以可用一阶导数的过零点检测脉冲的中心位置。脉冲状边缘曲线的二阶导数在边缘处和中心处均呈极值,所以可以用二阶导数的幅度值来检测边缘的存在,且两个相位相同的幅度值一般对应边缘位置。

由图 10.1(d)可知,屋顶状边缘曲线的一阶导数在边缘处呈"零交叉",二阶导数呈极值。一般可用一阶导数的过零点确定屋顶位置。

综上所述,图像中的边缘可以通过对它们求导数来确定,而导数可利用微分算子来计算。对于数字图像来说,通常是利用差分来近似微分。但由于差分算子是一种具有方向性的算子,即用差分算子检测边缘时,必须使差分方向和边缘方向垂直,所以人们希望寻找一种没有方向性的算子,下面将要介绍的梯度算子和拉普拉斯算子等就是与方向无关的算子。

10.1.2　梯度边缘检测

1. 梯度边缘检测方法

在第 4 章介绍基于一阶微分的图像增强方法时已经指出,该方法的第一步即是一种基于梯度法的图像边缘提取(检测)方法。因此,第 4 章介绍的梯度幅度、梯度方向角(幅角)等概念均适用于本章的相关概念和方法。如第 4 章所述,连续图像 $f(x,y)$ 在点 (x,y) 处的梯度幅度为

$$G(x,y) = \sqrt{\left[\frac{\partial f(x,y)}{\partial x}\right]^2 + \left[\frac{\partial f(x,y)}{\partial y}\right]^2} \tag{10.1}$$

对于(用显示坐标表示的)数字图像 $f(i,j)$,通过用 x 方向(垂直)的一阶差分 G_x 近似导数/微分,用 y 方向(水平)的一阶差分 G_y 近似导数/微分,就可得到数字图像 $f(i,j)$ 的梯度幅值表示形式为

$$G(i,j) = \sqrt{(G_x)^2 + (G_y)^2} \tag{10.2}$$

进一步地,也可将式(10.2)化简成便于在计算机上实现的近似表示形式,即

$$G(i,j) = |G_x| + |G_y| \tag{10.3}$$

2. 三种最经典的边缘检测算子及其性能分析

基于梯度原理，学者们经过不断的探索，提出了许多边缘检测算子，最经典的是 Roberts 边缘检测算子、Sobel 边缘检测算子和 Prewitt 边缘检测算子。

1）Roberts 算子

任意一对在相互垂直方向上的差分可以看成梯度的近似求解，Roberts 边缘检测算子就是基于该原理，用对角线上相邻像素之差来代替微分寻找边缘。所以，Roberts 算子是一个交叉算子，其在点 (i,j) 的梯度幅值表示为

$$G(i,j) = |f(i+1,j+1) - f(i,j)| + |f(i,j+1) - f(i+1,j)| \quad (10.4)$$

或

$$G(i,j) = |f(i+1,j+1) - f(i,j)| + |f(i+1,j) - f(i,j+1)| \quad (10.5)$$

式（10.4）中的交叉差分项约定是右边列像素的值减去左边交叉列像素的值，式（10.5）中的交叉差分项约定是下边行像素的值减去上边交叉行位置像素的值；本书取式（10.4）所示的交叉算子表示形式，并记为

$$G_x = f(i+1,j+1) - f(i,j) \quad (10.6a)$$

$$G_y = f(i,j+1) - f(i+1,j) \quad (10.6b)$$

这样，式（10.6a）和式（10.6b）对应的 2×2 的 Roberts 边缘检测算子可分别表示为

$$\boldsymbol{H}_x = \begin{bmatrix} -1 & 0 \\ 0 & 1 \end{bmatrix}, \quad \boldsymbol{H}_y = \begin{bmatrix} 0 & 1 \\ -1 & 0 \end{bmatrix} \quad (10.7)$$

由于 Roberts 边缘检测算子是利用图像的两个对角线方向的相邻像素之差进行梯度幅值的检测，所以求得的是在差分点 $(i+1/2, j+1/2)$ 处的梯度幅值，而不是所预期的点 (i,j) 处的梯度幅值。Roberts 算子窗口较小，平滑噪声的作用也小，且对噪声较为敏感。该方法仅采用了对角线上相邻像素之差进行梯度幅度检测，未考虑水平相邻像素和垂直相邻像素的情况，无法消除局部噪声干扰，也会丢失灰度值变化缓慢的局部边缘，从而导致目标的边缘轮廓不连续。

利用 Roberts 边缘检测算子进行边缘检测的方法是：基于式（10.6a）和式（10.6b）中的 G_x 和 G_y（或式（10.7）中的模板 H_x 和 H_y），利用式（10.2）或式（10.3）计算 Roberts 边缘检测的梯度幅度值 $G(i,j)$，然后判别该梯度幅度值是否小于设定的某个阈值。如果小于设定的阈值，则给边缘检测结果图像中的 (i,j) 位置的像素赋 0 值（最小灰度值）；如果不满足条件（即大于或等于设定的阈值），则给边缘检测结果图像中的 (i,j) 位置的像素赋 255 值（最大灰度值）。

由以上边缘检测过程，可将图像特征提取与图像增强的根本区别归纳如下。

（1）进行图像增强和进行基于边缘检测的图像特征提取所用的算子可以相同。

（2）基于边缘检测的图像特征提取要通过阈值判定待检测图像的边缘，即计算出来的梯度幅值如果大于或等于设定的阈值，就将其值置为 255，否则就将其置为 0。也就是说，边缘检测的结果图像是一幅黑白图像，如图 10.2（b）所示。

（3）图像增强则不需要对提取出来的边缘（梯度幅值）进行阈值判定，只要将边缘检测的结果图像与原图像叠加，就形成了突出边缘的（即增强后的）图像，如图 4.28（d）和图 4.28（e）所示。

2）Sobel 算子

与 Roberts 算子求得的是在差分点 $(i+1/2, j+1/2)$ 处的梯度幅值不同，Sobel（索贝

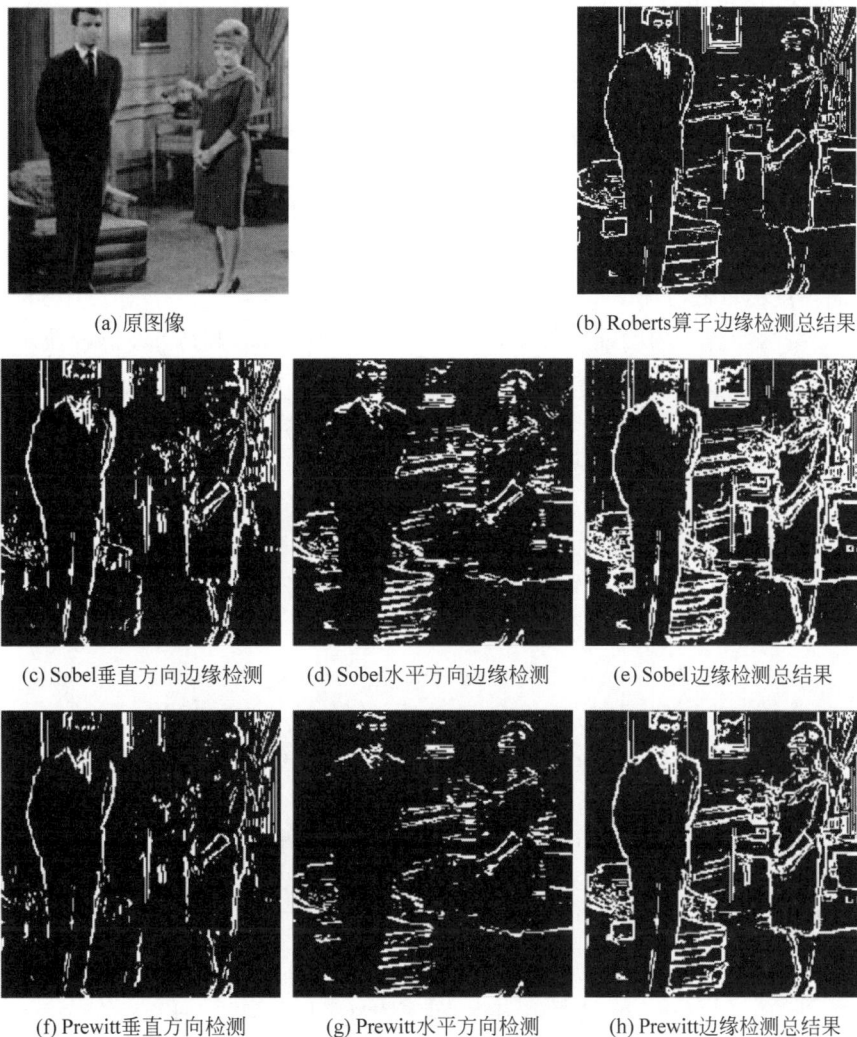

(a) 原图像　　　　　　　　　　　　　　　　　　(b) Roberts算子边缘检测总结果

(c) Sobel垂直方向边缘检测　　(d) Sobel水平方向边缘检测　　(e) Sobel边缘检测总结果

(f) Prewitt垂直方向检测　　(g) Prewitt水平方向检测　　(h) Prewitt边缘检测总结果

图 10.2　三种最典型的边缘检测算子进行图像边缘检测的验证效果

尔)算子求得的是预期的中心点(i,j)处的梯度幅值。

Sobel 给出的检测图像中垂直方向(x 方向)边缘的 G_x 和检测图像中水平方向(y 方向)边缘的 G_y 的定义为

$$G_x = f(i-1,j+1) + 2f(i,j+1) + f(i+1,j+1) -$$
$$f(i-1,j-1) - 2f(i,j-1) - f(i+1,j-1) \tag{10.8a}$$
$$G_y = f(i+1,j-1) + 2f(i+1,j) + f(i+1,j+1) -$$
$$f(i-1,j-1) - 2f(i-1,j) - f(i-1,j+1) \tag{10.8b}$$

式(10.8a)的 G_x 和式(10.8b)的 G_y 对应的 3×3 的 Sobel 边缘检测算子可分别表示为

$$\boldsymbol{H}_x = \begin{bmatrix} -1 & 0 & 1 \\ -2 & 0 & 2 \\ -1 & 0 & 1 \end{bmatrix}, \quad \boldsymbol{H}_y = \begin{bmatrix} -1 & -2 & -1 \\ 0 & 0 & 0 \\ 1 & 2 & 1 \end{bmatrix} \tag{10.9}$$

利用 Sobel 边缘检测算子进行边缘检测的方法是：基于式(10.8a)和式(10.8b)中的

G_x 和 G_y(式(10.9)中的模版 $\boldsymbol{H}_x$ 和 $\boldsymbol{H}_y$),利用式(10.2)或式(10.3)计算 Sobel 边缘检测的梯度幅度值 $G(i,j)$,然后判别该梯度幅度值是否小于设定的某个阈值。如果满足条件(小于设定的阈值),则给边缘检测结果图像中的 (i,j) 位置的像素赋 0 值;如果不满足条件(大于或等于设定的阈值),则给边缘检测结果图像中的 (i,j) 位置的像素赋 255 值(最大灰度值)。边缘检测结果图像是一幅黑白图像。

Sobel 边缘检测算子在较好地获得边缘效果的同时,对噪声具有一定的平滑作用,降低了对噪声的敏感性。但 Sobel 边缘检测算子检测的边缘比较粗,即会检测出一些伪边缘,所以边缘检测精度比较低。

Sobel 边缘检测算子的验证结果如图 10.2(c)、图 10.2(d)和图 10.2(e)所示。需要说明的是,其实作为 Sobel 算子边缘检测的结果,有图 10.2(e)的结果就够了,这里进一步给出垂直方向边缘检测结果图 10.2(c)和水平方向边缘检测结果图 10.2(d),目的在于加深读者对垂直方向边缘 G_x 的定义及其算子和水平方向边缘 G_y 的定义及其算子的理解。

3) Prewitt 算子

Prewitt(蒲瑞维特)算子求得的也是中心点 (i,j) 处的梯度幅值。Prewitt 给出的检测图像中垂直方向(x 方向)的边缘的 G_x 和检测图像中水平方向(y 方向)的边缘的 G_y 的定义为

$$
\begin{aligned}
G_x = & [f(i-1,j+1)+f(i,j+1)+f(i+1,j+1)]- \\
& [f(i-1,j-1)+f(i,j-1)+f(i+1,j-1)]
\end{aligned}
\tag{10.10a}
$$

$$
\begin{aligned}
G_y = & [f(i+1,j-1)+f(i+1,j)+f(i+1,j+1)]- \\
& [f(i-1,j-1)+f(i-1,j)+f(i-1,j+1)]
\end{aligned}
\tag{10.10b}
$$

式(10.10a)的 G_x 和式(10.10b)的 G_y 对应的 3×3 的 Prewitt 边缘检测算子可分别表示为

$$
\boldsymbol{H}_x = \begin{bmatrix} -1 & 0 & 1 \\ -1 & 0 & 1 \\ -1 & 0 & 1 \end{bmatrix}, \quad
\boldsymbol{H}_y = \begin{bmatrix} 1 & 1 & 1 \\ 0 & 0 & 0 \\ -1 & -1 & -1 \end{bmatrix}
\tag{10.11}
$$

Prewitt 边缘检测算子的验证结果如图 10.2(f)、图 10.2(g)和图 10.2(h)所示。Prewitt 算子的计算显然比 Sobel 算子更为简单,但在噪声抑制方面 Sobel 算子比 Prewitt 算子略胜一筹。

4) 三种经典的边缘检测算子的性能分析

需要强调的是,从总体上来说,梯度算子对噪声都有一定的敏感性,所以比较适用于图像边缘灰度值比较尖锐且图像中噪声比较小的情况。

在图 10.2 所示的梯度边缘检测验证中,由于 Roberts 算子检测的边缘非常精细,所以程序中设定的边缘检测门限为 55;而程序中 Sobel 算子和 Prewitt 算子的门限为 120。图 10.2(b)为 Roberts 边缘检测算子检测结果的二值图像。图 10.2(c)、图 10.2(d)和图 10.2(e)分别为 Sobel 边缘检测算子检测 x(垂直)方向边缘、检测 y(水平)方向边缘和整个图像的边缘(两个方向边缘的合成)检测结果的二值图像。图 10.2(f)、图 10.2(g)和图 10.2(h)分别为 Prewitt 边缘检测算子检测 x(垂直)方向边缘、检测 y(水平)方向边缘和整个图像的边缘检测结果的二值图像。比较图 10.2 中的边缘检测结果可知:垂直算子对垂直方向的边缘有较强的响应,如图 10.2(c)和 10.2(f)所示;水平算子对水平方向的边缘

有较强的响应,如图 10.2(d)和图 10.2(g)所示。Roberts 算子的检测结果最精细,如图 10.2(b)所示;Prewitt 算子的检测结果比 Sobel 算子的检测结果更精细一些。

10.1.3　二阶微分边缘检测

正如 4.4.2 节所述,二阶微分边缘检测可以检测到位于边缘的亮的一边和暗的一边的交点处的边缘点(见图 10.3(b)),因此能检测到更精确的边缘点(见图 10.3(c)),具有更精确的边缘检测精度。

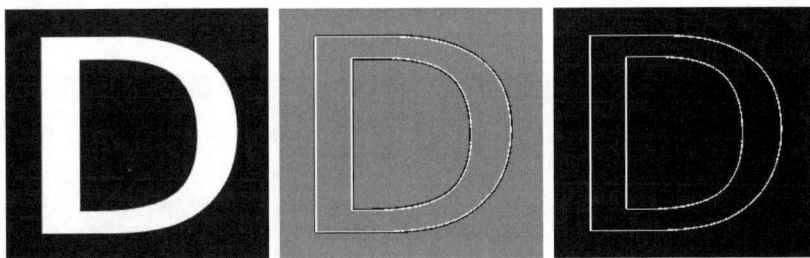

(a) 二值原始图像　　(b) 检测到的暗边缘和亮边缘　(c) 检测过零点后的真正边缘

图 10.3　拉普拉斯二阶边缘检测算子的边缘检测示例

正如第 4 章所述,Laplacian(拉普拉斯)二阶微分算子在点 (x,y) 处的定义为

$$\nabla^2 f = \frac{\partial^2 f}{\partial x^2} + \frac{\partial^2 f}{\partial y^2} \tag{10.12}$$

其中

$$\frac{\partial^2 f}{\partial x^2} = f(i+1,j) - 2f(i,j) + f(i-1,j) \tag{10.13a}$$

$$\frac{\partial^2 f}{\partial y^2} = f(i,j+1) - 2f(i,j) + f(i,j-1) \tag{10.13b}$$

合并式(10.13a)和式(10.13b),可得到实现拉普拉斯运算的几种模板,如式(10.14)所示。

$$\boldsymbol{H}_1 = \begin{bmatrix} 0 & 1 & 0 \\ 1 & -4 & 1 \\ 0 & 1 & 0 \end{bmatrix}, \quad \boldsymbol{H}_2 = \begin{bmatrix} 1 & 1 & 1 \\ 1 & -8 & 1 \\ 1 & 1 & 1 \end{bmatrix}, \quad \boldsymbol{H}_3 = \begin{bmatrix} 1 & -2 & 1 \\ -2 & 4 & -2 \\ 1 & -2 & 1 \end{bmatrix} \tag{10.14}$$

拉普拉斯边缘检测运算只需要用一个模板,计算量比较小;利用拉普拉斯算子检测的边缘是"过零点"的边缘,边缘定位精确;拉普拉斯算子是一个具有各向同性和旋转不变性的标量算子。

图 10.4(a)、图 10.4(b)和图 10.4(c)给出了利用阈值 40 和二阶边缘检测算子 $\boldsymbol{H}_1$,利用阈值 60 和二阶边缘检测算子 $\boldsymbol{H}_2$,利用阈值 40 和二阶边缘检测算子 $\boldsymbol{H}_3$ 进行边缘检测的验证结果。为了进一步说明属于图像特征提取的图像边缘检测与属于图像增强的图像边缘提取概念之间的区别,图 10.4(d)、图 10.4(e)和图 10.4(f)给出了利用拉普拉斯二阶微分算子 $\boldsymbol{H}_1$、$\boldsymbol{H}_2$、$\boldsymbol{H}_3$ 进行图像增强时的边缘提取结果。通过比较可知,前 3 个边缘检测结果图像属于二值黑白图像,而后 3 个边缘提取结果图像严格来说属于灰度图像(仔细观察可知,提取

的不同位置的所谓白色边缘的亮度值是不同的）。

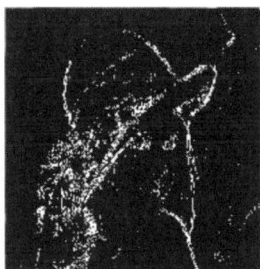

(a) 阈值为40 的 H_1 边缘检测结果　　　　(b) 阈值为60 的 H_2 边缘检测结果　　　　(c) 阈值为40 的 H_3 边缘检测结果

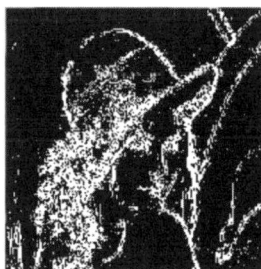

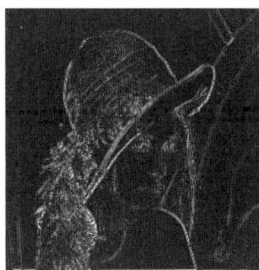

(d) H_1 图像增强边缘提取结果　　　　(e) H_2 图像增强边缘提取结果　　　　(f) H_3 图像增强边缘提取结果

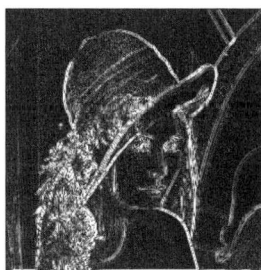

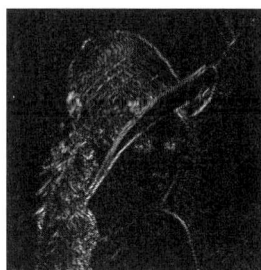

图 10.4　拉普拉斯边缘检测算子的边缘检测结果与其图像增强边缘提取结果的比较

10.1.4　Marr 边缘检测算法

由于图像噪声对边缘检测有一定的影响，Marr 边缘检测算法克服了一般微分运算对噪声敏感的缺点，利用能够反映人眼视觉特性的高斯-拉普拉斯算子对图像进行检测，并结合二阶导数零交叉的性质对边缘进行定位，在图像边缘检测方面得到了较广的应用。

典型的二维高斯函数的形式为

$$G(x,y,\sigma) = -\frac{1}{2\pi\sigma^2}e^{-\frac{x^2+y^2}{2\sigma^2}} \tag{10.15}$$

其中，σ 称为尺度因子，用于控制去噪效果；实验结果表明，当 $\sigma=1$ 时去噪效果较好。

Marr 边缘检测算法可分为以下两个主要过程。

（1）利用二维高斯函数对图像进行低通滤波，即用二维高斯函数与原图像 $f(x,y)$ 进行卷积：

$$g(x,y) = G(x,y,\sigma) * f(x,y) \tag{10.16}$$

就可得到平滑后的图像 $g_0(x,y)$。这一步可消除图像中空间尺度小于 σ 的图像强度变化，去除部分噪声。

（2）使用拉普拉斯算子 ∇^2（即式（10.15））对 $g_0(x,y)$ 进行二阶导数运算，如式（10.17）所示；就可提取卷积运算后的零交叉点作为图像的边缘。由线性系统中卷积和微分的交换性，可得最终结果为

$$\nabla^2 g_0(x,y) = \nabla^2(G(x,y,\sigma) * f(x,y))$$
$$= \nabla^2 G(x,y,\sigma) * f(x,y) \tag{10.17}$$

其中

$$\nabla^2 G(x,y,\sigma) = \frac{\partial G}{\partial x^2} + \frac{\partial G}{\partial y^2} = \frac{1}{\pi\sigma^4}\left(\frac{x^2+y^2}{2\sigma^2}-1\right)e^{-\frac{x^2+y^2}{2\sigma^2}} \tag{10.18}$$

称为高斯-拉普拉斯(LOG)算子。由于 LOG 算子是由 Marr 提出来的,所以又称为 Marr 算子。

在式(10.18)中,σ 的大小具有控制平滑效果的作用。σ 值较大时,高斯平滑模板较大,平滑噪声的能力较强,不足的是边缘定位精度不高;σ 值较小时,边缘定位较精准,但滤除噪声的能力则较弱。

综上,用 Marr 边缘检测算法对原图像 $f(x,y)$ 进行边缘检测的结果图像 $g(x,y)$ 可表示为

$$g(x,y) = [\nabla^2 G(x,y)] * f(x,y) \tag{10.19}$$

LOG 算子把 Gauss 平滑滤波器和 Laplacian 锐化滤波器结合起来,也即把用二维高斯函数与原图像 $f(x,y)$ 进行卷积和用拉普拉斯算子 ∇^2 对卷积结果进行二阶导数运算结合起来;先平滑掉噪声,再进行边缘检测(因为二阶导数等于 0 处对应的像素就是图像的边缘),所以特别是当滤波模板较小时,边缘检测的效果会很好。式(10.19)的实现有以下两种方法。

(1) 根据 LOG 算子表达式构建卷积模板,然后对图像进行卷积。常用的卷积模板是 5×5 模板,如式(10.20)所示。

$$\boldsymbol{H}_1 = \begin{bmatrix} 0 & 0 & -1 & 0 & 0 \\ 0 & -1 & -2 & -1 & 0 \\ -1 & -2 & 16 & -2 & -1 \\ 0 & -1 & -2 & -1 & 0 \\ 0 & 0 & -1 & 0 & 0 \end{bmatrix} \quad \boldsymbol{H}_2 = \begin{bmatrix} -2 & -4 & -4 & -4 & -2 \\ -4 & 0 & 8 & 0 & -4 \\ -4 & 8 & 24 & 8 & -4 \\ -4 & 0 & 8 & 0 & -4 \\ -2 & -4 & -4 & -4 & -2 \end{bmatrix} \tag{10.20}$$

(2) 根据上述的边缘检测过程及式(10.19),先用高斯函数平滑图像,然后再求其结果的拉普拉斯二阶微分。

由于直接构造卷积模板的第(1)种方法计算量较大,所以一般采用第(2)种方法。

图 10.5 是利用高斯-拉普拉斯(LOG)算子 $\boldsymbol{H}_1$ 进行边缘检测的验证结果。图 10.5(b)、图 10.5(c)和图 10.5(d)分别是边缘检测阈值为 0.5、1.0 和 1.5 的检测结果。

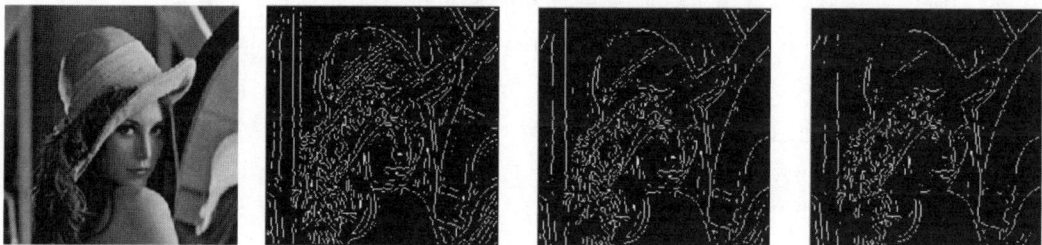

(a) 原图像　　(b) 阈值为0.5的LOG边缘图像　(c) 阈值为1.0的LOG边缘图像　(d) 阈值为1.5的LOG边缘图像

图 10.5　LOG 算子不同阈值的边缘检测验证结果

10.2 图像的点与角点特征及其检测方法

图像中的点分为一般意义上的点(也称为孤立像素)、角点和边缘点等。

10.2.1 图像点特征及其检测方法

如果图像中一个非常小的区域的灰度幅值与其邻域值相比有着明显的差异,则这个非常小的区域称为图像点(一般意义上的孤立像素),如图 10.6 所示。

对图像中的点特征的提取有多种方法,最基本的方法仍是模板匹配方法,常用的点特征提取与检测模板如图 10.7 所示。

-1	-1	-1
-1	8	-1
-1	-1	-1

图 10.6　图像的点特征示意图　　　　图 10.7　图像的点特征提取模板

10.2.2 图像角点的概念

角点是图像众多特征中的一种非常重要和直观的局部特征,在一定程度上反映了图像的形状信息,对于图像整体信息的把握具有决定性的作用。图像的角点具有旋转、平移和缩放不变性,不容易受光照、拍摄角度等外在因素的影响,因此已成为图像特征的一个非常重要的组成部分,在图像匹配、目标识别、运动分析、目标跟踪等应用领域都得到了广泛的应用。

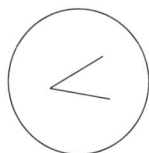

图 10.8　图像的角点特征示意图

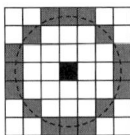

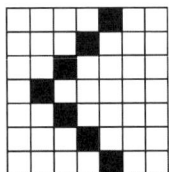

关于图像角点的定义有多种不同的看法。从直观可视的角度出发,两条直线相交的顶点可被看作是角点(见图 10.8);两个或两个以上直线边缘以一定角度相交的交叉处可以被看作是角点;物体的几个平面的相交处也可以被看作是角点,等等。从图像特征的角度出发,图像中周围灰度变化较为剧烈的点可被看作是角点;图像边界上曲率足够高的点也可被看作是角点(相连的一串角点可构成边缘,所以此概念意义上的角点也称为边缘点),等等。对于角点的定义在一定程度上反映了角点(边缘点)检测可采用的方法,同时也反映了所检测出的角点具有的性质和特征。

角点检测方法有很多种,其检测原理也多种多样,但这些方法概括起来大体可以分为三类:一是基于模板的角点检测算法;二是基于边缘的角点检测算法;三是基于图像灰度变化的角点检测算法。其中基于图像灰度变化的角点检测算法应用最为广泛。下面介绍的SUSAN 角点检测算法就是最早出现的一种基于图像灰度变化的角点(边缘点)检测方法。

10.2.3 SUSAN 角点检测算法

SUSAN(small univalue segment assimilating nucleus,最小核同值区)角点检测算法(可简称为 SUSAN 算法)是由英国牛津大学的 Smith 和 Brady 于 1997 年提出的一种基于

图像灰度变化的角点检测算法,用于检测图像中的边缘和角点。SUSAN 算法的基本出发点是认为图像中同一区域的内部特征是一致的或相近的,而不同区域之间的特征则有较大的差异。

1. SUSAN 检测模板

SUSAN 角点检测算法是一种基于模板的检测方法,采用的检测模板是一种如图 10.9(a) 所示的近似于圆形的模板,模板半径为 3.4 像素,模板内共有 37 像素。设模板的中心像素的相对坐标位置为(0,0),则由 37 像素组成的模板如图 10.9(b)所示。

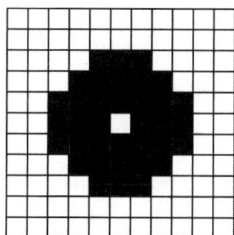

| | [-1,-3] [0,-3] [1,-3] | |
| | [-2,-2] [-1,-2] [0,-2] [1,-2] [2,-2] | |

[-3,-1] [-2,-1] [-1,-1] [0,-1] [1,-1] [2,-1] [3,-1]
[-3, 0] [-2, 0] [-1, 0] [0, 0] [1, 0] [2, 0] [3, 0]
[-3, 1] [-2, 1] [-1, 1] [0, 1] [1, 1] [2, 1] [3, 1]
[-2, 2] [-1, 2] [0, 2] [1, 2] [2, 2]
[-1, 3] [0, 3] [1, 3]

(a) 圆形模板　　　　　　　　(b) 由37像素组成的检测模板

图 10.9　SUSAN 检测模板

2. 核相似区 USAN

SUSAN 角点检测算法是利用 SUSAN 检测模板遍历目标图像中的每像素实现角点检测的。当检测模板在目标图像上移动时,位于目标图像中被检测模板覆盖的区域的中心像素称为核心点。核心点的邻域(目标图像中被检测模板覆盖的除核心点像素以外的其他36 像素组成的区域)被划分成两个区域:一个是灰度值近似等于(或相似于)核心点灰度值的区域,称为核值相似区,即 USAN(Univalue Segment Assimilating Nucleus);另一个是灰度值不相似于核心点灰度值的区域,即由与核心点像素灰度值相差比较明显的像素组成的区域。

3. USAN 区域描述的图像局部特征

设图 10.10 是一幅目标图像,图中白色区域为图像的背景,灰色区域为图像中的目标。在 SUSAN 检测模板遍历目标图像的过程中可能有以下几类情况。

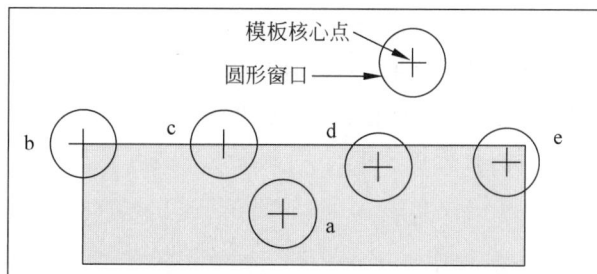

图 10.10　SUSAN 算法模板位置示意图

(1) 当检测模板完全处于图像的背景(图 9.10 中的白色区域)或目标(图 9.10 中的灰色区域)中时,USAN 区域最大,大小与模板大小相同,如图 9.10 中的位置 a 和位于背景区域的检测模板所示。

（2）当检测模板中心处于角点上时，USAN区域最小，如图9.10中的位置b所示。

（3）当检测模板中心处于边界上时，USAN区域大小为模板大小的一半，如图9.10中的位置c所示。

（4）当检测模板在图像目标中逐渐移向图像背景（目标边缘）时，USAN区域逐渐变小；相反，当检测模板在图像背景中逐渐移向图像目标时，USAN区域逐渐变大，如图9.10中的位置d和位置e所示。

可以设想，当SUSAN检测模板遍历目标图像移动到某一位置时，通过把目标图像中被检测模板覆盖的区域的中心像素（核心点像素）的灰度值与其邻域中的其它像素的灰度值进行比较，如果其灰度值差小于某个阈值，就认为它们是核同值区（即SUSAN区）的像素。如果把目标图像中的所有核心点像素按其相应位置排列成一幅图像（看作检测结果图像），把各核心点像素的同值区像素数（值）看作检测结果图像相应像素位置的灰度值，则由此得到的检测结果图像就是由USAN区域反映的目标图像的局部结构特征图像。显然，原目标图像（如图9.10）中的图像目标（如图9.10中的灰色区域）边缘处的像素的USAN值等于或小于其最大值一半的特征，都会体现在检测结果图像的像素灰度值大小中。

4. 基于USAN区域的图像边缘与角点特征的检测

如上所述，目标图像中图像目标边缘处的像素的USAN值都等于或小于其最大值的一半，因此可以通过设定一个几何门限阈值，当目标图像中的某像素（核心点）的灰度值与其USAN区域的某像素的灰度值小于设定的几何门限阈值时，该核心点像素便可被判定为边缘点，连续的边缘点即可构成边缘。也就是说，SUSAN角点检测算法对目标图像中所有像素进行的局部运算操作最初得到的是边缘响应，这些边缘响应使得最初得到的检测结果类似于图像边缘检测结果。

为了得到角点检测结果，要进一步在某个邻域（如3×3邻域）中进行局部极大值搜索，通过非极大值抑制来抑制（去除）不是极大值的元素，从而得到目标图像的角点检测（二值）结果图像。

5. SUSAN角点检测算法描述及过程

SUSAN角点检测算法可描述如下。

（1）定义圆形模板，设定灰度差阈值t。定义的圆形模板一般能覆盖37像素，半径是3.4像素。根据角点选取精度确定灰度差阈值t的取值大小。

（2）灰度差值判定。在图像上（遍历）移动圆形模板，并在每一个遍历位置上分别将模板内的所有像素与模板中心点像素（核心点）进行比较。当灰度差值小于或等于阈值t时，认为该像素属于USAN区域（标记该像素）；当灰度差值大于阈值t时，认为该像素不属于USAN区域。比较公式为

$$c(r,r_0)=\begin{cases}1 & |I(r)-I(r_0)|\leqslant t \\ 0 & |I(r)-I(r_0)|>t\end{cases} \tag{10.21}$$

其中，r_0为图像中模板覆盖区域的中心像素，$I(r_0)$为图像中模板覆盖区域中心像素r_0的灰度值；r为图像中模板覆盖区域除中心像素以外的其他像素，$I(r)$为图像中模板覆盖区域除中心像素以外的其他像素r的灰度值；t为灰度差阈值；c为比较函数。

为了更精确地检测边缘，通常用式（10.22）代替式（10.21），即采用式（10.22）所示的更

稳定、更有效的相似比较函数。

$$c(r,r_0) = \exp\left(-\left(\frac{I(r)-I(r_0)}{t}\right)\right)^6 \tag{10.22}$$

(3)USAN 区域的像素数计算。即累加被标记的像素数,求得核同值区的大小。

$$n(r_0) = \sum_{r \neq r_0} c(r,r_0) \tag{10.23}$$

其中,$n(r_0)$ 为 USAN 区域的像素数,即 USAN 区域的大小。

(4) 初始边缘响应计算,并判断是不是角点(边缘点)。设 $n_{\max}$ 表示圆形模板内像素的总数,则取 $T = n_{\max}/2$,通常也取 $T = 3/4 n_{\max}$,则各像素的边缘响应函数 $R(r_0)$ 定义为

$$R(r_0) = \begin{cases} T - n(r_0) & n(r_0) < T \\ 0 & n(r_0) \geqslant T \end{cases} \tag{10.24}$$

其中,T 是预先设定的几何门限阈值。可见,USAN 区域越小,边缘响应就越大。

式(10.24)的含义是:当目标图像中的某像素的 USAN 区域小于几何门限 T 时,该像素就被判定为边缘点(角点),否则它就不是边缘点。

(5) 非极大值抑制。即通过局部最大搜索,抑制(去除)不是极大值的元素。在进行非极大值抑制时,邻域大小可根据图像特点进行选择,通常可选用 3×3 大小的邻域模板,即只保留 3×3 邻域内最大值的像素,其余像素值置为 0 值。

6. 几何门限阈值 T 和灰度差阈值 t 的确定

阈值 T 的取值决定了 USAN 区域值的大小,如果图像中像素的 USAN 值小于 T,则该点就会被作为边缘点提取出来。T 过大时,则可能会误把其他的不是边缘点像素给提取出来;过小则会漏检部分边缘点。实验验算证明,$T = 3/4 n_{\max}$ 或 $T = 2 n_{\max}/3$ 时,可以相对较好地提取出边缘点。

灰度差阈值 t 表示 SUSAN 算法所能检测的边缘点最小的对比度以及能忽略的噪声的最大容限的能力。t 越小,则可从对比度越低的图像中提取边缘特征。因此,对于不同对比度和噪声情况的图像,应相应地取不同的 t 值。

7. SUSAN 角点检测算法角点检测示例

图 10.11 给出了一个检测组合的立体积木图中的角点的例子。图 10.11(a)为组合的立体积木图像,图 10.11(b)为利用 SUSAN 角点检测算法检测的角点结果示意图。由图 10.11(b)可以看出,图中 11 个明显的角点都被检测出来了。

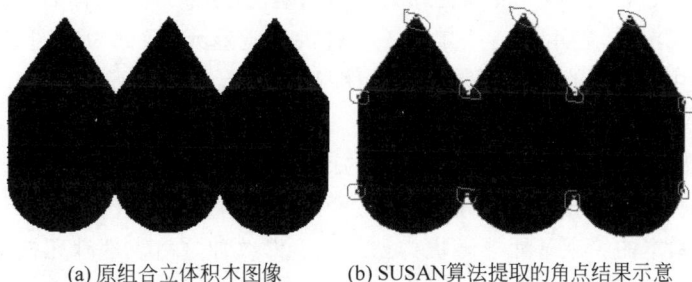

(a) 原组合立体积木图像　　　(b) SUSAN算法提取的角点结果示意

图 10.11　SUSAN 角点检测算法立体积木进行角点检测实验图

8．SUSAN 角点检测算法的优点和不足

SUSAN 角点检测算法的优点有以下几点。

（1）对特征点的检测效果优于经典的 Roberts、Sobel、Prewitt 边缘检测的效果，特别适合于基于特征点匹配的图像配准和图像匹配应用。

（2）直接对图像灰度值进行操作，无须梯度运算，保证了算法的效率。

（3）具有积分特性（在一个模板内计算 SUSAN 面积），对局部噪声不敏感，抗噪能力强。

但 SUSAN 角点检测算法也存在一定的不足，如下。

（1）相似比较函数计算比较复杂。

（2）由于图像中不同区域处目标与背景的对比程度不一样，因此取固定阈值不大符合实际情况。

（3）在实际中，由于图像边缘灰度值的渐变性，与核心点灰度值相似的像素并不一定与它属于同一目标或背景。而离核心点位置较远、与它属于同一目标或背景的像素的灰度值却可能与核心点灰度值相差较大。

SUSAN 角点检测算法是最早出现的角点检测算法之一，典型的角点检测算法还有 Moravec、Harris 和 Sift 等算法。

10.3　图像的纹理特征及其描述和提取方法

纹理通常被用来描述物体的表面特征，如地形、植被、沙滩、砖墙、岩石、纺织布料、毛质、皮质、墙纸、各种台面等。纹理是一种十分重要的图像特征，它不仅反映了图像的灰度统计信息，而且反映了图像的空间分布信息和结构信息，在模式识别、图像分割与识别、计算机视觉中具有广泛的应用前景。

10.3.1　图像纹理的概念和分类

1．图像纹理的概念

纹理是图像中一个重要而又难以描述的特性。由于自然界物质的多样性，关于图像纹理迄今为止仍无一个公认的、一致的严格定义。但图像纹理对于人们来说却是十分熟悉的。在自然景物中，类似于砖墙的具有重复性结构的图案可以看作是一种纹理；在图像中，由某种模式重复排列所形成的结构可看作是纹理。图像纹理反映了物体表面颜色和灰度的某种变化，而这些变化又与物体本身的属性相关。从宏观上看，纹理是物体表面拓扑逻辑的一种变化模式；从微观上看，它由具有一定的不变性的视觉基元（通称为纹理基元）组成。不同物体表面的纹理可作为描述不同区域的一种明显特征。

一般认为，纹理的特征有以下三点。

（1）某种局部的序列性在比该序列更大的区域内不断重复出现。即纹理是按一定的规则对纹理基元进行排列所形成的重复模式。

（2）序列由基本的纹理基元非随机排列组成。即纹理是由纹理基元按某种确定性的或统计性的规律排列而成的一种结构。

（3）在纹理区域内各部分具有大致相同的结构和尺寸。以对应区域具有较为恒定的纹理特征的图像为例，图像函数的一组局部属性具有恒定的或缓变的或近似周期性的

特征。

由于图像纹理形式上的广泛性和多样性,纹理的定义至今没有得到圆满解决。下面是几种具有代表性的图像纹理定义。

定义 10.1　纹理是一种反映图像中同质现象的视觉特征,体现了物体表面共有的内在属性,包含了物体表面结构组织排列的重要信息以及它们与周围环境的联系。

定义 10.2　如果图像内区域的局域统计特征或其他一些图像的局域属性变化缓慢或呈近似周期性变化,则可称为纹理。

定义 10.3　纹理就是指在图像中反复出现的局部模式和它们的排列规则。

定义 10.4　纹理被定义为一个区域属性,区域内的成分不能进行枚举,且成分之间的相互关系不十分明确。

定义 10.5　纹理是一种反映像素的空间分布属性的图像特征,通常表现为局部不规则而宏观有规律的特性。

定义 10.6　纹理具有三大标志:某种局部序列性不断重复、非随机排列和纹理区域内大致为均匀的统一体。

从某种意义上来说,对纹理的认识或定义决定了进行纹理特征提取采用的方法。对纹理没有一个精确和统一的定义,一方面,使纹理分析中的问题更具有挑战性;另一方面,图像技术领域的学者们不断引入从不同侧面描述纹理属性的各种模型,使得对纹理的研究更加缤纷多彩。

2. 图像纹理的分类

从纹理的组成规律角度分类:若纹理是由纹理基元按某种确定性的规律组成的,则称为确定性纹理(规则的或结构的),如图 10.12(a)所示的人工织物中有 5 个不同区域的纹理。确定性纹理通常是人造的纹理(人工纹理)。若纹理是由纹理基元按某种统计规律组成的,则称为随机性纹理(不规则的),图 10.12(b)、图 10.12(c)和图 10.12(d)中的纹理都是随机性纹理。一般在随机性纹理图像中,局部具有不规则性,而宏观上具有规律性。随机性纹理通常是自然界产生的纹理(自然纹理)。

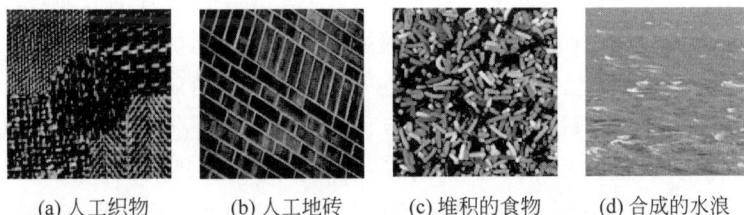

(a) 人工织物　　(b) 人工地砖　　(c) 堆积的食物　　(d) 合成的水浪

图 10.12　人工纹理示例

从纹理的形成原因角度分类:纹理可分为人工纹理和自然纹理两类。人工纹理一般由线段、星号、三角形、矩形、圆、某种字母或数字等符号有规律地排列组成,如图 10.12(a)所示。人工纹理属于确定性纹理。自然纹理是自然景物所呈现的部分重复性的结构,如砖墙、石墙、花草等,如图 10.13 所示。自然纹理属于随机性纹理。

从图像的纹理模式角度分类:纹理可分为粗纹理和细纹理两大类。粗纹理即是纹理细粒间具有较大的重复模式;而细纹理则是纹理细粒间具有较小的重复模式。

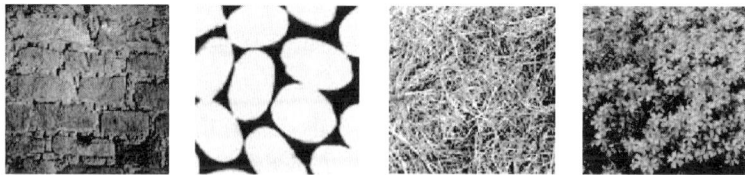

(a) 砖墙 (b) 鹅卵石墙 (c) 草 (d) 花

图 10.13 自然纹理示例

在图像处理与分析中，由于进行图像特征提取的主要目的是自然场景中的目标识别等，所以一般只限于对自然纹理的特征提取及分析。

10.3.2 图像纹理的主要特性及描述与提取方法

1. 图像纹理的主要特性

一般来说，对纹理的特征可定性地用以下一种或几种描述来表征：粗糙的、细致的、平滑的、颗粒状的、划线状的、波纹状的、随机的、不规则的，等等。

从图 10.12 和图 10.13 可以看出，纹理是一种有组织的区域现象，其基本特征是移不变性，即对纹理的视觉感知基本与其在图像中的位置无关。这种移不变性可能是确定性的，也可能是随机的，但也可能存在介于这两者之间的类别。

纹理的主要特性有粗糙度（coarseness）、方向性（directionality）和规则性（regularity）。

（1）粗糙度。纹理基元具有局部灰度特征、结构特征、尺寸大小特征、空间重复周期等特征。纹理的粗糙度与纹理基元的结构、尺寸、空间重复周期等有关。纹理基元的尺寸大则意味着纹理粗糙，其尺寸小则意味着纹理细致；纹理基元的空间周期长意味着纹理粗糙，周期短则意味着纹理细致。如同在同样观察条件下毛织品要比丝织品粗糙一样。粗糙度是最基本、最重要的纹理特征。从狭义的观点来看，纹理就是粗糙度。

（2）方向性。某个像素的方向性是指该像素所在的邻域所具有的方向性。所以，纹理的方向性是一个区域上的概念，是在一个大的邻域内呈现出的纹理的方向特性。比如，斜纹织物具有的明显的方向性，就是从一个大的邻域内的统计特性角度表现出的纹理特征的方向性。根据纹理自身的方向性，纹理可分为各向同性纹理和各向异性纹理。

（3）规则性。纹理的规则性是指纹理基元是否按照某种规则（规律）有序地排列。如果纹理图像（或图像区域）是由某种纹理基元按某种确定的规律排列而形成，则称为规则性纹理；如果纹理图像（或图像区域）是由某种纹理基元随机性地排列而形成，则称为非规则性纹理。

2. 图像纹理特征的描述与提取方法

几十年来，各国学者对纹理特征提取方法进行了广泛的研究，已经提出了许多纹理特征提取方法，如灰度共生矩阵（GLCM）法、灰度行程长度法（gray level run length）、自相关函数法等。随着应用领域的不断扩大和如分形理论、马尔可夫随机场（MRF）理论、小波分析理论等新理论的引入，对纹理特征提取的研究变得缤纷多彩，但并没有取得人们期待的成功。纹理的微观异构性、复杂性，以及应用的广泛性和概念的不明确性给纹理研究带来很大的挑战。由于纹理的自动描述、鉴别和提取是非常复杂和困难的，因此截至目前在理论和应用之间仍存在一条很难逾越的鸿沟,即缺乏实用的、稳健的纹理特征提取方法。纵观目前的研究成果,对纹理进行描述和提取的方法主要分为以下几类。

(1) 统计分析法。统计分析法又称为基于统计纹理特征的检测方法,主要包括灰度直方图法、灰度共生矩阵法、灰度行程长度法、灰度差分统计、交叉对角矩阵、自相关函数法等。根据小区域纹理特征的统计分布情况,通过计算像素的局部特征,分析纹理的灰度级的空间分布。统计分析法对木纹、沙地、草地这种完全无法判断结构要素和规则的图像的分析很有效。

该方法的优势是方法简单、易于实现,尤其是灰度共生矩阵法是公认的有效方法,具有较强的适应能力和鲁棒性;不足是与人类视觉模型脱节,缺少全局信息的利用,计算复杂度很高。

(2) 结构分析法。结构分析方法认为纹理基元几乎具有规范的关系,因而假设纹理图像的基元可以分离出来,并以基元的特征和排列规则进行纹理分割。该方法根据图像纹理小区域内的特点和它们之间的空间排列关系,以及偏心度、面积、方向、矩、延伸度、欧拉数、幅度、周长等特征,分析图像的纹理基元的形状和排列分布特点,目的是获取结构特征和描述排列的规则。结构分析法主要应用于已知基元的情况,对纤维、砖墙这种结构要素和规则都比较明确的图像分析比较有效。典型的结构分析法有句法(syntactic)纹理描述方法、数学形态学方法、拓扑法和图论法等。

(3) 模型分析法。该方法根据每像素和其邻域像素之间存在的某种相互关系及平均亮度,为图像中各像素建立模型,然后由不同的模型提取不同的特征量,即进行参数估计。典型的模型分析法有自回归方法、马尔可夫随机场方法和分形方法等。该方法的研究目前进展比较缓慢。

(4) 频谱分析法。频谱分析法又称为信号处理法和滤波方法。该方法是将纹理图像从空间域变换到频率域,然后通过计算峰值处的面积、峰值与原点的距离平方、峰值处的相位、两个峰值间的相角差等,来获得在空间域不易获得的纹理特征,如周期、功率谱信息等。典型的频谱分析法有二维傅里叶(变换)滤波方法、Gabor(变换)滤波方法和小波方法等。

10.3.3　基于灰度直方图统计矩的纹理特征描述与提取方法

基于灰度直方图统计矩的纹理特征描述与提取方法是一种纹理统计分析方法。该方法可以定量地描述区域的平滑、粗糙、规则性等纹理特征。

设 r 为表示图像灰度级的随机变量,L 为图像的灰度级数,$p(r_i)$ 为一幅数字图像中第 i 个灰度级出现的概率($i=0,1,2,\cdots,L-1$),则 r 的均值 m 表示为

$$m = \sum_{i=0}^{L-1} r_i p(r_i) \tag{10.25}$$

r 关于均值 m 的 n 阶矩表示为

$$\mu_n(r) = \sum_{i=0}^{L-1} (r_i - m)^n p(r_i) \tag{10.26}$$

因为

$$\sum_{i=0}^{L-1} p(r_i) = 1$$

通过计算式(10.26)可知 $\mu_0=1$，$\mu_1=0$。对于其他 n 阶矩描述如下。

（1）二阶矩 μ_2 又称为方差，它是灰度级对比度的量度。利用二阶矩可得到有关平滑度的描述子，其计算公式为

$$R = 1 - \frac{1}{1+\mu_2} = 1 - \frac{1}{1+\sigma^2} \tag{10.27}$$

由式(10.27)可知，图像的纹理越平滑，对应的图像灰度起伏越小，图像的二阶矩越小，求得的 R 值越小；反之，图像的纹理越粗糙，对应的图像灰度起伏越大，图像的二阶矩越大，求得的 R 值越大。

（2）三阶矩 μ_3 是图像直方图偏斜度的量度，它可以用于确定直方图的对称性。当直方图向左倾斜时 3 阶矩为负，当直方图向右倾斜时 3 阶矩为正。

（3）四阶矩 μ_4 表示直方图的相对平坦性。五阶以上的矩与直方图形状联系不紧密，但它们对纹理描述可提供更进一步的量化。

由灰度直方图还可以推得纹理的其他一些量度，如"一致性"量度和平均熵值量度。

（1）"一致性"量度也可用于描述纹理的平滑情况，其计算公式为

$$U = \sum_{i=0}^{L-1} p^2(r_i) \tag{10.28}$$

计算结果越大表示图像的一致性越强，对应图像就越平滑；反之，图像的一致性越差，图像就越粗糙。

（2）图像的平均熵值也可作为纹理的量度，它的计算公式为

$$E = -\sum_{i=0}^{L-1} p(r_i) \log_2 p(r_i) \tag{10.29}$$

图像的熵可用于度量图像的可变性，对于一个不变的图像其值为 0。熵值变化与一致性量度是反向的，即一致性较大时，图像的熵值较小，反之则较大。

为了说明上述几种纹理描述方法，图 10.14 给出了一个具体的例子，其中的图 10.14(a)为原图像，图中白框标出三处纹理区域，截取后如图 10.14(b)、图 10.14(c)和图 10.14(d)所示。表 10.1 列出了图 10.14(b)、图 10.14(c)和图 10.14(d)的均值、标准差、平滑度描述子 R、三阶矩、一致性、熵等特征的计算结果。需要说明的是，在计算平滑度描述子时，为了简化计算的结果，需要将图像像素的灰度值范围从[0,255]归一化到[0,1]。

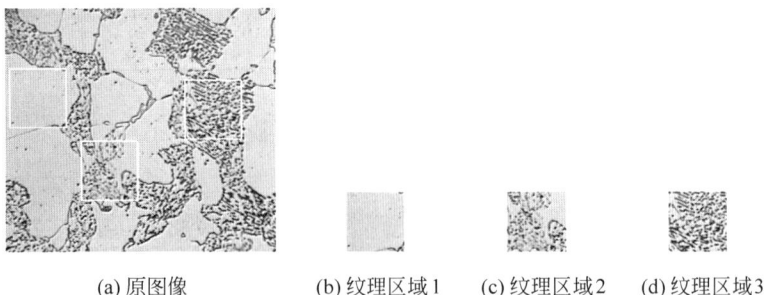

(a) 原图像　　　　(b) 纹理区域1　　(c) 纹理区域2　　(d) 纹理区域3

图 10.14　区域纹理描述示例

表 10.1　图 10.14(b)、图 10.14(c)和图 10.14(d)中各纹理描述的计算结果

纹　　理	均　　值	标　准　差	R(归一化的)	三　阶　矩	一　致　性	熵
图 10.14(b)	190.8927	17.1283	0.0045	−0.4939	0.0639	4.4521
图 10.14(c)	167.6592	49.1318	0.0358	−2.3640	0.0132	7.0354
图 10.14(d)	152.6835	66.8056	0.0642	−2.5118	0.0052	7.7865

分析表 10.1 中的各结果可知,均值的结果说明图 10.14(b)的整体灰度较亮,图 10.14(d)的整体灰度相对较暗,图 10.14(c)的整体灰度介于两者之间。由平滑度描述子 R、一致性、熵的结果可知,图 10.14(b)较平滑、一致性较强、熵值较小,图 10.14(d)较粗糙、一致性较弱、熵值较大,图 10.14(c)的各结果均介于两者之间。通过对比可以发现,这与各图像的纹理特点是相符合的。图像的三阶矩是图像直方图偏斜度的量度,它可以用于确定直方图的对称性,由计算值可知这三幅图像的直方图均向左倾斜且它们的对称性从图 10.14(b)~图 10.14(d)越来越差,对这一点感兴趣的读者可以自己进行验证。

10.3.4　基于灰度共生矩阵的纹理特征提取方法

灰度共生矩阵法(grey level co-occurrence matrix,GLCM)也称为联合概率矩阵法,是一种用图像中某一灰度级结构重复出现的概率来描述图像纹理信息的方法。该方法用条件概率提取纹理的特征,通过统计空间上具有某种位置关系(像素间的方向和距离)的一对像素的灰度值对出现的概率构造矩阵,然后从该矩阵提取有意义的统计特征来描述纹理。灰度共生矩阵可以得到纹理的空间分布信息。

1. 灰度共生矩阵的概念和定义

设纹理图像 $f(x,y)$ 的大小为 $M \times N$,即该图像 x 方向的像素数为 M,y 方向的像素数为 N,图像的灰度级为 L。若记 $L_x = \{0,1,\cdots,M-1\}$,$L_y = \{0,1,\cdots,N-1\}$,$G = \{0,1,\cdots,L-1\}$,则可把图像 f 理解为从 $L_x \times L_y$ 到 G 的一个映射,即 $L_x \times L_y$ 中的每一个像素对应一个属于图像 f 的灰度值

$$f:L_x \times L_y \to G$$

若设纹理图像的像素灰度值矩阵中任意两不同像素的灰度值分别为 i 和 j,则该图像的灰度共生矩阵定义为:沿方向 θ、像素间隔距离为 d 的所有像素对中,其灰度值分别为 i 和 j 的像素对出现的次数记为 $[P(i,j,d,\theta)]$。$P(i,j,d,\theta)$ 显然是像素间隔距离为 d、方向为 θ 的灰度共生矩阵中第 i 行、第 j 列的元素。生成方向 θ 一般取 0°、45°、90°和135°四个方向的值,如图 10.15 所示。

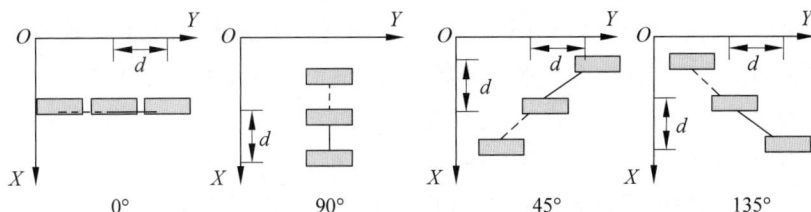

图 10.15　图像像素距离 d 和灰度共生矩阵生成方向 θ 的约定

对于不同的 θ，其灰度共生矩阵的元素定义如下：

$$P(i,j,d,0°) = \#((k,l),(m,n)) \in ((L_x \times L_y) \times (L_x \times L_y)),$$
$$k-m=0, |l-n|=d \tag{10.30a}$$

$$P(i,j,d,45°) = \#((k,l),(m,n)) \in ((L_x \times L_y) \times (L_x \times L_y)),$$
$$k-m=d, l-n=-d \quad \text{或} \quad k-m=-d, l-n=d \tag{10.30b}$$

$$P(i,j,d,90°) = \#((k,l),(m,n)) \in ((L_x \times L_y) \times (L_x \times L_y)),$$
$$|k-m|=d, l-n=0 \tag{10.30c}$$

$$P(i,j,d,135°) = \#((k,l),(m,n)) \in ((L_x \times L_y) \times (L_x \times L_y)),$$
$$k-m=d, l-n=d \quad \text{或} \quad k-m=-d, l-n=-d \tag{10.30d}$$

并有如下说明。

(1) $((k,l),(m,n)) \in ((L_x \times L_y) \times (L_x \times L_y))$ 的含义，一是表示 k 和 m 的取值范围是 L_x，l 和 n 的取值范围是 L_y；二是表示 (k,l) 和 (m,n) 的取值范围是待分析图像的全部像素坐标；三是表示 $f(k,l)=i, f(m,n)=j$。

(2) $\#(i,j)$ 表示的是灰度共生矩阵中的一个元素。位于灰度共生矩阵 (i,j) 处的元素 $\#(i,j)$ 的值是待分析图像中沿方向 θ、像素间隔距离为 d 的所有像素对中，其起点像素的灰度值为 i、终点像素的灰度值为 j 的像素对的个数。即灰度共生矩阵 (i,j) 位置上的值定义为待分析图像中从灰度值为 i 的像素出发，到距离为 d 的另一个像素且其灰度值为 j 的频数。因此，当 $d=1$ 时，4×4 的灰度共生矩阵可形象地理解为如下形式：

$$[P(i,j,1,\theta)] = \begin{bmatrix} \#(0,0) & \#(0,1) & \#(0,2) & \#(0,3) \\ \#(1,0) & \#(1,1) & \#(1,2) & \#(1,3) \\ \#(2,0) & \#(2,1) & \#(2,2) & \#(2,3) \\ \#(3,0) & \#(3,1) & \#(3,2) & \#(3,3) \end{bmatrix} \tag{10.31}$$

即

$$[P(1,\theta)] = \begin{bmatrix} P(0,0,1,\theta) & P(0,1,1,\theta) & P(0,2,1,\theta) & P(0,3,1,\theta) \\ P(1,0,1,\theta) & P(1,1,1,\theta) & P(1,2,1,\theta) & P(1,3,1,\theta) \\ P(2,0,1,\theta) & P(2,1,1,\theta) & P(2,2,1,\theta) & P(2,3,1,\theta) \\ P(3,0,1,\theta) & P(3,1,1,\theta) & P(3,2,1,\theta) & P(3,3,1,\theta) \end{bmatrix} \tag{10.32}$$

(3) d 为生成灰度共生矩阵时像素之间的距离（步长），d 的取值要根据纹理的分布特性进行选取。对于粗糙的纹理，d 应选取较小一些的值（一般取 1 或 2）；反之，对于比较平滑的纹理，d 应选取较大一些的值（一般取 2、3、4 或 5）。通常根据纹理特征的提取效果实验性地确定步长。通常情况下，d 值取 1。

(4) 相邻像素的统计为正向统计结果与反向统计结果之和。例如，当取 $d=1$ 和 $\theta=0°$ 时，图像中每一行有 $2(N-1)$ 个水平相邻像素对，整个图像总共有 $2M(N-1)$ 个水平相邻像素对。当取 $d=1$ 和 $\theta=45°$ 时，整个图像共有 $2(M-1)(N-1)$ 个相邻像素对。同理可计算出 $\theta=90°$ 和 $\theta=135°$ 时的相邻像素对的数量。

(5) 在 d 值和 θ 值给定的情况下，有时将灰度共生矩阵 $[P(i,j,d,\theta)]$ 简写。例如 $d=1$ 和 $\theta=0°$ 时，简写为 $P(1,0°)$。

按照上述方法得到的灰度共生矩阵中，(i,j) 位置上的值实际上是待分析图像中从灰度

值为 i 的像素出发,到距离为 d 的另一像素且其灰度值为 j 的频数。在有些分析中需要的是概率值而不是频数值,所以就需要对灰度共生矩阵进行归一化,即求出满足某种位置关系的像素对出现的概率 $P'(i,j,d,\theta)=P(i,j,d,\theta)/R$。这里的 R 为归一化常数,定义为灰度共生矩阵中各元素的 $P(i,j,d,\theta)$ 之和。

【**例 10.1**】 已知有图像如图 10.16(a)所示,分别计算当 $d=1$ 时的灰度共生矩阵 $P(1,0°)$、$P(1,45°)$、$P(1,90°)$ 和 $P(1,135°)$。

解:根据灰度共生矩阵的定义,通过统计 $d=1$ 和 $\theta=0°$、$\theta=45°$、$\theta=90°$、$\theta=135°$ 时,图像中的起点像素灰度值为 i、终点像素灰度值为 j 的相邻像素对的个数,就可分别求出四个灰度共生矩阵,如图 10.16(b)、图 10.16(c)、图 10.16(d)、图 10.16(e)所示。

$$\begin{bmatrix} 0 & 0 & 0 & 1 & 1 \\ 0 & 0 & 1 & 1 & 2 \\ 0 & 1 & 2 & 2 & 3 \\ 0 & 2 & 2 & 3 & 3 \\ 2 & 2 & 3 & 3 & 3 \end{bmatrix}$$

(a) 原图像

$$\begin{bmatrix} 6 & 3 & 1 & 0 \\ 3 & 4 & 2 & 0 \\ 1 & 2 & 6 & 3 \\ 0 & 0 & 3 & 6 \end{bmatrix}$$

(b) $\theta=0°$ 的共生矩阵

$$\begin{bmatrix} 6 & 1 & 0 & 0 \\ 1 & 6 & 1 & 0 \\ 0 & 1 & 10 & 0 \\ 0 & 0 & 0 & 6 \end{bmatrix}$$

(c) $\theta=45°$ 的共生矩阵

$$\begin{bmatrix} 8 & 2 & 1 & 0 \\ 2 & 2 & 4 & 0 \\ 1 & 4 & 4 & 3 \\ 0 & 0 & 3 & 6 \end{bmatrix}$$

(d) $\theta=90°$ 的共生矩阵

$$\begin{bmatrix} 2 & 3 & 3 & 0 \\ 3 & 0 & 3 & 1 \\ 3 & 3 & 0 & 4 \\ 0 & 1 & 4 & 2 \end{bmatrix}$$

(e) $\theta=135°$ 的共生矩阵

图 10.16　例 10.1 计算灰度共生矩阵

下面分别以 $\theta=0°$、$\theta=45°$ 和 $\theta=90°$ 的灰度共生矩阵中的一个元素值的计算方法为例,说明计算过程。

(1) $\theta=0°$ 的灰度共生矩阵和位于(0,1)处的元素值的计算,这里 $i=0$ 且 $j=1$。

原图像第一行,正方向上位置为(0,2)处的像素值为 0,与其相邻的 $d=1$ 的、位于(0,3)处的像素值为 1,它们构成一个起点像素值为 0 且终点像素值为 1 的像素对。同理,原图像第二行,正方向上位置为(1,1)处的像素与其相邻的 $d=1$ 的、位于(1,2)处的像素,构成一个起点像素值为 0 且终点像素值为 1 的像素对;原图像第三行,正方向上位置为(2,0)处的像素与其相邻的 $d=1$ 的、位于(2,1)处的像素,构成一个起点像素值为 0 且终点像素值为 1 的像素对。而该图像中各行从右到左的反方向上都没有起点像素值为 0 且终点像素值为 1 的像素对。所以 $\theta=0°$ 的共生矩阵中(0,1)处的元素值应为 3。

(2) $\theta=45°$ 的灰度共生矩阵和位于(2,1)处的元素值的计算,这里 $i=2$ 且 $j=1$。

原图像中从右上到 45° 左下间隔为 $d=1$ 的相邻像素中,没有起点像素值为 2 且终点像素值为 1 的像素对。但原图像中位于(2,2)处的像素灰度值为 2,与其 45° 右上方相邻的 $d=1$ 的、相邻像素(1,3)的灰度值为 1,构成了 1 个起点像素灰度值为 2 且终点像素灰度值为 1 的像素对。所以 $\theta=45°$ 的共生矩阵中(2,1)处的元素值应为 1。

(3) $\theta=90°$ 的灰度共生矩阵和位于(1,1)处的元素值的计算,这里 $i=1$ 且 $j=1$。

原图像中只有位于(0,3)处的像素灰度值为 1,与其 90° 方向上 $d=1$ 的位于(1,3)处的灰度值为 1 的像素,从上到下和从下到上两个方向均构成起点像素灰度值为 1 且终点像素灰度值为 1 的像素对。所以 $\theta = 90°$ 的共生矩阵中(1,1)处的元素值为 2。

其他位置元素值的计算方法类似，此处不再赘述。

2. 灰度共生矩阵的特点

（1）矩阵大。若图像的灰度级为 L，则灰度共生矩阵大小为 $L \times L$。由于一般的 256 灰度级图像有 $L = 2^8$，则对应的灰度共生矩阵的元素就为 2^{16} 个，显然会导致很大的计算量。因此，目前的做法是在保证图像纹理特征变化不大的情况下，对图像的灰度级进行归一化处理，即将 256 灰度级变换到 16 灰度级或 32 灰度级。

（2）灰度共生矩阵是对称矩阵。矩阵中的元素对称于主对角线，即 $P(i,j,d,\theta) = P(j,i,d,\theta)$。这是因为在每个方向上实际上包含了一条线的两个方向，即水平方向包含了 0°方向和 180°方向；45°方向包含了 45°方向和 225°方向。

（3）分布于主对角线及两侧元素值的大小与纹理粗糙度有关。沿着纹理方向的共生矩阵中的主对角线上的元素的值很大，而其他元素的值全为零，说明沿着纹理方向上没有灰度变化。如果靠近主对角线的元素值较大，说明纹理方向上灰度变化不大，则图像的纹理较细；如果靠近主对角线的元素值较小，而较大的元素值离开主对角线向外散布，说明纹理方向上灰度变化频繁（变化大），则图像的纹理较粗糙。

（4）矩阵中元素值的分布与图像信息的丰富程度有关。元素相对于主对角线越远，且元素值越大，则元素的离散性越大。这意味着相邻像素间灰度值差大的比例较高，说明图像中垂直于主对角线方向的纹理较细；相反则说明图像中垂直于主对角线方向的纹理较粗糙。当非主对角线上的元素（归一化）值全为零时，矩阵中元素的离散性最小，则图像中主对角线方向上的灰度变化频繁，具有较大的信息量。

3. 灰度共生矩阵的纹理特征参数

灰度共生矩阵并不能直接提供纹理信息。在实际应用中，对纹理图像进行分析的特征参数是基于该图像的灰度共生矩阵计算出的特征量表征的。所以，为了能描述纹理的状况，还需要从灰度共生矩阵中进一步导出能综合表现图像纹理特征的特征参数，也称为二次统计量。

Haralick 等给出了利用灰度共生矩阵描述图像纹理统计量的 14 个特征参数，包括能量（角二阶矩）、对比度、熵、相关性、均匀性、逆差矩、和平均、和方差、和熵、差方差（变异差异）、差熵、局部平稳性、相关信息测度1、相关信息测度2。一般来说这 14 个特征值间存在着一定的冗余，因此在一般的应用中，通常根据图像样本的特点，选择几个最佳且最常用的特征参数来提取图像的纹理特征。

Ulaby 等研究发现，在灰度共生矩阵的 14 个纹理特征参数中，仅有能量、对比度、相关性和逆差矩这 4 个特征参数是不相关的，且其既便于计算，又能给出较高的分类精度；而对比度、熵和相关性是 3 个分辨力最好的特征参数。

设 $P(i,j,d,\theta)$ 为图像中像素距离为 d、方向为 θ 的灰度共生矩阵 (i,j) 位置上的元素值，下面介绍几种典型的灰度共生矩阵纹理特征参数。

（1）能量（角二阶矩）。角二阶矩是图像灰度分布均匀性的度量。当灰度共生矩阵中的元素分布较集中于主对角线时，说明从局部区域观察图像的灰度分布是较均匀的。从图像整体来观察，纹理较粗，此时角二阶矩较大；反之角二阶矩则较小。由于角二阶矩的值是灰度共生矩阵元素值的平方和，所以它也称为能量。

$$\text{ASM} = \sum_{i=0}^{n-1} \sum_{j=0}^{n-1} P^2(i,j,d,\theta) \tag{10.33}$$

（2）对比度。图像的对比度可以理解为图像的清晰度，即纹理的清晰程度。在图像中纹理的沟纹越深，其对比度越大，图像的视觉效果就越清晰。就某一纹理来说，沿着该纹理方向得到的对比度值越小，垂直于该纹理方向的对比度就越大。较细的纹理的对比度比较粗的纹理的对比度大。

在粗纹理内部，相邻灰度变化很小，对比度值很小。而在粗纹理边缘（不同纹理基元交界）处的像素灰度存在一定差值，对比度能有效检测图像反差，提取物体的边缘信息、增强线性构造等信息。对比度也称为惯性矩。

$$\text{CON} = \sum_{i=0}^{n-1} \sum_{j=0}^{n-1} \left[(i-j)^2 P(i,j,d,\theta) \right] \tag{10.34}$$

（3）熵。熵是图像所具有的信息量的度量，是图像灰度级别混乱程度的表征。当图像的纹理极不一致时，灰度共生矩阵中各元素的值偏小，则图像具有较大的熵值。若图像没有任何纹理，则灰度共生矩阵几乎为零阵，熵值接近为零。若图像充满着细纹理，$P(d,\theta,i,j)$的数值近似相等，则该图像的熵值最大。若图像中分布着较少的纹理，$P(d,\theta,i,j)$的数值差别较大，则该图像的熵值较小。

$$\text{ENT} = -\sum_{i=0}^{n-1} \sum_{j=0}^{n-1} \left[P(i,j,d,\theta) \times \lg P(i,j,d,\theta) \right] \tag{10.35}$$

（4）相关性。相关性是用来描述灰度共生矩阵中行方向或列方向元素之间的相似程度的，它反映了某种灰度值沿某些方向的延伸长度，延伸得越长，则相关值越大，是灰度线性关系的度量。

$$\text{COR} = \sum_{i=0}^{n-1} \sum_{j=0}^{n-1} \left[(i-j)P(i,j,d,\theta) - u_x u_y \right] / \sigma_x \sigma_y \tag{10.36}$$

$$u_x = \sum_{i=0}^{n-1} \left[i \sum_{j=0}^{n-1} P(i,j,d,\theta) \right], \quad u_y = \sum_{i=0}^{n-1} \left[j \sum_{j=0}^{n-1} P(i,j,d,\theta) \right] \tag{10.37}$$

$$\sigma_x = \sum_{i=0}^{n-1} \left[(i-u_x)^2 \sum_{j=0}^{n-1} P(i,j,d,\theta) \right], \quad \sigma_y = \sum_{i=0}^{n-1} \left[(j-u_y)^2 \sum_{j=0}^{n-1} P(i,j,d,\theta) \right]$$

$$\tag{10.38}$$

（5）均匀性。对于匀质区域，其灰度共生矩阵的元素集中在对角线上，$(i-j)$值小，则均匀性特征值较大；对于非匀质区域，其灰度共生矩阵的元素集中在远离对角线的区域，$(i-j)$值大，则均匀性特征值较小。因此均匀性特征是图像分布平滑性的测度。

$$\text{HOM} = \sum_{i=0}^{n-1} \sum_{j=0}^{n-1} \frac{1}{1+|i-j|} P(i,j,d,\theta) \tag{10.39}$$

（6）逆差矩。

逆差矩即逆元素差异的k阶矩μ_k'，定义为

$$\mu_k' = \sum_{i=0}^{n} \sum_{j}^{n} P(i,j,d,\theta)/(i-j)^k, \quad i \neq j \tag{10.40}$$

逆差矩用于度量图像纹理局部变化的多少和均匀性，其值大说明图像纹理的不同区域缺少变化，局部非常均匀；其值小则说明局部变化不均匀。

10.3.5　基于结构方法的纹理描述

结构方法是利用一定的语法规则对纹理的结构进行描述的方法,其基本思想是:复杂的纹理结构可以在纹理基元的基础上,借助一些限制基元和排列规则得到。例如,a 表示一个圆(将其看作一个纹理基元),$S \rightarrow aS$ 为一个规则,表示字符 S 可被重写为 aS。由规则 $S \rightarrow aS$ 可以得到 $aaa \cdots$。设 $aaa \cdots$ 表示向右排列,则规则 $S \rightarrow aS$ 可以表示一列向右排列的圆的纹理模式,它是一个一维的结构。图 10.17(a)、图 10.17(b)分别为圆 a 和由规则 $S \rightarrow aS$ 生成的纹理结构。在这个规则基础上进一步添加一些新的规则:$S \rightarrow bA$,$A \rightarrow cA$,$A \rightarrow c$,$A \rightarrow bS$,$S \rightarrow a$,可以得到字符串 $aaabccbaa$。设 b 表示一个向下排列的圆,c 表示向左排列的圆,则可以得到一个圆的阵列,它是一个二维结构。图 10.17(c)给出了一个对应的更大结构的纹理模式,它可用上述规则得到。结构方法的基本思想还可用于对关系的串的描述,详见 13.5.1 节。

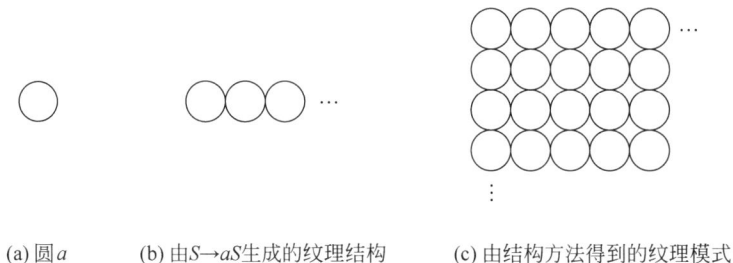

(a) 圆 a　　　(b) 由 $S \rightarrow aS$ 生成的纹理结构　　　(c) 由结构方法得到的纹理模式

图 10.17　结构方法的纹理描述

10.3.6　基于频谱方法的纹理描述

频谱方法是利用傅里叶频谱对纹理进行描述的方法,它适用于描述图像中的具有一定周期性或近似周期性的纹理,可以分辨出二维纹理模式的方向性,而这是用空间检测方法难以得到的。利用频谱方法描述纹理要用到傅里叶频谱的以下 3 个特性:

(1) 频谱中突起的尖峰对应纹理模式的主要方向。

(2) 频率平面中尖峰的位置对应纹理模式的基本周期。

(3) 将周期性成分滤除后,余下的非周期性成分可以用统计方法描述。

将频谱转换为极坐标函数 $S(r, \theta)$ 的形式,可以简化对频谱特征的检测和解释,其中 S 是频谱函数,r 和 θ 为极坐标系中的两个变量。在函数中对于每个确定的方向 θ,$S(r, \theta)$ 可以被看作一个一维函数 $S_\theta(r)$,分析 $S_\theta(r)$ 可以得到从原点出发沿半径方向的频谱特性;同理,对于每个确定的频率 r,$S(r, \theta)$ 可以被看作一个一维函数 $S_r(\theta)$,分析 $S_r(\theta)$ 可以得到以原点为中心的一个圆的频谱特性。利用式(10.41)和式(10.42)对上述函数进行积分,可以得到全局描述。

$$S(r) = \sum_{\theta=0}^{\pi} S_\theta(r) \tag{10.41}$$

$$S(\theta) = \sum_{r=1}^{R_0} S_r(\theta) \tag{10.42}$$

在式(10.42)中,R_0 为以原点为圆心的圆的半径。由以上两式计算得到的 $S(r)$ 和

$S(\theta)$ 构成了整幅图像或所考虑区域的纹理的谱能量描述。

图 10.18 给出了用频谱方法描述纹理的一个简单的实例,其中的图 10.18(a)、图 10.18(b)为纹理图像。在图 10.18(a) 中,白色长条呈周期性横向排列;在图 10.18(b) 中,白色长条

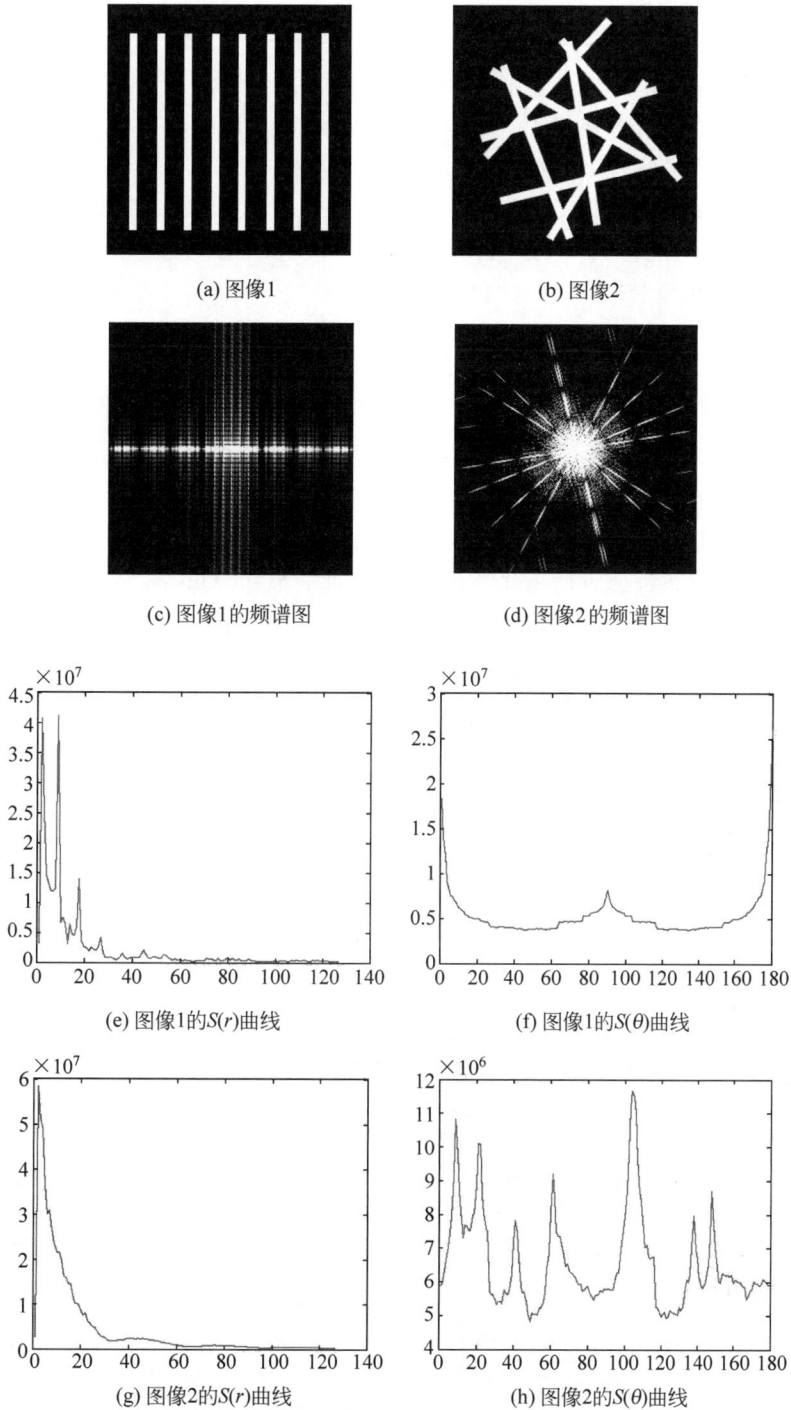

(a) 图像1

(b) 图像2

(c) 图像1的频谱图

(d) 图像2的频谱图

(e) 图像1的$S(r)$曲线

(f) 图像1的$S(\theta)$曲线

(g) 图像2的$S(r)$曲线

(h) 图像2的$S(\theta)$曲线

图 10.18　频谱方法的纹理描述示例

呈杂乱排列；图 10.18(c)、图 10.18(d)分别为图 10.18(a)和图 10.18(b)的频谱图像。由于图 10.18(a)中的白色长条沿水平方向排列，边缘为垂直方向，对应的频谱图像即图 10.18(c)中的频谱能量集中在水平轴上；由于图 10.18(b)中的白色长条为杂乱排列，对应的频谱图像即图 10.18(d)中的频谱能量以原点为中心向四周发射。图 10.18(e)和图 10.18(g)分别为图 10.18(a)和图 10.18(b)的 $S(r)$ 曲线，$S(r)$ 曲线可以反映图像纹理的周期性。从图 10.18(e)中可以看到，由于白色长条呈周期性排列，对应的 $S(r)$ 曲线有多个峰值，而图 10.18(b)中的白色长条排列杂乱，无较强的周期分量，对应的图 10.18(g)中 $S(r)$ 曲线只在直流分量的起始位置处有一个峰值。图 10.18(f)和图 10.18(h)分别为图 10.18(a)和图 10.18(b)的 $S(\theta)$ 曲线，从图 10.18(f)的 $S(\theta)$ 曲线可以看到，图像 1 在原点区域附近 $\theta=90°$ 和 $\theta=180°$ 处有较强的能量分布，这与图 10.18(c)求得的结果是一致的；同理可以看出，图 10.18(h)求得的结果与图 10.18(d)也是一致的。

10.4　图像的形状特征

在图像处理与目标识别中，人们常常关心的是由图像中的边界和区域等所反映的景物（也常称为物体、目标，以下统称为目标）的形状信息，因此图像中目标形状特征的分析、描述和提取是非常重要的。

图像中目标的形状特征包括拓扑特征、几何特征和形状方位等。与之相对应，图像中目标的形状特征可由其几何属性（如长短、距离、面积、周长、形状、凸凹等）、统计属性（如不变矩等）、拓扑属性（如孔、连通、欧拉数等）来描述。

本章仅给出图像中目标形状的矩形度、圆形性和球状性三方面的基本特征描述，基于目标形状特征的图像目标表示与描述部分的其他内容将在第 13 章介绍。

10.4.1　矩形度

目标的矩形度是指目标区域的面积与其最小外接矩形面积之比，反映了目标对其外接矩形的充满程度。矩形度的定义如下：

$$R = \frac{A_o}{A_{MER}} \tag{10.43}$$

其中，A_{MER} 是最小外接矩形（minimum external rectangle，MER）的面积；A_o 是目标区域的面积，可通过对目标区域中像素数的统计得到，即

$$A_o = \sum_{(x,y) \in R} 1 \tag{10.44}$$

分析可知 R 的取值范围为 $0 < R \leqslant 1$，当目标为矩形时，R 取最大值 1；对于圆形的目标 R 取 $\pi/4$。

10.4.2　圆形度

目标的圆形度（circularity）是指用目标区域 R 的所有边界点定义的特征量，其定义式为

$$C = \frac{\mu_R}{\sigma_R} \tag{10.45}$$

其中,若设(x_i,y_i)为图像边界点坐标,$(\bar{x},\bar{y})$为图像的重心坐标,则μ_R是从区域重心到边界点的平均距离,定义为

$$\mu_R = \frac{1}{K}\sum_{i=0}^{K-1}|(x_i,y_i)-(\bar{x},\bar{y})| \tag{10.46}$$

σ_R是从区域重心到边界点的距离的均方差,定义为

$$\sigma_R = \frac{1}{K}\sum_{i=0}^{K-1}[|(x_i,y_i)-(\bar{x},\bar{y})|-\mu_R]^2 \tag{10.47}$$

灰度图像的目标区域的重心定义为

$$\bar{x} = \frac{\displaystyle\sum_{j=0}^{N-1}\sum_{i=0}^{M-1}x_i I(x_i,y_j)}{\displaystyle\sum_{i=0}^{M-1}\sum_{j=0}^{N-1}I(x_i,y_j)}, \quad \bar{y} = \frac{\displaystyle\sum_{i=0}^{M-1}\sum_{j=0}^{N-1}y_i I(x_i,y_j)}{\displaystyle\sum_{i=0}^{M-1}\sum_{j=0}^{N-1}I(x_i,y_j)} \tag{10.48}$$

10.4.3　球状性

目标的球状性(sphericity)定义为

$$S = \frac{r_i}{r_c} \tag{10.49}$$

式(10.49)既可以描述二维目标,也可以描述三维目标。在描述二维目标时,r_i表示目标区域内切圆(inscribed circle)的半径,r_c表示目标区域外接圆(circumscribed circle)的半径,两个圆的圆心都在区域的重心上,如图10.19所示。

分析可知S的取值范围为$0<S\leqslant1$。当目标区域为圆形时,目标的球状性S达到最大值1,而当目标区域为其他形状时,有$S<1$。显然S不受区域平移、旋转和尺度变化的影响。

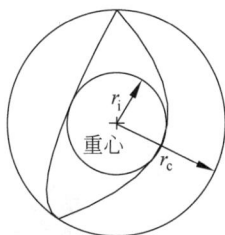

图 10.19　球状性定义示意

10.5　图像的统计特征

在很多实际问题中,当把图像作为二维随机过程中的一个样品来分析时,就可用图像的统计性质和统计分布规律来描述图像,这就是图像的统计特征描述方法。根据概率统计知识可知,图像像素的均值等主要反映了图像中像素的集中趋势,图像像素的方差和标准差主要反映了图像中像素的离中趋势,图像的熵主要反映了图像中平均信息量的多少。

1. 图像的均值

图像的均值即图像中所有像素的灰度值的平均值。

对于一幅$M\times N$的图像,其灰度均值可表示为

$$\bar{f} = \frac{1}{MN}\sum_{x=0}^{M-1}\sum_{y=0}^{N-1}f(x,y) \tag{10.50}$$

由5.1.2节可知,一幅图像的灰度均值还可以用该图像的傅里叶变换系数表示为

$$\bar{f} = \frac{1}{\sqrt{MN}}F(0,0) \tag{10.51}$$

在两幅图像的相似性度量（如军事应用中的景象匹配）中，常常需要在相关比较之前，对实时图和参考图中任一实验位置 (u,v) 上的子图进行去均值处理，以便提高匹配精度。

2. 图像的方差

在概率统计中，方差是一组资料中各数值与其算术平均数离差平方和的平均数，反映的是一组资料中各观测值之间的离散程度或离中趋势。在图像处理中，图像的方差反映了图像中各像素的离散程度和整个图像中区域（地形）的起伏程度。

对于一幅 $M \times N$ 的图像 f，其方差（variance）定义为

$$\sigma_f^2 = \frac{1}{M \times N} \sum_{x=0}^{M-1} \sum_{y=0}^{N-1} [f(x,y) - \bar{f}]^2 \tag{10.52}$$

其中，$\bar{f}$ 为图像的均值。

3. 图像的标准差

图像的标准差反映了图像灰度相对于灰度均值的离散情况，在某种程度上，标准差也可用来评价图像反差的大小。当标准差大时，图像灰度级分布分散，图像的反差大，可以看出更多的信息；当标准差小时，图像反差小，对比度不大，色调单一、均匀，看不出太多的信息。

对于一幅 $M \times N$ 的图像 f，标准差是其方差的平方根，并可定义为

$$\sigma_f = \left[\frac{1}{M \times N} \sum_{x=0}^{M-1} \sum_{y=0}^{N-1} [f(x,y) - \bar{f}]^2 \right]^{1/2} \tag{10.53}$$

在数学上，方差与标准差是测度离中趋势的最重要、最常用的量。

图 10.20 是计算灰度图像的均值、方差和标准差的验证结果图例。图 10.20(a) 和图 10.20(b) 分别是原图像和直方图均衡化的图像；图 10.20(c) 和图 10.20(d) 分别是图 10.20(a) 和图 10.19(b) 的均值、方差和标准差的计算结果输出。

(a) 原图像

(b) 直方图均衡化图像

灰度图像的均值：63.162 674
灰度图像的方差：1378.683 239
灰度图像的标准差：37.130 624

灰度图像的均值：130.878 296
灰度图像的方差：5333.691 792
灰度图像的标准差：73.032 128

(c) 原图像的均值、方差、标准差值   (d) 均衡化图像的均值、方差、标准差值

图 10.20　计算灰度图像的均值、方差和标准差的验证结果

(1) 分析可知，图 10.20(b) 与图 10.20(a) 相比整体亮得多，所以图 10.20(b) 的均值（130.878 296）比图 10.20(a) 的均值（63.162 674）大得多。

(2) 灰度图像的方差反映了图像中各像素的离散程度和整个图像区域的起伏程度。分析可知，图 10.20(b) 中相邻像素值的离散程度很高，且相邻区域的起伏程度也较高，而图 10.20(a) 中相邻像素值的离散程度较低，且相邻区域的起伏程度也较低。所以图 10.20(b)

的方差值 5333.691 792 比图 10.20(a)的方差值 1378.683 239 大得多。

（3）图像的标准差用于评价图像灰度的反差大小。分析可知，图 10.20(b)标准差大，图像灰度级分布分散，图像反差大，对比度大；如图 10.20(a)标准差小，图像灰度级分布不太分散，图像反差越小，对比度越小。

4. 图像的熵

图像的熵反映了图像中平均信息量的多少。图像的一维熵表示图像中灰度分布的聚集特征所包含的信息量。

对于一幅灰度级为 $\{0, 1, \cdots, L-1\}$ 的数字图像，若设每个灰度级出现的概率为 $\{p_0, p_1, \cdots, p_{L-1}\}$，则图像的一维信息熵定义为

$$H = -\sum_{i=0}^{L-1} p_i \cdot \ln p_i \qquad (10.54)$$

虽然图像的一维熵可以表示图像灰度分布的聚集特征，却不能反映图像灰度分布的空间特征。为此引入了能够反映图像灰度分布空间特征的二维熵。

设用 i 表示图像像素的灰度值，用 j 表示图像的邻域灰度均值，且 $0 \leqslant i, j \leqslant L-1$；用图像像素的灰度值和反应图像灰度分布的空间特征量（图像的邻域灰度均值）组成特征二元组 (i, j)，则反映某像素位置上的灰度值与其周围像素的灰度分布的综合特征可表示为

$$P_{i,j} = N(i, j)/M^2 \qquad (10.55)$$

其中，$N(i, j)$ 为特征二元组出现的频数，M 为测量窗口中像素的个数。

基于上述条件就可把图像的二维熵定义为

$$H = -\sum_{i=0}^{L-1} \sum_{j=0}^{L-1} P_{i,j} \log P_{i,j} \qquad (10.56)$$

图像的二维熵在反映图像所包含的信息量的前提下，突出反映了图像中像素位置的灰度信息和像素邻域内灰度分布的综合特征。

值得注意的是，图像熵的大小和图像的清晰程度没有绝对的关系。图像的熵只反映图像的信息量大小，即画面上的复杂程度；图像的熵是一个整体量，不代表某个局部；不能说图像越清晰熵越小或越大，例如，一幅含很多噪声的图像的熵往往较大。

习　题　10

10.1　解释下列术语。

（1）图像特征提取　　　　　　　　（2）核同值区

（3）图像的人工特征　　　　　　　（4）图像的自然特征

（5）确定性纹理　　　　　　　　　（6）随机性纹理

10.2　图像边缘具有哪两个特征？

10.3　Laplacian 算子在边缘检测中有什么特点和优势？

10.4　纹理的主要特性有哪些？

10.5　灰度图像的方差反映的是灰度图像的什么特征？

10.6　灰度图像的标准差反映的是灰度图像的什么特征？

10.7　灰度图像的熵反映的是灰度图像的什么特征？

10.8 已知有如下灰度级为 3 的图像，分别求当 $\theta=0°$、$\theta=45°$、$\theta=90°$、$\theta=135°$时的灰度共生矩阵。

$$\begin{bmatrix} 0 & 0 & 0 & 1 & 2 \\ 1 & 0 & 1 & 1 & 1 \\ 2 & 2 & 0 & 1 & 0 \\ 1 & 1 & 0 & 0 & 2 \\ 0 & 0 & 1 & 0 & 1 \end{bmatrix}$$

10.9 已知有如下灰度级为 4 的图像 I，分别求当 $\theta=0°$、$\theta=45°$、$\theta=90°$、$\theta=135°$时的灰度共生矩阵。

$$\begin{bmatrix} 0 & 0 & 1 & 1 \\ 0 & 0 & 1 & 1 \\ 0 & 2 & 2 & 2 \\ 2 & 2 & 3 & 3 \end{bmatrix}$$

10.10 编写一个利用 Prewitt 算子进行边缘检测的 MATLAB 程序。

10.11 下面是利用拉普拉斯二阶微分算子 $\boldsymbol{H}_1$ 进行边缘检测的 MATLAB 程序，请在 MATLAB 环境下执行和验证该程序。

```
clc; clear all; close all;
img0 = imread('d:\lena.jpg');
f = double(img0);
[h,w] = size(f);                    % 获取图像的高和宽
Threshold = 40.0;                   % 设定最小阈值,Laplac_H1 = [0 1 0;1 - 4 1; 0 1 0]
for i = 2:h - 1
  for j = 2:w - 1
      Laplac_H1 = abs( f(i - 1,j) + f(i,j - 1) + f(i,j + 1) + f(i + 1,j) - 4 * f(i,j) );
      if(Laplac_H1 < Threshold)
          resule_f(i,j) = 0;         % 背景为黑
      else
          resule_f(i,j) = 255;       % 边缘为白
      end
  end
end
subplot(1,2,1); imshow(img0); title('原图像');        % 显示原图像
subplot(1,2,2); imshow(resule_f); title('阈值为 40 的 H1 算子边缘检测图像');
```

第 11 章

彩色图像处理

随着各种彩色成像设备以及相关处理硬件性能的不断提高,彩色图像处理越来越受到人们的重视,并已广泛用于印刷、医学、可视化、互联网以及遥感技术等领域。与灰度图像相比,彩色图像除含有较大信息量外,它的表示方式和存储结构也不相同,因此,不能将灰度图像的处理技术简单地直接应用于彩色图像。

为了使读者对彩色图像的处理技术有比较全面的了解,本章首先介绍人类的色彩认知原理和基本的彩色模型;然后以此为基础介绍彩色变换、彩色图像增强、彩色图像平滑、彩色图像锐化、彩色图像边缘检测和彩色图像分割等彩色图像的处理方法。

11.1 彩 色 视 觉

彩色图像处理与人类视觉及其颜色系统密切相关,所以在学习彩色图像处理以前,有必要了解彩色视觉原理、颜色的表示以及彩色图像的有关特性。

11.1.1 三基色原理

1. 三基色与三基色原理

彩色视觉是人眼对射入的可见光光谱的强弱及波长成分的一种感觉。研究和实验表明,人眼中的六七百万个锥状细胞负责接受彩色光,且对红、绿、蓝三色光非常敏感。大约65%的锥状细胞对红光敏感,33%对绿光敏感,2%对蓝光敏感。人眼的这种彩色视觉特性表明:自然界中绝大多数的颜色都可看作是由红(red,简写为 R)、绿(green,简写为 G)、蓝(blue,简写为 B)三种颜色组合而成;自然界中绝大多数的颜色都可以分解成红、绿、蓝这三种颜色,这就是色度学中的三基色原理。三基色原理指出:

(1) 自然界中的绝大多数彩色都可以由三种基色按一定比例混合得到;反之,任意一种彩色均可被分解为三种基色。

(2) 作为基色的三种颜色要相互独立,即其中任何一种基色都不能由另外两种基色混合而产生。

(3) 由三基色混合得到的彩色光的亮度等于参与混合的各基色的亮度之和。

(4) 三基色的比例决定了混合色的色调(指单色光的颜色,即纯色)和饱和度(指纯色被白光稀释的程度的度量,纯色是全饱和的)。

由于人眼对红、绿、蓝这三种颜色最为敏感,所以一般选择这三种颜色作为基色,并称红、绿、蓝为三基色。为标准化起见,国际照明委员会(Commission Internationale de L'Eclairage(法文名),CIE)于 1931 年规定了三基色光的波长,红色的波长为 700nm,绿色的波长为 546.1nm,蓝色的波长为 435.8nm。进一步的研究试验表明,实际上没有单一波长的色光可称为红、绿、蓝，上述的 CIE 标准只是一种近似。另外，CIE 标准的三基色波并不意味着 R、G、B 三种分量的组合能产生所有色谱，所以前面给出的三基色定义中说"自然界中绝大多数的颜色"而不是"所有颜色"，这一点将会在 11.1.2 节中介绍 CIE 色度图时进一步解释。

2. 相加混色

红、绿、蓝三基色按不同的比例相加进行混色称为相加混色，并有

$$红色 + 绿色 = 黄色 \tag{11.1a}$$

$$红色 + 蓝色 = 品红色 \tag{11.1b}$$

$$绿色 + 蓝色 = 青色 \tag{11.1c}$$

$$红色 + 绿色 + 蓝色 = 白色 \tag{11.1d}$$

由于上面得到的青色(cyan)、品红色(magenta)和黄色(yellow)是由三基色中的两色相加混色而成，所以把它们称为二次色。由于有

$$红色 + 青色 = 白色 \tag{11.2a}$$

$$绿色 + 品红色 = 白色 \tag{11.2b}$$

$$蓝色 + 黄色 = 白色 \tag{11.2c}$$

所以将青色、品红色、黄色分别称为红、绿、蓝三色的补色。

红(R)、绿(G)、蓝(B)三基色可按不同比例进行相加混色，从而得到各种颜色，其配色公式为

$$C = x\mathrm{R} + y\mathrm{G} + z\mathrm{B} \tag{11.3}$$

其中，C 代表相加混色而得的某一种特定的颜色；x、y、z 为相对应的三基色相加混色的权值。

如果把混色后得到的白光亮度设定为 100%，那么人眼感觉到的红、绿、蓝三基色和青、品红、黄三种补色的亮度比例如图 11.1 所示。即红色与青色、绿色与品红色、蓝色与黄色混色后白光亮度均为 100%，红、绿、蓝三色混合后的白光亮度也为 100%。

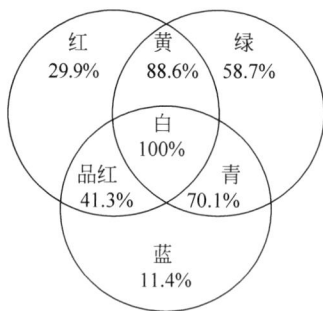

图 11.1 相加混色的三基色及其补色的亮度比例

3. 相减混色

R、G、B 三基色的相加混色是基于 RGB 彩色模型的（见 11.2.1 节）。与相加混色相对应，利用颜料和染料等的吸色性质可以实现相减混色。因为不同颜色的颜料（或染料）可吸收入射白光光谱中的某些成分，使得未被吸收的部分被反射，从而形成该颜料（或染料）的颜色。并且根据不同的颜料比例，它们吸收光谱的成分会有所变化，从而得到不同颜色的颜料。

在白光照射下,青色(Cyan,简写为 C)颜料能吸收红色而反射青色,品红色(Magenta,简写为 M)颜料能吸收绿色而反射品红色,黄色(Yellow,简写为 Y)颜料能吸收蓝色而反射黄色。也就是

$$白色－红色＝青色 \tag{11.4a}$$

$$白色－绿色＝品红色 \tag{11.4b}$$

$$白色－蓝色＝黄色 \tag{11.4c}$$

$$白色－绿色－红色－蓝色＝黑色 \tag{11.4d}$$

即以青色、品红色、黄色为基色构成的 CMY 彩色模型常用于从白光中滤去某种颜色,实现相减混色。

采用类似于如图 11.1 所示的相加混色的描述方式,相减混色中的青色、品红色、黄色三基色及红色、绿色、蓝色三种补色的关系如图 11.2 所示。

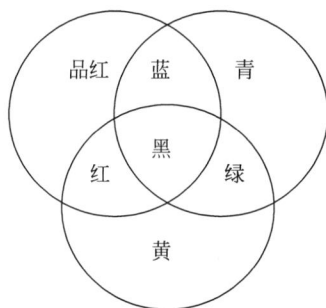

图 11.2　相减混色的三基色及其补色的关系

相加混色的主要应用是录像、电视和计算机显示器等。相减混色主要应用于绘画、摄影(包括彩色电影胶片制作)、彩色印刷和彩色印染等。

11.1.2　CIE 色度图

对于无彩色(消色)图像来说,亮度是唯一的属性,即灰度;对于有彩色图像来说,通常用亮度、色调及饱和度表示颜色的特性。亮度反映了该颜色的明亮程度,颜色中掺入的白色越多亮度就越大,掺入的黑色越多亮度就越小。色调用于描述纯色,是入射光中某一波长的光的颜色(称为单色光),反映了观察者接收到的颜色。饱和度给出一种纯色被白光稀释的程度的度量。纯色是全饱和的;随着向纯色中不断加入白光,饱和度会逐渐降低,即变成欠饱和;也由于纯色中白光的加入,观察者接收到的不再是某种纯色,而是反应该纯色属性的混合颜色。

色调与饱和度两者合起来称为色度,颜色用亮度和色度共同表示。确定颜色的另一种方法是用 CIE 色度图。实验表明,人眼的彩色感觉主要取决于红、绿、蓝三种分量的比例。

设 R、G 和 B 分别表示形成某种特殊颜色 C 时需要的红、绿、蓝三基色的量值;x、y 和 z 分别表示形成某种特殊颜色 C 时红、绿、蓝三基色所占的比例权值,则有

$$C = xR + yG + zB \tag{11.5}$$

且

$$x = \frac{R}{R+G+B} \tag{11.6}$$

$$y = \frac{G}{R+G+B} \tag{11.7}$$

$$z = \frac{B}{R+G+B} \tag{11.8}$$

显然有

$$x + y + z = 1 \tag{11.9}$$

一般称 x、y 和 z 为色系数或色度坐标。式(11.9)说明，由于 3 个色度坐标中有一个是不独立的，因而可以用 x-y 直角坐标系来表示各种色度，这样组成的平面图就是 CIE 色度图（按其形状特点，也将其称为舌形色度图），如图 11.3 所示。在该图中，用 x（红）和 y（绿）函数（即在红、绿、蓝三色总量中红色和绿色分别所占的比例）表示颜色的组成。对于在舌形色度图上的任意 x 和 y 值，其相应的蓝色值可由式(11.9)得到，即 $z = 1-(x+y)$。

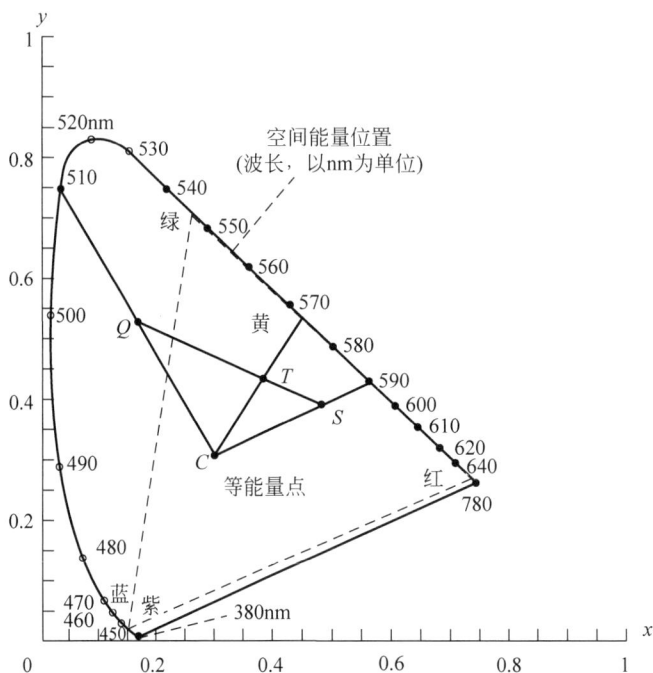

图 11.3 CIE 色度图

分析图 11.3 可知：

（1）从波长为 380nm 的紫色到波长为 700nm 的红色的所有纯色都位于舌形色度图的边界上；任何不在舌形色度图的边界但在其内部的点都代表一种由纯色混合而成的颜色。

（2）从舌形色度图的边界移向其中心，表示加入更多的白光而使该颜色的纯度降低，到中心的等能量点（表示各种光谱能量相等，对应于 CIE 标准的白光）饱和度为零。

（3）色度图中连接任意两点的直线表示由连线两端的点所代表的颜色按不同比例相加而得到的颜色变化。

（4）从等能量点到位于色度图边界上的任意一点画一条直线，表示对应边界点纯色的所有色调。

可见，为了确定色度图中任意给定的三种颜色所组合成的颜色的范围，只要将给定的这三种颜色对应的 3 点连成一个三角形即可。由于在色度图中任意给定 3 个颜色而得到的三角形不可能包含色度图中的所有颜色,所以如同在 11.1.1 节中定义三基色原理时所说,只用三基色(这里指红、绿、蓝三色,当然也可指其他 3 种单波长纯色颜色)并不能组合得到自然界中的所有颜色。

11.2 彩 色 模 型

彩色模型是一种使用一组颜色成分(通常为三个或四个颜色成分)表示颜色方法的抽象数学模型。目前最常用的彩色模型是 RGB 模型和 HSI 模型。

11.2.1 RGB 彩色模型

RGB 模型基于笛卡儿坐标,构成了如图 11.4 所示的彩色立方体子空间(真实效果图见彩色插页)。R、G、B 位于相应坐标轴的顶点,黑色位于原点,白色位于离原点最远的顶点,青、品红和黄位于其他 3 个顶点。在这个模型中,从黑色及各种深浅程度不同的灰色到白色的灰度值分布在从原点到离原点最远的顶点的连线上;立方体上或其内部的点对应不同的颜色,并用从原点到该点的向量表示。

图 11.4 所示的彩色立方体是一个对所有颜色值都进行归一化处理后的单位立方体,因而所有的 R、G、B 值都在[0,1]范围内取值。

每一幅基于 RGB 彩色模型的彩色图像都由 R、G、B 三个基色分量表示。在彩色监视器应用中,只有当反映同一幅彩色画面的 R、G、B 三基色分量同时送入 RGB 监视器时,才在荧光屏上合成为一幅彩色图像。

RGB 模型主要应用于彩色监视器、彩色视频摄像机和彩色打印机等硬件设备。另外,彩色打印机也经常采用 CMY(青、品红、黄)模型和 CMYK(青、品红、黄、黑)模型。

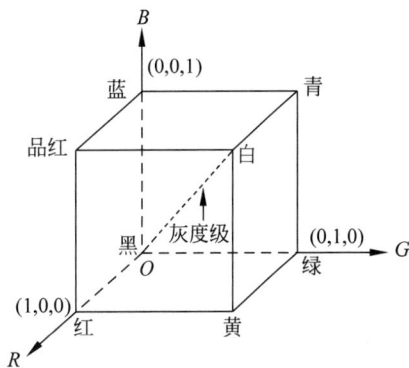

图 11.4 RGB 彩色立方体示意图

RGB 模型的缺陷是没有直观地与颜色概念中的色调、饱和度和亮度建立起联系。

11.2.2 HSI 彩色模型

在 HSI(hue-saturation-intensity)彩色模型中,H(hue)表示的是颜色的波长和纯度(如纯红色、纯蓝色等),称为色调;S(saturation)表示颜色的深浅程度,称为饱和度;I(intensity)表示强度或亮度,体现了无色的强度概念。

HSI 彩色模型定义在如图 11.5 所示的圆柱形坐标的双圆锥子集上。下面圆锥的顶点为黑点,上面圆锥的顶点为白点,连接黑点和白点的双圆锥体的轴线称为亮度轴,用于表示亮度分量 I。黑点的亮度为 0,白点的亮度为 1,任何位于区间[0,1]内的亮度值都可以由亮度轴与垂直于该亮度轴的圆平面的交点给出。进一步讲,对于双圆锥体上的任意一个色点 p 来说,p 点的亮度由 p 所在的垂直于亮度轴的平面与亮度轴的交点确定。

垂直于亮度轴的平面是一个如图 11.6 所示的圆形色环（真实效果图见彩色插页），描述了 HSI 的色调和饱和度。

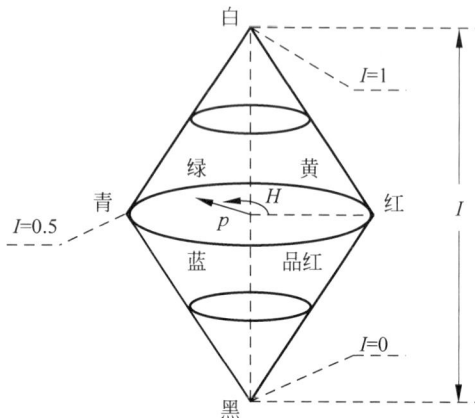

图 11.5　基于圆形彩色平面的 HSI 彩色模型　　　　图 11.6　HSI 彩色模型中的色调和饱和度

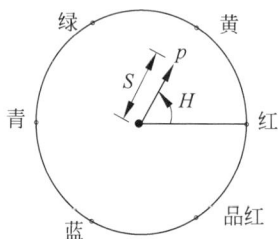

色调 H 由绕亮度轴 I（对应图 11.6 的色环的圆心）的旋转角给定。红色对应角度 0°，绿色对应角度 120°，蓝色对应角度 240°，各基色以 120°分隔。各基色与其二次色相隔 60°（如 11.1.1 节所述，红色与绿色的二次色是黄色，绿色与蓝色的二次色是青色，红色与蓝色的二次色是品红色）。各基色与其补色相隔 180°（如 11.1.1 节所述，红、绿、蓝三色的补色分别为青色、品红色、黄色）。对于任意一个色点 p 来说，其 H 值对应于指向该点的向量与 0°处的红色轴的夹角。

由于亮度轴表示的是亮度信息，没有色彩，所以在亮度轴 I 上的饱和度 S 的值为 0。在圆锥面上的饱和度 S 的值为 1。对于任意一个色点 p 来说，其饱和度 S 的值与指向该点的向量长度成正比。

综上所述，与（表示红色的）红轴的夹角给出色调，向量的长度给出饱和度，色环平面中所有色点的强度由平面在垂直亮度轴的位置给出。最饱和的色调（纯色或接近纯色）出现在 $I=0.5$ 的色环的边缘上，且在该色环边缘上 $S=1$。

HSI 模型主要应用于彩色动画、图形创作等软件彩色应用处理系统。HSI 模型的主要特点如下：

（1）H 与 S 分量与人感受颜色的方式联系紧密，I 分量与图像的彩色信息无关，因而 HSI 模型非常适合于彩色特性的检测与分析。

（2）在彩色图像处理时仅对 I 分量进行处理不会改变原图像中的彩色种类，从而使 HSI 模型成为开发基于彩色描述的图像处理方法的良好工具。

11.2.3　RGB 彩色模型到 HSI 彩色模型的转换

从 RGB 向 HSI 转换的基本思想是：因为在 RGB 模型中灰度线是彩色立方体的对角线，在 HSI 模型中灰度线是双圆锥体的轴线。这样，就可通过旋转 RGB 立方体使其灰度对角线与双圆锥体的轴线重合，同时就使得 RGB 立方体中的红、黄、绿、青、蓝、品红与 HSI 模型中 $I=0.5$ 处的色环平面上的相应色点重合。进一步通过坐标变换可以得到 HSI 中的分量表达式。描述 RGB 模型和 HSI 模型间关系的 RGB 立方体旋转示意图如图 11.7 所示。

对于 RGB 模型中的在[0,1]范围内的 R、G、B 值,对应的 HSI 模型中的 I、S、H 分量可由下面的公式计算得出。

$$\theta = \arccos\left\{ \frac{\frac{1}{2}[(R-G)+(R-B)]}{[(R-G)^2+(R-G)(G-B)]^{1/2}} \right\}$$

$$(11.10)$$

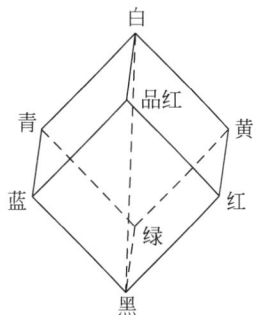

图 11.7　RGB 立方体旋转示意图

$$I = \frac{1}{3}(R+G+B) \tag{11.11}$$

$$S = 1 - \frac{3}{R+G+B}[\min(R,G,B)] \tag{11.12}$$

$$H = \begin{cases} \theta & G \geqslant B \\ 360 - \theta & G < B \end{cases} \tag{11.13}$$

当 $S=0$ 时对应无色的亮度轴,此时无意义,约定 $H=0$;当 $I=0$ 时,S 无意义,约定 $S=0$ 和 $H=0$。

总结以上公式可得:RGB 模型到 HSI 模型的转换是非线性的,计算量较大;HSI 色彩空间中的亮度轴与 RGB 色彩空间中的对角线灰度轴相对应,当 $R=G=B$ 时,表现为灰度(非色彩),此时 H 无意义,为奇点;在奇点附近,RGB 值的很小变化会引起很大的色彩波动。

11.2.4　HSI 彩色模型到 RGB 彩色模型的转换

对于 HSI 模型中在[0,1]范围内的 S 和 I 值,对应的 RGB 模型中的在[0,1]范围内的 R、G、B 值可分段地按如下公式计算得出。

(1) 当 $0° \leqslant H < 120°$ 时

$$B = I(1-S) \tag{11.14}$$

$$R = I\left[1 + \frac{S\cos(H)}{\cos(60° - H)}\right] \tag{11.15}$$

$$G = 3I - (B+R) \tag{11.16}$$

(2) 当 $120° \leqslant H < 240°$ 时

$$R = I(1-S) \tag{11.17}$$

$$G = I\left[1 + \frac{S\cos(H - 120°)}{\cos(180° - H)}\right] \tag{11.18}$$

$$B = 3I - (R+G) \tag{11.19}$$

(3) 当 $240° \leqslant H < 300°$ 时

$$G = I(1-S) \tag{11.20}$$

$$B = I\left[1 + \frac{S\cos(H - 240°)}{\cos(300° - H)}\right] \tag{11.21}$$

$$R = 3I - (G+B) \tag{11.22}$$

当 H 的值为 $300° \sim 360°$ 时为非可见光谱色,没有意义。

11.3 彩 色 变 换

本节讨论的彩色变换是指在已确定的彩色空间（或彩色模型）上对图像中的颜色进行的变换，这与 11.2 节介绍的彩色模型间的转换不同。

11.3.1 反色变换

反色是指与某种色调互补的另一种色调。例如，黑色的补色为白色，红色的补色为青色，蓝色的补色为黄色，颜色间的互补关系如图 11.8 所示。反色变换就是得到原图像的负片效果。

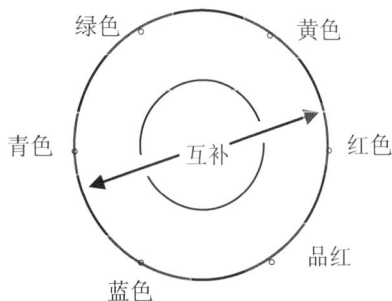

图 11.8 颜色间的互补关系

以采用 RGB 彩色空间，且 R、G、B 分量分别用 1 字节表示的真彩色图像为例，反色变换就是将图像中的 R、G、B 分量反转。

设 $f(x,y)$ 为输入彩色图像，彩色分量的亮度级别为 256，则反色图像 $g(x,y)$ 与输入图像 $f(x,y)$ 的 R、G、B 分量之间的关系可表示为

$$\begin{bmatrix} g_R(x,y) \\ g_G(x,y) \\ g_B(x,y) \end{bmatrix} = \begin{bmatrix} 255 - f_R(x,y) \\ 255 - f_G(x,y) \\ 255 - f_B(x,y) \end{bmatrix} \qquad (11.23)$$

图 11.9 给出的是一个反色变换的验证示例。其中，图 11.9(a)为原彩色图像，图 11.9(b)为图 11.9(a)的负片效果（本章中的所有彩色图像详见文前彩色插页）。

(a) 原彩色图像　　　　　　　　　(b) 图(a)的负片效果

图 11.9　彩色图像的反色变换验证结果

彩色图像的反色变换除能得到原图像的负片效果外，对于增强原图像中的暗区细节也很有帮助。

11.3.2 彩色图像的灰度化

在汽车牌照识别、人脸目标检测及运动目标的跟踪、检测等实际应用中，为了加快图像处理的速度，需要将利用采集设备得到的彩色图像转换为灰度图像。将彩色图像转变为灰度图像的处理称为彩色图像的灰度化处理。

由图 11.4 所示的 RGB 模型可知，从黑色经过各种深浅程度不同的灰色到白色的灰度

值分布在从原点到离原点最远的顶点的连线上,如果用一个垂直于该连线的平面切割该立方体形式的 RGB 模型时,就会发现位于该平面上的 R、G、B 分量相等。也就是说,当同一像素的 R、G、B 彩色分量均相等时,该像素的颜色为用灰度表示的消色。因此,将彩色图像转换为灰度图像的实质,就是通过对图像 R、G、B 分量的变换,使得每像素的 R、G、B 分量值相等。按照赋值方法的不同,可以把彩色图像的灰度化方法分为最大值法、平均值法和加权平均值法。

设 $f(x,y)$ 为输入彩色图像,$g(x,y)$ 为输出灰度图像。最大值法是将输入图像中的每像素的 R、G、B 分量值中的最大者,同时赋给输出图像中对应像素的 R、G、B 分量,用公式可表示为

$$g_{\mathrm{R}}(x,y) = g_{\mathrm{G}}(x,y) = g_{\mathrm{B}}(x,y)$$
$$= \max(f_{\mathrm{R}}(x,y), f_{\mathrm{G}}(x,y), f_{\mathrm{B}}(x,y)) \qquad (11.24)$$

平均值法是将输入图像中的每像素的 R、G、B 分量的算术平均值,同时赋给输出图像中对应像素的 R、G、B 分量,用公式可表示为

$$g_{\mathrm{R}}(x,y) = g_{\mathrm{G}}(x,y) = g_{\mathrm{B}}(x,y)$$
$$= (f_{\mathrm{R}}(x,y) + f_{\mathrm{G}}(x,y) + f_{\mathrm{B}}(x,y))/3 \qquad (11.25)$$

加权平均值法是将输入图像中的每像素的 R、G、B 分量的加权平均值,同时赋给输出图像中对应像素的 R、G、B 分量,用公式可表示为

$$g_{\mathrm{R}}(x,y) = g_{\mathrm{G}}(x,y) = g_{\mathrm{B}}(x,y)$$
$$= \omega_{\mathrm{R}} f_{\mathrm{R}}(x,y) + \omega_{\mathrm{G}} f_{\mathrm{G}}(x,y) + \omega_{\mathrm{B}} f_{\mathrm{B}}(x,y) \qquad (11.26)$$

其中,$\omega_{\mathrm{R}} + \omega_{\mathrm{G}} + \omega_{\mathrm{B}} = 1$。

在加权平均值法中,权值 ω_{R}、ω_{G}、ω_{B} 的选取较为关键;权值不同,彩色图像的灰度化结果也不同。如 11.1 节的彩色视觉所描述的那样,由于人眼对于相同亮度单色光的主观亮度感觉不同,在利用相同亮度的三基色混色时,如果把混色后所得的白光亮度定义为 100%,那么人眼对绿光的亮度感觉仅次于白光,是三基色中最亮的,红光次之,蓝光最低。因此,如果权值 ω_{G}、ω_{R}、ω_{B} 满足条件 $\omega_{\mathrm{G}} > \omega_{\mathrm{R}} > \omega_{\mathrm{B}}$,将会得到比较合理的灰度化结果。相关研究表明,当 $\omega_{\mathrm{G}} = 0.587$,$\omega_{\mathrm{R}} = 0.299$,$\omega_{\mathrm{B}} = 0.114$ 时,得到的灰度化图像较合理,此时式(11.26)就变为

$$f_{\mathrm{R}}(x,y) = f_{\mathrm{G}}(x,y) = f_{\mathrm{B}}(x,y) = 0.299 f_{\mathrm{R}}(x,y) + 0.587 f_{\mathrm{G}}(x,y) + 0.114 f_{\mathrm{B}}(x,y)$$
$$(11.27)$$

图 11.10 是上述三种彩色图像灰度化方法的验证结果图例。图 11.10(a)是原图像,图 11.10(b)为最大值法得到的结果,图 11.10(c)为平均值法得到的结果,图 11.10(d)为 $\omega_{\mathrm{G}} = 0.587$,$\omega_{\mathrm{R}} = 0.299$,$\omega_{\mathrm{B}} = 0.114$ 时的加权平均值法处理的结果。

比较图 11.10 中三种算法的灰度化结果可以看出,最大值法处理的结果亮度偏高,平均值法处理得到的结果亮度稍低且对比度也偏低,加权平均值法得到的结果图像比较柔和、理想。

11.3.3　真彩色转变为 256 色

由于硬件条件的限制和某些应用的需求,有时需要将真彩色图像转换为 256 色图像进行显示。真彩色图像是含有 $2^{24} = 16\,777\,216$ 种颜色的彩色图像,将真彩色图像转换为 256 色图像会损失大量的颜色信息,因此,在转换过程中要找到合适的映射关系,使得变化后的 256 种颜色在原图像中最具代表性或出现的频率最高。下面介绍两种常用的转换算法:中位切分法和流行色法。

(a) 原彩色图像　　　　　　　　　　　(b) 最大值法灰度化结果

(c) 平均值法灰度化结果　　　　　　　(d) 加权平均值法灰度化结果

图 11.10　彩色图像的灰度化验证结果

1. 中位切分法

中位切分法是一种比较简单的转换算法。该算法的基本过程是：首先，将 RGB 彩色空间中的 3 个坐标轴进行均匀量化，把每个坐标轴分为 256 个级别，0 为最暗，255 为最亮，这样真彩色图像的各种颜色就可以用坐标空间的各个量化点来表示；然后，将彩色立方体划分为 256 个小立方体，使各立方体包含相同的颜色数；最后，求出这 256 个小立方体的中心点的颜色，显然，该点的颜色能够较好地代表小立方体中所包含的各点的颜色，这样就完成了将真彩色图像转换为 256 色图像的工作。图 11.11(b)是利用中位切分法将图 11.9(a)的真彩色图像转换成 256 色图像的结果(见彩色插页)，为了便于对比，将图 11.9(a)作为图 11.11(a)。

(a) 原真彩色图像　　　　　　　　　　(b) 转换后的256色图像

图 11.11　利用中位切分法将真彩色图像转换成 256 色图像的示例

2. 流行色法

另一种非常重要的转换算法是流行色法，它通过引入颜色出现的概率来进行转换。流行色算法的基本过程是：首先，对原彩色图像中各颜色出现的概率进行统计；然后，按照由大到小的顺序选择出前 256 种颜色；最后，将其他颜色按照与这 256 种颜色就近的原则进行转换,用这 256 种颜色代替原真彩色图像中的颜色。图 11.12(b)是利用流行色法将图 11.9(a)的真彩色图像转换成 256 色图像的结果(见彩色插页),为了便于对比,将图 11.9(a)列为图 11.12(a)。

(a)原真彩色图像 (b)转换后的256色图像

图 11.12 利用流行色法将真彩色图像转换成 256 色图像的示例

比较图 11.11 和图 11.12 中两种算法的结果图像可以发现:中位切分法尽管使用小立方体中心点的颜色,且对各小立方体所包含的颜色来说具有一定的代表性,但转换后的图像还是存在着颜色失真的现象;而流行色法由于考虑了原图像中各种颜色的使用频率,则失真较小。

11.3.4 彩色平衡

光源颜色、环境反射、成像设备缺陷等会导致拍摄的或数字化后的图像中的颜色在显示时看起来有些不正常,即景物中物体的颜色偏离了它的真实色彩,最明显的例子是那些本来是灰色的物体被赋予了颜色。产生这种情况的原因是颜色通道中不同的敏感度、增光因子、偏移量等使图像的 3 个分量发生了不同的线性变换,导致图像的三基色"不平衡"。

彩色平衡就是通过对色彩偏移的图像进行色彩校正,即通过调整图像的 R、G、B 三个分量的强度,恢复图像场景原始颜色特征的技术和过程。白平衡法和颜色平均值最小法是两种基本的彩色平衡方法。

1. 白平衡法

所谓白平衡法,就是将景物中的白色物体在图像中还原为白色。实现白平衡的方法较多,下面介绍一种最简单的白平衡方法。

该方法的基本过程是:首先,依据式(11.28)计算出色偏图像的亮度分量,求出图像的最大亮度 $I_{\max}$ 和平均亮度 $\bar{I}$;其次,设定一个较大的阈值 T(如 0.95),求出图像中亮度值大于 $T \cdot I_{\max}$ 的像素的集合(认为这些像素对应实际场景中白色的点),然后计算出这些像素对应的 R、G、B 分量值的和及其均值 $\bar{R}$、$\bar{G}$、$\bar{B}$,依据式(11.29)确定出白平衡法的调整参数 k_R、k_G、k_B;最后,利用调整公式(11.30)对色偏图像进行调整。

$$I(x,y) = 0.299 \cdot f_R(x,y) + 0.587 \cdot f_G(x,y) + 0.114 \cdot f_B(x,y) \tag{11.28}$$

$$k_R = \frac{\bar{I}}{\bar{R}}, \quad k_G = \frac{\bar{I}}{\bar{G}}, \quad k_B = \frac{\bar{I}}{\bar{B}} \tag{11.29}$$

$$\begin{bmatrix} G_R(x,y) \\ G_G(x,y) \\ G_B(x,y) \end{bmatrix} = \begin{bmatrix} k_R & 0 & 0 \\ 0 & k_G & 0 \\ 0 & 0 & k_B \end{bmatrix} \begin{bmatrix} f_R(x,y) \\ f_G(x,y) \\ f_B(x,y) \end{bmatrix} \tag{11.30}$$

图 11.13(b)是利用简单白平衡法对图 11.13(a)所示的色偏彩色图像进行彩色平衡的验证结果示例(见彩色插页)。

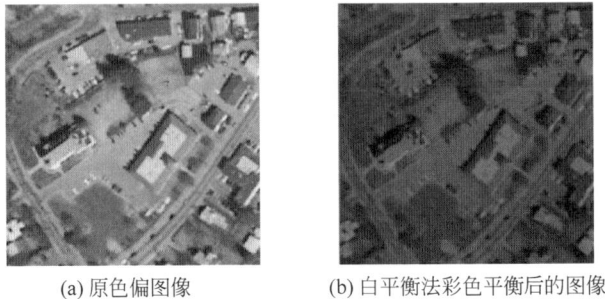

(a) 原色偏图像　　　　　(b) 白平衡法彩色平衡后的图像

图 11.13　白平衡法对色偏图像进行彩色平衡的示例

2. 颜色平均值最小法

颜色平均值最小法的基本思想是：寻找彩色图像中较强的颜色通道(彩色图像中所有像素的某个彩色分量，构成了该分量的彩色通道)，通过对较强的颜色通道进行抑制和对较弱的颜色通道进行增强来达到彩色平衡的目的。

颜色平均值最小法的基本过程是：首先计算色偏图像各彩色通道的像素平均值 R_{mean}、G_{mean}、B_{mean}，并求它们中的最小值 $S_{\text{RGB}} = \min(R_{\text{mean}}, G_{\text{mean}}, B_{\text{mean}})$；其次，统计各颜色通道中像素值大于 S_{RGB} 的像素数 N_R、N_G、N_B，并求它们中的最大值 $N_{\max} = \max(N_R, N_G, N_B)$，该值对应的颜色通道即为颜色信息较强的通道；然后，将 3 个颜色通道的像素值按照从大到小的顺序排列，直到它们的个数为 $N_{\max}$ 时为止，从而形成 3 个颜色通道像素值的倒排序向量，并将红、绿、蓝 3 个颜色通道向量中第 $N_{\max}$ 个元素的值 T_R、T_G、T_B 作为阈值(一般情况下，信息最弱的颜色通道的阈值较小)；接着，依据式(11.31)确定出颜色平均值最小法的调整参数 k_R、k_G、k_B；最后，利用调整公式(11.32)对色偏图像进行调整。

$$k_R = \frac{S_{\text{RGB}}}{T_R}, \quad k_G = \frac{S_{\text{RGB}}}{T_G}, \quad k_B = \frac{S_{\text{RGB}}}{T_B} \tag{11.31}$$

$$\begin{bmatrix} G_R(x,y) \\ G_G(x,y) \\ G_B(x,y) \end{bmatrix} = \begin{bmatrix} k_R & 0 & 0 \\ 0 & k_G & 0 \\ 0 & 0 & k_B \end{bmatrix} \begin{bmatrix} f_R(x,y) \\ f_G(x,y) \\ f_B(x,y) \end{bmatrix} \tag{11.32}$$

图 11.14(b)是利用颜色平均值最小法对图 11.14(a)所示的色偏彩色图像进行彩色平衡的验证结果示例(见彩色插页)。

(a) 原色偏彩色图像　　　　　(b) 颜色平均值最小法彩色平衡后的图像

图 11.14　颜色平均值最小法对色偏图像进行彩色平衡的示例

11.4　彩色图像增强

在得到的彩色图像中,有时会存在对比度低、颜色偏暗、局部细节不明显等问题,为了改善图像的视觉效果,突出图像的特征,利于进一步的处理,需要对图像进行增强处理。第 4章的空间域图像增强和第 5 章的频率域图像增强对灰度图像的增强算法进行了较为详细的介绍,这里介绍彩色图像的增强算法。对于彩色图像的增强,依据处理对象的不同可分为真彩色增强、伪彩色增强和假彩色增强三类。

11.4.1　真彩色增强

真彩色增强处理的对象是具有 2^{24} 种颜色的彩色图像(又称全彩色图像)。为了避免破坏图像的彩色平衡,真彩色增强通常选择在 HSI 模型下进行。依据选择的增强分量和增强目的的不同,可将真彩色增强分为亮度增强、色调增强和饱和度增强三种。图 11.15 是根据11.2.3 节中 RGB 彩色模型转换到 HSI 彩色模型的相关公式,基于已知 RGB 彩色图像计算得到的 H、S、I 分量图像(见彩色插页)。

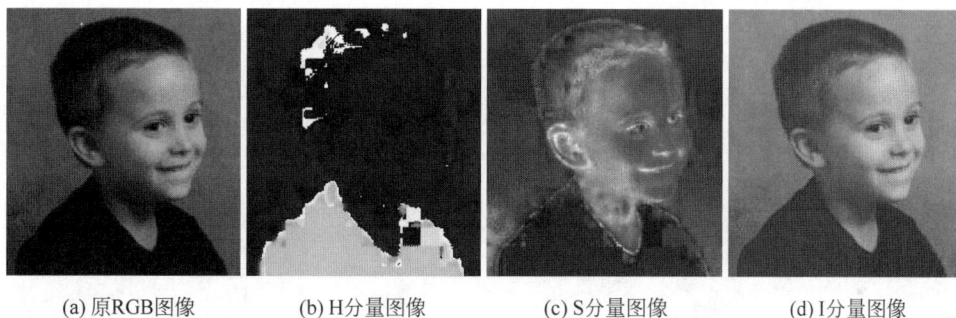

|(a) 原RGB图像|(b) H分量图像|(c) S分量图像|(d) I分量图像|

图 11.15　基于 RGB 图像提取 H、S、I 分量图像验证结果

1. 亮度增强

亮度增强是仅对彩色图像的亮度分量进行处理的增强方法,它的目的是通过对图像亮度分量的调整,使得图像在合适的亮度上提供最多的细节。彩色图像的亮度增强可以在其亮度分量上使用第 4 章介绍的灰度图像的增强算法,如基于点运算的图像增强方法、基于直方图的图像增强方法等。图 11.16 所示为对彩色图像的亮度分量使用对比度拉伸和直方图均衡的方法进行增强的实例。图 11.16(a)是原彩色图像;图 11.16(b)是对从图 11.16(a)中提取的亮度分量 I 进行对比度拉伸,然后再将 H、S、I 分量转换为 RGB 模型的结果图像;图 11.16(c)是对其 I 分量进行直方图均衡,然后再将 H、S、I 分量转换为 RGB 模型的结果图像(见彩色插页)。分析可知,通过亮度增强,图像的细节有所增多。

2. 色调增强

色调增强是通过增加颜色间的差异来达到图像增强的目的,一般可以通过对彩色图像每个点的色度值加上或减去一个常数来实现。由于彩色图像的色度分量是一个角度值,因此对色度分量加上或减去一个常数,相当于图像上所有点的颜色都沿着图 11.6 所示的彩色环逆时针或顺时针旋转一定的角度,整幅图像就会偏向"冷"色调或"暖"色调,如果加或减的

(a) 原彩色图像   (b) 对比度拉伸方法的增强图像   (c) 直方图均衡方法的增强图像

图 11.16   真彩色图像的亮度增强示例

角度比较大,则会使图像产生剧烈的变化。此外,色度增强还可以采用线性变换的形式,当变换函数的斜率大于 1 时,色度增强可以扩大相应光谱范围内颜色的差别。需要注意的是,由于色相是用角度来表示的,因此,处理色相分量图像的操作必须考虑灰度级的"周期性",即对色调值加上 120°和加上 480°是等价的。

图 11.17 为对彩色图像进行色调增强的实例。图 11.17(a)是原彩色图像。图 11.17(b)是对从图 11.17(a)中提取的色度分量 H 的色环顺时针旋转(给每像素的色度值加上)120°,然后再将 H、S、I 转换为 RGB 模型的结果图像,可以看到原图像中红色的点变为绿色了。图 11.17(c)是对其色度分量 H 的色环逆时针旋转(给每像素的色度值减去)120°,然后再将 H、S、I 转换为 RGB 模型的结果图像,可以看到原图像中红色的点变为蓝色了(见彩色插页)。

(a) 原彩色图像   (b) 色度值加120°的结果   (c) 色度值减120°的结果

图 11.17   真彩色图像的色度增强示例

3. 饱和度增强

饱和度增强可以使彩色图像的颜色更为鲜明。饱和度增强可以通过对彩色图像每个点的饱和度值乘以一个大于 1 的常数来实现;反之,如果对彩色图像每个点的饱和度值乘以小于 1 的常数,则会减弱原图像颜色的鲜明程度。图 11.18 为饱和度增强的实例。图 11.18(b)为将原彩色图像(图 11.18(a))每像素的饱和度分量值乘以 3 后得到的结果,图 11.18(c)为将原彩色图像每像素的饱和度分量值乘以 0.3 后得到的结果。与原彩色图像(图 11.18(a))相比,图 11.18(b)中各点的颜色较原图像更鲜明,图 11.18(c)中各点的颜色没有原图像鲜明(见彩色插页)。此外,饱和度增强还可以使用非线性的点运算,但要求非线性点变换函数在原点的值为零。

需要注意的是,变换饱和度接近于零的像素的饱和度,可能会破坏原图像的彩色平衡。

| (a) 原彩色图像 | (b) S分量值乘以3的结果 | (c) S分量值乘以0.3的结果 |

图 11.18　真彩色图像的饱和度增强示例

11.4.2　伪彩色增强

伪彩色增强的处理对象是灰度图像。由人眼的生理特性可以知道，人眼识别和区分灰度级的差异的能力是很有限的，一般只有三四十级，但识别和区分色彩的能力却很强，可达数百种。伪彩色增强就是利用人眼的这一生理特性，将一幅具有不同灰度级的图像通过一定的映射转换为彩色图像，来增强人们对灰度图像的分辨能力。伪彩色增强可以分为空域增强和频域增强两种，在这两种算法中，密度分层法、灰度级-彩色变换法和频率滤波法是三种较为常用的算法。

1. 密度分层法

密度分层法（又称强度分层法）是伪彩色图像处理中最简单、最基本的方法。该算法将灰度图像 $f(x,y)$ 中任意一点 (x,y) 的灰度值看作该点的密度函数。算法的基本过程是：首先，用平行于坐标平面的平面序列 $L_1,L_2,\cdots,L_N$ 把密度函数分割为 $N+1$ 个相互分隔的灰度区间；然后，给每一区域分配一种颜色，这样就会将一幅灰度图像映射为彩色图像。图 11.19 和图 11.20 给出了密度分层法的空间和平面示意图。

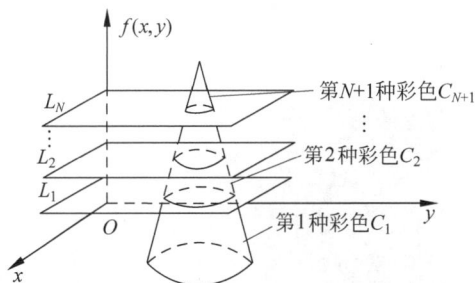

图 11.19　密度分层法空间示意图

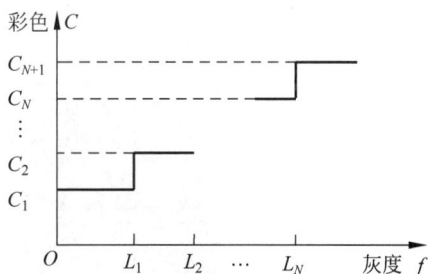

图 11.20　密度分层法平面示意图

图 11.21 给出了利用该算法进行伪彩色增强的示例，其中 $N=4$，图 11.21(a)为灰度图像，图 11.21(b)为得到的伪彩色图像（见彩色插页）。

由图 11.21(b)的伪彩色增强图像可以看出，密度分层法只是简单地把分割的灰度区域与各彩色进行映射，所以得到的伪彩色图像的颜色数受到分割层数 N 的限制。

2. 灰度级-彩色变换法

为了有效地提高映射后得到的颜色数量，可以采用灰度级-彩色变换法。

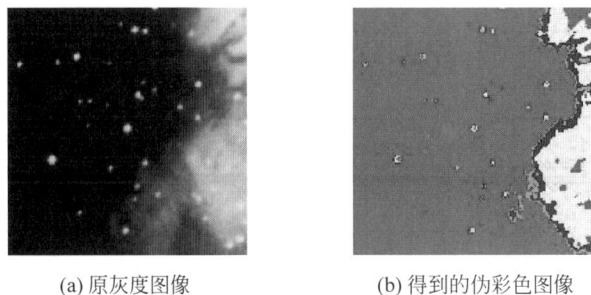

(a) 原灰度图像　　　　　　　　(b) 得到的伪彩色图像

图 11.21　密度分层法增强示例

灰度级-彩色变换伪彩色增强法的基本思想是：对图像中每个像素的灰度值 $f(x,y)$ 采用不同的变换函数进行 3 个独立的变换，并将结果映射为彩色图像的 R、G、B 分量值，由此就可以得到一幅 RGB 空间上的彩色图像。由于灰度级-彩色变换法在变换过程中用到了三基色原理，与密度分层法相比，该算法可有效地拓宽结果图像的颜色范围。图 11.22 给出了变换过程的示意图。

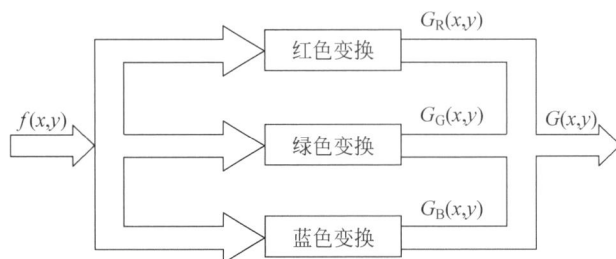

图 11.22　　灰度级-彩色变换法示意图

需要注意的是，这一变换是对图像各像素灰度值的变换，并非图像像素几何位置的函数，得到的结果颜色受三种变换函数的影响。图 11.23 为利用灰度级-彩色变换法进行伪彩色增强的实例（见彩色插页）。

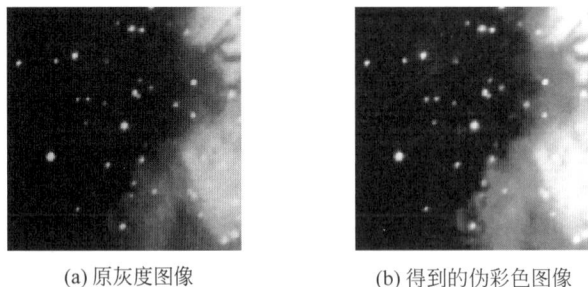

(a) 原灰度图像　　　　　　　　(b) 得到的伪彩色图像

图 11.23　灰度级-彩色变换法增强示例

3. 频率滤波法

与密度分层法和灰度级-彩色变换法两种算法相比，频率滤波法输出的伪彩色图像与灰度图像的灰度级无关，仅与灰度图像不同空间频率成分有关。

频率滤波伪彩色增强法的基本思想是：首先对原灰度图像进行傅里叶变换，然后用

3 种不同的滤波器分别对得到的频率（谱）图像进行独立的滤波处理,处理完后再用傅里叶逆变换将得到的三种不同频率的图像映射为单色图像,经过一定的后处理,最后把这三幅灰度图像分别映射为彩色图像的 R、G、B 分量,这样就可以得到一幅 RGB 空间上的彩色图像。图 11.24 为频率滤波法的变换示意图。

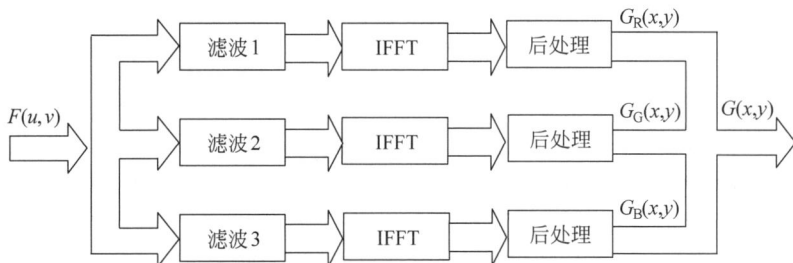

图 11.24　频率滤波法变换示意图

在图 11.24 中,对于 3 种滤波器的选择,一种典型的情况是使用低通、带通（或带阻）、高通滤波器。频率域滤波的讲解详见第 5 章。

图 11.25 给出了使用频率滤波法进行伪彩色增强的示例,其中滤波器 1、滤波器 2 和滤波器 3 分别选择为低通、带通和高通滤波器（见彩色插页）。

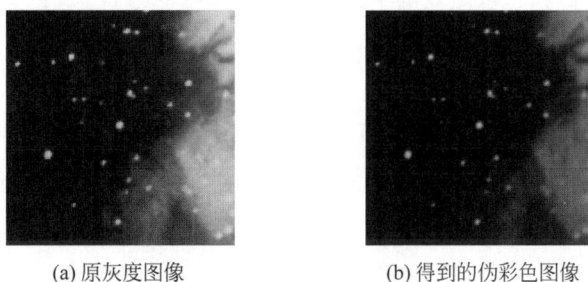

(a) 原灰度图像　　　　　　　　(b) 得到的伪彩色图像

图 11.25　频率滤波法增强示例

11.4.3　假彩色增强

假彩色增强与伪彩色增强不同,它是从一幅初始的彩色图像或者从多光谱图像的波段中生成增强的彩色图像的一种方法,其实质是从一幅彩色图像映射到另一幅彩色图像,由于得到的彩色图像不再能反映原图像的真实色彩,因此称为假彩色增强。假彩色图像的应用十分广泛。例如,画家通常把图像中的景物赋以与现实不同的颜色,以达到引人注目的目的;对于一些细节特征不明显的彩色图像,可以利用假彩色增强将这些细节赋以人眼敏感的颜色,以达到辨别图像细节的目的。此外,在遥感技术中,利用假彩色图像可以将多光谱图像合成彩色图像,使图像看起来逼真、自然,有利于对图像进行后续的分析与解释。

一般地,假彩色增强的线性表达式如式(11.33)所示。可以看出,式(11.33)是一个从原图像到新图像的线性坐标变换。

$$\begin{bmatrix} G_R \\ G_G \\ G_B \end{bmatrix} = \begin{bmatrix} k_{11} & k_{12} & k_{13} \\ k_{21} & k_{22} & k_{23} \\ k_{31} & k_{32} & k_{33} \end{bmatrix} \cdot \begin{bmatrix} f_R \\ f_G \\ f_B \end{bmatrix} \tag{11.33}$$

11.5 彩色图像的平滑

由于光照、摄影设备以及图像传输等原因，在得到的彩色图像中不可避免地存在噪声。为了得到质量较高的彩色图像，要通过对图像的平滑处理消除这些噪声。灰度图像的平滑处理比较简单，处理的对象是标量，计算时采用相应的低通滤波算子即可。彩色图像的平滑处理相对比较复杂，除了处理的对象是向量外，还要注意图像所用的彩色空间，因为随着所用彩色空间的不同，所处理的向量表示的含义也不同。下面以系数为 1、大小为 5×5 的滤波模板进行彩色图像平滑为例，介绍使用 RGB 彩色模型和 HSI 彩色模型进行平滑滤波的方法。

11.5.1 基于 RGB 彩色模型的彩色图像平滑

对于采用 RGB 模型的彩色图像，设位于点 (x,y) 处的颜色向量为 $\bar{f}(x,y)$，则由灰度图像的平滑公式可以得到彩色图像的平滑公式为

$$\bar{f}(x,y) = \frac{1}{N} \sum_{(x,y) \in S_{xy}} \bar{f}(x,y) \tag{11.34}$$

其中，S_{xy} 表示以像素 (x,y) 为中心的相邻像素的集合，N 为集合中的像素数，$\bar{f}(x,y)$ 为平滑后的结果。由于 $\bar{f}(x,y)$ 分别由 R、G、B 3 个分量构成，该平滑公式还可写成

$$\bar{f}(x,y) = \frac{1}{N} \begin{vmatrix} \sum_{(x,y) \in S_{xy}} f_R(x,y) \\ \sum_{(x,y) \in S_{xy}} f_G(x,y) \\ \sum_{(x,y) \in S_{xy}} f_B(x,y) \end{vmatrix} \tag{11.35}$$

由式（11.35）可知，对 RGB 彩色图像进行平滑操作，就是对图像的 3 个彩色通道分别进行平滑操作，再把平滑的结果合成一幅彩色图像。图 11.26 所示是一幅 RGB 彩色图像和它的 3 个彩色分量，其中图 11.26(a) 为 RGB 原图像，图 11.26(b) 为原图像的 R 分量，图 11.26(c) 为原图像的 G 分量，图 11.26(d) 为原图像的 B 分量。利用式（11.35）对图像进行平滑的结果如图 11.27(a) 所示（见彩色插页）。

11.5.2 基于 HSI 彩色模型的彩色图像平滑

对于采用 HSI 模型的彩色图像，如果像处理 RGB 图像那样，利用式（11.35）对图像的 3 个彩色分量 H、S、I 分别进行平滑，那么得到的图像的颜色将会因为颜色分量的混合而发生变化。因此，对于 HSI 模型的彩色图像，只需要对其亮度分量 I 进行平滑即可。图 11.27(b) 就是仅对图 11.15(d) 所示的 I 分量进行平滑（H、S 分量不变），并把处理结果和原来的 H、S 分

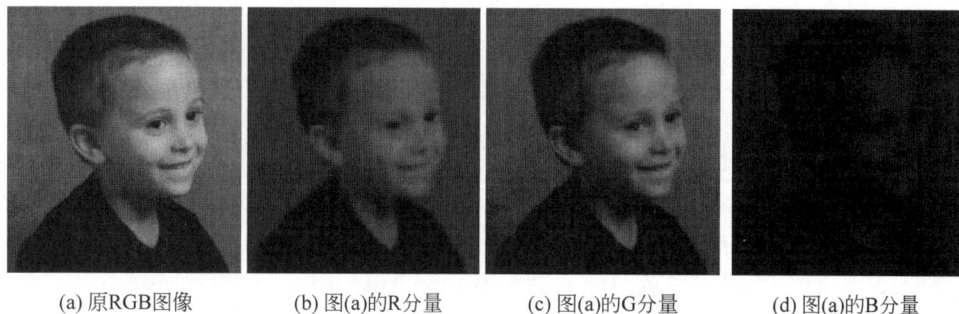

(a) 原RGB图像　　(b) 图(a)的R分量　　(c) 图(a)的G分量　　(d) 图(a)的B分量

图 11.26　RGB 彩色图像及其各分量图像

量一起变换为 RGB 图像的结果(见彩色插页)。

　　基于 RGB 彩色模型的彩色图像平滑方法和基于 HSI 彩色模型的彩色图像平滑方法得到的结果存在着一定差异,图 11.27(c)是这两种平滑结果(即图 11.27(a)与图 11.27(b))的差异。由于两种平滑结果图像的差异较小,为了较清楚地显示出存在的差别,图 11.27(c)为对结果图像的各分量分别再进行直方图均衡化处理后得到的结果。

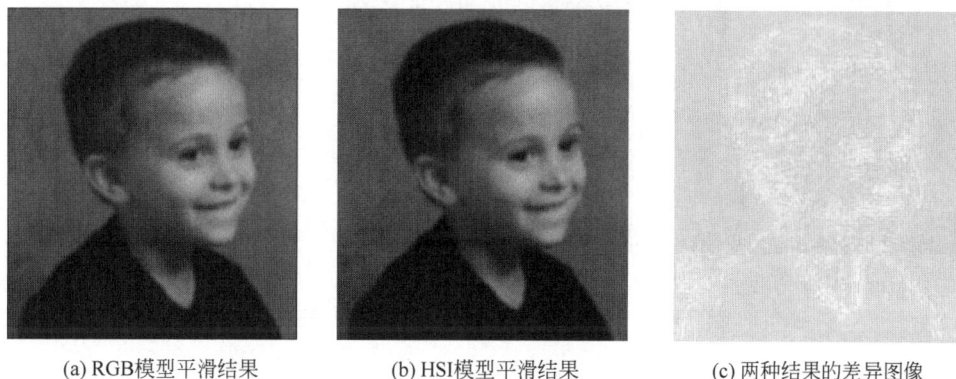

(a) RGB模型平滑结果　　(b) HSI模型平滑结果　　(c) 两种结果的差异图像

图 11.27　彩色图像的平滑结果图像及其比较

　　由图 11.27(c)可以看出,上述两种平滑方法得到的结果图像是不相同的(尽管仅有微小差异),这主要是因为在采用 RGB 模型的平滑方法中,是对图像的 3 个彩色通道分别进行平滑;而在采用 HSI 模型的平滑方法中,是仅对彩色图像的亮度分量进行平滑,保留了原图像的彩色信息,即该点的色调值和饱和度值并没发生改变。此外需要注意的是,这两种结果的差别会随着所用平滑模板的增大而变大。

11.6　彩色图像的锐化

　　与 11.5 节介绍彩色图像平滑的思路相同,本节同样可将灰度图像锐化的算法扩展到彩色图像上。以拉普拉斯算法为例,向量的拉普拉斯变换也为向量,它的各分量等于输入向量的各分量的拉普拉斯微分。

　　对于采用 RGB 模型的彩色图像,输入向量 $\bar{f}(x,y)$ 的拉普拉斯变换表示为

$$\nabla^2[f(x,y)] = \begin{vmatrix} \nabla^2[f_R(x,y)] \\ \nabla^2[f_G(x,y)] \\ \nabla^2[f_B(x,y)] \end{vmatrix} \tag{11.36}$$

由式(11.36)可知,对 RGB 彩色图像进行拉普拉斯变换等于对图像的 3 个彩色通道分别进行拉普拉斯变换。图 11.28(a)为对图 11.26 的 R、G、B 分量分别进行拉普拉斯变换后得到的结果图像(见彩色插页)。

与 11.5.2 节类似,对于彩色图像的锐化还可以使用 HSI 模型进行处理,图 11.28(b)为仅对图 11.15(d)所示的 I 分量进行拉普拉斯变换(H、S 分量不变),并把处理结果变换为 RGB 图像的结果(见彩色插页)。基于 RGB 模型的彩色图像锐化方法与基于 HSI 模型的彩色图像锐化方法得到的结果图像(即图 11.28(a)与图 11.28(b))的差异如图 11.28(c)所示,由于两结果图像的差异较小,为了较清楚地显示出存在的差别,图 11.28(c)为对结果图像的各分量分别进行直方图均衡处理后得到的结果(见彩色插页)。

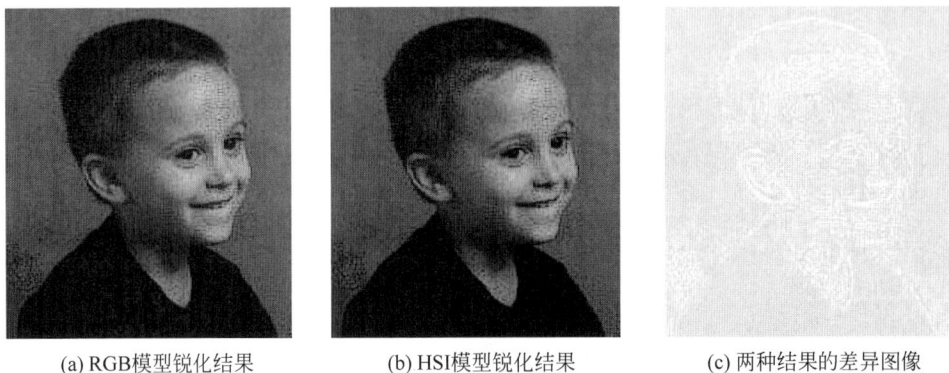

(a) RGB模型锐化结果   (b) HSI模型锐化结果   (c) 两种结果的差异图像

图 11.28　RGB 模型与 HSI 模型彩色图像锐化结果及其比较

11.7　彩色图像的边缘检测

在讨论彩色图像边缘检测时,人们自然会想到利用 10.1.2 节介绍的梯度边缘检测方法分别对彩色图像的 R、G、B 分量进行梯度计算来得到检测结果。但由于式(10.1)给出的梯度定义只适用于灰度图像,并没有给出对应的彩色图像向量的梯度计算定义,因此,按照该思路得到的如图 11.29(a)所示的检测结果图像是不正确的(见彩色插页);也就是说,基于梯度的彩色图像的边缘检测有其自身的特殊性。下面给出一种由 Di Zenzo 提出的可用于向量函数的梯度定义来进行彩色图像边缘检测的方法。

在 RGB 彩色空间中,令 $\bar{r}$、$\bar{g}$、$\bar{b}$ 为沿 R、G 和 B 中轴的单位向量,定义向量 $\bar{u}$ 和 $\bar{v}$ 为

$$\bar{u} = \frac{\partial f_R}{\partial x}\bar{r} + \frac{\partial f_G}{\partial x}\bar{g} + \frac{\partial f_B}{\partial x}\bar{b} \tag{11.37}$$

$$\bar{v} = \frac{\partial f_R}{\partial y}\bar{r} + \frac{\partial f_G}{\partial y}\bar{g} + \frac{\partial f_B}{\partial y}\bar{b} \tag{11.38}$$

其中,f_R、f_G、f_B 分别为像素的 RGB 分量。定义向量 $\bar{u}$ 和 $\bar{v}$ 之间的点积 g_{xx}、g_{yy} 和 g_{xy} 分别为

$$g_{xx} = \overline{u} \cdot \overline{u} = \overline{u}^T \cdot \overline{u} = \left| \frac{\partial f_R}{\partial x} \right|^2 + \left| \frac{\partial f_G}{\partial x} \right|^2 + \left| \frac{\partial f_B}{\partial x} \right|^2 \qquad (11.39)$$

$$g_{yy} = \overline{v} \cdot \overline{v} = \overline{v}^T \cdot \overline{v} = \left| \frac{\partial f_R}{\partial y} \right|^2 + \left| \frac{\partial f_G}{\partial y} \right|^2 + \left| \frac{\partial f_B}{\partial y} \right|^2 \qquad (11.40)$$

$$g_{xy} = \overline{u} \cdot \overline{v} = \overline{u}^T \cdot \overline{v} = \frac{\partial f_R}{\partial x}\frac{\partial f_R}{\partial y} + \frac{\partial f_G}{\partial x}\frac{\partial f_G}{\partial y} + \frac{\partial f_B}{\partial x}\frac{\partial f_B}{\partial y} \qquad (11.41)$$

其中,f_R、f_G、f_B 和 g 项均是 x 和 y 的函数。此时输入图像在某点的最大变化率方向 $\theta(x,y)$ 定义为

$$\theta(x,y) = \frac{1}{2}\arctan\left(\frac{2g_{xy}}{g_{xx} - g_{yy}}\right) \qquad (11.42)$$

与之对应的 θ 方向上的变化率的值 $F_\theta(x,y)$ 为

$$F_\theta(x,y) = \left\{ \frac{1}{2}\left[(g_{xx} + g_{yy}) + (g_{xx} - g_{yy})\cos 2\theta + 2g_{xy}\sin 2\theta \right] \right\}^{1/2} \qquad (11.43)$$

这样就得到了与输入图像大小相等的梯度图像 $F_\theta(x,y)$。且对于式(11.43)有式 $F_\theta(x,y) = F_{\theta+\pi}(x,y)$ 成立,因此,F 仅需在半开区间 $[0,\pi)$ 上计算 θ 的值。

在实际应用中,可以用前边讨论的 Sobel 算子来计算式(11.39)～式(11.41)中的偏导数。

图 11.29(b)为使用 Di Zenzo 方法得到的梯度图像(见彩色插页)。比较两个结果图像可以看出,由于式(10.1)只适用于灰度图像,因此得到的图 11.29(a)所示的结果图像不是彩色图像的正确边缘提取结果;相比之下,图 11.29(b)所示的梯度图像的边缘非常清晰,例如可以比较清晰地看到花瓣上椭圆点的边缘。

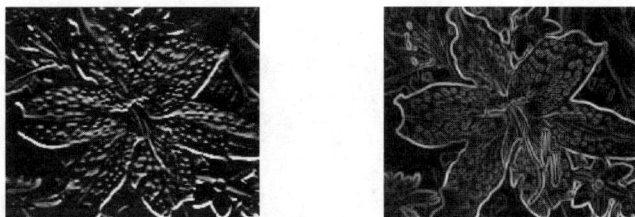

(a) 彩色图像的不正确边缘检测结果　　　(b) 彩色图像的正确边缘检测结果

图 11.29　彩色图像的边缘提取

11.8　彩色图像的分割

彩色图像分割就是利用图像的彩色信息,将图像分割为一些感兴趣区域的图像处理方法。可以将彩色图像的分割看作灰度图像分割向彩色空间的一种扩展和延伸。在彩色图像的分割中需要依据不同的分割要求选择不同的彩色模型和分割方法。本节分别介绍采用 HSI 模型和 RGB 模型的彩色图像分割方法。

11.8.1　HSI 模型的彩色图像分割

HSI 模型反映了人们观察彩色的方式,I(亮度)分量包含了图像的强度或亮度信息,

H（色度）和 S（饱和度）分量包含了图像的彩色信息。由于 HSI 模型将图像的彩色分量和亮度分量进行了分离，使得单独在某一分量平面对彩色图像按照图像的彩色信息进行分割处理成为可能。

下面是用饱和度图像作为模板，利用彩色图像的色度分量进行分割的一个实例。

图 11.30（a）所示为一幅彩色图像，分割的目的是得到图像中花瓣的红色区域。图 11.30（b）～图 11.30（d）所示为图像的 H、S、I 分量（见彩色插页）。观察图 11.30（b）和图 11.30（c）可以发现，该区域具有较高的色调值和饱和度值，为了得到较好的分割效果，可以利用图像的饱和度图像作为模板。图 11.30（e）为对饱和度图像利用门限法得到的二值图像，门限值为最大饱和度的 30%（门限值的设定通过观察饱和度图像的直方图来确定）。图 11.30（f）为以图 11.30（e）为模板，对色调图像进行处理得到的结果图像，它的直方图如图 11.30（g）所示，灰度尺度在[0,1]范围内，在直方图中感兴趣的值在灰度标尺的最高端，接近 1.0。以 0.9 为门限值对图 11.30（f）门限化，得到的二值图像如图 11.30（h）所示。图 11.30（h）就是对图 11.30（a）所示的彩色图像进行分割的结果。

(a) 彩色图像 　　　　 (b) 图(a)的H分量 　　　　 (c) 图(a)的S分量

(d) 图(a)的I分量 　 (e) 对图(c)门限化后的二值图像 　 (f) 以图(e)为模板处理图(b)的结果

(g) 图(f)的直方图 　　　　 (h) 对图(f)门限化后的分割结果

图 11.30　HSI 模型彩色图像分割示例

从算法的过程来看,利用 HSI 模型进行分割比较简单,但是对比图 11.30 中的原图像(见图 11.30(a))和结果图像(见图 11.30(h))可以看到,所得到的结果还不够精确,包含了一些不相关的区域。为了得到更精确的分割结果,可采用 11.8.2 节将介绍的 RGB 彩色模型的分割方法。

11.8.2 RGB 模型的彩色图像分割

虽然使用 HSI 模型分割比较简单,但是为了获得更好的分割结果,需要采用 RGB 彩色模型进行分割。在 RGB 模型中各像素的颜色用 R、G、B 彩色向量表示。假设某一感兴趣区域内彩色的"平均"用向量 $\bar{a}$ 表示,分割的目的就是判断该图像中每一点的彩色向量与向量 $\bar{a}$ 的相似程度,如果该点的彩色向量与 $\bar{a}$ 相似,那么该点属于分割结果,否则该点不在分割的范围内。对于相似程度的判断有很多方法,其中最常见的是欧氏距离,为了表示简便,设 $\bar{z}$ 代表 RGB 空间中的任意一点,$\bar{z}$ 和 $\bar{a}$ 之间的欧氏距离定义为

$$D(\bar{z},\bar{a}) = \| \bar{z} - \bar{a} \|$$
$$= [(\bar{z} - \bar{a})^{\mathrm{T}}(\bar{z} - \bar{a})]^{\frac{1}{2}}$$
$$= [(\bar{z} - \bar{a})^{\mathrm{T}}(\bar{z} - \bar{a})]^{\frac{1}{2}}$$
$$= [(z_{\mathrm{R}} - a_{\mathrm{R}})^2 + (z_{\mathrm{G}} - a_{\mathrm{G}})^2 + (z_{\mathrm{B}} - a_{\mathrm{B}})^2]^{\frac{1}{2}} \tag{11.44}$$

其中,$\| \cdot \|$ 表示参量的范数,下标 R、G、B 表示向量 $\bar{z}$ 或 $\bar{a}$ 的 R、G、B 分量。

根据式(11.44),给定一个阈值 T,则式 $D(\bar{z},\bar{a}) \leqslant T$ 表示的点的轨迹为一个以 $\bar{a}$ 的顶点为圆心、以 T 为半径的实心球体,此时球表面和内部的点与 $\bar{a}$ 相似,球外面的点与 $\bar{a}$ 不相似,将相似和不相似的点分别赋以白、黑两种不同的颜色,就可以得到一幅二值分割图像。

对于相似程度的判断,欧式距离的一个有用的扩展为

$$D(\bar{z},\bar{a}) = \| \bar{z} - \bar{a} \| = [(\bar{z} - \bar{a})^{\mathrm{T}} \mathbf{C}^{-1}(\bar{z} - \bar{a})]^{\frac{1}{2}} \tag{11.45}$$

其中,C 为要分割的彩色样本值的协方差矩阵,距离 $D(\bar{z},\bar{a})$ 称为 Mahalanobis 距离。

根据式(11.45),若给定一个阈值 T,则式 $D(\bar{z},\bar{a}) \leqslant T$ 表示的点的轨迹为一个实心椭球体,它的特点是主轴取在最大的数据扩展方向上。从式(11.45)可以看出,当 C 等于单位矩阵 $\boldsymbol{I}$ 时,Mahalanobis 距离转变为欧氏距离。

为了便于比较,图 11.31 给出了对图 11.30(a)利用 RGB 模型进行分割的例子(见彩色

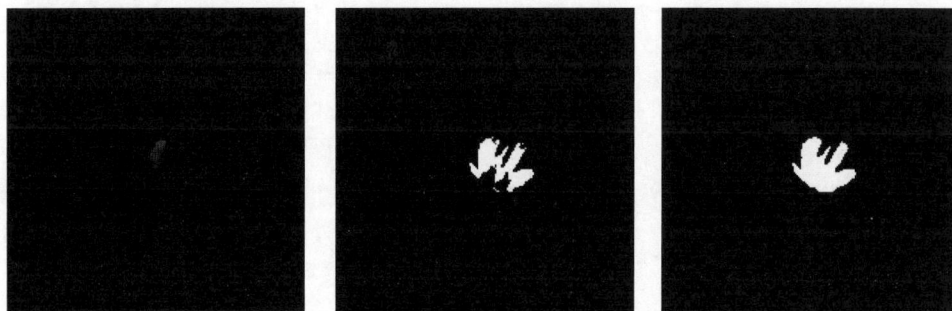

(a) 彩色样本值区域　　(b) 利用欧氏距离分割结果　　(c) 利用Mahalanobis距离分割结果

图 11.31　RGB 模型彩色图像分割示例

插页）。其中图 11.31(a)为选择的彩色样本值区域,图 11.31(b)和图 11.31(c)分别为利用欧式距离和 Mahalanobis 距离得到的分割结果。通过比较可以看出,利用欧式距离得到的结果较为精确,利用 Mahalanobis 距离得到的结果具有一定的扩展性,但两者的分割效果均好于图 11.30(h)利用 HSI 模型得到的分割结果。

习　题　11

11.1　解释下列术语。

(1) 彩色模型　　　　　　　(2) 色调

(3) 饱和度　　　　　　　　(4) 彩色平衡

(5) 伪彩色增强　　　　　　(6) 假彩色增强

11.2　相加混色和相减混色主要分别应用于哪些领域?

11.3　白光是怎样影响某种色调的饱和度的?

11.4　HSI 模型的独特优势有哪些?

11.5　假彩色增强与伪彩色增强的主要区别是什么?

11.6　RGB 模型的彩色图像平滑与 HSI 模型的彩色图像平滑的实现方式有何区别?

11.7　RGB 模型的彩色图像锐化与 HSI 模型的彩色图像锐化的实现方式有何区别?

11.8　编写一个将彩色图像转换成灰度图像的 MATLAB 程序。可在程序中实现 3 种转换方法,并对转换结果进行比较和评价。

11.9　下面是对彩色图像进行反色变换的 MATLAB 程序,请在 MATLAB 环境下执行和验证该程序。

```
clc; clear all; close all;
img0 = imread('d:\flower.jpg')
invert_img(:,:,1) = 255 - img0(:,:,1);          % 提取红色分量
invert_img(:,:,2) = 255 - img0(:,:,2);          % 提取绿色分量
invert_img(:,:,3) = 255 - img0(:,:,3);          % 提取蓝色分量
subplot(1,2,1); imshow(img0); title('原图像');         % 显示原图像
subplot(1,2,2); imshow(invert_img); title('反色量图像');   % 显示反色图像
```

第12章

形态学图像处理

形态学（morphology）是生物学中研究动物和植物结构的一个学科分支，数学形态学（mathematical morphology）是以形态学为基础对图像进行分析的数学理论，并已在图像分析、计算机视觉、模式识别、信号处理等方面得到了较为广泛的应用。

利用数学形态学进行图像处理的基本思想是：用具有一定形态的结构元素（指具有某种特定结构形状的基本元素，如一定大小的矩形、圆或者菱形等）探测目标图像，通过检验结构元素（structure element）在图像目标中的可放性和填充方法的有效性，来获取有关图像形态结构的相关信息，进而达到对图像分析和识别的目的。利用数学形态学方法进行图像处理具有简化图像数据、保持图像基本形态特征、除去不相干结构等优点，可用于解决噪声滤除、特征提取、边缘检测、图像分割、形状识别、纹理分析、图像恢复与重建、图像压缩等图像处理问题。

数学形态学以集合论为数学工具，具有完备的数学理论基础，是一种有效的非线性图像处理和分析理论，可用于二值图像和灰度图像的处理和分析，并可以以这些基本运算为基础推导和组合出许多实用的形态学处理算法。

本章首先简要介绍作为数学形态学理论基础的集合论的基本知识；然后介绍二值形态学的基本内容，包括 4 种基本运算和由基本运算导出的各种实用算法；最后将二值形态学内容扩展到灰度图像范围，介绍灰度图像形态学处理的基本运算和各种实用的灰度形态学处理算法。为了便于读者对形态学图像处理内容的理解和掌握，本章附有大量的实例。

12.1　集合论基础

集合论是现代数学的基础，是计算机科学和信息技术学科领域中最重要的数学基础之一。

12.1.1　集合的概念

所谓集合是指能作为整体论述的事物的集体，例如所有三角形构成的三角形集合、所有正的自然数构成的正整数集合。集合有时又称为类、族或搜集，是数学中最基本的概念之一。集合通常用大写字母 A、B、C……来表示。

组成集合的每个事物叫作集合的元素。集合中的元素一般用小写字母 a、b、c……来表示。如果 a 是集合 A 的一个元素，则记为 $a \in A$（读作 a 属于 A），否则记为 $a \notin A$（读作 a 不属于 A）。

特别地，不包含任何元素的集合称为空集，用 $\varnothing$ 表示。显然有 $\forall a \notin \varnothing$。此外，集合中的元素也可以是集合。

集合在数学形态学中用于表示图像中的不同对象,例如在二值图像中,通常用所有值为"1"的像素的集合表示前景(目标),而用所有值为"0"的像素的集合表示图像的背景。

12.1.2 集合间的关系和运算

1. 集合的子集和相等

如果集合 A 中的每一个元素都是集合 B 的一个元素,则称集合 A 为集合 B 的子集,并可表示为

$$A \subseteq B = \{x \mid \forall x \in A, x \in B\} \tag{12.1}$$

特别地,当且仅当 $A \subseteq B$ 和 $B \subseteq A$ 同时成立时,称集合 A 和集合 B 相等。

2. 集合的基本运算

1) 集合的并

由集合 A 和集合 B 中所有元素组成的集合称为集合 A 和集合 B 的并,记为 $A \cup B$,并可用公式表示为

$$A \cup B = \{x \mid x \in A \lor x \in B\} \tag{12.2}$$

如果图 12.1(a)表示点 a 在集合 A 内,图 12.1(b)表示点 a 不在集合 A 内,则集合 A 和集合 B 的并可用图 12.1(c)来说明。

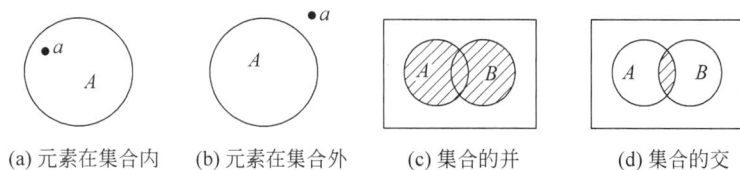

(a) 元素在集合内　　(b) 元素在集合外　　(c) 集合的并　　(d) 集合的交

图 12.1　集合的并运算和交运算的示意图

2) 集合的交

由集合 A 和集合 B 中所有既属于 A 也属于 B 的公共元素组成的集合称为集合 A 和集合 B 的交,记为 $A \cap B$,并可表示为

$$A \cap B = \{x \mid x \in A \land x \in B\} \tag{12.3}$$

集合 A 和集合 B 的交如图 12.1(d)所示。特别地,当集合 A 和集合 B 没有公共元素,即 $A \cap B = \varnothing$ 时,称两个集合不相容或互斥。

3) 集合的补

由所有不属于集合 A 的元素组成的集合称为集合 A 的补(集),记为 A^c,并可表示为

$$A^c = \{x \mid x \notin A\} \tag{12.4}$$

集合 A 的补如图 12.2(a)所示。

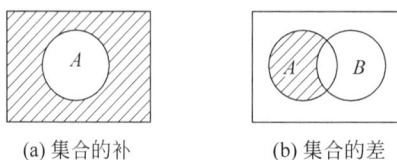

(a) 集合的补　　　　　(b) 集合的差

图 12.2　集合的补运算和差运算的示意图

4) 集合的差

由所有属于集合 A 但不属于集合 B 的元素组成的集合称为集合 A 和集合 B 的差（集），记为 $A-B$，并可表示为

$$A-B=\{x \mid x \in A \text{ 且 } x \notin B\} \tag{12.5}$$

集合 A 和集合 B 的差如图 12.2(b) 所示。根据集合的补集的概念，集合 A 和集合 B 的差还可以看成集合 A 和集合 B^c 的交，并可表示为

$$A-B=A \bigcap B^c \tag{12.6}$$

3. 集合的反射和平移

在形态学运算中经常要用到集合的反射和平移概念，但这两个概念在通常的集合论中并不常见。

1) 集合的反射

由集合 A 中所有元素相对于原点的反射元素组成的集合称为集合 A 的反射，记为 $\hat{A}$，并可表示为

$$\hat{A}=\{x \mid x=-a, a \in A\} \tag{12.7}$$

其中，x 表示集合 A 中的元素 a 对应的反射元素。集合 A 的反射如图 12.3(a) 所示。

2) 集合的平移

由集合 A 中所有元素平移 $y=(y_1,y_2)$ 后组成的元素集合称为集合 A 的平移，记为 $(A)_y$，并可表示为

$$(A)_y=\{x \mid x=a+y, a \in A\} \tag{12.8}$$

其中，x 表示集合 A 中的元素 a 平移 y 后形成的元素。集合 A 的平移如图 12.3(b) 所示。

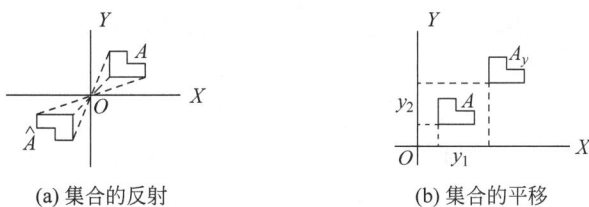

(a) 集合的反射　　　　　　　(b) 集合的平移

图 12.3　集合的反射运算和平移运算的示例

12.2　二值形态学的基本运算

二值形态学运算是数学形态学的基础，是一种针对图像集合的处理过程。

在二值形态学中，被考察或被处理的二值图像称为目标图像（为了简化起见，有时也简称为图像），在本书中一般用集合 A 来表示；用于收集信息的“探针”称为结构元素，一般用集合 B 来表示。为了清晰地表示出图像中物体与背景的区别，本书约定用“1”和灰色表示二值图像中的前景（物体）像素，用“0”和白色表示背景像素；且为了表述上的方便，一般将不影响理解的“0”标识略去。二值形态学运算中结构元素的尺寸通常明显小于图像的尺寸，是比较小的图像像素的集合。二值形态学运算的过程就是在图像中移动结构元素，将结构元素与其下面重叠部分的图像进行交、并等集合运算。为了确定运算中的参照位置，一般把

进行形态学运算时结构元素的参考点称为原点，且原点可以选择在结构元素之中，也可以选择在结构元素之外。例如在图 12.4 中，图 12.4(a)表示的是一幅目标图像，其中的背景"0"标识已经被略去；图 12.4(b)表示的是一个结构元素，明显小于目标图像，其中的"△"标注的位置（左上角的像素值为 1 的位置）为结构元素的原点。

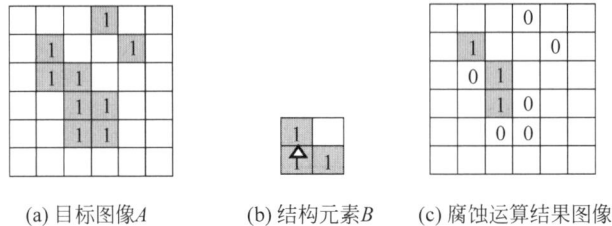

(a)目标图像 A   (b)结构元素 B   (c)腐蚀运算结果图像

图 12.4   腐蚀运算示例

二值形态学运算有腐蚀运算、膨胀运算、开运算和闭运算 4 种基本运算，并且在这些基本运算的基础上可以推导和组合出一系列实用的二值形态学处理算法。

12.2.1   腐蚀

1. 腐蚀运算的概念

腐蚀（erosion）是一种消除连通域的边界点，使边界向内部收缩的数学形态学运算。腐蚀运算具有消除图像中比结构元素小的成分的作用，可以去除物体之间的粘连，消除图像中的小颗粒噪声。

2. 腐蚀运算的定义及方法

设 A 为目标图像，B 为结构元素，则目标图像 A 被结构元素 B 腐蚀可定义为

$$A \Theta B = \{x \mid (B)_y \subseteq A\} \tag{12.9}$$

其中，y 表示集合平移的位移量，Θ 是腐蚀运算的运算符。

式(12.9)表示的腐蚀运算的含义是：每当在目标图像 A 中找到一个与结构元素 B 相同的子图像时，就把该子图像中与 B 的原点位置对应的那个像素位置标注为 1，图像 A 上标注出的所有这样的像素组成的集合，即为腐蚀运算的结果。同时也应注意，当结构元素中原点位置的值不为 1（即原点不属于结构元素时），也要把它看作 1（即把不属于结构元素的原点看作是结构元素的成分）；也就是说，当在目标图像中找与结构元素 B 相同的子图像时，也要求子图像中与结构元素 B 的原点对应的那个位置的像素的值是 1。简而言之，腐蚀运算的实质就是在目标图像中标出那些与结构元素相同的子图像的原点位置的像素。

腐蚀运算要求结构元素必须完全包括在被腐蚀图像内部；换句话说，当结构元素在目标图像上平移时，结构元素中的任何元素不能超出目标图像的范围。

腐蚀运算的基本过程是：把结构元素 B 看作一个卷积模板，每当结构元素的原点及像素值为 1 的位置平移到与目标图像 A 中那些像素值为"1"的位置重合时，就认为结构元素覆盖的子图像的值与结构元素相应位置的像素值相同，就将目标图像中的那个与原点位置对应的像素位置的值为"1"，否则置为 0。

图 12.4 给出了一个腐蚀运算的例子。图 12.4(c)标识出的"0"表示前景物体的像素中被结构元素腐蚀掉的部分，其他空白像素位置的"0"略去没有标识。可以看出，散落在目标

图像中的右上部分比结构元素小的成分被消除了,腐蚀后得到的结果图像相对于原图像也明显缩小了。

3. 结构元素的形状及原点位置对腐蚀运算结果的影响

在腐蚀运算中,结构元素可以是矩形、圆形、菱形等各种形状,结构元素的形状不同,腐蚀的结果也就不同。所以应根据图像中目标的形状结构和腐蚀运算要达到的目的来选取结构元素。此外,腐蚀运算的结果还与其原点位置的选取有关,原点位置选取不同时,腐蚀的结果往往也不相同。图 12.5 给出了与图 12.4 的目标图像相同但结构元素不同时腐蚀运算结果不同的示例。

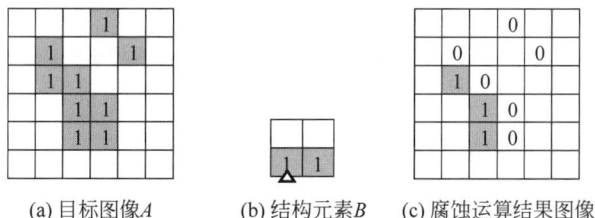

(a) 目标图像A　　(b) 结构元素B　　(c) 腐蚀运算结果图像

图 12.5　与图 12.4 结构元素不同时的腐蚀运算示例

图 12.6 给出了与图 12.4 的目标图像和结构元素形状完全相同,但因结构元素的原点位置改变,腐蚀运算结果不同的示例。

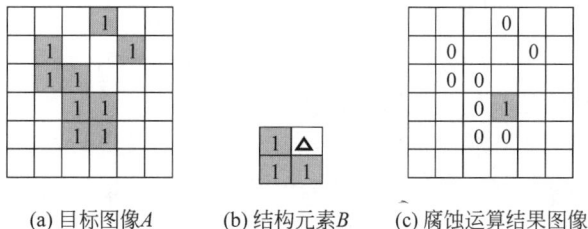

(a) 目标图像A　　(b) 结构元素B　　(c) 腐蚀运算结果图像

图 12.6　与图 12.4 的结构元素的原点不同时的腐蚀运算示例

综上可知,腐蚀运算的结果不仅与结构元素的形状有关,而且还与原点位置的选取有关。

图 12.7 是利用腐蚀运算去除物体之间粘连的验证图例。其中,图 12.7(c) 是利用图 12.7(b) 所示的结构元素对图 12.7(a) 所示的图像进行腐蚀运算的结果;图 12.7(d) 是对图 12.7(c) 再进行一次腐蚀运算的结果。可见经过两次的腐蚀运算,原图中的细小连线基本上被消除了。

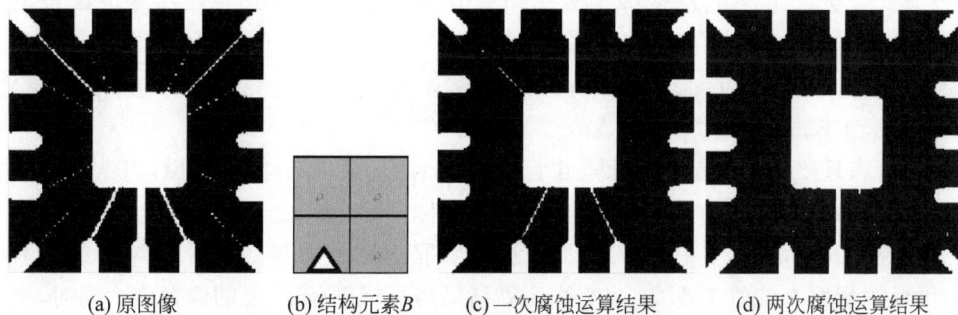

(a) 原图像　　　(b) 结构元素B　　(c) 一次腐蚀运算结果　　(d) 两次腐蚀运算结果

图 12.7　利用腐蚀运算消除图像中目标的粘连和细线

图 12.8 是利用腐蚀运算消除图像中的小颗粒噪声的验证结果。

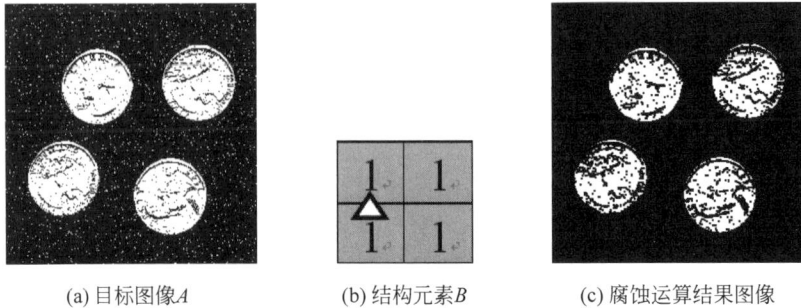

(a) 目标图像 A　　　　　　　(b) 结构元素 B　　　　　　　(c) 腐蚀运算结果图像

图 12.8　利用腐蚀运算消除图像中的噪声示例

12.2.2　膨胀

1. 膨胀运算的概念

膨胀(dilation)是一种将与物体接触的所有背景点合并到物体中,使边界向外部扩张的数学形态学运算。膨胀运算具有填充图像中比结构元素小的成分的作用,可以连接相邻的物体或目标区域,填充图像中的小孔和狭窄的缝隙。

2. 膨胀运算的数学定义式及运算方法

设 A 为目标图像,B 为结构元素,则目标图像 A 被结构元素 B 膨胀可定义为

$$A \oplus B = \{x \mid ((\hat{B})_y \bigcap A) \neq \Phi\} \tag{12.10}$$

其中,y 表示集合平移的位移量,$\oplus$ 是膨胀运算的运算符。

式(12.10)表示的目标图像 A 被结构元素 B 膨胀的含义是:先对结构元素 B 做关于其原点的反射,得到反射集合 $\hat{B}$,然后在目标图像 A 上将 $\hat{B}$ 平移 y,则当 $\hat{B}$ 平移后与目标图像 A 至少有 1 个非零公共元素相交时,对应的 $\hat{B}$ 的原点位置所组成的集合就是膨胀运算的结果。显然,A 与平移后的 $\hat{B}$ 的交集不为空可以理解为膨胀运算有另一种定义:

$$A \oplus B = \{x \mid ((\hat{B})_y \bigcap A) \subseteq A\} \tag{12.11}$$

膨胀运算的基本过程如下。

(1) 求结构元素 B 关于其原点的反射集合 $\hat{B}$;

(2) 每当结构元素 $\hat{B}$ 在目标图像 A 上平移后,结构元素 $\hat{B}$ 与其覆盖的子图像中至少有一个元素相交时,就将目标图像中与结构元素 $\hat{B}$ 的原点对应的那个位置的像素值置为"1",否则置为 0。

与腐蚀运算不同,在膨胀运算中,当结构元素中原点位置的值不为 1 而是为 0 时,应该把它看作 0,而不是看作 1。

膨胀运算只要求结构元素的原点在目标图像的内部平移;换句话说,当结构元素在目标图像上平移时,允许结构元素中的非原点像素超出目标图像范围。

需要说明的是,在本书中为了醒目起见,当膨胀运算结果与目标图像 A 上的像素值相同时,仍标注为原来的值 1 或 0;当膨胀运算结果与目标图像 A 上的像素值不同时,将 0 变 1 的值置为 2,实际运算结果值应为 1,这样做只是为了说明膨胀过程而已。

图 12.9 给出了一个膨胀运算的例子。图 12.9(c)为结构元素 B 关于原点的反射集合 $\hat{B}$。结果图像中的"1"表示原图像中像素值为"1"的部分,"2"表示膨胀结果图像中与原图像相比增加的部分(像素值 2 是为了强调被膨胀的部分,其实际的像素值应为 1)。从图 12.9(d)可以看出,膨胀运算可以填充图像中相对于结构元素较小的小孔,连接相邻的物体,同时它对图像具有扩大的作用。

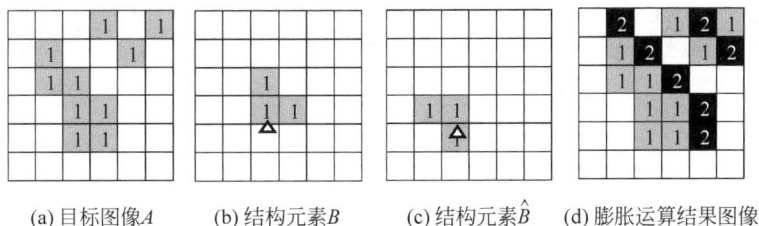

(a)目标图像A　　(b)结构元素B　　(c)结构元素$\hat{B}$　　(d)膨胀运算结果图像

图 12.9　膨胀运算示例

3. 结构元素的形状及原点位置对膨胀运算结果的影响

与腐蚀运算类似,当目标图像不变,但所给的结构元素的形状改变时,或当结构元素的形状不变,而其原点位置改变时,膨胀运算的结果会发生改变。图 12.10 给出了与图 12.9 的目标图像相同但结构元素不同时膨胀运算结果不同的例子。

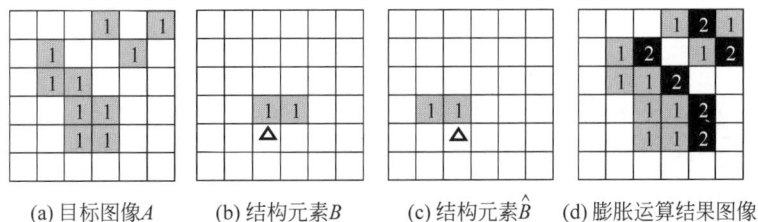

(a)目标图像A　　(b)结构元素B　　(c)结构元素$\hat{B}$　　(d)膨胀运算结果图像

图 12.10　与图 12.9 的目标图像相同、结构元素不同时的膨胀运算示例

图 12.11 给出与图 12.9 的目标图像和结构元素均相同、仅结构元素的原点位置不同时膨胀运算结果不同的例子。

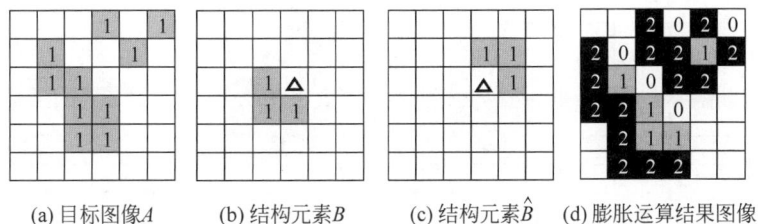

(a)目标图像A　　(b)结构元素B　　(c)结构元素$\hat{B}$　　(d)膨胀运算结果图像

图 12.11　与图 12.9 的目标图像相同仅结构元素的原点位置改变时的膨胀运算结果

图 12.12 是用膨胀运算连接相邻物体的验证图例。其中,图 12.12(c)是利用图 12.12(b)所示的结构元素对图 12.12(a)图像进行膨胀运算的结果;图 12.12(d)是对图 12.12(c)再进行两次膨胀运算的结果。可见经过 3 次膨胀运算,两组相邻的白色圆被连接起来了。

图 12.13 是用膨胀运算填充印刷电路板内部小孔的验证图例。其中,图 12.13(a)为一个内部含有不规则分布小孔的印刷电路板目标图像,图 12.13(b)为进行膨胀运算的结构元

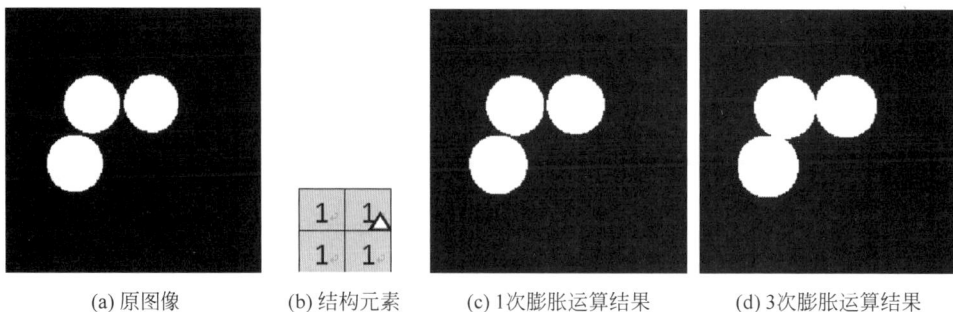

(a) 原图像　　　(b) 结构元素　　　(c) 1次膨胀运算结果　　　(d) 3次膨胀运算结果

图 12.12　利用膨胀运算连接相邻物体验证结果

素，图 12.13(c)为膨胀的结果。可以看出，经过膨胀处理，目标图像中的小孔被填充了。

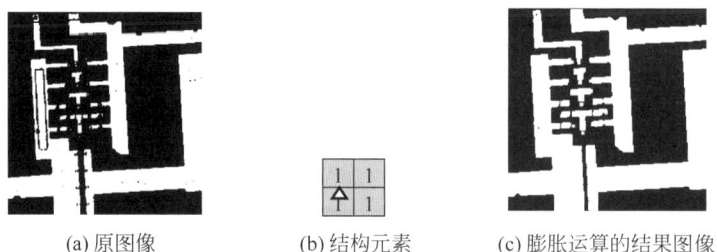

(a) 原图像　　　　　(b) 结构元素　　　　(c) 膨胀运算的结果图像

图 12.13　利用膨胀运算填充目标区域中的小孔

4. 腐蚀运算与膨胀运算的对偶性

膨胀运算还可定义为对目标图像的补集进行腐蚀运算。膨胀运算和腐蚀运算的对偶性可分别表示为

$$(A \oplus B)^c = A^c \Theta \hat{B} \tag{12.12}$$

$$(A \Theta B)^c = A^c \oplus \hat{B} \tag{12.13}$$

式(12.12)和式(12.13)表明，对目标图像的膨胀（腐蚀）运算，相当于对图像背景的腐蚀（膨胀）运算操作。膨胀运算和腐蚀运算的对偶性的图解过程如图 12.14 所示。

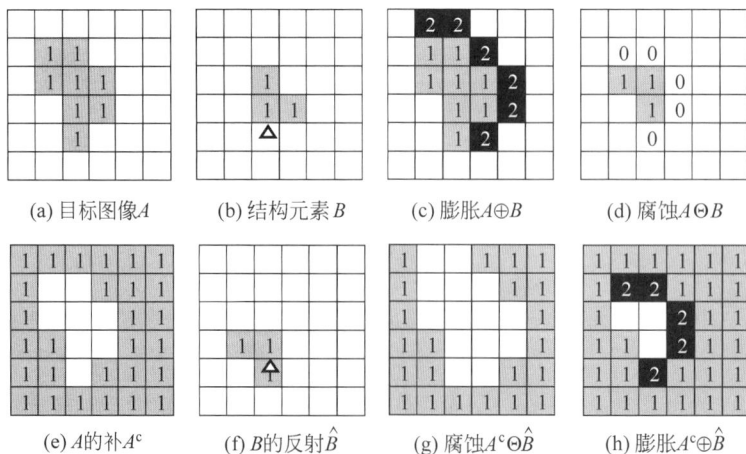

(a) 目标图像A　　(b) 结构元素B　　(c) 膨胀A⊕B　　(d) 腐蚀AΘB

(e) A的补Aᶜ　　(f) B的反射B̂　　(g) 腐蚀AᶜΘB̂　　(h) 膨胀Aᶜ⊕B̂

图 12.14　膨胀运算和腐蚀运算的对偶性的图解过程

通过比较图 12.14(c)和图 12.14(g)的结果,可以验证式(12.12);比较图 12.14(d)和图 12.14(h),可以验证式(12.13)。

图 12.15 为利用 Lena 二值图像、2×2 矩形结构元素验证腐蚀和膨胀运算的对偶性的实例,其中各图的处理结果与图 12.15 中的各结果相对应。即图 12.15(a)为 Lena 二值图像 A,图 12.15(b)为 2×2 的矩形结构元素 B,图 12.15(c)为膨胀运算 $A \oplus B$ 的结果,图 12.15(d)为腐蚀运算 $A\Theta B$ 的结果;图 12.15(e)为 Lena 二值图像 A 的补 A^c,图 12.15(f)为结构元素 B 的反射 $\hat{B}$,图 12.15(g)为腐蚀运算 $A^c \Theta \hat{B}$ 的结果,图 12.15(h)为膨胀运算 $A^c \oplus \hat{B}$ 的结果。

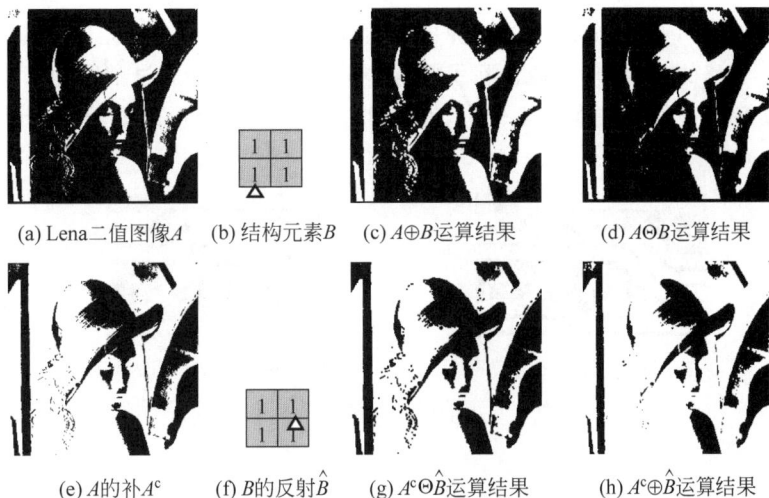

(a) Lena 二值图像 A (b) 结构元素 B (c) $A \oplus B$ 运算结果   (d) $A\Theta B$ 运算结果

(e) A 的补 A^c (f) B 的反射 $\hat{B}$ (g) $A^c \Theta \hat{B}$ 运算结果   (h) $A^c \oplus \hat{B}$ 运算结果

图 12.15 膨胀运算和腐蚀运算的对偶性验证示例

12.2.3 开运算和闭运算

在形态学图像处理中,除了腐蚀和膨胀这两种基本运算外,还有两种非常重要的形态学运算:开运算(opening)和闭运算(closing)。

1. 开运算

使用同一个结构元素对目标图像先进行腐蚀运算,然后再进行膨胀运算,称为开运算。设 A 为目标图像,B 为结构元素,则结构元素 B 对目标图像 A 的开运算可定义为

$$A \circ B = (A\Theta B) \oplus B \tag{12.14}$$

其中,$\circ$ 为开运算的运算符。目标图像 A 和结构元素 B 的开运算除可用 $A \circ B$ 表示外,还可表示成 $O(A,B)$、$\mathrm{OPEN}(A,B)$ 和 A_B 等。

图 12.16 给出开运算的一个例子。图 12.16(c)中的"0"表示被结构元素腐蚀掉的部分;图 12.16(d)中的"0"表示开运算的结果图像与图 12.16(a)的目标图像相比减少的部分。从图 12.16(d)可以看出,散落在目标图像中的比结构元素小的成分被消除掉了。比较图 12.16(d)与图 12.4(c)可以看出,开运算与腐蚀运算均能消除图像中比结构元素小的成分;但与腐蚀运算相比,开运算较好地保持了图像中目标物体的大小,这是开运算与腐蚀运算相比的优越之处。

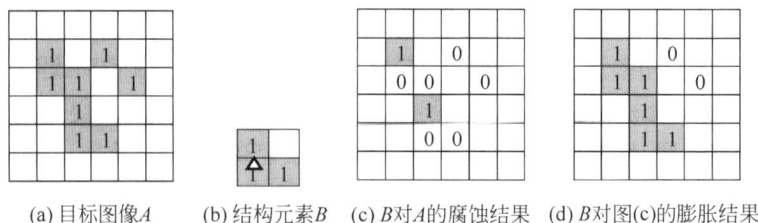

(a)目标图像A　　(b)结构元素B　　(c) B对A的腐蚀结果　　(d) B对图(c)的膨胀结果

图 12.16　开运算示例

图 12.17 给出了对含噪声的印制电路板图像进行开运算的示例。图 12.17(a)为含有颗粒噪声和短路点的印制电路板二值图像，短路点为图中黑圈内连接两条电路线的白点，图 12.17(b)为对图 12.17(a)进行开运算的处理结果。从图 12.17(b)中可以看到，开运算有效地平滑了电路的边界，较好地消除了图像中的颗粒噪声，并通过消除短路点处的噪声使两条电路线实现了分离。在实际工作中，通常利用该运算结合形态滤波算法检测印制电路板中的短路点。

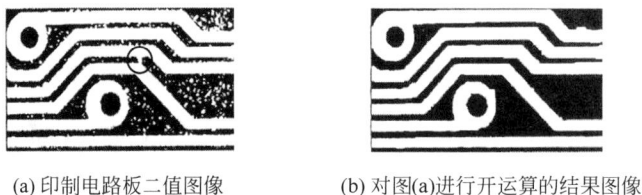

(a)印制电路板二值图像　　　　(b)对图(a)进行开运算的结果图像

图 12.17　对含噪声的印制电路板图像进行开运算示例

2. 闭运算

闭运算是开运算的对偶运算，使用同一个结构元素对目标图像先进行膨胀运算，再进行腐蚀运算称为闭运算。设 A 为目标图像，B 为结构元素，则结构元素 B 对目标图像 A 的闭运算可定义为

$$A \cdot B = (A \oplus B) \ominus B \tag{12.15}$$

其中，• 为闭运算的运算符。目标图像 A 和结构元素 B 的闭运算除可用 $A \cdot B$ 表示外，还可表示成 $C(A,B)$、$CLOSE(A,B)$ 和 A^B 等。

图 12.18 给出闭运算的一个例子。图 12.18(c)中的"2"表示目标图像被结构元素膨胀后多出的部分；图 12.18(d)中的"0"表示图 12.18(c)被结构元素腐蚀掉的部分。从图 12.18(d)中可以看出，目标图像中相对结构元素较小的小孔经闭运算后被填充。比较图 12.18(d)与图 12.9(d)可以看出，闭运算与膨胀运算均能填充图像中比结构元素小的小孔；但与膨胀运算相比，闭运算较好地保持了图像中目标物体的大小，这是闭运算与膨胀运算相比的优越之处。

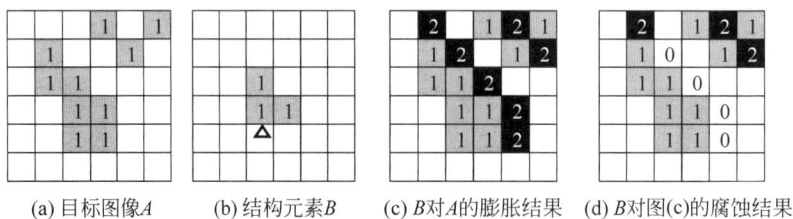

(a)目标图像A　　(b)结构元素B　　(c) B对A的膨胀结果　　(d) B对图(c)的腐蚀结果

图 12.18　闭运算示例

在实际应用中,闭运算通常用来连接狭窄的间断,填充小的孔洞,并填补轮廓线中的断裂。图 12.19 给出了对印制电路板二值图像进行闭运算的一个实例。从图 12.19(a) 的印制电路板二值图像可以看出,电路中存在小孔洞和狭窄的间断。图 12.19(b) 为对图 12.19(a) 进行闭运算的处理结果,从中可以看出线路中小的孔洞和狭窄的间断得到了有效的处理。

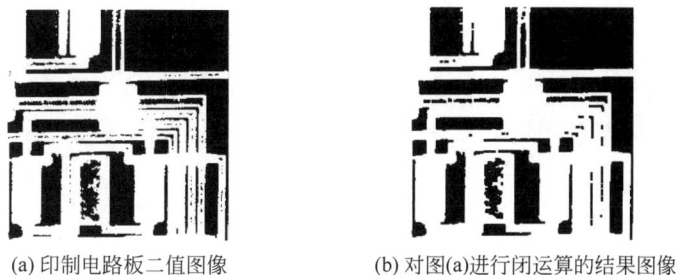

(a) 印制电路板二值图像   (b) 对图(a)进行闭运算的结果图像

图 12.19 印制电路板二值图像闭运算示例

3. 开运算与闭运算的对偶性

开运算与闭运算互为对偶运算,它们的对偶性可以表示为

$$(A \circ B)^c = A^c \bullet \hat{B} \tag{12.16}$$

$$(A \bullet B)^c = A^c \circ \hat{B} \tag{12.17}$$

开运算与闭运算的对偶性(式(12.16)和式(12.17))可由膨胀运算和腐蚀的对偶性(式(12.12)和式(12.13))以及开运算和闭运算的定义(式(12.14)和式(12.15))推导得出。

闭运算可以使物体的轮廓线变得光滑。与开运算相比,闭运算具有磨光物体内边界的作用,而开运算具有磨光物体外边界的作用。图 12.20 给出了采用圆形结构元素分别对同一个 H 形图像进行闭运算和开运算的结果示意图。

图 12.20(a) 为一个 H 形图像,图 12.20(b)～图 12.20(e) 为开运算的过程,其中图 12.20(b) 为圆形结构元素在 H 形图像中进行腐蚀运算的示意图,图 12.20(c) 为腐蚀运算的结果图像,图 12.20(d) 为对图 12.20(c) 进行膨胀运算的示意图,图 12.20(e) 为圆形结构元素对图 12.20(c) 膨胀运算的结果,即圆形结构元素对 H 形图像进行开运算的结果。图 12.20(f)～图 12.20(i) 为闭运算的过程,其中图 12.20(f) 为圆形结构元素在 H 形图像中进行膨胀运算的示意图,图 12.20(g) 为膨胀运算的结果图像,图 12.20(h) 为对图 12.20(g) 进行腐蚀运算的示意图,图 12.20(i) 为圆形结构元素对图 12.20(g) 腐蚀运算的结果,即圆形结构元素对 H 形图像进行闭运算的结果。比较图 12.20(e) 所示的开运算的结果图像和图 12.20(i) 所示的闭运算的结果图像可以看出,开运算对物体的外边界进行了平滑,使 H 形图像中的凸角变圆,并断开比结构元素小的部分,闭运算对物体的内边界进行了平滑,使 H 形图像中的凹角变圆。

12.2.4 二值形态学 4 种基本运算的性质

二值形态学的 4 种基本运算是建立在集合论的基础之上的,除了前面介绍的腐蚀运算与膨胀运算具有对偶性,开运算与闭运算具有对偶性外,在集合与逻辑运算的基础上还可以推导出二值形态学运算的其他重要性质。

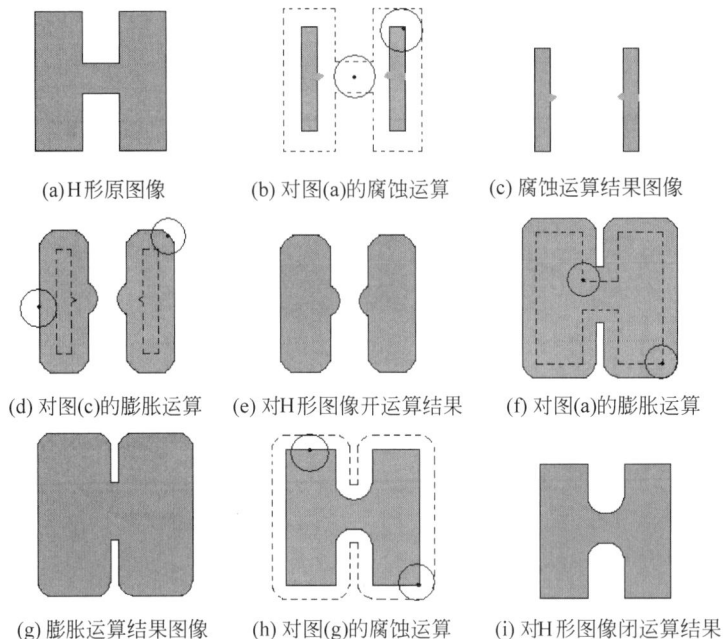

(a)H形原图像　　　　(b) 对图(a)的腐蚀运算　　　(c) 腐蚀运算结果图像

(d) 对图(c)的膨胀运算　　(e) 对H形图像开运算结果　　(f) 对图(a)的膨胀运算

(g) 膨胀运算结果图像　　(h) 对图(g)的腐蚀运算　　(i) 对H形图像闭运算结果

图 12.20　采用圆形结构元素分别对 H 形图像进行开运算和闭运算的示意图

1. 单调性

如果用同一个结构元素对两个具有包含关系的集合进行形态学运算，运算结果不会改变它们之间的包含关系，则称这种运算具有单调性。腐蚀运算和膨胀运算都具有单调性，并可分别表示为

$$A \subseteq B \Rightarrow A \ominus C \subseteq B \ominus C \qquad (12.18)$$

$$A \subseteq B \Rightarrow A \oplus C \subseteq B \oplus C \qquad (12.19)$$

2. 扩展性

如果对目标图像进行形态学运算后得到的结果总包含原图像，则称该运算具有扩展性；如果运算后得到的结果总不包含原图像，则称该运算具有非扩展性。腐蚀运算具有非扩展性，而膨胀运算具有扩展性，并可分别表示为

$$A \ominus B \subseteq A \qquad (12.20)$$

$$A \oplus B \supseteq A \qquad (12.21)$$

3. 交换性

如果对目标图像进行的形态学运算在改变运算的操作对象的先后顺序后不会影响运算结果，则称该运算具有交换性。腐蚀运算不具有交换性，膨胀运算具有交换性。膨胀运算的交换性可表示为

$$A \oplus B = B \oplus A \qquad (12.22)$$

4. 结合性

如果对目标图像进行的形态学运算中无须考虑运算操作对象的先后顺序，按不同形式结合后其运算结果保持不变，则称该运算具有结合性。腐蚀运算和膨胀运算均具有结合性，并可分别表示为

$$A \ominus (B \ominus C) = (A \ominus B) \ominus C \qquad (12.23)$$

$$A \oplus (B \oplus C) = (A \oplus B) \oplus C \qquad (12.24)$$

　　结合性表明一个较大的结构元素 $B \oplus C$ 的腐蚀或膨胀运算可以通过两个较小的结构元素 B 和 C 的级联运算来实现,在实际应用中这将极大地增强算法的运算效率,它是结构元素分解的理论基础。

5. 平移不变性

　　如果对目标图像进行形态学运算时,先对图像进行平移操作,再对平移的结果进行有关的形态学运算,与先对图像进行形态学运算、再对其结果进行平移操作的结果是一致的,则称该运算满足平移不变性。腐蚀运算和膨胀运算均具有平移不变性,并可分别表示为

$$A_x \ominus B = (A \ominus B)_x \qquad (12.25)$$

$$A_x \oplus B = (A \oplus B)_x \qquad (12.26)$$

　　需要注意的是,在考虑平移不变性时,式(12.25)和式(12.26)中的平移是针对目标图像,而不是针对结构元素。对于结构元素的平移问题,证明可得

$$A \ominus B_x = (A \ominus B)_{-x} \qquad (12.27)$$

$$A \oplus B_x = (A \oplus B)_x \qquad (12.28)$$

因此,相对于结构元素的平移而言,膨胀运算具有"平移不变性",但腐蚀运算不具备这种性质。

　　同时,与腐蚀运算和膨胀运算相比,开运算和闭运算还具有幂等性。幂等性是指在形态学图像处理过程中反复进行某一运算处理,处理的结果并不改变。开运算和闭运算的幂等性可分别表示为

$$A \circ B = (A \circ B) \circ B \qquad (12.29)$$

$$A \bullet B = (A \bullet B) \bullet B \qquad (12.30)$$

　　图 12.21 给出了开运算和闭运算幂等性的例子,比较图 12.21(b)和图 12.21(c)可知,它们是完全相同的,所以开运算具有幂等性;比较图 12.21(d)和图 12.21(e)可知,它们是完全相同的,所以闭运算也具有幂等性。

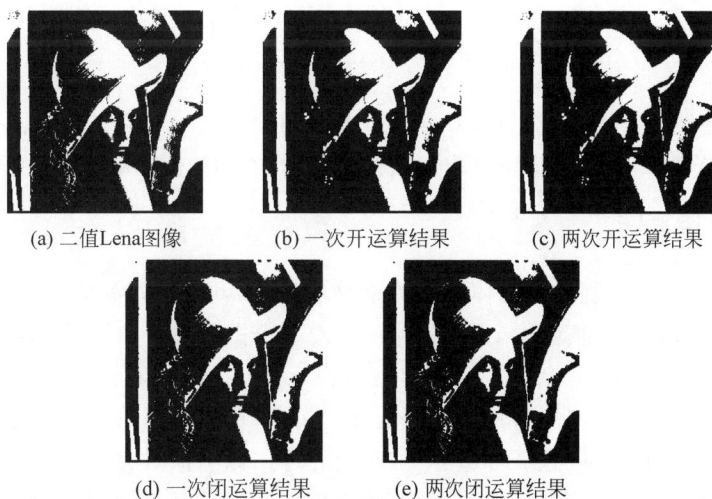

(a) 二值Lena图像　　　　(b) 一次开运算结果　　　　(c) 两次开运算结果

(d) 一次闭运算结果　　　　(e) 两次闭运算结果

图 12.21　开运算与闭运算的幂等性验证示例

12.3 二值图像的形态学处理

在上述 4 种二值形态学基本运算的基础上，可以组合得到一系列实用的形态学算法，如形态滤波、边界提取、区域填充、骨架提取等，本节对这些算法进行简要介绍。

12.3.1 形态学滤波

通常在图像预处理中，对图像中的噪声进行滤除是不可缺少的操作。对于二值图像，噪声表现为背景噪声（目标周围的噪声）和前景噪声（目标内部的噪声）。由前面的内容可知，开运算可以消除图像中比结构元素小的颗粒噪声，闭运算可以填充比结构元素小的孔洞。因此，将开运算和闭运算串起来构建的形态滤波器，可以有效地消除目标图像中的前景噪声和背景噪声。形态滤波器的定义可表示为

$$(A \circ B) \bullet B = \{[(A \ominus B) \oplus B] \oplus B\} \ominus B \tag{12.31}$$

图 12.22 所示为用圆形结构元素对含有前景噪声和背景噪声的二值图像进行形态滤波的示例，图 12.22(a)是含噪声的原图像，噪声表现为目标内部的白色噪声和目标周围的黑色噪声，图 12.22(b)为用圆形结构元素对噪声图像进行开运算的结果，可以看到目标内部的噪声被消除，图 12.22(c)为进一步用圆形结构元素进行闭运算的结果，可以看到目标外部的噪声也被消除，即通过形态滤波，原图像中存在的前景噪声和背景噪声均被有效地消除。

(a) 原图像　　　　　(b) 对图(a)进行开运算的结果　　　(c) 形态学滤波结果

图 12.22　利用圆形结构元素进行形态学滤波示例

在形态学滤波中，结构元素的选取十分重要。由式(12.31)可知，为了有效地消除图像中存在的前景噪声和背景噪声，所选取的结构元素的大小应比这两种噪声的形状都更大。

12.3.2 边界提取

在图像处理中，边缘提供了物体形状的重要信息，因此，边缘检测是许多图像处理应用必不可少的一步。对于二值图像，边缘检测就是对一个图像集合 A 进行边界提取。利用形态学进行边界提取的基本思想是：用一定的结构元素对目标图像进行形态学运算，再将得到的结果与原图像相减。依据所用形态学运算的不同，可以得到二值图像的内边界、外边界和形态学梯度 3 种边界。在这 3 种边界中，内边界可用原图像减去腐蚀结果图像得到，外边界可用图像膨胀结果减去原图像得到，形态学梯度可用图像的膨胀结果减去图像的腐蚀结果得到。内边界、外边界和形态学梯度分别用 $\beta_1(A)$、$\beta_2(A)$ 和 $\beta_3(A)$ 表示，并可分别表示为

$$\beta_1(A) = A - (A\ominus B) \tag{12.32}$$

$$\beta_2(A) = (A\oplus B) - A \tag{12.33}$$

$$\beta_3(A) = (A\oplus B) - (A\ominus B) \tag{12.34}$$

图 12.23 给出了利用式(12.32)、式(12.33)和式(12.34)分别对一幅简单的二值图像进行形态学运算,求出内边界、外边界及形态学梯度的示例。

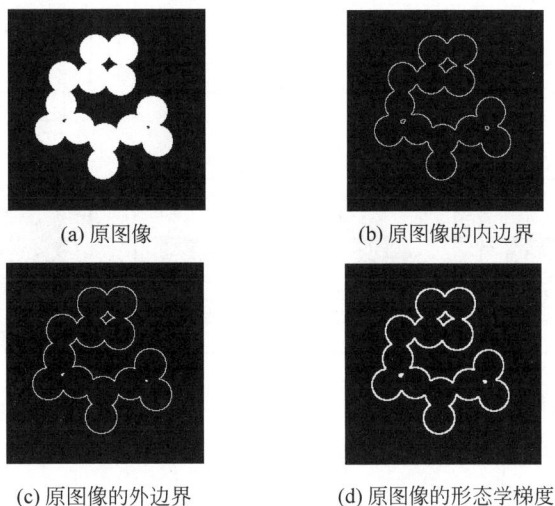

(a) 原图像

(b) 原图像的内边界

(c) 原图像的外边界

(d) 原图像的形态学梯度

图 12.23 二值图像边界提取示例

12.3.3 区域填充

在已知区域边界的基础上可进行区域填充操作。与边界提取操作不同,区域填充是对图像背景像素进行操作。区域填充一般以图像的膨胀、求补和交集为基础。假设图 12.24(c)的结构元素的原点在中心位置,则结构元素 $\hat{B}$(结构元素 B 的反射集合)与结构元素 B 形式相同。下面以图 12.24 为例说明区域填充的具体过程。

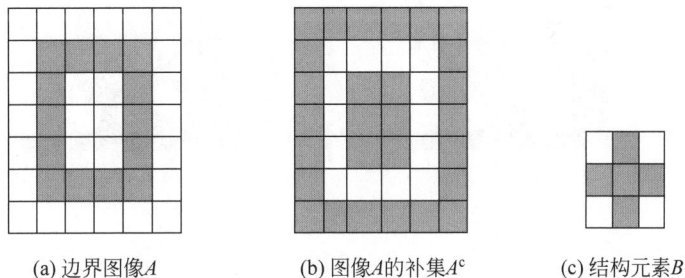

(a) 边界图像A

(b) 图像A的补集A^c

(c) 结构元素B

图 12.24 区域填充过程示例用到的边界图像 A 和结构元素 B

首先,在边界内取一初始点并标记为 1,如图 12.25(a)所示(即为 X_0)。

然后,利用迭代式(12.35)对图像进行区域填充。

$$X_k = (X_{k-1}\oplus B)\bigcap A^c \tag{12.35}$$

在本例的填充过程中,图 12.25(b)为 $X_0\oplus B$ 的结果,图 12.25(c)为 $X_1 = (X_0\oplus B)\bigcap A^c$

的结果,图 12.25(d)为 $X_1 \oplus B$ 的结果,图 12.25(e)为 $X_2 = (X_1 \oplus B) \bigcap A^c$ 的结果,图 12.25(f)为 $X_2 \oplus B$ 的结果,图 12.25(g)为 $X_3 = (X_2 \oplus B) \bigcap A^c$ 的结果。由于继续填充时出现了 $X_4 = X_3$,所以应根据下一个步骤进行判断。

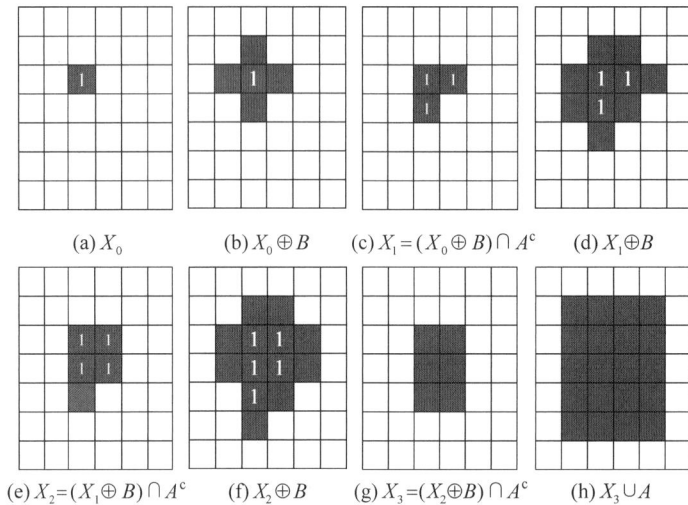

| (a) X_0 | (b) $X_0 \oplus B$ | (c) $X_1 = (X_0 \oplus B) \bigcap A^c$ | (d) $X_1 \oplus B$ |

| (e) $X_2 = (X_1 \oplus B) \bigcap A^c$ | (f) $X_2 \oplus B$ | (g) $X_3 = (X_2 \oplus B) \bigcap A^c$ | (h) $X_3 \cup A$ |

图 12.25　按照迭代式(12.35)进行区域填充过程示意图

最后,当满足条件 $X_k = X_{k-1}$ 时停止迭代,X_k 和 A 的并集为填充集合和它的边界。在本例中,因为已经满足条件 $X_4 = X_3$,停止迭代,则 X_3 和边界图像 A 的并集就是所求结果,如图 12.25(h)所示。

需要说明的是,如果不对式(12.35)加以限制,那么对图像的膨胀处理将会填充整个区域。在迭代过程中,每一步都求与 A^c 的交,可以将得到的结果限制在感兴趣的区域内,这一处理过程也称作条件膨胀。

图 12.26 给出了一个对细胞图像进行区域填充的示例。

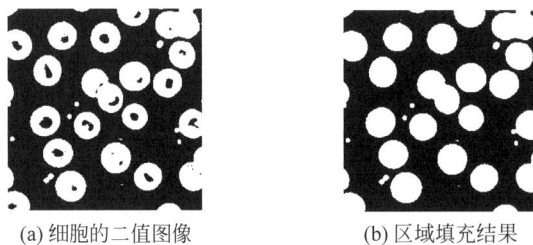

(a) 细胞的二值图像　　　　　(b) 区域填充结果

图 12.26　对细胞图像进行区域填充示例

12.3.4　骨架提取

寻找二值图像的细化结构是图像处理的一个基本问题,骨架便是这样一种细化结构,并可以用中轴来形象地描述。设想在 $t = 0$ 时刻,将目标边界各处同时点燃,火的前沿以匀速向目标内部蔓延,当前沿相交时火焰熄灭,火焰熄灭点的集合就构成了中轴。骨架是图像几何形态的重要拓扑描述,在文字识别、图像压缩编码等方面具有十分广泛的应用。

二值图像 A 的形态骨架可以通过选定合适的结构元素 B，然后对 A 进行连续腐蚀和开运算来求得。设 $S(A)$ 表示 A 的骨架，则求图像 A 的骨架的过程可以描述为

$$S(A) = \bigcup_{n=0}^{N} S_n(A) \tag{12.36}$$

$$S_n(A) = (A\Theta nB) - [(A\Theta nB) \circ B] \tag{12.37}$$

其中，$S_n(A)$ 为 A 的第 n 个骨架子集，N 为满足 $(A\Theta nB) \neq \varnothing$ 和 $A\Theta(n+1)B = \varnothing$ 的 n 值，即 N 的大小为将 A 腐蚀成空集的次数减 1。式 $(A\Theta nB)$ 表示连续 n 次用 B 对 A 进行腐蚀，即

$$(A\Theta nB) = ((\cdots(A\Theta B)\Theta B)\Theta\cdots)\Theta B \tag{12.38}$$

由于集合 $(A\Theta nB)$ 与 $(A\Theta nB) \circ B$ 仅在边界的突出点（如角）处不同，所以集合的差 $(A\Theta nB) - [(A\Theta nB) \circ B]$ 仅包含属于骨架的突出边界点。

已知一幅图像的骨架图像，可以利用形态学变换的方法重建原始图像，这实际上是求骨架的逆运算的过程。图像 A 用骨架 $S_n(A)$ 重构可以写成

$$A = \bigcup_{n=0}^{N} (S_n(A) \oplus nB) \tag{12.39}$$

其中，B 为结构元素，$(S_n(A) \oplus nB)$ 代表连续 n 次用 B 对 $S_n(A)$ 进行膨胀，并可表示为

$$(S_n(A) \oplus nB) = ((\cdots(S_n(A) \oplus B) \oplus B) \oplus \cdots) \oplus B \tag{12.40}$$

图 12.27 给出了用形态学方法求图像的骨架的实例。图 12.27(b) 为利用形态学方法提取的原图像的骨架图像。

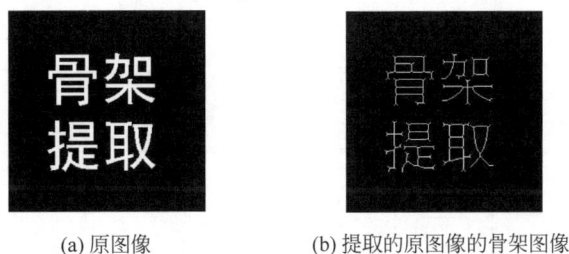

(a) 原图像   (b) 提取的原图像的骨架图像

图 12.27 骨架提取示例

12.3.5 物体识别

所谓二值图像中的物体识别就是在图像中找出具有某一形状特点的物体，即对图像进行形状检测。简单情况下，可以利用腐蚀运算进行物体的识别，即先将待选物体设置为结构元素，然后运用腐蚀运算识别简单的物体。图 12.28 给出了一个从圆形、三角形和正方形中识别正方形的例子。

(a) 目标图像 A (b) 结构元素 B (c) 物体识别结果

图 12.28 利用腐蚀运算识别物体示例

在图 12.28 中,图 12.28(a)为包含圆形、等边三角形和正方形的目标图像,其中圆形的直径、等边三角形的边长和正方形的边长相等;图 12.28(b)为结构元素。为了识别出正方形,将结构元素设置为待识别的正方形,图 12.28(c)为识别的结果。同理,如果想要识别出目标图像中的圆形或等边三角形,只要将结构元素设置为相应的图形即可。

需要注意的是,腐蚀运算只适合于简单物体的识别,对于复杂物体的识别,仅用腐蚀运算就难以得到正确的识别结果。例如从图 12.29(a)中提取指定正方形 B 的问题,就需要引入击中击不中变换来先识别正方形 B,然后再确定它的正确位置。鉴于篇幅所限,本书不做详细介绍,对击中击不中变换感兴趣的读者请参阅相关文献。

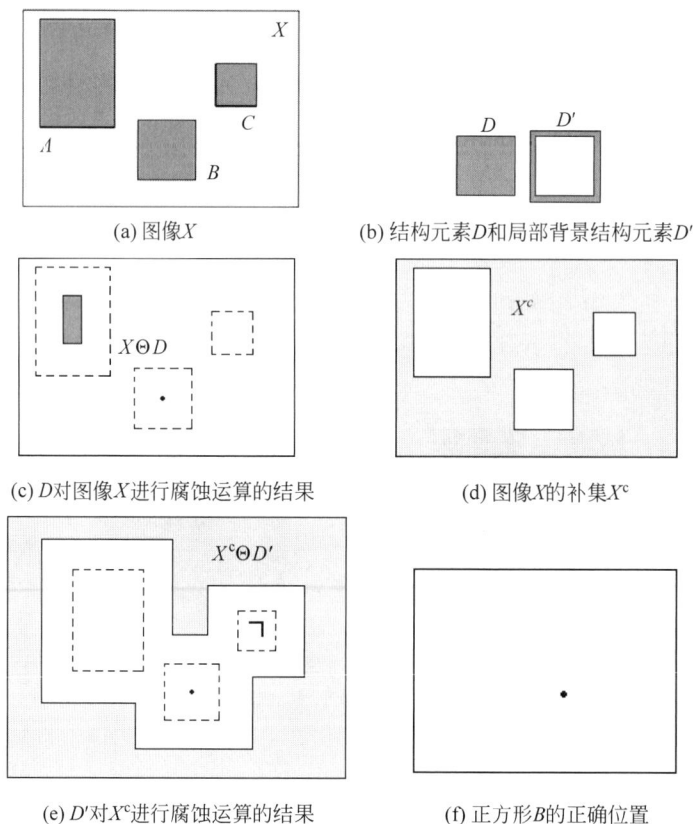

(a) 图像 X

(b) 结构元素 D 和局部背景结构元素 D'

(c) D 对图像 X 进行腐蚀运算的结果

(d) 图像 X 的补集 X^c

(e) D' 对 X^c 进行腐蚀运算的结果

(f) 正方形 B 的正确位置

图 12.29　复杂物体的识别示例

12.4　灰度形态学的基本运算

灰度形态学是二值形态学向灰度空间的自然扩展。在灰度形态学中,分别用图像函数 $f(x,y)$ 和 $b(x,y)$ 表示二值形态学中的目标图像 A 和结构元素 B,并把 $f(x,y)$ 称为输入图像,$b(x,y)$ 称为结构元素,函数中的 (x,y) 表示图像中像素的坐标。二值形态学中用到的并运算和交运算在灰度形态学中分别用最大极值和最小极值运算代替。本节介绍灰度形态学的基本运算:灰度腐蚀运算、灰度膨胀运算、灰度开运算和灰度闭运算。

12.4.1 灰度腐蚀

在灰度图像中,用结构元素 $b(x,y)$ 对输入图像 $f(x,y)$ 进行灰度腐蚀运算可表示为

$$(f\Theta b)(s,t) = \min\{f(s+x,t+y) - b(x,y) \mid (s+x),(t+y) \in D_f;(x,y) \in D_b\}$$

(12.41)

其中,D_f 和 D_b 分别表示 $f(x,y)$ 和 $b(x,y)$ 的定义域,要求 x 和 y 在结构元素 $b(x,y)$ 的定义域之内,而平移参数 $(s+x)$ 和 $(t+y)$ 必须在 $f(x,y)$ 的定义域之内,这与二值形态学腐蚀运算定义中要求结构元素必须完全包括在被腐蚀图像中情况类似。但需要注意的是,式(12.41)与二值图像的腐蚀运算的不同之处是,被移动的是输入图像函数 f 而不是结构元素 b。也可以将灰度腐蚀运算看成一种二维卷积运算,只不过是用求最小值运算代替相关运算,用减法运算代替相关运算的乘积,结构元素可以被看成卷积运算中的"滤波窗口"。

由式(12.41)可知,灰度腐蚀运算的计算是逐点进行的,求某点的腐蚀运算结果就是计算该点局部范围内各点与结构元素中对应点的灰度值之差,并选取其中的最小值作为该点的腐蚀结果。经腐蚀运算后,图像边缘部分具有较大灰度值的点的灰度会降低,因此,边缘会向灰度值高的区域内部收缩。

图 12.30 给出了一个计算灰度腐蚀运算的例子。图 12.30(a)为 5×5 的灰度图像矩阵 A,图 12.30(b)为 3×3 的结构元素矩阵 B,其原点在中心位置处。下面以计算图像 A 的中心元素的腐蚀结果为例,说明灰度腐蚀运算过程。

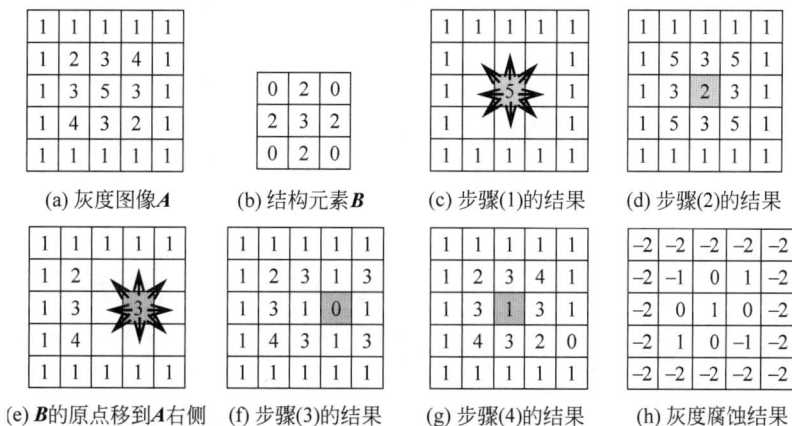

(a) 灰度图像 A (b) 结构元素 B (c) 步骤(1)的结果   (d) 步骤(2)的结果

(e) B 的原点移到 A 右侧   (f) 步骤(3)的结果   (g) 步骤(4)的结果   (h) 灰度腐蚀结果

图 12.30　灰度腐蚀运算示例

(1) 将 B 的原点重叠在 A 的中心元素上,如图 12.30(c)所示。

(2) 依次用 A 的中心元素减去 B 的各个元素,并将结果放在对应的位置上,如图 12.30(d)所示。

(3) 将 B 的原点移动到与 A 的中心元素相邻的 8 个元素上,进行相同的操作,可得到 8 个平移相减的结果,图 12.30(e)所示为把 B 的原点移动到 A 的中心元素的右侧位置上,图 12.30(f)为此时计算的结果。

(4) 取得到的 9 个位置结果中的最小值,即为 A 的中心元素腐蚀的结果,如图 12.30(g)所示。

（5）依据该方法计算 A 中的其他元素，就可得到灰度图像矩阵 A 的腐蚀结果，如图 12.30(h) 所示。

为了便于分析和理解灰度腐蚀运算的原理和效果，可将式 (12.41) 进一步简化，仅列出一维函数的形式，如式 (12.42) 所示。

$$(f\Theta b)(s) = \min\{f(s+x) - b(x) \mid (s+x) \in D_f, x \in D_b\} \tag{12.42}$$

在式 (12.42) 中，目标图像和结构元素简化为 x 的函数，要求 x 和平移参数 $(s+x)$ 分别在定义域 D_b 和 D_f 之内，是为了保证结构元素 $b(x)$ 在目标图像 $f(x)$ 的范围内进行处理，在目标图像范围外的处理显然是没有意义的。

图 12.31 给出了当目标图像和结构元素均为一维函数时腐蚀运算的过程示意图。其中图 12.31(a) 为目标图像 $f(x)$，图 12.31(b) 为一维圆形结构元素 $b(x)$，图 12.31(c) 为腐蚀运算的结果。

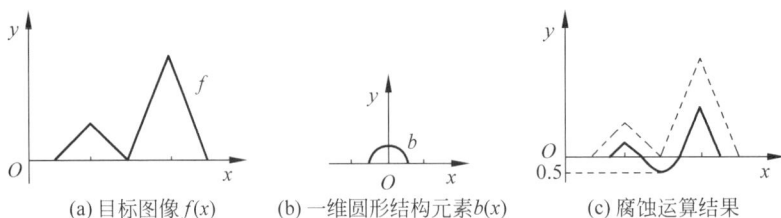

(a) 目标图像 f(x)　　　　(b) 一维圆形结构元素 b(x)　　　　(c) 腐蚀运算结果

图 12.31　腐蚀运算过程示意图

利用结构元素 $b(x)$ 对目标图像 $f(x)$ 进行腐蚀的过程是：在目标图像的下方"滑动"结构元素，结构元素所能达到的最大值所对应的原点位置的集合即为腐蚀的结果，如图 12.31(c) 所示。这与二值腐蚀运算结果为结构元素"填充"到输入图像中对应的结构元素的原点的集合是相似的。从图 12.31(c) 中还可以看到结构元素 $b(x)$ 必须在目标图像 $f(x)$ 的下方，所以空间平移结构元素的定义域必须为输入图像函数的定义域的子集，否则腐蚀运算在该点没有意义。

由于腐蚀操作是以在结构元素形状定义的区间内选取 $(f-b)$ 的最小值为基础的，因此，灰度腐蚀运算的效果是：对于所有元素都为正的结构元素，输出图像趋向于比输入图像暗；当输入图像中的亮细节面积小于结构元素时，亮的效果将被削弱，削弱的程度取决于亮细节周围的灰度值及结构元素自身的形状与幅值。

图 12.32 给出了用半径为 3 的球形结构元素对一幅灰度图像进行腐蚀运算的示例，从图中可以清楚地看到上述的效果。

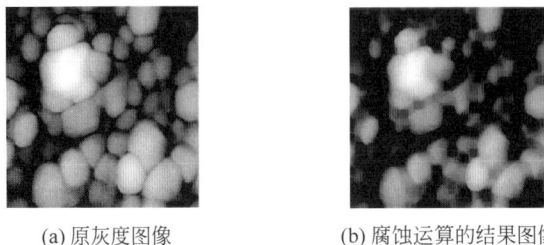

(a) 原灰度图像　　　　(b) 腐蚀运算的结果图像

图 12.32　利用球形结构元素对图像进行腐蚀运算的示例

12.4.2　灰度膨胀

灰度膨胀运算是灰度腐蚀运算的对偶运算。结构元素 $b(x,y)$ 对目标图像 $f(x,y)$ 进行灰度膨胀可表示为

$$(f \oplus b)(s,t) = \max\{f(s-x,t-y)+b(x,y) \mid (s-t),(t-y)\in D_f,(x,y)\in D_b\}$$

$$(12.43)$$

其中，D_f 和 D_b 分别表示 $f(x,y)$ 和 $b(x,y)$ 的定义域，这里限制 $(s-t),(t-y)\in D_f$，$(x,y)\in D_b$，类似于二值膨胀运算中要求目标图像集合和结构元素集合的相交至少有一个元素。与灰度腐蚀运算类似，灰度膨胀运算也可以被看成一种相关运算，它用求最大值运算代替了相关运算，用加法运算代替相关运算的乘积。灰度膨胀运算的计算是逐点进行的，求某点的膨胀运算结果，也就是计算该点局部范围内各点与结构元素中对应点的灰度值之和，并选取其中的最大值作为该点的膨胀结果。经膨胀运算后，边缘得到了延伸。

图 12.33 给出了一个灰度膨胀运算的实例。图 12.33(a) 为 5×5 的灰度图像矩阵 A，图 12.33(b) 为 3×3 的结构元素矩阵 B，其原点在中心位置处。下面以计算图像 A 的中心元素的膨胀结果为例，说明灰度膨胀运算的过程。

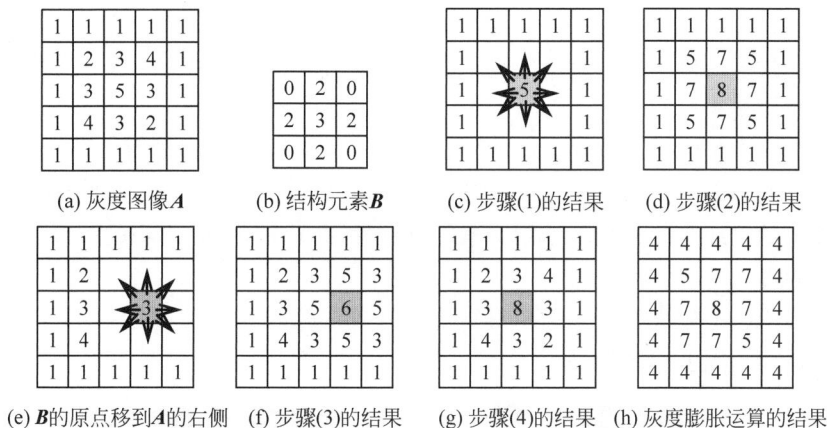

图 12.33　灰度膨胀运算示例

(1) 将 B 的原点重叠在 A 的中心元素上，如图 12.33(c) 所示。

(2) 依次用 A 的中心元素加上 B 的各个元素并将结果放在对应的位置上，如图 12.33(d) 所示。

(3) 将 B 的原点移动到与 A 的中心元素相邻的 8 个元素上进行相同的操作，可得到 8 个平移相加的结果，图 12.33(e) 所示为把 B 的原点移动到 A 的中心元素的右侧位置上，图 12.33(f) 为此时的计算结果。

(4) 取得到的 9 个位置结果中的最大值作为 A 的中心元素的膨胀结果，如图 12.33(g) 所示。

(5) 依据该方法计算 A 中的其他元素，就可得到灰度图像矩阵 A 的膨胀结果，如图 12.33(h) 所示。

为了便于分析和理解灰度膨胀运算的原理和效果，可将式(12.43)进一步简化，仅列出

一维函数的形式,如式(12.44)所示。

$$(f \oplus b)(s) = \max\{f(s-x) + b(x) \mid (s-t) \in D_f, x \in D_b\} \tag{12.44}$$

其中,输入图像和结构元素简化为 x 的函数,分别要求 x 和平移参数$(s-x)$在定义域 D_b 和 D_f 之内。

图 12.34 给出了当输入图像和结构元素均为一维函数时的膨胀运算的过程示意图。图 12.34(a)为输入图像 $f(x)$,图 12.34(b)为一维圆形结构元素 $b(x)$,图 12.34(c)为膨胀运算的结果。

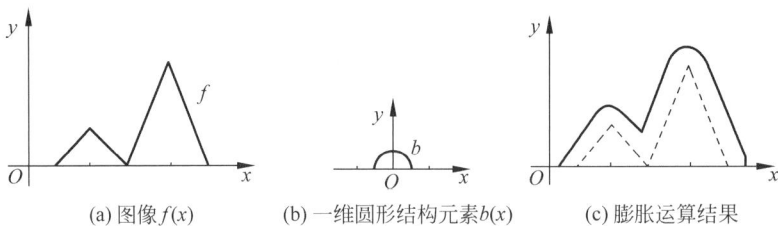

(a) 图像 $f(x)$　　　　(b) 一维圆形结构元素 $b(x)$　　　　(c) 膨胀运算结果

图 12.34　膨胀运算过程示意图

采用结构元素 $b(x)$ 对输入图像 $f(x)$ 进行膨胀的过程是:将结构元素的原点平移到输入图像曲线上,使原点沿着输入图像曲线"滑动",膨胀的结果为输入图像曲线与结构元素之和的最大值。这与二值膨胀运算中结构元素平移通过二值图像中的每一点,并求结构元素与二值图像的并是相似的。

由于膨胀操作是以在结构元素形状定义的区间内选取$(f+b)$的最大值为基础的,因此灰度膨胀运算的效果是:对于所有元素都为正的结构元素,输出图像趋向于比输入图像亮;当输入图像中的暗细节面积小于结构元素时,暗的效果将被削弱,削弱的程度取决于膨胀所用结构元素的形状与幅值。

图 12.35 给出了用半径为 3 的球形结构元素对一幅灰度图像进行膨胀运算的示例,从图中可以清楚地看到上述的效果。

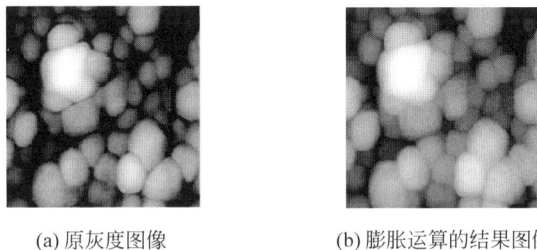

(a) 原灰度图像　　　　　　(b) 膨胀运算的结果图像

图 12.35　利用球形结构元素对图像进行膨胀运算的示例

灰度腐蚀运算和灰度膨胀运算之间的对偶关系,也可以用式(12.45)和式(12.46)来表示。

$$(f \oplus b)^c = f^c \ominus \hat{b} \tag{12.45}$$

$$(f \ominus b)^c = f^c \oplus \hat{b} \tag{12.46}$$

此时,函数 $f(x,y)$的补 $f^c(x,y)$定义为 $f^c(x,y) = -f(x,y)$,函数 $b(x,y)$的反射

$\hat{b}(x,y)$ 定义为 $\hat{b}(x,y)=b(-x,-y)$。

12.4.3 灰度开运算和灰度闭运算

与二值形态学类似,在定义了灰度腐蚀和灰度膨胀运算的基础上,可以进一步定义灰度开运算和灰度闭运算。

1. 灰度开运算

灰度开运算与二值图像的开闭运算具有相同的形式。用结构元素 b 对灰度目标图像 f 进行开运算可表示为

$$f \circ b = (f \ominus b) \oplus b \tag{12.47}$$

开运算可以通过将求出的所有结构元素的形态学平移都填入目标图像 f 下方的极大点来计算。这种填充方式可以从几何角度直观地用图 12.36 来描述。图 12.36(a)为目标图像函数 f 当 y 为某一常数时对应的一个截面,图 12.36(b)为球形结构元素 b 在该截面上的投影,采用该结构元素对目标图像进行开运算的过程是:在目标图像下方滑动结构元素时,如图 12.36(c)所示,在每一点记录结构元素上的最高点,则由这些最高点构成的集合即为开运算的结果,如图 12.36(d)所示。在该运算中,原点相对于结构元素的位置不会对运算结果产生影响。

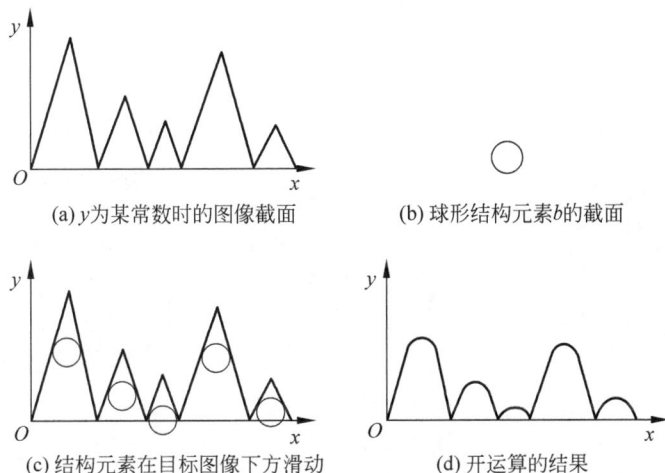

(a) y 为某常数时的图像截面 　　(b) 球形结构元素 b 的截面

(c) 结构元素在目标图像下方滑动 　　(d) 开运算的结果

图 12.36 灰度开运算过程示意图

由图 12.36 的开运算过程示意图可以看出,在开运算中所有比球体直径窄的波峰其幅度和尖锐度都减小了,因此开运算可以去除相对于结构元素来说较小的明亮细节,保持整体的灰度级和较大的明亮区域不变;也可以相对地保持较暗部分不受影响。

2. 灰度闭运算

用结构元素 b 对目标灰度图像 f 进行闭运算可表示为

$$f \bullet b = (f \oplus b) \ominus b \tag{12.48}$$

闭运算可以通过求出所有结构元素的形态学平移与目标图像上方的极小值点来计算,这种平移方式可以从几何角度直观地用图 12.37 来描述。图 12.37(a)为目标图像函数 f 当 y 为某一常数时对应的一个截面,图 12.37(b)为球形结构元素 b 在该截面上的投影。采用

该结构元素对目标图像进行闭运算的过程是：在目标图像上方滑动结构元素，如图 12.37(c) 所示；在每一点记录结构元素上的最低点，则由这些最低点构成的集合即为闭运算的结果，如图 12.37(d) 所示。在该运算中，原点相对于结构元素的位置不会对运算结果产生影响。

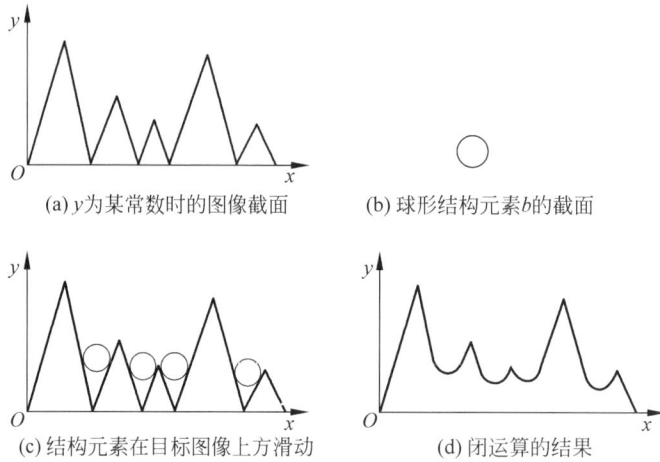

(a) y 为某常数时的图像截面　　　　(b) 球形结构元素 b 的截面

(c) 结构元素在目标图像上方滑动　　　　(d) 闭运算的结果

图 12.37　灰度闭运算过程示意图

由图 12.37 所示的闭运算过程示意图可以看出，在闭运算中所有比球体直径窄的波谷其幅度和尖锐度都增加了，因此，闭运算可以除去图像中的暗细节部分，相对地保持明亮部分不受影响。

图 12.38 所示为对 Lena 图像进行灰度开运算与灰度闭运算处理的结果。

(a) 原图像　　　　(b) 灰度开运算结果图像　　　　(c) 灰度闭运算结果图像

图 12.38　对 Lena 图像进行灰度开运算与闭运算处理的结果

比较图 12.38(b) 与图 12.38(a) 的 Lena 图像中的帽子饰物可以看出，开运算消除了图像中的亮细节，相对地保持了较暗部分不受影响；比较图 12.38(c) 与图 12.38(a) 的 Lena 图像中的帽子饰物可以看出，闭运算消除了图像中的暗细节，相对地保持了明亮部分不受影响。

3. 灰度开运算与闭运算的对偶性

与二值开运算与闭运算相似，灰度开运算与闭运算也具有对偶性，可用公式表示为

$$(f \circ b)^c = f^c \bullet \hat{b} \tag{12.49}$$

$$(f \bullet b)^c = f^c \circ \hat{b} \tag{12.50}$$

12.4.4　灰度形态学基本运算的性质

形态学的理论基础是集合论，与二值形态学不同的是，灰度形态学处理的对象不再是图

像集合而是定义在整数空间上的曲面函数 $f(x,y)$，为了进一步用集合论的概念讨论灰度形态学基本运算的性质，需要将图像函数转化为相应的集合域，因此，在讨论其性质前还需要引入灰度图像顶面和灰度图像本影的概念。

1. 灰度图像的顶面和本影

在二值图像的集合概念中，子集表示了图像之间的一种包含关系。对于灰度图像，同样也需要一种能够描述这种关系的表示方法。假设图像函数 $f(x,y)$ 和 $g(x,y)$ 的定义域分别为 D_f 和 D_g，且满足以下条件：

(1) $g(x,y)$ 的定义域是 $f(x,y)$ 定义域的子集，即 $D_g \subseteq D_f$。

(2) 对于 D_g 中的任意一点 (x,y)（由条件(1)知必有 $(x,y) \in D_f$），如果 $g(x,y) \leqslant f(x,y)$，那么称 $g(x,y)$ 在 $f(x,y)$ 的下方。

灰度图像中，图像 $f(x,y)$ 的顶面(top surface of a set)是由函数 $f(x,y)$ 在定义域范围内的上曲面构成，记为 $T(f)$，用公式表示为

$$T(f) = \{f(x,y) \mid (x,y) \in D_f\} \tag{12.51}$$

其中，D_f 为图像函数的定义域。

图像 $f(x,y)$ 的本影(umbra of a surface)是由位于图像顶面下方、包括图像函数在内的所有点构成，记为 $U(f)$，并可用公式表示为

$$U(f) = \{g(x,y) \mid g(x,y) \leqslant f(x,y), (x,y) \in D_f\} \tag{12.52}$$

其中，$g(x,y)$ 表示空间中的任意一点，这里需要注意它的定义域也为 D_f。

图像 $f(x,y)$ 的顶面和本影如图 12.39 所示。

图像本影的概念是灰度形态学的理论基础和本质核心。如果将图像的本影看作二值图像的"0"，本影以外的区域看作二值图像的"1"，可以容易地将二值形态学的性质引申到灰度图像中。

灰度形态学的基本运算具有与二值形态学相似的性质，这些性质均可以由图像顶面和本影的概念利用二值形态学运算的对应性加以证明，式中 $g \leqslant f$ 表示图像 g 在图像 f 的下方。

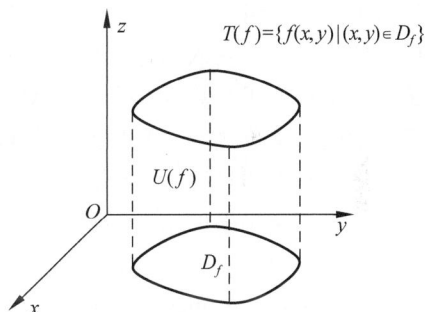

图 12.39　图像 $f(x,y)$ 的顶面和本影

2. 灰度腐蚀运算和灰度膨胀运算的性质

灰度腐蚀运算和灰度膨胀运算的性质主要有以下几点。

1) 单调性

$$g \leqslant f \Rightarrow g \ominus b \leqslant f \ominus b \tag{12.53}$$

$$g \leqslant f \Rightarrow g \oplus b \leqslant f \oplus b \tag{12.54}$$

灰度腐蚀运算和灰度膨胀运算均具有单调性。

2) (非)扩展性

$$f \ominus b \leqslant f \tag{12.55}$$

$$f \oplus b \geqslant f \tag{12.56}$$

灰度腐蚀运算具有非扩展性，灰度膨胀运算具有扩展性。

3）交换性

$$f \oplus b = b \oplus f \tag{12.57}$$

灰度腐蚀运算不满足交换性，灰度膨胀运算满足交换性。

4）结合性

$$f \ominus (b \ominus c) = (f \ominus b) \ominus c \tag{12.58}$$

$$f \oplus (b \oplus c) = (f \oplus b) \oplus c \tag{12.59}$$

与二值形态学相似，结合性对于实现灰度形态学的快速运算十分有利，并推动了结构函数分解理论的形成与分解技术的应用。

5）平移不变性

$$f_x \ominus b = (f \ominus b)_x \tag{12.60}$$

$$f_x \oplus b = (f \oplus b)_x \tag{12.61}$$

12.5　灰度形态学处理算法

在上述 4 种灰度形态学基本运算的基础上，通过组合可以得到一系列实用的灰度形态学处理算法，本节主要介绍形态学平滑、形态学梯度和高帽（top-hat）变换等算法。

12.5.1　形态学平滑

在图像预处理中对图像中的噪声进行滤除是不可缺少的操作，对于灰度图像，滤除噪声就是进行形态学平滑。在 12.4.3 节介绍灰度开运算和灰度闭运算时已经知道，灰度开运算是从图像的下方磨光输入图像灰度表面向上凸出的波峰，可以去除相对于结构元素较小的明亮细节；而灰度闭运算是从图像的上方磨光输入图像灰度表面向下凹入的波谷，可以除去图像中的暗细节。这样，如果把这两种运算组合起来，即先对图像进行灰度开运算，然后再对图像进行灰度闭运算，就会有效地去除图像中亮和暗的噪声，起到对图像进行平滑处理的作用。设形态学平滑的结果图像用 g 表示，则该算法可以表示为

$$g = (f \circ b) \bullet b \tag{12.62}$$

图 12.40 表示了一个通过对添加了椒盐噪声的 Lena 图像进行形态学滤波来验证该算法有效性的例子。图 12.40(a)为含椒盐噪声的 Lena 图像；图 12.40(b)为对图 12.40(a)进行开运算的结果，可以看出，图 12.40(a)中的亮噪声点已被消除，但暗的噪声点依然存在；图 12.40(c)为形态学平滑结果图像，比较图 12.40(a)和图 12.40(c)可以看出，椒盐噪声被有效地消除掉了。

12.5.2　形态学梯度

由 12.3.2 节可知，边缘是物体形状的重要信息，边缘检测是大多数图像处理必不可少的一步。对于二值图像，边缘检测就是对该图像进行边界提取；而对于灰度图像，由于图像中边缘附近的灰度分布具有较大的梯度，因而，可以利用求图像的形态学梯度的方法来检测图像的边缘。与 12.3.2 节介绍二值图像形态学梯度的定义类似，将灰度膨胀运算和灰度腐蚀运算相结合，可以用于计算灰度图像的形态学梯度。设灰度图像的形态学梯度用 g 表示，则形态学梯度可表示为

(a) 含椒盐噪声的图像　　(b) 对图(a)进行开运算的结果　(c) 对图(a)进行形态学平滑的结果

图 12.40　对添加了椒盐噪声的 Lena 图像的形态学平滑

$$g = (f \oplus b) - (f \ominus b) \tag{12.63}$$

图像处理中的梯度算子有多种。一般的空间梯度算子(如 Sobel、Prewitt、Roberts 等)是利用计算局部差分近似代替微分来求取图像的梯度值,但这些算法均对噪声敏感,并且在处理过程中会加强图像中的噪声。形态学梯度与之相比虽然也对噪声较敏感,但并不会加强或放大噪声,使用对称的结构元素来求图像的形态学梯度,还可以减小求得的边缘受方向的影响。

图 12.41 给出了使用 Sobel、Prewitt、Roberts 空间梯度算子和形态学梯度算子对 Lena 图像进行处理的结果。图 12.41(a)为利用 Sobel 算子提取的边缘结果,图 12.41(b)为利用 Prewitt 算子提取的边缘结果,图 12.41(c)为利用 Roberts 算子提取的边缘结果,图 12.41(d)为利用形态学算子提取的边缘结果。比较可知,利用形态学算子提取的图像边缘最具实用性。

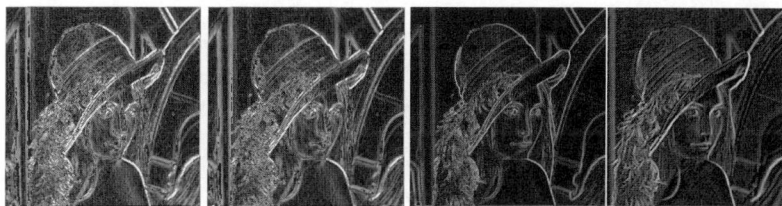

(a) Sobel边缘提取　(b) Prewitt边缘提取　(c) Roberts边缘提取　(d) 形态学边缘提取

图 12.41　使用空间梯度算子与形态学梯度算子对 Lena 图像进行边缘提取的结果

12.5.3　高帽(top-hat)变换

高帽变换是一种有效的形态学变换,因其使用类似高帽形状的结构元素进行形态学图像处理而得名。设高帽变换结果用 h 表示,则高帽变换可表示为

$$h = f - (f \circ b) \tag{12.64}$$

由于开运算具有非扩展性,在处理过程中结构元素始终处于图像的下方,故高帽变换的结果 h 是非负的。它可以检测出图像中较尖锐的波峰,在实际应用中可以利用这一特点从较暗(亮)的且变换平缓的背景中提取较亮(暗)的细节,例如增强图像中阴影部分的细节特征,对灰度图像进行物体分割,检测灰度图像中波峰和波谷及细长图像结构等。

图 12.42 给出了一个利用高帽变换对星云图像进行处理的实例。比较图 12.42(a)和图 12.42(b)可知,利用高帽变换可以削弱星云对星体的影响。再进一步通过对高帽变换后

的图 12.42(b)进行灰度线性拉伸,就可以较好地检测出被星云遮挡的星体,结果如图 12.42(c)所示。

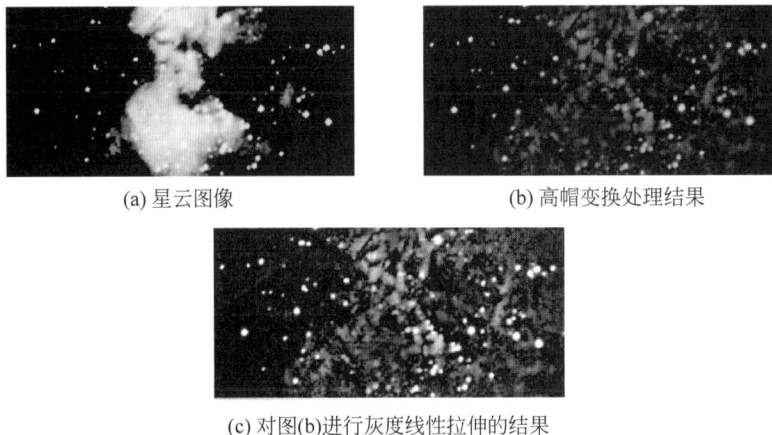

(a) 星云图像　　　　　　　　　(b) 高帽变换处理结果

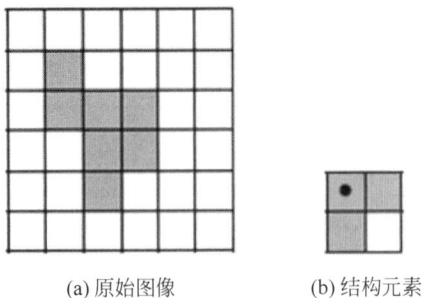

(c) 对图(b)进行灰度线性拉伸的结果

图 12.42　利用高帽变换对星云图像进行处理的示例

习　题　12

12.1　腐蚀运算的主要功能是什么?

12.2　膨胀运算的主要功能是什么?

12.3　请指出当进行腐蚀运算时结构元素 B 在目标图像 A 上的平移方式,与当进行膨胀运算时结构元素的反射元素 $\hat{B}$ 在目标图像 A 上的平移方式有何区别。

12.4　设有图 12.43(a)所示的原始图像和图 12.43(b)所示的结构元素。

(1)进行腐蚀运算,并给出运算得到的结果图像。

(2)进行膨胀运算,并给出运算得到的结果图像。

12.5　设有图 12.44(a)所示的原始图像和图 12.44(b)所示的结构元素。

(1)进行腐蚀运算,并给出运算得到的结果图像。

(2)进行膨胀运算,并给出运算得到的结果图像。

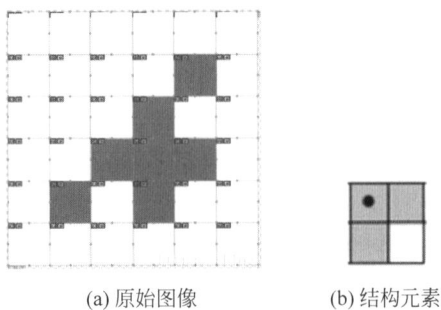

(a)原始图像　　(b)结构元素　　　　　　(a)原始图像　　(b)结构元素

图 12.43　习题 12.4 图　　　　　　　　图 12.44　习题 12.5 图

12.6　设 2×2 的结构元素 $[1,1;1,1]$ 的原点在 $(i+1,j)$，编写一个对二值图像进行腐蚀运算的 MATLAB 程序。

12.7　下面是二值图像腐蚀运算的 MATLAB 程序，请在 MATLAB 环境下执行和验证该程序。

```matlab
clc; clear all; close all;;
img0 = imread('d:\terminal_two.jpg')
threshold = graythresh(img0);                          % 自动选阈值
f = im2bw(img0, threshold);                            % 将 img0 转换成二值图像
erosion_f = f;                                         % 给腐蚀结果图像赋初值
[h, w] = size(f);
% 2 * 2 的结构元素(腐蚀核)[1,1;1,1],假设原点在(i + 1, j)
for i = 1:h - 1                                        % 用结构元素腐蚀图像
    for j = 1:w - 1
        if (f(i,j)&&f(i,j + 1)&&f(i + 1,j)&&f(i + 1,j + 1))
            erosion_f(i + 1, j) = 255;
        else
            erosion_f(i + 1, j) = 0;
        end
    end
end
subplot(1,2,1); imshow(img0); title('原图像');          % 显示原图像
subplot(1,2,2); imshow(erosion_f); title('腐蚀结果图像'); % 显示腐蚀结果图像
```

第13章

目标表示与描述

图像分割可以把图像中具有不同灰度特征、不同组织特征和不同结构特征的区域划分成不同的区域。在将一幅图像分割成不同区域后,为了使其更适合于计算机的进一步处理,往往需要对分割得到的像素集(目标)进行表示和描述。目标的表示侧重于数据结构,包括基于外部特性的边界表示和基于内部特性的区域表示,即利用数字、文字、数学公式和某些符号体系等,对感兴趣的目标(区域)边界和区域的表示。目标的描述则侧重于目标的区域特性和不同区域之间的联系与区别,包括对边界的描述和对区域的描述,以及对边界与边界、区域与区域之间关系的描述。目标的表示与描述有着紧密的联系,表示的方法限定了描述的精确性;而通过对目标的描述,各种表达方法才有实际意义。

目标的表示与描述方法不仅可以用于图像处理与图像分析系统对图像处理与分析结果的描述,而且可作为对图像进行进一步分类或语义解释的依据。

本章介绍目标的边界表示、边界描述、区域表示、区域描述,以及反映边界和边界、区域和区域、边界和区域之间关系的描述。

13.1　边　界　表　示

封闭轮廓对应于目标(区域)的边界,所以边界是目标区域的一部分,边界内的像素属于该目标区域的点,与边界相邻但位于边界外的像素不属于该目标区域的点。常用的边界表示方法有链码、多边形近似、边界分段、标记图等。

13.1.1　链码

在图像中,某一像素的相邻关系在简单情况下有 4-邻域相邻像素,复杂情况下有 8-邻域相邻像素。4-邻域相邻像素都是在 90°的整倍数方向上延伸,8-邻域相邻像素可以实现在 45°的整倍数方向上的延伸。因此,可借助这种思路描述不同方向上的、由相邻的多像素组成的目标的边界和轮廓,由此形成了用于表示目标边界的链码表示法。

链码是一种利用顺次连接的、具有特定长度和方向的直线段来表示目标边界线的方法。

1. 4 方向链码和 8 方向链码

基本的链码表示法可按基于 4 方向相邻连接和 8 方向相邻连接分为 4 方向链码和 8 方向链码,如图 13.1 所示。其中按逆时针标注的数字称为方向数,4 方向链码的相邻方向之间的夹角为 90°,8 方向链码的相邻方向之间的夹角为 45°。

在计算机中,4 方向链码的方向数可以用 2 位二进制数表示,分别为 00、01、10、11;8 方向链码的方向数可以用 3 位二进制数表示,分别为 000、001、010、011、100、101、110、111。

若将目标边界的同一方向上的线段用某一固定单位长度(如两个相邻坐标点之间的距

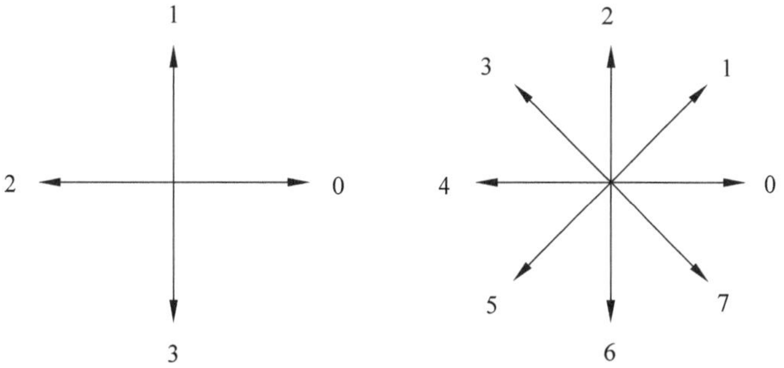

(a) 4方向链码的方向数含义　　　　　(b) 8方向链码的方向数含义

图 13.1　4 方向链码和 8 方向链码的方向数含义

离)来划分(测量),就可用 4 方向链码或 8 方向链码的多个(一串)方向数来表示目标边界中某一方向上的线段,由此可得到目标边界的 4 方向链码或 8 方向链码。

2. 目标边界的链码表示方法

利用 4 方向链码或 8 方向链码表示目标边界的方法如下。

(1) 在目标边界上选择一个起始点,并用坐标表示该起始点在图像中的位置。

(2) 从选定的起始点开始,按照顺时针方向,沿边界依次地为边界上的各坐标点找出用 4 方向链码或 8 方向链码表示边界上线段对应的方向数,并将其标注出来。

(3) 起点坐标和得到的一串数字(链码)一起构成了图像中目标边界的链码表示值。

图 13.2 是一个假设用(放大的)像素表示的目标的边界线,如果其中的每像素用一个方向链码(数字)表示,显然得到的链码会很长。另外,目标边界中有时也会由于小的干扰(如噪声或凸出和凹进的毛刺)产生与边界整体形状无关的变动。因此,根据应用需求选择更大间隔的网格,对目标边界进行重新采样(即使采样间隔长度大于标准的相邻像素距离的单位长度),如图 13.3 所示。

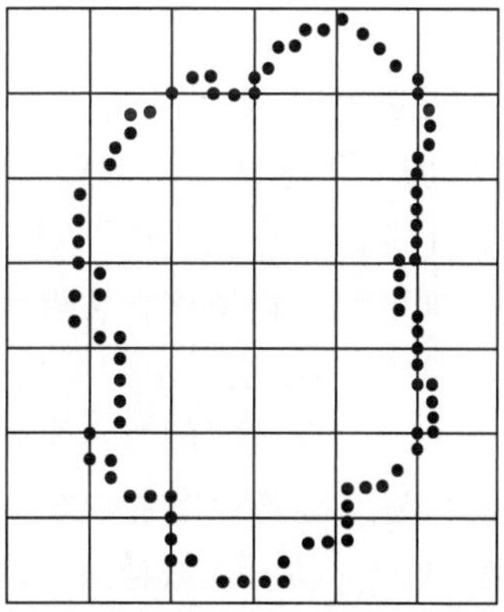

图 13.3(a)和图 13.3(c)是依据图 13.2 的边界形状特征制作的、便于 4 方向链码表示的大网格边界采样图示和便于 8 方向链码表示的大网格边界采样图示。图 13.3(b)和图 13.3(d)分别是对应于图 13.3(a)和图 13.3(c)的 4 方向链码的方向数标注图示和 8 方向链码的方向数标注图示。

图 13.2　目标的边界点表示图示

对于图 13.3(b)来说,若选取的起始点为"起始点 1",则其 4 方向链码为(空格是为了便于分辨)

$$1\ 00\ 1\ 00\ 333333\ 2\ 3\ 22\ 1\ 2\ 1111$$

若选取的起始点为"起始点 2",则其 4 方向链码为

$$11\ 00\ 1\ 00\ 333333\ 2\ 3\ 22\ 1\ 2\ 111$$

对于图 13.3(d)来说,若选取的起始点为"起始点 1",则其 8 方向链码为(空格是为了便于分辨)

$$1\ 0\ 1\ 7\ 6666\ 55\ 33\ 222$$

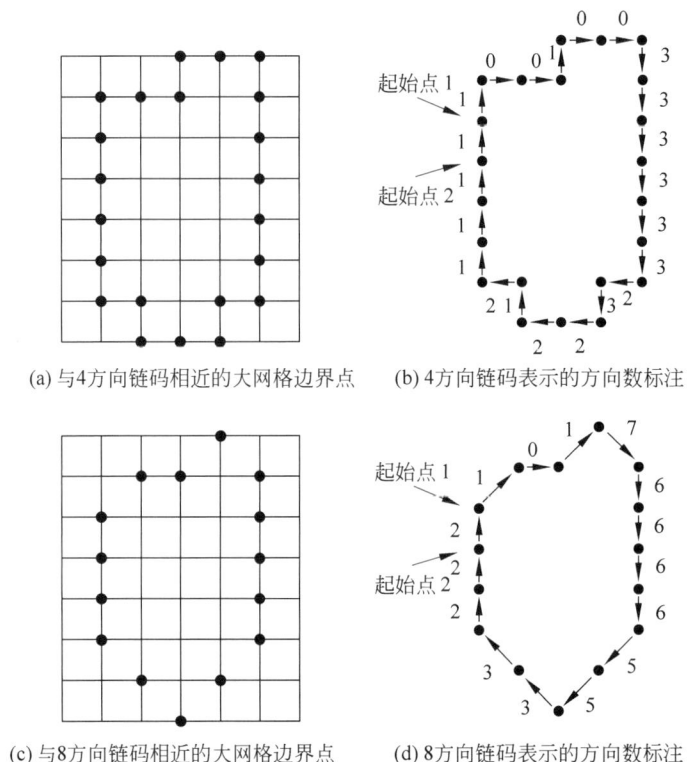

(a) 与4方向链码相近的大网格边界点 　 (b) 4方向链码表示的方向数标注

(c) 与8方向链码相近的大网格边界点 　 (d) 8方向链码表示的方向数标注

图 13.3　大网格边界采样及其 4 方向链码与 8 方向链码的方向数图示

若选取的起始点为"起始点 2"，则其 8 方向链码为

$$2\ 1\ 0\ 1\ 7\ 6666\ 55\ 33\ 22$$

综上可知，由于用这种链码表示方法表示目标边界时，只有边界的起点需要用坐标表示，边界上其余的（网格）点都可只用一个方向数来表示，由于表示一个方向数比表示一个坐标所需的比特数少，所以链码表示方法大大减少了边界表示所需的数据量。当然，用链码表示目标的边界时，表示的精确度与采样网格间隔的大小有关。

3. 归一化链码

由上述的链码表示法可知，当选取的起始点不同时，会得到不同的链码（有时也将该链码称为原链码），即由该方法得到的链码不具备与起始位置的无关性。为了实现链码与起始点的位置无关性，引入了归一化链码。

构建归一化链码的方法是：对于如图 13.3 所示的闭合边界，任选一起始点得到原链码；然后将原链码看作由各方向数构成的一个 n 位自然数，将该链码按一个方向循环移位，使其构成的 n 位自然数值最小时，就可形成起点唯一的链码，称为归一化链码，也称为规格化链码；并将这样转换后所对应的链码起点作为该闭合边界的归一化链码的起点。

例如，图 13.3(b)的两个不同起始点的原链码的归一化链码都为 00100333333232221211111；图 13.3(d)的两个不同起始点的原链码的归一化链码为 017666655332221。

4. 链码的一阶差分求解方法

归一化链码虽然既具有唯一性，也具有平移不变性，但不具备旋转不变性。例如，对于

图 13.4(a)所示的、用 4 方向链码标注的闭合边界(起点为图中黑点),原链码为 10103322,归一化链码为 01033221。当图 13.4(a)逆时针旋转 90°时(通常为:4 方向链码转 90°的整倍数,8 方向链码旋转 45°的整倍数),如图 13.4(b)所示,原链码为 21210033,归一化链码为 00332121。可见,两个归一化链码 01033221 和 00332121 并不相等。

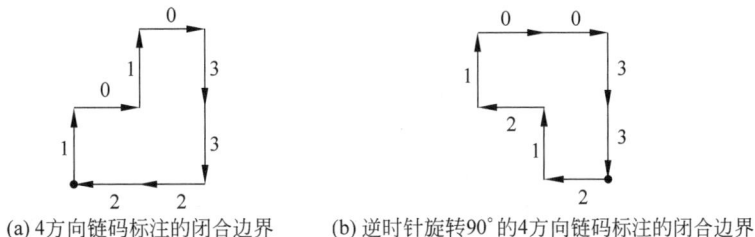

(a) 4方向链码标注的闭合边界　　(b) 逆时针旋转90°的4方向链码标注的闭合边界

图 13.4　链码标注的闭合边界旋转示意图

为了使链码对目标边界的旋转不敏感,还需要求原链码的一阶差分。

对链码进行一阶差分的方法是:把链码看成一个循环序列,分别将其中相邻的两个方向数按照逆时针方向进行相减(即左边的方向数减右边的方向数);按照循环序列的约定,原链码第一位左边的方向数是该链码的最后(最右边)一位方向数;所以一阶差分结果的第一位是链码的最后一位方向数减链码的第一位方向数的结果。

例如,对于图 13.3(b)中的、起始点为“起始点 1”的 4 方向链码,一阶差分为

$$(1)\ 1\ 0\ 0\ 1\ 0\ 0\ 3\ 3\ 3\ 3\ 3\ 2\ 3\ 2\ 2\ 1\ 2\ 1\ 1\ 1\ 1$$
$$0\ 1\ 0\ 3\ 1\ 0\ 1\ 0\ 0\ 0\ 0\ 1\ 3\ 1\ 0\ 1\ 3\ 1\ 0\ 0\ 0$$

上述的一阶差分求解中原链码之前的“(1)”是指该链码的最右边一位的“1”。当原链码第 3 位的“0”减第 4 位的“1”时,结果为 -1;因为 4 方向链码的 -1 方向的链码值为 3,所以一阶差分的第 4 位值为 3。同理可以解释一阶差分码中的其他码值为 3 的原因。

同理,对于图 13.3(d)中的、起始点为“起始点 1”的 8 方向链码,一阶差分为

$$(2)\ 1\ 0\ 1\ 7\ 6\ 6\ 6\ 6\ 5\ 5\ 3\ 3\ 2\ 2\ 2$$
$$1\ 1\ 5\ 2\ 1\ 0\ 0\ 0\ 1\ 0\ 2\ 0\ 1\ 0\ 0$$

5. 具有唯一性、平移不变性和旋转不变性的链码求解方法

进一步分析可知,图 13.4(a)的原链码 10103322 的一阶差分码为 11311010,图 13.4(b)(图 13.4(a)逆时针旋转 90°)的原链码 21210033 的一阶差分码也为 11311010;即这两个封闭边界原链码的一阶差分码是相等的,显然其归一化的差分码 01011311 也是相等的。

同理,可求得图 13.3(b)所示的两个 4 方向链码 10010033333323221211111 和 11001003333332321212111 的归一化链码均为 000001310131000010 3101。

综上可知,当用 4 方向链码或 8 方向链码标注闭合边界时,可按如下方法求得目标闭合边界的具有唯一性、平移不变性和旋转不变性的归一化链码。

(1) 构建闭合边界的原链码;

(2) 求原链码的一阶差分码;

(3) 求该一阶差分码的归一化码。

13.1.2 多边形近似

在实际应用中，目标边界的信息具有一定的冗余度，为了用尽可能少的线段来表示目标的边界，同时又能较好地保持边界的基本形状，可以利用多边形进行近似。多边形是由一系列线段构成的封闭集合，多边形近似表示的优点是它可以按照任意精度逼近目标的边界，特别当线段数等于边界的点数时，多边形就可以完全准确地表示边界。多边形近似表示方法包括最小周长多边形法、聚合技术和拆分技术三种方法。

1. 最小周长多边形法

最小周长多边形法是一种以周长最小的多边形来近似表示目标边界的方法，其具体方法是：用彼此相连的单元格将目标的边界包住（如图 13.5(a)所示），将目标边界看作介于单元格内外界限之间的有弹性的线，当目标边界限制在内外界限之间（就像橡皮筋一样）收缩紧绷时（如图 13.5(b)所示），就可以得到该目标边界的最小周长边界。

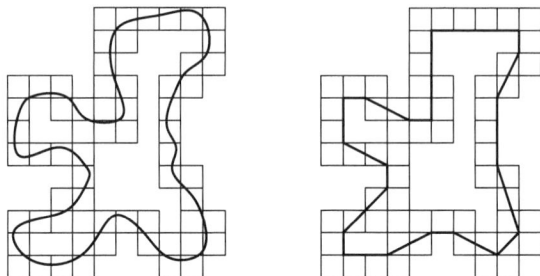

(a) 目标边界和包围边界的单元格　　(b) 图(a)的最小周长多边形

图 13.5　表示边界的最小周长多边形

2. 聚合技术

聚合技术是一种基于平均误差的方法。该方法首先选择边界上的任意一点作为直线段的起始端；然后依次连接该点与其后的各点，并计算它们所构成的直线与对应边界的拟合误差，当某线段误差大于预先设定的阈值时，用该线段之前的线段代替其所对应的边界，并将线段的另一端点设为起始点，继续以上各步，直到围绕边界一周为止，这样得到的就是与原边界满足一定拟合误差的多边形。

图 13.6 给出了一个利用聚合技术获得多边形表示边界的示意图，其中图 13.6(a)为目标边界；图 13.6(b)为使用聚合技术进行多边形表示的过程，其中 a 为起始点，b、c、d 为其后的 3 个点。为了简化起见，将各直线段到其前一边界点的距离作为误差，如图中 bm、cn 所示。假设 bm 小于预设的阈值，cn 大于预设的阈值，则 c 为多边形的一个端点，以 c 点作为直线的一个端点，继续以上的步骤。假设 do 和 ep 小于阈值，fr 大于阈值，则 f 点为多边形的一个端点，同理可得 h 也为多边形的一个端点，得到的多边形如图 13.6(c)所示。对于通过聚合技术得到的多边形，可以通过下面介绍的拆分技术进一步精确化。

3. 拆分技术

拆分技术是一种依据一定的准则通过不断拆分边界来得到多边形端点的方法。这里以边界点到连接边界上最远两点的直线的最大距离不超过一定的阈值的准则为例，该方法首

(a) 目标边界　　　　　　　　(b) 用聚合技术表示多边形

(c) 表示目标边界的多边形

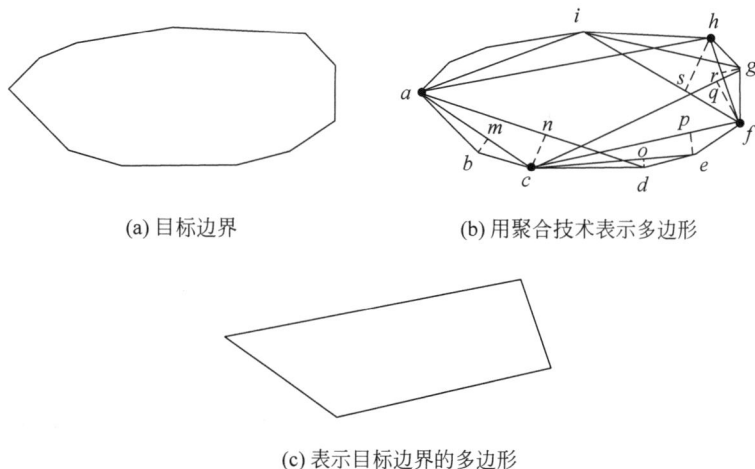

图 13.6　基于聚合技术的多边形表示法

先选择边界上距离最远的两点作为多边形的端点,并连接两端点得到一条直线;然后求边界上的点到该直线的最大距离,当距离大于预先设定的阈值时,该点即为多边形的一个顶点;接着对拆分后的边界线不断重复上述的步骤,就可以确定原边界的多边形表示。

　　图 13.7 给出了一个利用拆分技术获得的多边形表示边界的示意图,其中 a 点和 f 点为图 13.7 中边界上距离最远的两点,分别求各点与 a-f 之间的距离,可以得到 $hh1$ 和 $cc1$ 是边界两边到该直线最远的距离,假设它们均大于预设的阈值,则 h 和 c 为确定的多边形上的两个端点;然后对下边界分别求边界段 ac 上的点到直线 ac 的最大距离及其与阈值之间的关系,以及边界段 cf 上的点到直线 cf 的最大距离及其与阈值之间的关系。可以看出,通过适当地选取阈值就可以较好地得到边界线上所标识的各拐点,这正是该方法与上述基于聚合技术的方法相比的优势所在。

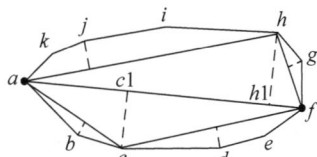

图 13.7　基于拆分技术的多边形表示法

13.1.3　边界分段

　　边界分段是指利用一定的分段原则将边界分成若干段分别表示,因而可以较好地减少边界表示的复杂性。当边界线含有一个或多个凹陷形状时,可以用凸壳概念对边界进行有效的分段。

　　在图 13.8(a)中,目标 S 是一个具有凹陷形状的像素集合,H 为包含 S 的最小凸集,也称为 S 的凸壳。$D = H - S$ 称为 S 的凸残差。使用凸壳对 S 的边界进行分段的方法是:跟踪目标 S 的凸壳的边界,标出凸壳边界进出凸残差 D 和目标 S 的转变点(即图 13.8(a)中的 8 个黑点),这些转变点就是边界的分段点,分段的结果如图 13.8(b)所示。

13.1.4　标记图

　　标记图是一种利用一维函数表示二维边界的表示方法,其目的是降低表示的难度。实际应用中有多种生成一维函数的方法,其中较为简单的方法是把质心(重心)到边界的距离

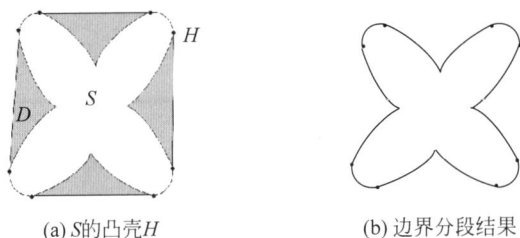

(a) S的凸壳H   (b) 边界分段结果

图 13.8 边界分段表示方法示意图

作为角度的一维函数来标记。图 13.9 和图 13.10 给出了用标记图方法表示二维目标边界的两个实例。

    图 13.9(a)为一个二维的圆，如果把圆心作为极点，把圆半径作为极轴，向右的正方向直线看作是数轴；显然，当角度 θ 在 $0\sim2\pi$ 之间变化时，圆心到圆周的距离都等于圆的半径 A。图 13.9(b)正好用一维标记图表示了二维圆中角度 θ 的值与圆半径 r 的关系，即当角度 θ 在 $0\sim2\pi$ 范围内取值时，一维函数值 $r(\theta)$ 为常数值 A。

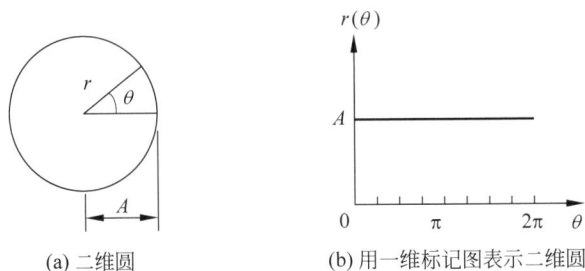

(a) 二维圆   (b) 用一维标记图表示二维圆

图 13.9 二维圆及其对应的一维标记图

    图 13.10(a)是一个边长为 $2A$ 的正方形，把正方形的中心看作极点，把极点到正方形 4 条边的直线看作极轴，向右的正方向直线看作数轴。当 $\theta=45°$ 时，$r=A/(\sqrt{2}/2)=\sqrt{2}A$。显然，当角度 θ 在 $0\sim2\pi$ 之间变化时，正方形中心到正方形 4 条边的距离，正好是图 13.10(b)描述的自变量 θ 与其取值 $r(\theta)$ 的关系。

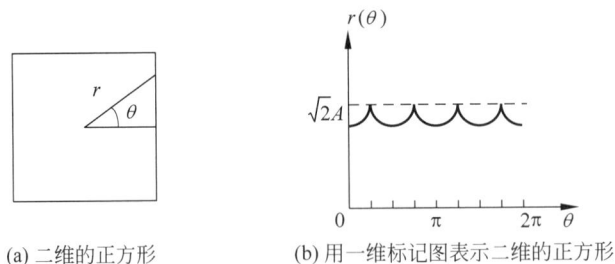

(a) 二维的正方形   (b) 用一维标记图表示二维的正方形

图 13.10 二维正方形及其对应的一维标记图

    与二维的表示相比，上述的表示方法较为简单，而且对边界的平移变换也不敏感。由于标记图表示方法建立在角度旋转和尺度变换的基础上，因此，为了避免旋转和尺度变换对表示的影响，还需要对标记图进行相应的旋转和尺度归一化的操作。尺度归一化可比较简单地把标记图的最大幅度值归一化到 1 来实现，例如对应于图 13.9，可以将图中的 A 归一化为 1 来实现。对于旋转变换的归一化，一种实现方法是通过选择距离质心最远的点，当它与图形的旋转畸变无关时，即可作为起点进行表示。

13.2 边 界 描 述

图像边界描述是指用一组描述子来表征图像中目标边界的某些特征，边界描述子可以是一组数据、符号、形式语言等。

13.2.1 简单的边界描述子

1. 边界长度

边界的长度是指包围目标区域的轮廓的周长。简单情况下，可以用边界上的像素数来近似表示。

2. 边界的直径、长轴、短轴、基本矩形

边界的直径为连接边界上两个距离最远点的线段的长度。边界 A 的直径定义为

$$\mathrm{Diam}(A) = \max_{i,j}[D(d_i, d_j)] \tag{13.1}$$

其中，d_i、d_j 为边界 A 上的点，$D(d_i, d_j)$ 表示这两点之间的距离。

边界的直径又称为边界的长轴，与长轴垂直并与边界相交的两点之间距离最长的线段称为边界的短轴。由边界的长轴和短轴与边界的 4 个交点确定的矩形称为边界的基本矩形。边界的长轴和短轴的比值称为边界线的离心率。图 13.11 给出了图 13.6(a)的边界的长轴、短轴和基本矩形，其中长轴为 ab，短轴为 cd，基本矩形为图中虚线描述部分。

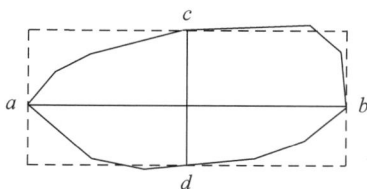

图 13.11 边界的长轴、短轴和基本矩形示意图

3. 边界的曲率

曲率是斜率的变化率，用于描述边界上的各点沿边界方向变化的情况。由于在数字图像中边界是离散的像素，因此仅根据边界上离散的像素来获得该点的精确曲率是不可能的，通常是利用相邻边界线段的斜率差来近似代替该点的曲率。边界的曲率是边界的一个重要的描述子，通过曲率可以对边界斜率的变化情况做出判断。例如，当沿着边界顺时针移动，且该边界点的曲率为负时，该点属于凹线段；曲率为非负时，该点属于凸线段。又如，当曲率小于 10°时，可近似地判断该点属于直线段上的点；当曲率大于 90°时，该点应属于拐点。

13.2.2 形状数

形状数是一种基于链码的反映边界形状的描述子。形状数定义为具有最小值的原链码的一阶差分码，其值限定了可能的不同形状的数目。

比如，13.1.1 节中的 4 方向链码 10103322 的一阶差分结果为 11311010，对其进行归一

化,得到具有最小值的一阶差分码 01011311,所以它的形状数为 01011311。形状数的位数又称为形状数的阶。对于闭合边界来说,形状数的阶是偶数;对于凸形来说,形状数的阶对应于边界的基本矩形的周长。图 13.12 用一个具体的实例给出了边界形状数生成的一般过程。

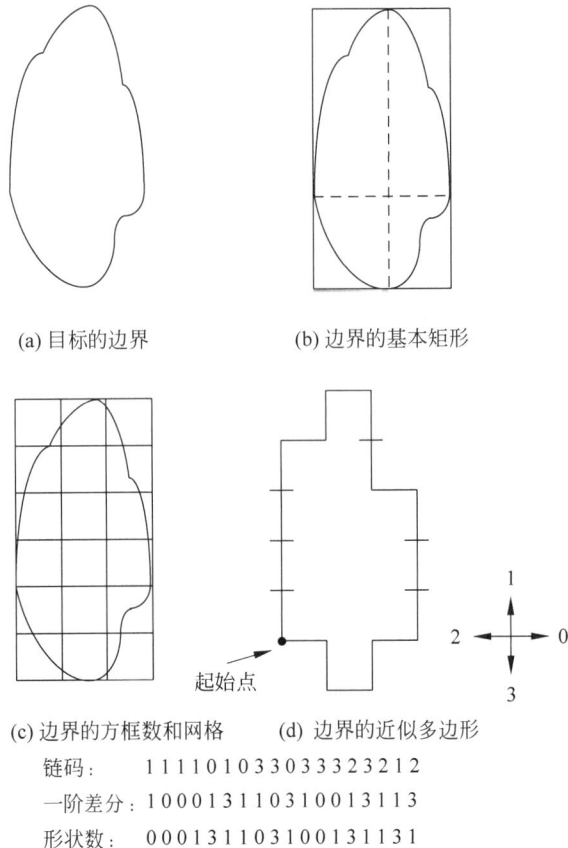

(a) 目标的边界　　　　　(b) 边界的基本矩形

(c) 边界的方框数和网格　　(d) 边界的近似多边形

链码：　　　1 1 1 1 0 1 0 3 3 0 3 3 3 2 3 2 1 2

一阶差分：1 0 0 0 1 3 1 1 0 3 1 0 0 1 3 1 1 3

形状数：　0 0 0 1 3 1 1 0 3 1 0 0 1 3 1 1 3 1

图 13.12　边界形状数的生成过程

确定 n 阶形状数的一般过程如下。

(1) 确定目标边界的基本矩形,如图 13.12(b)为边界的基本矩形。

(2) 依据给定的阶 n,确定与之最接近的方框数,并确定网格。在图 13.12 中 $n=18$,最接近的方框为 3×6,结果如图 13.12(c)所示。

(3) 求出边界的近似多边形,如图 13.12(d)所示。

(4) 按照 13.1.1 节介绍的内容,求出多边形的原链码和链码的一阶差分,结果如图 13.12 所示。

(5) 求出具有最小值的一阶差分码,即为该边界的形状数,结果如图 13.12 所示。

形状数在用于对边界进行描述时,具有对边界的旋转和尺度变化不敏感的优点。

13.2.3　傅里叶描述子

傅里叶描述子是一种通过对目标边界轮廓进行离散傅里叶变换来定量地描述图像中目

标边界形状的图像特征。傅里叶描述子的基本思想是用物体边界信息的傅里叶变换作为形状特征,将轮廓特征从空间域变换到频域,并提取频域信息作为图像的特征向量。即用一个向量代表一个轮廓,将轮廓数字化,从而能更好地区分不同的轮廓,进而达到识别物体的目的。

假设目标的边界上有 N 个边界点,起始点为 (x_0,y_0),按照逆时针方向就可以将边界表示为一个坐标序列:

$$s(k)=[x(k),y(k)] \quad k=0,1,2,\cdots,N-1 \tag{13.2}$$

其中,$x(k)=x_k,y(k)=y_k$。

也就是说,在确定了图像中目标边界的起始点和移动方向(顺时针或逆时针)后,就可以用边界点的坐标对序列来描述边界。一般地,如果把目标边界看成是从某一点开始,沿边界逆时针方向旋转一周的周边长的一个复函数,即将 x-y 平面与复平面 u-v 重合,x 轴与实部 u 轴重合(x 坐标为复数的实部),y 轴与虚部 v 轴重合(y 坐标为复数的虚部)。这时,边界点可以用复数表示为

$$s(k)=x(k)+\mathrm{j}y(k) \quad k=0,1,2,\cdots,N-1 \tag{13.3}$$

图 13.13 给出了边界点的坐标与复数表示之间的对应关系。虽然通过这种重新定义,边界本身没有发生变化;但边界的表示从二维表达简化为了一维表达。

对于复数 $s(k)$,可将其用一维离散傅里叶变换系数 $a(u)$ 表示为

$$a(u)=\frac{1}{N}\sum_{k=0}^{N-1}s(k)\mathrm{e}^{-\mathrm{j}2\pi ku/N} \quad u=0,1,2,\cdots,N-1 \tag{13.4}$$

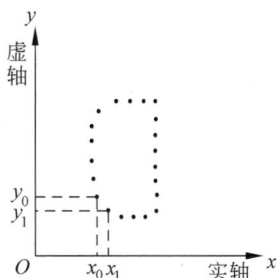

图 13.13　边界点的坐标与复数表示

其中,复系数 $a(u)$ 就称为边界的傅里叶描述子。

通过对傅里叶描述子进行傅里叶反变换,可以对边界线进行重建,得到边界的各点 $s(k)$。

$$s(k)=\sum_{u=0}^{N-1}a(u)\mathrm{e}^{\mathrm{j}2\pi uk/N} \quad k=0,1,2,\cdots,N-1 \tag{13.5}$$

$s(k)$ 的值可利用前 L 个傅里叶变换系数近似得到。设 $s(k)$ 的近似值用 $\hat{s}(k)$ 表示,则 $\hat{s}(k)$ 就可用式(13.6)计算而获得。

$$\hat{s}(k)=\sum_{u=0}^{L-1}a(u)\mathrm{e}^{\mathrm{j}2\pi uk/N} \quad k=0,1,2,\cdots,N-1 \tag{13.6}$$

从式(13.6)可知,$s(k)$ 的每个近似值 $\hat{s}(k)$ 用 L 项来计算,即重建边界各点时,没有包含傅里叶变换系数的全部的项,而 k 取从 0 到 $N-1$ 的值,得到的近似边界与原边界相比具有相同的边界点数目。图 13.14 以一个具有 64 个边界点的方形目标的边界图像为例,首先求出各边界点的描述子,然后利用前 L 个系数进行边界点的重建,图中分别列出了 L 等于 2、4、8、16、24、32、40、48、56、61、62 时边界重建的结果。由重建结果可以看出,各结果随着 L 的增加从圆形逐渐接近方形。当 L 的值大于 8 时,圆形接近方形;当 L 值为 56 时,拐角点已经开始变得突出;当 L 等于 61 时,曲线变成了直线;当 L 等于 62 时得到的方形与原

图像基本一致。从这一变化过程可以看出，低阶系数反映了边界的大体形状，随着系数阶数的不断增大，边界的细节特征逐渐变得明显，这与傅里叶变换中低频分量能较好地反映目标的整体形状和高频分量能够较好地反映目标的细节特征是一致的。

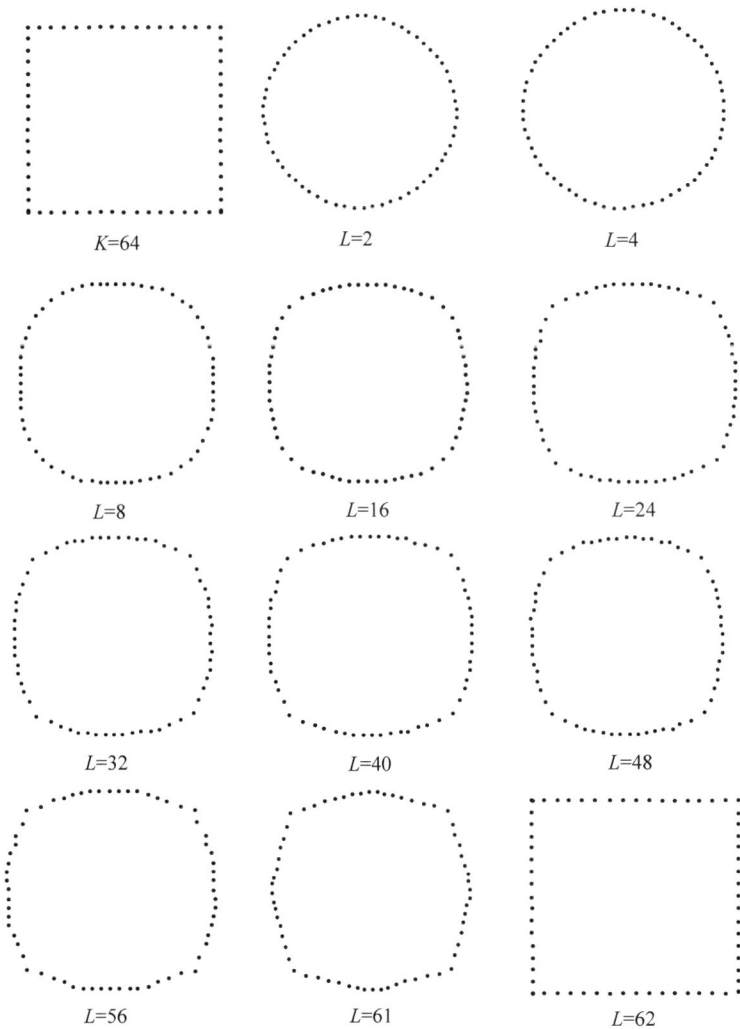

图 13.14　具有 64 个边界点的方形目标的边界图像的傅里叶描述子示例

　　傅里叶描述子在描述边界时，具有对旋转、平移、尺度变化不敏感的特点。如边界旋转 θ 角，则边界每个点 $s(k)$ 旋转的结果可以通过乘以 $\mathrm{e}^{\mathrm{j}\theta}$ 来实现，此时，对应的傅里叶描述子为

$$a_r(u) = \frac{1}{N}\sum_{k=0}^{N-1} s(k)\mathrm{e}^{\mathrm{j}\theta}\mathrm{e}^{-\mathrm{j}2\pi ku/K} = a(u)\mathrm{e}^{\mathrm{j}\theta} \quad u = 0,1,2,\cdots,N-1 \qquad (13.7)$$

即傅里叶变换系数也发生了等量的相移 $\mathrm{e}^{\mathrm{j}\theta}$。同理可以证明，傅里叶描述子对平移、尺度变化不敏感。除此之外，傅里叶描述子对起始点的位置也不敏感，当边界的起始点发生变化时，只须将原序列重新定义为 $s_p(k) = s(k-k_0)$，它表示边界序列的起点从 $k=0$ 移到 $k=k_0$。表 13.1 列出了傅里叶描述子的基本性质。

表 13.1 傅里叶描述子的基本性质

变 换	边 界	傅里叶描述子
原函数	$s(k)$	$a(u)$
旋转变换	$s_r(k)=s(k)e^{j\theta}$	$a_r(u)=a(u)e^{j\theta}$
平移变换	$s_t(k)=s(k)+\Delta_{xy}$	$a_t(u)=a(u)+\Delta_{xy}\delta(u)$
尺度变换	$s_s(k)=\alpha s(k)$	$a_s(u)=\alpha a(u)$
起点	$s_p(k)=s(k-k_0)$	$a_p(u)=a(u)e^{-j2k_0 u/K}$

注：对于符号 $\Delta_{xy}=\Delta x+j\Delta y$，平移后原序列可重定义为 $s_t(k)=s(k)+\Delta_{xy}=[x(k)+\Delta x]+j[y(k)+\Delta y]$。

傅里叶描述子在目标边界的匹配应用中非常具有吸引力，并已在医学图像分析中得到了成功应用，但傅里叶描述子在描述有遮挡的物体时遇到了一些困难。

13.2.4 统计矩

如果将目标的边界看作一系列直线段，那么边界线段的形状可以利用一些简单的统计矩（如均值、方差和高阶矩等）进行定量的描述。图 13.15(a)给出了一个由直线段构成的边界，为了利用统计矩表示边界，需要将边界进行一定的旋转，旋转的方法是将整个边界旋转至由边界上相距最远的两端点确定的线段的水平位置，旋转后的边界可以用变量 r 的一维函数 $g(r)$ 表示，如图 13.15(b)所示。

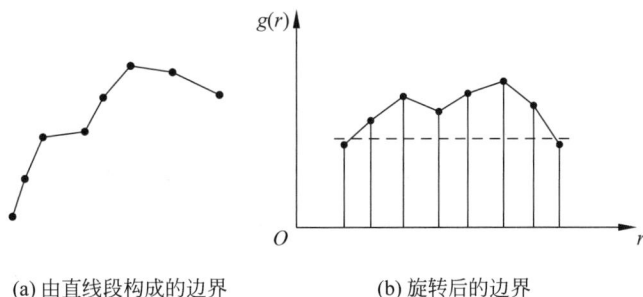

(a) 由直线段构成的边界　　　　(b) 旋转后的边界

图 13.15 边界的统计矩描述

设 m 为 $g(r)$ 的均值，可以将其表示为

$$m=\sum_{i=1}^{N}r_i g(r_i) \tag{13.8}$$

函数 $g(r)$ 对均值 m 的各阶矩定义为

$$\mu_n(r)=\sum_{i=1}^{N}(r_i-m)^n g(r_i) \tag{13.9}$$

从式(13.9)可以看出，统计矩与 $g(r)$ 的形状有关。利用统计矩对边界进行描述具有对旋转不敏感和与边界空间位置无关的特点。

13.3 区 域 表 示

与 13.1 节和 13.2 节相对应，本节介绍区域的表示方法，13.4 节介绍区域的描述方法。

13.3.1 区域标示

区域标示是区域的一种简单表示方法，通过区域标示可以将区域和背景、不同的区域之间加以区别。区域标示可以采用不同的方法，一种方法是将不同的区域用不同的自然数表示，一般自然数的最大值对应图像中的区域数；另一种方法是用较少的标号对区域进行标示，同时确保不同的区域具有不同的标示，理论上此方法至少需要使用 4 个不同的标号。在区域标示中，背景一般用数字 0 表示。

图 13.16 给出区域标示的一个实例，其中的图 13.16(a) 为具有 3 个不同区域的图像，为了以示区别，图中用不同的灰度进行表示；图 13.16(b) 给出了用第一种方法表示（即将不同的区域用不同的自然数表示）的结果。

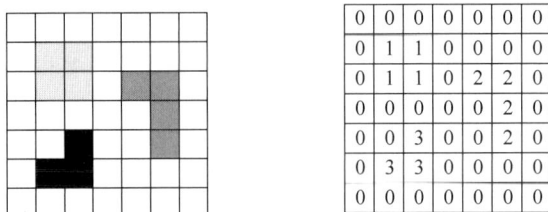

0	0	0	0	0	0	0
0	1	1	0	0	0	0
0	1	1	0	2	2	0
0	0	0	0	0	2	0
0	0	3	0	0	2	0
0	3	3	0	0	0	0
0	0	0	0	0	0	0

(a) 具有3个不同区域的图像　　　　(b) 用不同自然数标示区域

图 13.16　区域标示示例

13.3.2　四叉树表示

四叉树是一种有效的区域表示方式。对于一幅大小为 $2^n \times 2^n$ 的图像，四叉树产生的过程如下：判断图像的一致性，当存在目标区域时，由于图像中属于目标区域的像素的值为 1，不属于目标区域的像素的值为 0，即图像不具有一致性，就将图像平均分成 4 个子区域，每个区域的大小为 $2^{n-1} \times 2^{n-1}$；对各个子区域重复进行一致性判断和分裂过程，直到所有的子区域具有相同的一致性。图 13.17 所示为区域四叉树表示的一个实例，图 13.17(a) 中灰色部分为目标区域，图 13.17(b) 为区域对应的四叉树表示。

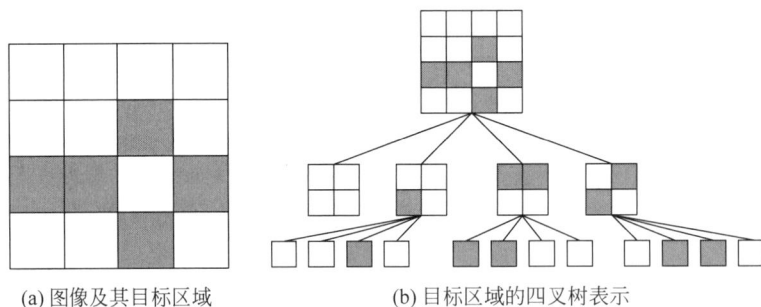

(a) 图像及其目标区域　　　　(b) 目标区域的四叉树表示

图 13.17　区域四叉树表示

图 13.17(b) 的四叉树表示结果分 3 层，根节点在 0 层，代表整幅图像，树叶节点为一致性区域，非树叶节点对应非一致区域。四叉树表示需要进行一系列的分解，直到得到一致性区域为止。一般对于一幅大小为 $2^n \times 2^n$ 的图像，四叉树最多有 $n+1$ 层（包括第 0 层根节点），第 k 层最多有 $2^k \times 2^k$ 个节点，推导可得四叉树最大的节点数为

$$N = \sum_{k=0}^{n} 4^k \approx \frac{4}{3} 4^n \qquad (13.10)$$

由式(13.10)可知,用四叉树表示大小为 $2^n \times 2^n$ 的图像需要的最大存储空间为图像大小的三分之四。

13.3.3　骨架表示

骨架是区域形状结构的一种简化表示方法。利用骨架表示原始图像时,可以在保持图像重要拓扑性质的前提下,减少图像中的冗余信息,突出图像的形态特征。骨架是一种细化结构,可以通过中轴变换来获得。

中轴的概念可以用下面的例子形象地描述。假设在 $t=0$ 时刻,将目标边界上各点同时点燃,火焰以匀速向目标内部蔓延,当火焰前沿相交熄灭时,由熄灭点组成的集合就构成了该区域的中轴(也即骨架),火焰前沿交会处的这些熄灭点就是骨架点,如图 13.18(a)所示。此外,还可以用最大圆的概念来描述图像的骨架,如图 13.18(b)所示。图中三角形区域的骨架由区域内所有最大内切圆的圆心组成。

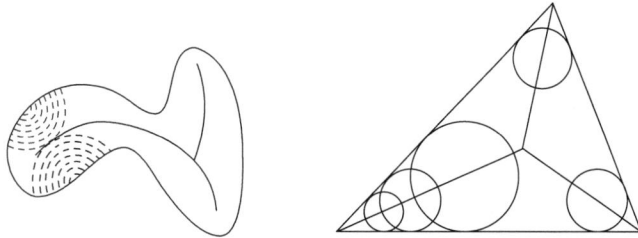

(a) 火焰前沿交会处形成的区域骨架　　(b) 最大内切圆圆心组成的骨架

图 13.18　描述骨架的两种方法

由上述的骨架描述方法可知,骨架上的任意一点至少与两个不同的边界上的点具有相同的最小距离。区域骨架的构建过程可以描述为:首先,利用距离变换给区域中每个点赋以其到区域边界的最小距离值;然后,利用一定的检测算法求出具有局部最大值的点,即为区域的骨架点。图 13.19 给出利用本方法求取区域骨架的例子。需要注意的是,区域的骨架表示有时受噪声的影响较大,图 13.19(d)给出了当矩形的边界处存在噪声时得到的骨架情况。

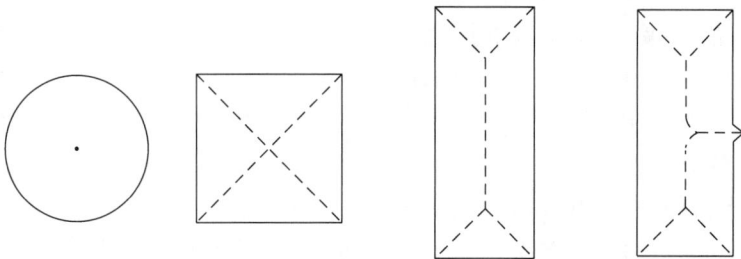

(a) 圆形区域的骨架　　(b) 方形区域的骨架　　(c) 矩形区域的骨架　　(d) 有边界噪声的骨架

图 13.19　区域骨架示例

上述的方法需要计算区域内所有点到所有边界点的距离，计算量很大。为了减少计算量，可以采用逐次消去边界点的迭代细化算法（请读者参阅有关文献），该算法在消去边界点的过程中需要注意以下几点。

（1）不能消去线段端点。

（2）不能中断原来连通的点。

（3）不能过多地侵蚀区域。

下面介绍一种具体的用于细化二值区域的算法。

设区域内的点为 1，背景点为 0，边界点为 1，由于每个区域边界点的邻域有不属于区域的点，因此，与其相邻的 8 个点中至少有一个点的值为 0。再设 P_1 为一个边界点，以 P_1 为中心的邻域中的 8 个点分别为 P_2，P_3，$\cdots$，P_9，它们以顺时针排列在 P_1 的周围，其中 P_2 在 P_1 的正上方，它们的排列如图 13.20(a) 所示。另设 $N(P_1)$ 是 P_1 的非零相邻点的数目，即 $N(P_1)=P_2+P_3+\cdots+P_9$；$T(P_1)$ 是以 P_2，P_3，$\cdots$，P_9，P_2 为次序轮转时从 0 到 1 的变化次数，例如图 13.20(b) 中，$N(P_1)=4$，$T(P_1)=3$。

P_9	P_2	P_3
P_8	P_1	P_4
P_7	P_6	P_5

1	1	0
0	P_1	0
1	0	1

(a) 以 P_1 为中心的相邻点的关系　　(b) P_1 的非零相邻点数目和轮转变化

图 13.20　区域边界点 P_1 与其相邻点之间的关系

细化二值区域的算法如下。

（1）检验所有边界点，标记同时满足以下条件的边界点。

条件 1：$2 \leqslant N(P_1) \leqslant 6$。

条件 2：$T(P_1)=1$。

条件 3：$P_2 \cdot P_4 \cdot P_6 = 0$。

条件 4：$P_4 \cdot P_6 \cdot P_8 = 0$。

（2）检验完所有边界点后，消去标记点（将标记点的值改为 0）。

（3）检验所有边界点，标记同时满足以下条件的边界点。

条件 1：与第 (1) 步中的条件 1 相同，即 $2 \leqslant N(P_1) \leqslant 6$。

条件 2：与第 (1) 步中的条件 2 相同，即 $T(P_1)=1$。

条件 5：$P_2 \cdot P_4 \cdot P_8 = 0$。

条件 6：$P_2 \cdot P_6 \cdot P_8 = 0$。

（4）当检验完所有边界点后，消去标记点。

（5）重复第 (1)～(4) 步的迭代过程，直至不再有要消去的标记点为止。

算法结束后剩余的点构成的集合即为区域的骨架。

在上述的几个条件中，条件 1 使中心点 P_1 在对应的 8 个相邻点中只有一个标记为 1 和有 7 个标记为 1 的情况时不被消去，前者表明 P_1 是线段的端点，后者表明 P_1 过于深入区域内部,消去将导致过多地侵蚀区域。条件 2 避免了对单像素宽度的线段进行消去操作,防止细化操作导致骨架线段的断开。满足条件 3 和条件 4 时,可以得到 $P_4=0$ 或 $P_6=0$,或 $P_2=0$ 和 $P_8=0$;对应的边界右端点或下端点或边界的左上角点将被消去。同理,满足条件 5 和条件 6 时,可以得到 $P_2=0$ 或 $P_8=0$,或 $P_4=0$ 和 $P_6=0$;对应的边界左端点或上端点或边界的右下角点将被消去。此外,当 P_1 为右上角点($P_2=0$ 和 $P_4=0$)或为左下角点($P_6=0$ 和 $P_8=0$)时,既满足条件 3 和条件 4,又满足条件 5 和条件 6。

由于骨架上的点到其区域边界都具有最小的距离,因此,也反过来提供了一种重建区域边界的方法:以骨架元素为中心,以该元素到边界的距离为半径,所有这样的圆所形成的包络曲线就构成了区域的边界。

13.4　区　域　描　述

本节介绍几种基本的区域描述子。

13.4.1　简单的区域描述子

1. 区域面积

区域面积描述区域的大小特征,是区域的基本特性之一。区域面积定义为区域中像素的数目。对于区域 R,区域面积 S_R 用公式表示为

$$S_R = \sum_{(x,y) \in R} 1 \tag{13.11}$$

其中,等式右侧部分表示当像素在区域 R 中时,对其进行计数加 1。

在实际应用中,利用区域面积可以从遥感图像中提取出某地区的森林覆盖率、人口密度等有用信息。例如,对于某地区森林覆盖率的计算过程为:首先,选取适当的阈值对遥感图像进行二值化处理,从图像中提取出森林所在的区域;然后,利用式(13.11)计算该区域的面积;最后,用森林区域的面积除以总面积,就可以得到该区域的森林覆盖率。

2. 区域周长

区域周长定义为该区域边界的长度。对于边界长度的计算方法见 13.2.1 节中的相关内容。区域的面积和周长主要在所关注的区域大小不发生改变的情况下使用。

3. 区域的致密性

在定义区域周长和区域面积的基础上可以进一步定义区域的致密性。设区域 R 的周长用 L_R 表示,则区域的致密性定义为 L_R^2/S_R。由定义可以看出区域的致密性是一个无量纲的量,当周长固定时,圆形区域的致密性最小。区域的致密性对区域均匀的尺度变化不敏感,对区域的旋转变换也不敏感。

4. 区域重心

区域重心由所有属于区域中的点计算得到,是区域的一种全局描述子,计算公式如下:

$$\bar{x} = \frac{1}{S_R} \sum_{(x,y) \in R} x \tag{13.12}$$

$$\bar{y} = \frac{1}{S_R} \sum_{(x,y) \in R} y \tag{13.13}$$

由式(13.12)和式(13.13)可知,虽然区域中各点的坐标为整数,但计算得到的重心位置通常不为整数。实际应用中,当区域相对于区域间的距离很小时,可以用区域的重心作为质点来近似表示区域。

5. 区域圆形性

区域的圆形性是用区域的所有边界点定义的一个特征量,计算公式为

$$C = \frac{\mu}{\sigma} \tag{13.14}$$

其中,μ 和 σ 分别为区域重心到各边界点距离的平均值和方差。设区域的边界点数为 N,则 μ 和 σ 的计算公式为

$$\mu = \frac{1}{N} \sum_{k=0}^{N-1} \sqrt{(x_k - \bar{x})^2 + (y_k - \bar{y})^2} \tag{13.15}$$

$$\sigma^2 = \frac{1}{N} \sum_{k=0}^{N-1} \left[\sqrt{(x_k - \bar{x})^2 + (y_k - \bar{y})^2} - \mu \right]^2 \tag{13.16}$$

当区域趋向圆形时,特征量 C 是单调递增、趋向无穷的。区域的圆形性不受区域平移、旋转和尺度变化的影响。

除了上述的区域面积、区域周长、区域的致密性、区域重心、区域圆形性外,其他简单的区域描述子还包括灰度的均值、灰度的中值、最小灰度值、最大灰度值、大于均值的像素数、小于均值的像素数等。

13.4.2　拓扑描述子

拓扑学研究图形在没有分裂或折叠(又称为橡皮伸展变形)的情况下那些不受任何图形变形影响的拓扑性质。拓扑特性不依赖于距离概念,对于描述图像平面区域的整体特性很有用处。孔洞和连通分量是图形的两个重要的拓扑特性。图 13.21 给出了图形中孔洞和连通分量的例子,其中的图 13.21(a)为一个有两个孔洞的区域,可以看出一般孔数不受伸展和旋转变换的影响;但当区域发生分裂或折叠时,孔洞的数目一般会发生变化,图 13.21(b)所示为一个有 3 个连通分量的区域。

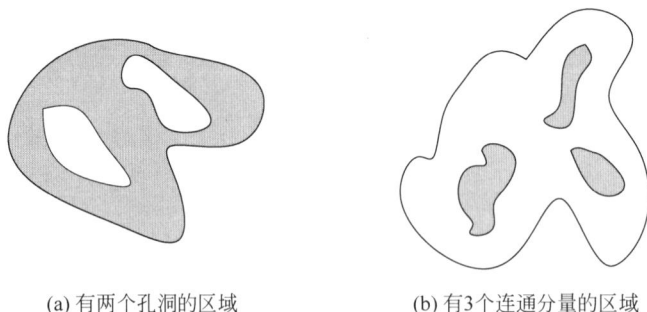

(a) 有两个孔洞的区域　　　　　　(b) 有3个连通分量的区域

图 13.21　图形中的孔洞与连通分量

在已知孔洞数目 H 和连通分量数目 C 的基础上,可以进一步定义图形的另一个重要的拓扑特性——欧拉数 E 为

$$E = C - H \tag{13.17}$$

依据欧拉数的定义,图 13.22(a)中字母 B 由于有两个孔洞和一个连通分量,因此字母 B 的欧拉数为 -1;图 13.22(b)中字母 D 有一个孔洞和一个连通分量,所以它的欧拉数为 0。

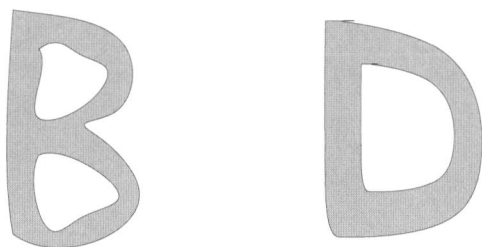

(a) 两个孔洞和一个连通分量　　　　　(b) 一个孔洞和一个连通分量

图 13.22　计算图形的欧拉数

用直线段表示的区域称为拓扑网络。一个拓扑网络由顶点、面、孔、边等几部分构成,如图 13.23 所示。

用 V 表示顶点数,Q 表示边数,F 表示面数,则有如下欧拉公式:

$$V - Q + F = C - H \tag{13.18}$$

将式(13.17)代入式(13.18)可得

$$E = C - H = V - Q + F \tag{13.19}$$

在图 13.23 所示的拓扑网络中,有个 7 顶点、2 个面、12 条边、1 个连通区域和 4 个孔,用式(13.19)计算所得的欧拉数为 -3。可以看出,用欧拉数解释拓扑网络较为简单。

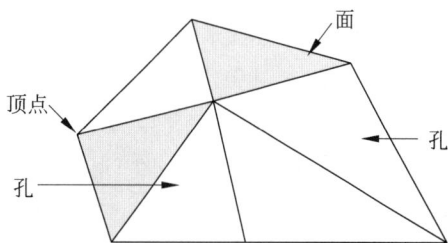

图 13.23　拓扑网络区域

13.4.3　不变矩

不变矩是常用的区域特征描述方法,它具有平移、旋转和尺度等变换的不变性。不变矩的理论基础是:若 $f(x,y)$ 为分段连续函数,且它只在平面的有限区域内有非零值,则 $f(x,y)$ 的各阶矩都存在,并且 $f(x,y)$ 唯一地确定一个矩序列 $\{m_{pq}\}$;反之,矩序列 $\{m_{pq}\}$ 也唯一地确定 $f(x,y)$。

数字图像 $f(x,y)$ 的 $(p+q)$ 阶矩定义为

$$m_{pq} = \sum_x \sum_y x^p y^q f(x,y) \tag{13.20}$$

$(p+q)$ 阶中心矩定义为

$$\mu_{pq} = \sum_x \sum_y (x - \bar{x})^p (y - \bar{y})^q f(x,y) \tag{13.21}$$

其中,$\bar{x} = \dfrac{m_{10}}{m_{00}}$,$\bar{y} = \dfrac{m_{01}}{m_{00}}$。

图像的归一化 $(p+q)$ 阶中心矩定义为

$$\eta_{pq} = \frac{\mu_{pq}}{\mu_{00}^\gamma} \tag{13.22}$$

其中, $p,q=0,1,2,\cdots$; $\gamma=\dfrac{p+q}{2}+1$, $p+q=2,3,\cdots$。

由归一化中心矩的二阶矩和三阶矩,可以进一步得到以下 7 个不变矩:

$$\phi_1 = \eta_{20} + \eta_{02} \tag{13.23}$$

$$\phi_2 = (\eta_{20} - \eta_{02})^2 + 4\eta_{11}^2 \tag{13.24}$$

$$\phi_3 = (\eta_{30} - 3\eta_{12})^2 + (3\eta_{21} - \eta_{03})^2 \tag{13.25}$$

$$\phi_4 = (\eta_{30} + \eta_{12})^2 + (\eta_{21} + \eta_{03})^2 \tag{13.26}$$

$$\phi_5 = (\eta_{30} - 3\eta_{12})(\eta_{30} + \eta_{12})[(\eta_{30} + \eta_{12})^2 - 3(\eta_{21} + \eta_{03})^2] +$$
$$(3\eta_{21} - \eta_{03})(\eta_{21} + \eta_{03})[3(\eta_{30} + \eta_{12})^2 - (\eta_{21} + \eta_{03})^2] \tag{13.27}$$

$$\phi_6 = (\eta_{20} - \eta_{02})[(\eta_{30} + \eta_{12})^2 - (\eta_{21} + \eta_{03})^2] +$$
$$4\eta_{11}(\eta_{30} + \eta_{12})(\eta_{21} + \eta_{03}) \tag{13.28}$$

$$\phi_7 = (3\eta_{21} - \eta_{03})(\eta_{30} + \eta_{12})[(\eta_{30} + \eta_{12})^2 - 3(\eta_{21} + \eta_{03})^2] +$$
$$(3\eta_{21} - \eta_{30})(\eta_{21} + \eta_{03})[3(\eta_{30} + \eta_{12})^2 - (\eta_{21} + \eta_{03})^2] \tag{13.29}$$

为了验证上述 7 个不变矩的不变性,图 13.24 给出了一个具体的例子。其中的图 13.24(a)为原图像,图 13.24(b)为将原图像缩小一半后的图像,图 13.24(c)为将原图像逆时针旋转 5°得到的图像,图 13.24(d)为将原图像逆时针旋转 45°得到的图像,图 13.24(e)是原图像的镜像图像。表 13.2 分别列出了这 5 幅图像的 7 个不变矩的值,通过横向比较各图像的不变矩值可以看出,它们具有较好的一致性,同时各图像的同一个不变矩的值存在一定的差异,这主要是由图像的数字化及计算误差产生的。

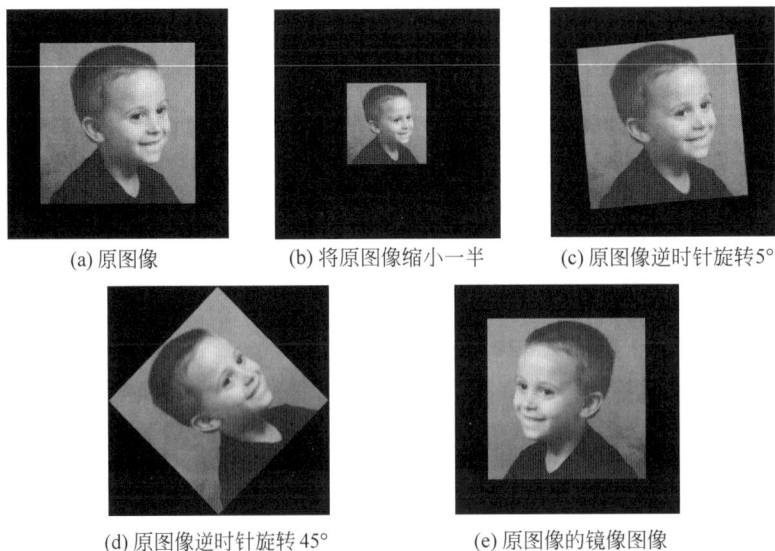

(a) 原图像　　　　　　　　(b) 将原图像缩小一半　　　　　　(c) 原图像逆时针旋转 5°

(d) 原图像逆时针旋转 45°　　　　　　(e) 原图像的镜像图像

图 13.24　纹理不变矩描述

表 13.2　图 13.24 中 5 幅图像的 7 个不变矩计算结果

不变矩	图 13.24(a)	图 13.24(b)	图 13.24(c)	图 13.24(d)	图 13.24(e)
ϕ_1	1.744335E-003	1.745658E-003	1.744422E-003	1.744443E-003	1.744335E-003
ϕ_2	6.561989E-008	6.512011E-008	6.562176E-008	6.568162E-008	6.561989E-008
ϕ_3	8.102278E-011	7.658364E-011	8.104335E-011	8.105083E-011	8.102278E-011
ϕ_4	9.353132E-011	9.185347E-011	9.351614E-011	9.360523E-011	9.353132E-011
ϕ_5	3.498208E-021	3.453774E-021	3.495804E-021	3.507075E-021	3.498208E-021
ϕ_6	1.819064E-014	1.803069E-014	1.818534E-014	1.823264E-014	1.819064E-014
ϕ_7	7.352359E-021	6.886343E-021	7.352451E-021	7.360390E-021	$-$7.352359E-021

13.5　关 系 描 述

目标表示与描述中除了对边界的表示和描述以及对区域的表示和描述外,还有一类非常重要的关系描述,它是对边界和边界、区域和区域、边界和区域之间关系的描述。本节介绍两种关系描述子:串描述子和树描述子。

13.5.1　串描述子

串是一种一维结构,当用串描述子描述图像时需要建立一种适当的映射关系,将二维图像的位置关系转变为一维形式。下面先利用重写规则对边界和区域中的重复模式进行描述。

图 13.25(a)所示为从某图像中获取的一个简单阶梯状结构,为了用形式化的方法对它进行描述,可以定义图 13.25(b)所示的两个图元 a 和 b。在此基础上可以进一步利用所定义的图像元素 a 和 b 对图 13.25(a)进行编码,如图 13.25(c)所示。

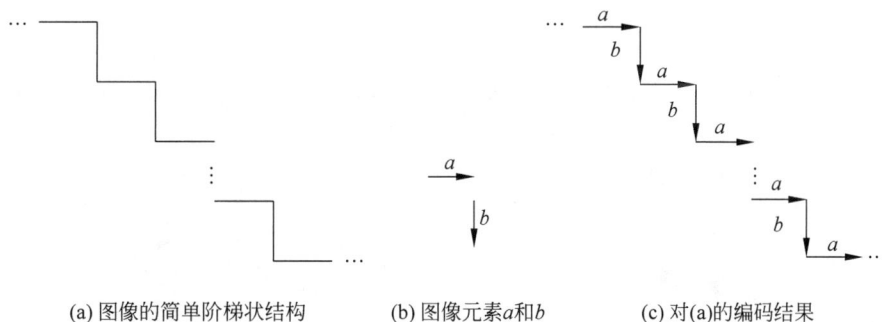

(a) 图像的简单阶梯状结构　　　(b) 图像元素 a 和 b　　　(c) 对(a)的编码结果

图 13.25　简单阶梯状结构

从图 13.25 中可以看出元素 a 和元素 b 的重复出现是这一编码的特点。对于图元的这种递归关系,可以利用重写规则进行描述。设 S 和 A 为两个变量,其中 S 表示起始符号,a 和 b 为上述定义中的两个基本图元,则有如下的重写规则:

(1) $S \rightarrow aA$。

(2) $A \rightarrow bS$。

（3） $A \rightarrow b$。

在以上规则中，规则（1）表示起始符 S 可以被图元 a 和变量 A 代替，规则（2）表示变量 A 可以由图元 b 和起始符 S 代替，规则（3）表示变量 A 可以由图元 b 代替。由这 3 条规则可以看到，用 bS 代替 A 可以回到规则（1），使得这一过程可以重复，用 b 代替 A 可以结束整个过程。图 13.26 给出了运用上述重写规则的几个例子，在各例子的下方给出了所用规则的编号。

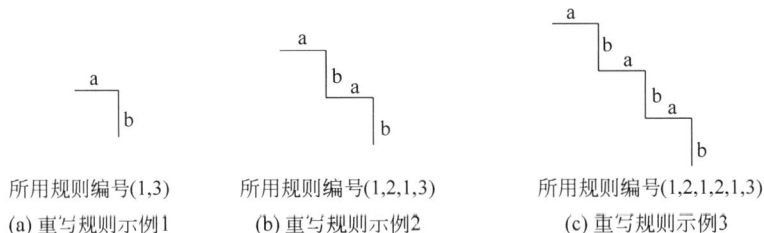

所用规则编号(1,3)　　　　　所用规则编号(1,2,1,3)　　　　　所用规则编号(1,2,1,2,1,3)

(a) 重写规则示例1　　　　　(b) 重写规则示例2　　　　　(c) 重写规则示例3

图 13.26　重写规则运用示例

在实际应用中，大多数利用串描述子对图像进行的描述都是基于从有用对象中抽取连接线段的思想。在具体的表示上，一种方法是用指定了方向和长度的线段（有向线段）沿着图像的轮廓线进行编码（边界表示中的链码表示就是基于这一思想，它是由方向数构成的串），图 13.27 给出了这种方法的一个例子。

图 13.27　用有向线段对区域边界进行编码

另一种方法是用有向线段来描述图像的区域，这种有向线段除首尾连接关系外，还可以利用运算的方法进行。图 13.28(a)给出了从一个区域抽取有向线段的例子，图 13.28(b)为两个有向线段的一些典型操作。

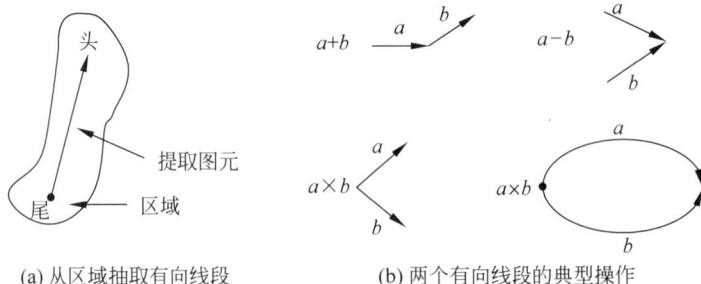

(a) 从区域抽取有向线段　　　　　(b) 两个有向线段的典型操作

图 13.28　区域中有向线段的提取以及有向线段的运算

图 13.29 进一步给出由 4 个有向线段组合成一个复杂图形的例子,在每个步骤的下方给出了该步的串描述子。需要注意的是,图 13.29 中的 $-a$ 表示与 a 相同但方向相反的图元,每个复合结构只有一个头和一个尾。

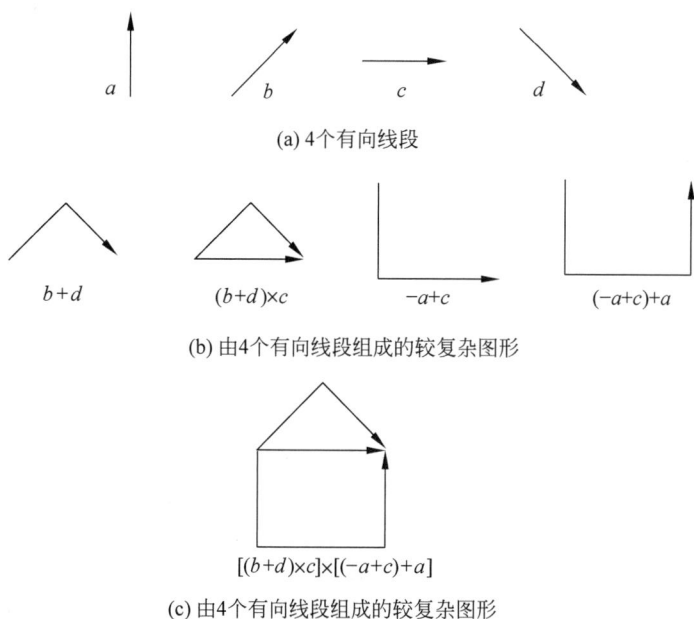

(a) 4个有向线段

$b+d$　　$(b+d)\times c$　　$-a+c$　　$(-a+c)+a$

(b) 由4个有向线段组成的较复杂图形

$[(b+d)\times c]\times[(-a+c)+a]$

(c) 由4个有向线段组成的较复杂图形

图 13.29　4 个有向线段及其组合成的复杂图形

从上述的几个例子可以看出,串描述子适合于描述图像中首尾连接的图元或由其他连接方式表达的图元的连通性情况。

13.5.2　树描述子

树是一种能够对不连接的区域进行较好描述的方法。树是包含一个或多个节点的有限集合,树结构具有以下的特点:树仅有唯一的一个根节点 S,其余节点被分成互不连接的集合 T_1,T_2,$\cdots$,T_m,各个集合均为一棵称为子树的树;树的末梢节点称为树的叶子,位于树的底端。图 13.30 给出了一棵树的结构,其中 S 为根节点,a 和 b 为树的叶子节点。

在树结构中有两类信息是重要的,一类是节点信息,另一类是节点与其相邻节点的关系信息。在描述中,第一类信息表示一幅图的结构,如区域或边界线段;第二类信息表示一个结构和其他结构间的物理关系。图 13.31 给出了用树表示图中区域间的包含关系的一个例子,其中的图 13.31(a)为要表示的图,在图中区域 S 包含区域 a 和区域 b,区域 a 包含区域 c 和区域 d,区域 c 包含区域 e 和区域 f,区域 b 包含区域 g。图 13.31(b)所示为利用树对图 13.31(a)进行描述的结果。

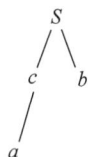

图 13.30　树的结构举例

两类信息有各自不同的存储方式,第一类信息用描述节点的一组字来存储,第二类信息用指向相邻节点的指针集合进行存储。

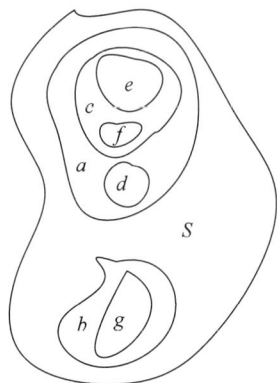

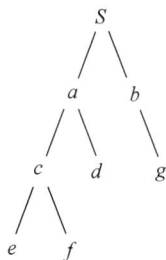

(a) 原图及其区域标注   (b) 利用树对图(a)描述的结果

图 13.31 用树表示图中区域之间的包含关系

习 题 13

13.1 解释下列术语。

(1) 链码   (2) 多边形

(3) 标记   (4) 边界线段

(5) 形状数   (6) 统计矩

(7) 拓扑描述

13.2 简述目标表示与描述的目的和意义。

13.3 写出图 13.32 所示边界的 4 方向链码和 8 方向链码。

13.4 用形状数描述图 13.33 所示的边界。

13.5 写出图 13.34 所示区域的四叉树表示。

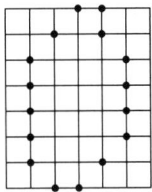

图 13.32 习题 13.3 图   图 13.33 习题 13.4 图   图 13.34 习题 13.5 图

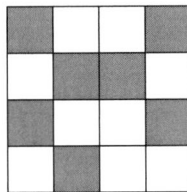

第14章

视频图像处理基础

随着图像处理技术和模式识别技术的飞速发展及视频采集装置性能的快速提升，智能视频系统与自动目标识别系统在军事目标的识别跟踪、航空航天设备的状态动态监控、交通信息的动态采集、工业生产的安防监控、各种专业与公众场所的安全监控等领域得到了十分广泛的应用，基于视频的运动目标检测与识别已经成为图像处理技术领域的一个热点课题。另外，随着超大规模集成电路技术和宽带数字网技术的发展，可视电话、IP视频会议系统、有线电视、无线视频通信、光盘存储、视频点播和远程教学等数字视频业务也得到了十分广泛的应用，面向视频通信的视频信息压缩编码技术也已成为图像处理技术领域的另一个热点课题。

本章内容旨在帮助读者较系统地了解视频图像处理技术的相关概念及其与图像处理技术的联系，为读者进一步从事视频图像处理的相关研究奠定基础。

本章首先介绍视频图像处理的相关概念，接着介绍最基本的基于视频图像的运动目标检测与识别方法，最后介绍基本的视频编码技术。

14.1 视频图像处理的概念

1. 图像、视频与视频图像

有别于第1章给出的图像概念，更直观但不严格地来说，静态的画面就称为图像，即图像是指单帧、静态的图片。

视频是以一系列在时间上相邻的图像信号的依次播放，给人眼呈现出连续动态图像的一种信息媒介。更具体地说，当一系列在时间上相邻的图像依次连续播放每秒超过24帧（frame）画面时，根据视觉的短暂记忆特性，人眼就无法辨别每幅单独的静止画面，看上去是连续平滑的视觉效果，这种连续的画面就称为视频（video），即视频是指连续的、相互关联的、动态变化的图像序列。相比之下，当连续的图像变化低于每秒15帧画面时，人眼就有不连续的感觉，这种不连续的、变化的画面称为动画。

由于视频是由连续的图像序列组成的，也就是说其基本成分是一幅一幅的图像，再加上对视频图像的各种处理都是建立在对每幅图像的处理基础上的，所以当对其相关特性进行分析和处理时，一般地把视频称为视频流或视频序列，有时也称为视频图像。

2. 图像与视频的采集

单帧的图像采集过程称为摄影。摄影是指使用某种专门设备进行静态影像记录的过程，一般来说是利用机械照相机或者数码照相机进行。传统上摄影也称为照相，是一种静态的影像记录过程。

视频图像序列的采集过程称为摄像。摄像是指利用摄像机（视频拍摄设备）进行连续、动态的影像记录过程。

3. 视频帧率

帧是组成视频的基本单位，一个视频是由很多连续的图片（帧）组成的。因此，视频帧速率(frame rate)（简称为视频帧率）是指一秒钟内录制的图片数量，或者说是指每秒可显示的静止帧数量。视频帧率的量度单位是每秒帧数(frames per second, fps)或"赫兹"(Hz)。

对于电子游戏来说，帧率是指每秒刷新图片的帧数，也可以理解为图形处理器每秒钟能够刷新的次数；对视频和影片而言，帧率指每秒所显示的静止帧数量。要生成相对连贯的动画效果，帧率一般不小于 8fps；电影的帧率为 24fps。对于静止的场景，用较低的帧率就可获得较好的视频质量；而对于剧烈运动的场景，就需要较高或很高的帧率才能获得流畅、连续、有实时感的视频质量或动画效果。一般来说，对于剧烈运动的场景，帧率为 30fps 的效果就可以接受了；如果将其帧率提高至 60fps，则可明显提升其交互感和逼真感；但当帧率超过 75fps 时，一般就不容易察觉到明显的流畅度提升了。

4. 视频图像的形式化定义

视频图像是用视频拍摄设备采集的一组随时间变化的图像序列，其具有给定的或假设的相对顺序，并能提供获取的相邻几幅图像的时间间隔关系。视频一般可描述为

$$\{f_k(x,y)\}_{k=1}^N \tag{14.1a}$$

或

$$\{f(x,y,t_0),f(x,y,t_1),\cdots,f(x,y,t_{N-1})\} \tag{14.1b}$$

式中，N 为视频序列的总帧数，k 为帧列序号，$t_i(i=0,1,\cdots,N-1)$ 为获取第 i 帧图像的时刻；相邻两帧图像的获取时间间隔为 $\Delta t = t_{i+1} - t_i$。

5. 视频图像处理

一般的视频应用至少包括视频图像的获取、传输、整理、显示和回放等过程，在这些过程中都可能由于某种原因而使视频图像的质量受到损害；另外，通常也会涉及对原始视频中的某些部分或某些特性进行特别的处理，以满足某种应用需求的情况。因此，对视频图像进行一定的处理是必要的。

概括来说，视频图像处理是指对视频图像信息进行变换、加工和分析，提高图像质量或提取图像中某些特殊信息，以满足人类视觉和应用需要的过程。更具体地说，视频图像处理是指将一系列的静态影像以电信号方式进行捕捉、纪录、存储、处理、传输和重现的各种技术的总称。进一步讲，一般意义上的视频图像处理更倾向于理解为：通过把视频图像序列分解为相邻的一幅幅静态图像，进而或利用传统的图像处理方法对单帧图像进行处理，或利用其相邻帧间存在的相关性进行运动特征检测和分析，或同时利用同一帧内相邻像素间的空间相关性和相邻帧间的时间相关性进行视频图像压缩处理。基于后者的理解和思路，视频图像处理技术的主要研究内容包括基于视频的运动检测和视频信息压缩编码两大类。

14.2　基于视频图像的运动目标检测与识别

运动目标检测是指在图像序列中将变化的区域从背景环境中分离出来。运动目标检测与识别是视频图像处理最重要的应用之一。常用的目标检测方法有帧差法、背景减法、光流场分析法等，下面分别予以介绍。

14.2.1 帧差法

帧差法也称为帧间差分法,是一种通过对视频序列中两帧(或多帧)图像进行差分运算来提取运动目标轮廓的方法,是一种常用且最简单的运动目标检测方法。

1. 算法原理

设 $f_i(x,y)$ 为视频序列中的第 i 帧图像,$f_{i-\tau}(x,y)$ 为视频序列中的第 $i-\tau$ 帧图像,τ 为差分帧的间隔,T 为经反复多次实验或根据经验确定的二值化图像的分割阈值,则帧差法原理可描述如下。

(1) 求两帧图像中每一对对应像素差的绝对值(简称为像素灰度值差)$D_i(x,y)$。

$$D_i(x,y) = | f_i(x,y) - f_{i-\tau}(x,y) | \qquad (14.2)$$

由式(14.2)即可得到帧差图像 $D_i(x,y)$。

(2) 对帧差图像 $D_i(x,y)$ 进行二值化处理。

$$R_i(x,y) = \begin{cases} 1 & D_i(x,y) > T \\ 0 & \text{其他} \end{cases} \qquad (14.3)$$

式(14.3)的含义是:若两帧图像中的某像素灰度值差大于设定的阈值,则将该像素判定为前景(运动目标)的部分;若其像素灰度值差小于设定的阈值,则将该像素判定为背景的部分。判定为运动目标部分的像素的全体,就组成了当前观测图像帧上较为完整的目标形状及其大小和位置信息。

2. 利用帧差法进行目标检测的方法

利用帧差法进行目标检测和识别的流程如图 14.1 所示,具体来说包括以下几个步骤。

(1) 根据实际场景情况或根据经验确定二值化图像的阈值 T。

(2) 根据式(14.2)计算第 i 帧图像与第 $i-\tau$ 帧图像各像素的差的绝对值,得到差分后的图像 $D_i(x,y)$。

(3) 根据式(14.3)对差分后的图像 $D_i(x,y)$进行二值化,即对于 $D_i(x,y)$ 中的每个像素,若 $D_i(x,y)$ 大于设定的阈值 T,则判定该像素为前景点,否则判定该像素为背景点。

(4) 噪声滤除。因为二值化后的图像一般带有噪声,所以需要采用某种去噪算法来衰减噪声。

(5) 连通性处理。因为帧差法对于面积较大或颜色分布较为均匀的运动目标,在两帧图像相邻较近的情况下重叠部分容易形成空洞,所以一般要进行连通性处理。

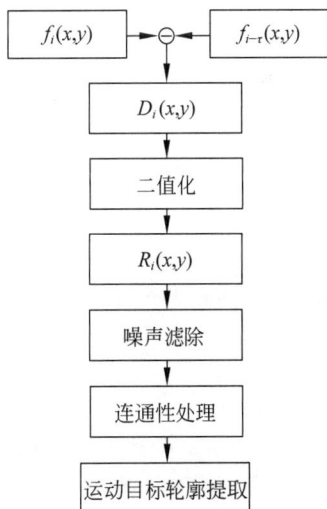

图 14.1 利用帧差法进行目标
检测和识别的流程图

(6) 运动目标轮廓提取(目标识别)。经过以上的帧差、去噪和连通性处理,就可得到图像序列中运动目标的边界(而非整个运动物体,因为许多情况下即使经过第(5)步的处理,空洞仍很难全部补上），从而可确定图像序列中的目标物体。

上述的方法实质上是"单步"性质的运动目标检测和识别方法。基于该方法，进而逐帧地通过对图像序列中两帧的差分，就可实现对图像序列中目标运动特性的分析。

3. 相邻帧帧间差分法的优势和不足

帧差法的优势在于直接利用相距较近的两帧图像或利用相邻帧作为背景来做差分，不需要背景积累和更新，算法设计简单，程序复杂度低，且适合于检测、识别多目标。但该算法对环境噪声较为敏感，其检测效果过于依赖二值化阈值的选择，若阈值过大则容易将图像中有意义的运动区域排除掉，若阈值过小则容易引入过多的噪声；并且对于面积较大、颜色分布较均匀的运动目标，在相邻帧的重叠部分容易形成空洞，无法准确提取运动区域。

改进的帧间差分法可利用三帧来进行差分，如 VSAM 提出的自适应背景差分法和三帧差分相结合的方法，能够快速、有效地检测出运动目标。鉴于篇幅所限，本书不再赘述，有兴趣的读者请参阅有关文献。

14.2.2　背景减法

背景减法也是常用的运动目标检测方法之一。简单来说，该方法是先按某种规则选取一帧图像作为背景图像，通过用实时采集的观测图像帧与背景图像进行比较来分割运动目标，所以背景图像（背景模型）的提取是关键环节之一。另外，由于受场景环境变化、光照、天气和外来因素的干扰，需要定期、实时或按某种规则对背景模型进行更新，以便在背景图像有变化的情况下仍能准确地检测出运动目标，所以背景模型的更新策略也是背景减法的关键环节之一。

1. 算法原理

设 $f_i(x,y)$ 为视频序列中的当前帧图像，$Bf(x,y)$ 为建立的视频序列的背景模型（图像），T 为经反复多次实验或根据经验确定的二值化图像的分割阈值，则背景减法的原理可描述如下。

（1）建立视频序列的背景模型图像 $Bf(x,y)$。

（2）求当前帧图像与背景模型图像对应像素的像素灰度值差 $Df_i(x,y)$：

$$Df_i(x,y) = |f_i(x,y) - Bf(x,y)| \tag{14.4}$$

由式（14.4）即可得到当前帧差图像 $Df_i(x,y)$。

（3）对当前帧差图像 $Df_i(x,y)$ 进行二值化处理。

$$Rf_i(x,y) = \begin{cases} 1 & Df_i(x,y) > T \\ 0 & 其他 \end{cases} \tag{14.5}$$

式（14.5）的含义是：若两帧图像中对应位置的像素灰度值差大于设定的阈值，将该像素判定为前景（运动目标）的部分；若其像素灰度值差小于设定的阈值，将该像素判定为背景的部分。由式（14.5）判定为前景运动目标的所有像素，就组成了当前帧（观测）图像中较为完整的目标形状和位置信息。

（4）按照某种规则对背景模型进行更新。

上述算法的第（2）步实质上是将实时采集的视频序列中的当前图像帧与背景模型进行比较的一种最简单的比较方法，即判断灰度特征变化的帧差法，进一步的比较方法还有用直方图等统计信息的变化来判断异常情况的发生和分割运动目标等。

另外，与帧差法一样，通过逐帧地对图像序列中每一图像帧进行上述算法第（2）步的计算和第（3）步的判定，就可实现对图像序列中目标运动特性的分析。

2. 背景建模方法

背景减法最适用的情况是摄像机静止且观察场景为静态场景的情况。背景建模最简单的情况是选取一个固定的静止参考帧（不存在任何运动物体）作为参考图像。但许多应用场景无法满足这种要求，所以需要根据具体的应用场景确定合理的背景建模方法，主要有单帧抽取法、多帧统计平均法、中值法、基于模型的方法等。

1）单帧抽取法

单帧抽取法是指直接抽取视频序列中某一帧图像作为背景模型图像 $Bf(x,y)$ 的方法。这种方法通常用于能够确定在某段时间内用该帧作为背景参考图像时，能够检测出临时出现的运动目标，多用于背景连续一段时间不会变化的场景。

2）多帧统计平均法

多帧统计平均法是指从视频流中取连续的多帧图像，并通过对多帧图像中各像素的灰度值求平均值，来获得一幅新图像作为背景模型图像 $Bf(x,y)$ 的方法。

多帧统计平均法假设：尽管背景部分的某些点有时会被前景目标遮挡，但在大部分时间里，可认为背景部分的图像都是不变或是缓变的。

3）中值法

中值法是指从视频流中取连续的多帧图像，并通过对多帧图像中同位置像素的灰度值进行排序，然后分别取其中值作为背景图像中相应位置的像素灰度值，即背景图像的各像素灰度值由序列图像对应像素的灰度值的中值来确定。

该方法主要用于运动目标较少、连续多帧图像中背景的像素值占主要部分的情况。

4）基于模型的方法

基于模型的方法分为单模态高斯背景模型法和多模态（混合）高斯背景模型法，是一种统计背景建模方法。以单模态高斯背景模型法为例，它是对背景进行一段时间的观测，获取一定数量（如 N 帧）的样本；接着对图像序列中的相应位置上的每一像素值沿时间轴进行统计估计和分析，为每像素建立相应的参数（包括均值和方差）模型；然后通过对后续的图像帧进行高斯模型的拟合，并通过调整其参数实现模型的自适应更新。

3. 背景模型更新

当被观测区域的场景环境发生变化，如光照、天气和风的强度等，已建立的背景模型可能不再适应变化后的环境，此时如果不更新背景模型，就有可能出现检测错误。

另外，若背景目标发生变化，如运动目标长时间保持静止而成为背景的一部分，此时如果不更新背景模型，就有可能将背景点检测为运动点。因此，需要按某种规则对背景模型进行更新。

典型的背景模型更新策略（规则）如下。

（1）根据确定的时间间隔，周期性地更新背景模型。该规则的不足是当环境变化无规律时，固定的周期对于环境变化的自适应度较低。

（2）根据背景环境（如光线）的变化，更新背景模型。该规则需要有合理的判断背景环境变化的方法。

（3）当被观测区域中有目标由静止变为运动，或有运动的目标变为静止时，更新背景模型。该规则也需要有合理地判断背景环境中目标状态发生变化的方法。

背景模型更新实质上是按照一定的策略重新建立背景模型。与背景建模类似，可以利用多帧统计平均法、中值法、单高斯背景模型法、自适应混合高斯背景模型法等来更新背景。

14.2.3　光流场分析法

光流场分析法是指利用图像灰度在时间上的变化和表观运动与物体真实运动之间的关系，进行运动物体检测的一种方法。它不但能够检测出独立运动的目标，而且不需要预先知道场景的任何信息，所以对摄像机运动的情况也同样适用。

1. 光流与光流场的概念

物体在光源照射下，其表面的灰度呈现一定的空间分布，称为灰度模式。当人的眼睛观察运动物体时，物体的景象在人眼的视网膜上形成一系列连续变化的图像，这一系列连续变化的信息不断"流过"视网膜（即图像平面），就好像是一种光的"流"，故称为光流。所以，光流是指图像中灰度模式的运动速度。光流用于表达图像中包括目标运动信息在内的图像的变化，可用来确定目标的运动。

定义光流是以点为基础的，具体来说，设(u,v)为图像点(x,y)的光流，则把(x,y,u,v)称为光流点。所有光流点的集合称为光流场。所以，光流场就是在图像中观察到的灰度模式的表面运动，其目的在于从视频序列中近似计算不能直接得到的运动场，由此来实现运动目标及参数的检测和跟踪。

2. 光流场分析法的原理

光流场计算方法分为基于梯度的方法（微分法）、基于区域的方法（匹配法）、基于能量的方法（能量法）和基于相位的方法（相位法）。下面以基于梯度的方法为例，介绍利用光流场进行运动目标检测的原理。

由于光流是对图像表面亮度模式运动的反映，因此大多数的光流计算技术都是基于亮度常数模型的，即通过找到图像上亮度不变模式的对应关系来确定运动位移。

设在时刻t时，图像上点(x,y)处的灰度值为$I(x,y,t)$。经过Δt时间的运动，到时刻$t+\Delta t$时该点在图像上的位置变为$(x+\Delta x,y+\Delta y)$，新位置的灰度值记为$I(x+\Delta x,y+\Delta y,t+\Delta t)$，根据图像灰度一致性假设，有$\mathrm{d}I(x,y,t)/\mathrm{d}t=0$，即假设它与$I(x,y,t)$相等，则有

$$I(x+\Delta x,y+\Delta y,t+\Delta t)=I(x,y,t) \tag{14.6}$$

将式（14.6）泰勒展开化简后，可得

$$I(x,y,t)+\frac{\partial I}{\partial x}\cdot\frac{\Delta x}{\Delta t}+\frac{\partial I}{\partial y}\cdot\frac{\Delta y}{\Delta t}+\frac{\partial I}{\partial t}+O(\mathrm{d}t^2)=I(x,y,t) \tag{14.7}$$

设u和v分别为该点光流在x和y方向上的分量，且记

$$u(x,y,t)=\frac{\Delta x}{\Delta t}=\frac{\mathrm{d}x}{\mathrm{d}t} \tag{14.8a}$$

$$v(x,y,t)=\frac{\Delta y}{\Delta t}=\frac{\mathrm{d}y}{\mathrm{d}t} \tag{14.8b}$$

忽略2次以上的项$O(\mathrm{d}t^2)$，化简之后可得灰度图像的光流约束方程：

$$\frac{\partial I}{\partial x} \cdot u + \frac{\partial I}{\partial y} \cdot v + \frac{\partial I}{\partial t} = 0 \tag{14.9}$$

即

$$I_x u + I_y v + I_t = 0 \tag{14.10}$$

其中,I_x、I_y、I_t 分别为图像点(x,y)的灰度值 $I(x,y,t)$沿 x、y、t 三个方向的偏导数。或写成向量形式为

$$\nabla I \cdot U + I_t = 0 \tag{14.11}$$

其中,$\nabla I = (I_x, I_y)^{\mathrm{T}}$ 为图像灰度的空间梯度,$U = (u,v)^{\mathrm{T}}$ 为光流。

由于光流 $U = (u,v)^{\mathrm{T}}$ 有两个变量,光流约束方程却只有一个(等式),因而不能求出光流的两个分量 u 和 v。也就是说,利用光流约束方程求解光流场是一个不适定问题,必须引入其他约束才有可能唯一地确定光流场。在探索解决这一不适定问题的期间,出现了许多解决不适定问题的算法,有兴趣的读者请参阅有关文献,本书不再赘述。

3. 光流场分析法的优势和不足

光流场分析法不需要预先知道场景的任何信息,而且可以应用于摄像机运动的情况,但是易受环境的影响。式(14.9)的光流约束方程的前提是目标亮度保持不变,但是在实际场景中亮度会随着光照、目标的遮挡等发生变化,这将会严重影响目标检测的效果。另外,光流法需要目标与背景之间有一定的相对运动,如果目标运动过慢则很难将目标检测出来,而且光流法计算比较复杂,实时性较差。

14.3　视频编码技术

视频作为动态的图像信息,所含的数据量巨大,给存储器的存储容量、通信信道的带宽以及计算机的处理速度带来了很大压力。因此,在保证一定重构质量的前提下,使用尽量少的比特数来表示视频信息,即对视频原始数据进行压缩编码,就显得十分重要。

下面主要从视频压缩编码的可能性、视频编码技术及编码标准、混合视频编码框架、第一代视频编码技术等出发,介绍基本的视频编码技术。

14.3.1　视频压缩编码的原理

从信息论观点来看视频是一个信源,描述信源的数据是信息量(信源熵)和信息冗余量之和。数据压缩的实质就是通过减少数据量来减少冗余量,但不减少信源的信息量(信息熵)。

视频信号的冗余度存在于统计和结构两方面。统计冗余是指在视频信号中各符号出现概率不等造成的冗余。结构冗余是指视频信号在相邻像素间、相邻行间、相邻帧间存在很强的空间(帧内)相关性和时间(帧间)相关性,这种相关性表现为空间冗余和时间冗余。时间(域)冗余是指视频序列在不发生场景切换的情况下,相邻帧在时间上都是连续的,在前后两个相邻帧中往往包含着相同的背景和对象,只是由于对象移动或者摄像机拍摄角度的不同使得空间相对位置发生微小的变化。也就是说,视频序列在时域上存在高度的相关性,可以通过帧间预测来降低视频序列的时间(域)相关性,进而达到减少得编码信息量和压缩视频数据的效果。空间(域)冗余是指在同一帧图像中相邻像素间存在着相关性,可以通过帧内

预测来降低视频序列的空间（域）相关性，进而达到减少待编码信息量和压缩视频数据的效果。

此外，人眼对视频图像的细节分辨率、运动分辨率和对比度分辨率的感觉都有一定的局限，致使对视频图像处理导致的失真不易察觉，仍会认为视频图像是完好的或足够好的。因此，可以在满足对视频图像质量一定要求的前提下，减少表示信号的精度，实现数据压缩。

14.3.2 视频编码技术及编码标准

1. 视频编码技术的发展

自从 1948 年 Oliver 提出脉冲编码调制（pulse code modulation，PCM）编码理论以来，视频编码技术得到了快速发展。Torres 等人根据编码技术所利用冗余类型的不同，将视频编码分为第一代编码技术和第二代编码技术两个阶段。第一代编码技术以像素或像素块为编码实体去除视频数据中的线性相关性，但并未考虑人眼视觉特性对视频图像感知的影响，其主要代表性编码方法包括变换编码、预测编码、熵编码等。M. Kunt 等于 1985 年提出了利用人眼视觉特性的第二代视频编码技术，该编码技术不局限于信息论的框架，充分利用人的视觉生理、心理和图像信源的各种特征，实现从"波形"编码到"模型"编码的转变，来获得更高的压缩比。第二代编码技术的主要代表性编码方法有基于分割的编码方法、基于模型的编码方法和分形编码方法等。

2. 视频编码标准的发展

伴随着视频编码技术的发展，视频编码标准也得到了相应的发展。国际电信联盟远程通信标准化组织（ITU-T）先后发布了 H. 261、H. 263、H. 263＋、H. 263＋＋等一系列主要面向实时视频通信领域的视频编码标准；国际电工委员会（IEC）成立的运动图像专家组（motion picture experts group，MPEG）先后发布了 MPEG-1、MPEG-2、MPEG-4 等面向媒体存储、广播电视、互联网流媒体的编码标准；ITU-T 和 ISO/IEC 还联合发布了 MPEG-2/H. 262、H. 264/AVC（advanced video coding，AVC）及其扩展 H. 264/SVC，以及最新的高效率视频编码（high efficiency video coding，HEVC）标准等。

按发布的时间先后，有代表性的编码标准依次是 H. 261、MPEG-1、MPEG-2、H. 263、MPEG-4、H. 264/AVC、H. 264/SVC 和 HEVC。其中，H. 264/AVC 的相关技术和方法最具有代表性。

3. 视频编码标准 H. 264/AVC

H. 264/AVC 标准正式发布于 2003 年，在相同的视觉感知质量下，H. 264/AVC 的编码效率比 H. 263、MPEG-2 和 MPEG-4 提高了 50% 左右；同时，由于 H. 264/AVC 的设计广泛适用于视频广播、高清晰度电视、媒体存储、互联网流媒体和点对点的实时视频通话等应用，因而取得了极大的成功。

H. 264/AVC 的主要特征如下。

（1）H. 264/AVC 采用混合编码结构，编码图像按照预测方式的不同分为帧内预测帧（I 帧）、前向预测帧（P 帧）和双向预测帧（B 帧）。在编码 I 帧时，采用帧内预测，然后对预测误差进行编码，从而充分利用空间相关性，提高编码效率；在采用帧间预测对 P 帧和 B 帧进行编码时，利用连续帧中的时间冗余来进行运动估计和补偿。

（2）在 H. 264/AVC 编码中，为了提高码流在不可靠的信道传输时的容错性，每帧被进一步划分为一定数目的片(slice),每个片包含了解码当前片的片级参数集,因而可以独立完成码流解析。对于每个片,H.264/AVC 编码器先将其划分成若干大小为 16×16 的宏块(macroblock),各宏块再以一定的模式进行编码,最终形成码流。

(3) H.264/AVC 为解决不同应用中的网络传输的差异,定义了便于信息的封装和对信息进行更好的优先级控制的两层结构:视频编码层(video coding layer,VCL)负责高效的视频内容表示,网络提取层(network abstraction layer,NAL)负责以网络要求的恰当方式对数据进行打包和传输。

(4) 在 H.264/AVC 中,定义了三种型(profile),即基本型、主型和扩展型,每一种型是整个码流语法元素集的子集;定义了 15 个级别(level),用于支持不同的编码功能和适合不同的应用。基本型多用于可视电话、视频会议和无线通信;主型支持电视广播和视频存储;扩展型广泛用于流媒体。

(5) H.264/AVC 还通过采用增强的熵编码方法、高精度多模式的运动估计、基于 4×4 块的整数变换和量化、增强的运动预测能力、增加差错恢复能力等新技术,能够很好地适应IP 和无线网络应用。

(6) H.264/AVC 集中了以往标准的优点,吸收了以往标准制定中积累的经验。H.264能工作在低延时模式以适应实时通信的应用(如视频会议);同时又能很好地工作在没有延时限制的应用,如视频存储和以服务器为基础的视频流式应用。

H.264/AVC 标准中涉及的混合编码框架、帧内预测、帧间预测、变换、量化、熵编码等概念与方法,将在其后的 14.3.3 节和 14.3.4 节中介绍。

14.3.3　混合视频编码框架

视频压缩是指通过对视频进行一系列的运算,把原始的视频信息编码成码流的过程。视频压缩过程由一对互补的系统编码器和解码器实现。首先编码器对原始视频进行压缩,把原始的视频信息编码成规定的码流进行传输和存储;接着解码器把编码后的码流还原成相应的视频信息,以满足应用的需求。

目前,主流的视频编解码技术采用的仍是综合考虑了预测编码、变换编码和熵编码的传统混合视频编码框架,图 14.2 是简化的混合视频编码框架示意图。

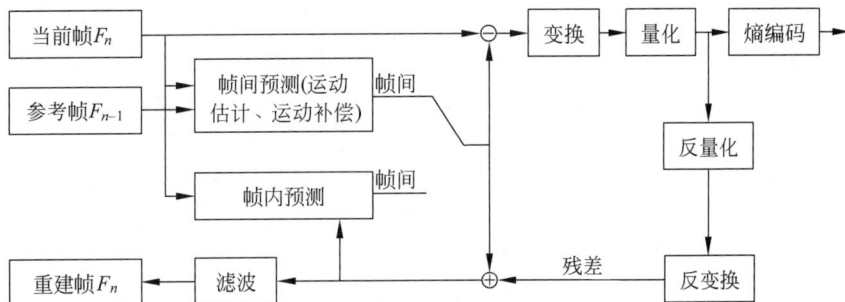

图 14.2　简化的混合视频编码框架

在视频编码中,首先输入视频图像,以宏块为单位对视频图像进行分割。然后,通过帧内预测(用来降低图像的空间冗余)和帧间预测(用于缩减连续帧中的时间冗余)进行预测编码,即利用视频图像前后两帧(帧间)的相似性进行运动估计,找到运动向量,通过当前帧及相关信息推测出下一帧图像;或者利用同一帧图像(帧内)的相邻像素存在的相关性推测出周围像素的变化。最后,进行预测残差的变换和量化处理,把运动向量、变换量化系数等进行熵编码,进一步去除统计上的冗余性,形成码流,最终输出。另外,考虑到以块为单位进行编码重建的图像中可能会存在方块边界和方块"伪边界"等马赛克效应,一般还需要在编码框架中引入环路滤波器,滤除由于分块运动补偿带来的块效应,以改善和提高视频图像质量。

14.3.4　面向混合视频编码框架的编码技术

虽然基于对象编码和基于模型编码的第二代编码技术在 MPEG-4 标准中得到了应用,并在某些特定情况下可取得较高的压缩比和较好的视觉效果,但由于其对于视频内容及运动更一般的情况编码效果不佳,因此,得到广泛应用的视频压缩标准都采用第一代编码技术。第一代编码技术基于信号理论,所操作的对象是以块为单元的像素集合,这些主体编码技术就是从 20 世纪 50 年代发展起来的变换编码、预测编码及熵编码这三大类经典视频编码技术。

1. 图像划分

在现有主流的视频编码中,图像块的划分大都以 16×16 像素的宏块为单位进行处理。H.264/AVC 采用了更精细的宏块,包括的块类型有 16×16、8×8、4×4 等。图像块的大小可变提高了压缩性能,但也增加了实现复杂度。我国主持制定的 AVS(audio video standard)音视频编码国际标准采用的基准档次的最小图像块为 8×8 像素,实现复杂度有所降低。

新一代高效率视频编码标准(high efficiency video coding,HEVC)的图像块的划分更加灵活,最大支持 64×64 的块,对每个块又可以进行四叉树划分,这些划分是进行变换和预测的基本单元,如图 14.3(a)所示。除了正方形的划分方式外,还有任意几何形状的划分(见图 14.3(b))、矩形划分(见图 14.3(c))等。灵活多样的划分显然能够更加细腻地反映出图像的纹理特点,进一步提升压缩效率。

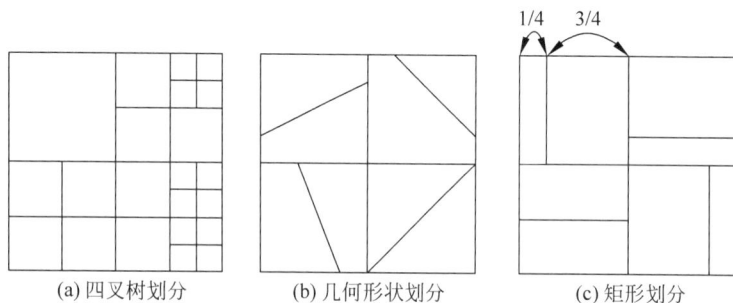

图 14.3　图像块划分方式

2. 帧内预测

1) 预测编码概念

预测编码不是对某一像素直接编码,而是用同一帧(帧内预测编码)或相邻帧(帧间预测编码)中的像素值来进行预测,然后对预测残差(estimation residual)进行量化和编码的方法。

预测编码的基本过程是:首先根据参考像素预测当前像素,得到的值称为预测值;再对当前像素值与预测值之差进行编码。由于差值小,相应的表示位数减少,从而达到数据压缩的目的。常见的预测编码方法包括 DPCM 和运动补偿预测编码。

DPCM(differential pulse code modulation,差分脉冲编码调制)是利用样本与样本之间存在的信息冗余度来进行编码的一种数据压缩技术。DPCM 的思想是根据过去的样本估计下一个样本信号的幅度大小,这个值称为预测值,然后对实际信号值与预测值之差进行量化编码,减少了表示每个样本信号的位数。

DPCM 又称为线性预测编码,由于其算法简单,易于硬件实现,因此被各种视频编码标准采用。

2) 帧内预测编码方法

视频编码是通过消除图像的空间相关性与时间相关性来达到压缩的目的。空间相关性的消除分为两个层次,一个层次就是通过有效的图像变换算法来消除,如 DCT 变换、H.264 的整数变换。利用图像变换消除的空间相关性仅仅局限在块内,如 8×8 块或 4×4 块,并没有消除块与块之间的空间冗余。

在 H.263+ 和 MPEG-4 标准中,通过引入帧内预测技术,在变换域中根据相邻块对当前块的某些系数进行预测来消除相邻块之间的相关性;在 H.264 标准中,通过引入空间域的帧内预测,利用当前块的相邻像素直接对每个系数进行预测,有效地消除了相邻块之间的相关性,极大地提高了帧内编码的效率。

以 H.264 标准为例,帧内预测先将相邻块已经解码重构的像素作为预测值,实现对当前块的预测,即形成预测块,最大限度地去除或减少空间冗余信息;再将预测块和当前块的残差进行变换、量化和熵编码,进一步消除子块内部的冗余。对于较为平坦的区域,帧内预测可以取得更好的效果,大大提高了编码效率。

为了确保高压缩比和较好的重构品质,根据视频图像的局部纹理特征和像素值在不同方向上的变化趋势,H.264 提供了三种帧内预测方式,并基于这三种帧内预测方式提供 17 种帧内预测模式。

(1) 三种帧内预测方式。分别是基于 4×4 的亮度块帧内预测、基于 16×16 的亮度块帧内预测和基于 8×8 的色度块帧内预测,并且为每一种预测方式提供了多种预测模式。

(2) 17 种帧内预测模式。对于图像中变化相对较大、包含多个不同对象的区域,显然需要更小的分割块和更多可选的预测模式,以提供足够的预测精度,因此 4×4 亮度块的帧内预测共有九种预测模式。对于图像中平坦区域,使用 16×16 的亮度块帧内预测,此时预测值和原始值是很接近的,可以节约很多比特;另外,因为人眼视觉系统对色度变化的敏感性低于亮度变化,所以对 16×16 亮度块帧内预测和 8×8 色度块帧内预测均定义了四种预测模式。

通过以上三种帧内预测方式及 17 种帧内预测模式,就可以实现对图像局部不同特性的纹理进行较为准确的预测。由图像的统计特性可知,相邻像素随着距离的增大,其相关性呈指数级递减,因此采用不同的块大小在变化起伏不定的场景中效果是不同的。在相对变换较大、包含多个不同对象的场景中,使用相对较小的 4×4 块就可以实现对多个方向上的不同纹理特征的准确预测。对于平滑的背景区域，纹理相对平滑，起伏变化小，使用 16×16 的块预测效果会更好。对于色差块而言，由于人的视觉系统对色度变换的敏感度小于对亮度变换的敏感度，使用 8×8 的块就可以实现对色度的预测。

3. 帧间预测

1）运动补偿预测

研究表明，人眼对活动图像中的静止部分和运动部分有着不同的分辨率要求，即对静止部分有较高的空间分辨率要求和较低的时间分辨率要求，而对运动部分有着较低的空间分辨率要求和较高的时间分辨率要求，因此可以将图像分割成静止部分和运动部分，分别进行处理。对于静止部分可以重复上一帧的数据，对于运动部分则需设法测定其位移量，以位移量来预测其运动，并将运动信息发送给接收端，以压缩运动部分的数据量，构成完整的图像，这称为图像帧间编码中的运动补偿预测。

2）运动补偿预测编码

运动补偿预测编码的基本思想是把一幅动态图像看成是由静态部分和运动部分叠加而成。静态部分可以重复使用上一帧的数据，而对运动部分则设法确定其位移量来帮助运动部分的预测，即进行运动补偿之后再进行帧间预测。

3）空间分辨率和时间分辨率的交换

研究表明，人类视觉对图像中的静止部分有较高的分辨率，必须给予充分的空间（spatial）分辨率，即在传输静止图像或序列图像的静止部分时，要保证较高的水平和垂直分辨率；但与此同时，却可以减少传输帧数，在接收端依靠帧存储器把未传输的帧补充出来，而周期传输的数据对帧存储器起周期刷新的作用，因此对传输序列图像而言，可恰当降低时间（temporal）分辨率。另一方面，人的视觉对于序列图像中的运动物体的空间分辨率将随着物体的运动速度的增加而显著降低，而且摄像器材的灵敏度也会造成运动部分的灵敏度下降。此外，电视监视器的显示器件也有一定的积分模糊效应。这样，在传输序列图像中的运动物体时，可以降低这部分图像的清晰度，且这部分图像的运动速度越高，越可以用更低的图像清晰度进行传输。

综上所述，如果根据图像的内容在清晰度和活动性（帧频）之间进行调整，就可以使重建图像在视觉上保持一致的主观效果，这种方法就称为空间分辨率和时间分辨率的交换。

4）帧间预测编码方法

在视频图像编码中，先用此前已经编码的一个或多个帧来预测当前编码帧，然后再将预测结果和预测的差值一起发送到解码端的方法，称为帧间预测编码。

消除或降低时间冗余度的帧间运动补偿压缩编码大致包括以下三个步骤。

（1）运动估计。用相邻帧中估计当前编码帧中的运动物体的位移量，称为运动估计（motion estimation，ME），也称为位移估值（displacement estimation，DE）。

运动估计以宏块为单位进行，计算被压缩图像与参考图像对应位置宏块间的位置偏移。

运动估计用于寻找宏块间的运动位置偏移信息，这种位置偏移用运动向量描述，一个运动向量代表水平和垂直两个方向上的位移。

（2）运动补偿。获取运动估计得到的图像和原始图像的差值（即估计残差）后，将这个差值也传输到解码端。这样就弥补了运动估计的不足，以便解码端能够获取准确的图像，这称为运动补偿（motion compensation，MC）。

（3）编码。即对运动估计和运动补偿的结果进行编码。

4. 变换编码

变换编码（transform coding）是指将欧几里得几何空间（空间域）描述的图像信号映射变换到另一个正交向量空间（变换域）进行描述，然后再根据图像在变换域中系数的特点和人眼视觉特性，对这些系数进行编码。由于对空间域图像进行正交变换后，在变换域得到的变换系数具有减少原始信号中各分量的相关性和将信号的能量集中到少数系数上的功能，所以就实现了去除或减小图像在空间域中的相关性和压缩图像数据的目的。

H.264/AVC 之前的标准大都采用离散余弦变换（DCT）将图像变换到频率域处理，但由于标准没有定义反变换（IDCT）的具体实现方法，导致不同厂商的不同 IDCT 实现算法精度不同，从而导致了编解码失配。新一代视频编码标准 H.264/AVC 采用整数离散余弦变换（integer cosine transform，ICT）技术，严格规定了其反变换 IICT 的矩阵及实现方法，避免了编解码失配现象。H.264/AVC 采用块大小为 8×8 和 4×4 的两种变换方法。

5. 熵编码

熵编码是指根据信息论原理，依据信源符号的统计特性为不同信源符号分配不同长度的码字，以便使期望的符号长度最短，即最接近该信源分布的熵。

经典的熵编码方法有变长编码（variable length coding）和算术编码（arithmetic coding）。变长编码的基本思想是为出现概率大的符号分配短的码字，为出现概率小的符号分配长码字，从而使总体平均码字达到最短。代表性的变长编码是 1952 年哈夫曼提出的 Huffman 编码方法。算术编码的思想是通过计算输入符号序列的联合概率，将输入符号序列映射为实数轴上 $[0,1)$ 区间内的一个小区间，并在此区间内选择一个有效的二进制小数，作为整个符号序列的编码码字。算术编码在平均意义上可以为单个符号分配长度小于 1 的码字。

在视频编码标准 H.264/AVC 中使用的基于上下文自适应变长编码（context-based adaptive variable length coding，CAVLC）方法在进行变换系数编码时利用了游程编码的思想，而编码各个符号时使用了依概率分布的变长编码。视频编码标准 H.264/AVC 也允许使用另一种熵编码方案，即基于上下文自适应算术编码（context-based adaptive binary arithmetic coding，CABAC）方法。与 CAVLC 相比，CABAC 具有更高的复杂度和更高的编码效率，基于算术编码的特性使得 CABAC 可以达到为编码符号分配分数码长的效果，可更接近信源的熵，因而有非常好的压缩性能。在最新的高性能视频编码标准（HEVC）中，CABAC 是其唯一支持的熵编码方式。

随着视频图像通信技术的进一步发展，已经出现了一些有别于混合视频编码框架的新型视频编码框架，主要有分布式视频编码（distributed video coding，DVC）框架、可伸缩视频编码（scalable video coding，SVC）框架、多视点视频编码（multi-view video coding，MVC）框架、可重构视频编码（reconfigurable video coding，RVC）框架等。相关内容已经超出了本书的范畴，感兴趣的读者可参阅相关文献。

习 题 14

14.1 解释下列术语。

（1）视频 　　　　　　　　　　　（2）视频帧率

（3）视频图像 　　　　　　（4）运动目标检测

（5）帧差法 　　　　　　　　（6）预测编码

14.2　简述利用帧差法进行目标检测的过程。

14.3　简述背景减法的基本原理。

14.4　简述帧间编码的基本思路。

14.5　简述帧内编码的基本思路。

参 考 文 献

[1] 李俊山.数字图像处理[M].4 版.北京:清华大学出版社,2021.

[2] R.C.冈萨雷斯,等.数字图像处理(第二版)[M].阮秋琦,等译.北京:电子工业出版社,2003.

[3] 崔屹.图象处理与分析数学形态学方法及应用[M].北京:科学出版社,2002.

[4] PRATT W K.数字图像处理(第 3 版)[M].邓鲁华,张延恒,等译.北京:机械工业出版社,2005.

[5] 金子一,门爱东,杨波.数字视频图像处理[M].北京:电子工业出版社,2005.

[6] 彭玉华.小波变换与工程应用[M].北京:科学出版社,2000.

[7] 李弼程,罗建.小波分析及其应用[M].北京:电子工业出版社,2003.

[8] 秦前清,杨宗凯.实用小波分析[M].西安:西安电子科技大学出版社,2002.

[9] 李俊山.基于 LS MPP 的图像并行匹配与处理技术研究[D].西安:西安微电子技术研究所,2001.

[10] 袁红梅.基于小波变换的图像去噪算法与实现[D].上海:上海交通大学,2008.

[11] 何小海,腾奇志.图像通信[M].西安:西安电子科技大学出版社,2005.

[12] 余启明.基于背景减法和帧差法的运动目标检测算法研究[D].赣州:江西理工大学,2013.

[13] 武敬.H.264 帧内预测和帧间预测的研究[D].西安:西安电子科技大学,2008.

[14] 丁丹丹.可重构视频编码技术研究[D].杭州:浙江大学,2011.

图书资源支持

感谢您一直以来对清华版图书的支持和爱护。为了配合本书的使用，本书提供配套的资源，有需求的读者请扫描下方的"书圈"微信公众号二维码，在图书专区下载，也可以拨打电话或发送电子邮件咨询。

如果您在使用本书的过程中遇到了什么问题，或者有相关图书出版计划，也请您发邮件告诉我们，以便我们更好地为您服务。

我们的联系方式：

清华大学出版社计算机与信息分社网站：https://www.shuimushuhui.com/

地　　址：北京市海淀区双清路学研大厦 A 座 714

邮　　编：100084

电　　话：010-83470236　010-83470237

客服邮箱：2301891038@qq.com

QQ：2301891038（请写明您的单位和姓名）

资源下载： 关注公众号"书圈"下载配套资源。

资源下载、样书申请

书圈

图书案例

清华计算机学堂

观看课程直播